W0261593

Anlagenbezogener Umgang mit wassergefährdenden Stoffen

Springer

*Berlin
Heidelberg
New York
Barcelona
Hongkong
London
Mailand
Paris
Singapur
Tokio*

Hans-Peter Lühr

Anlagenbezogener Umgang mit wassergefährdenden Stoffen

Der Zusammenhang zwischen Recht, Verwaltung und Technik

Springer

Professor. Dr. -Ing. Hans-Peter Lühr
Technische Universität Berlin

privat: Edelhofdamm 33
13465 Berlin

ISBN-13: 978-3-642-64156-5

Die Deutsche Bibliothek - CIP-Einheitsaufnahme
Lühr, Hans-Peter :
Anlagenbezogener Umgang mit wassergefährdenden Stoffen : Der Zusammenhang zwischen Recht,
Verwaltung und Technik / Hans-Peter Lühr. -Berlin ; Heidelberg ; New York ; Barcelona ; Hongkong ;
London ; Mailand ; Paris ; Singapur ; Tokio : Springer 1999
 (VDI-Buch)
 ISBN-13: 978-3-642-64156-5   e-ISBN-13: 978-3-642-59862-3
 DOI: 10.1007/978-3-642-59862-3

Satz: Reproduktionsfertige Druckvorlagen des Autors
Einbandgestaltung: medio, Berlin

SPIN: 10536477   7/3020 - 5 4 3 2 1 0 - Gedruckt auf säurefreiem Papier

Vorwort

Gewerbliche und industrielle Tätigkeiten bergen viele Risiken und Gefahren in sich, insbesondere für das Grundwasser. Durch Leckagen, Störfälle oder Betriebsunfälle können Lager, Produktionsanlagen und -leitungen undicht werden. Stoffe und Produkte können auslaufen und in Boden und Grundwasser eindringen.

Erkundungen von Gewerbe- und Industriestandorten haben zahlreiche Grundwasserbelastungen aufgedeckt. Das Ausmaß der Belastungen wird insbesondere hinsichtlich stillgelegter Anlagen im Rahmen der Altlastenthematik deutlich. Darüber hinaus sind bei Störfällen vor allem in Chemieunternehmen Schadstoffe in Oberflächengewässer gelangt und haben gravierende ökologische Schäden herbeigeführt.

Das Grundwasser wurde aufgrund der Selbstreinigungskräfte des Untergrundes sowie der in der Regel über dem Grundwasser liegenden Deckschichten lange Zeit als die geschützteste Ressource angesehen, die direkt zur Trinkwasserversorgung verwendet werden kann. Dagegen sprechen jedoch heute die vielen Altlastenfälle. Und in der Tat, der gesamte ‚chemische Zoo‘, den man von den Oberflächengewässern kennt, wird auch im Grundwasser angetroffen.

Der Schutz des Grundwassers gewinnt angesichts der vielen gravierenden Kontaminationen durch flächenhafte Anwendung von Dünge- und Pflanzenbehandlungsmitteln, durch Un- und Störfälle sowie unsachgemäße Handhabung beim Umgang mit wassergefährdenden Stoffen, durch Altlasten und durch diffuse Quellen wie weiträumige über die Luft verfrachtete Schadstoffe, Abläufe von überbauten Flächen und undichte Kanalisation, immer mehr an Bedeutung.

Ist das Grundwasser einmal verunreinigt, so ist seine „Sanierung" nicht mehr oder nur in sehr langen Zeiträumen möglich. Grundwasserschäden sind Langzeitschäden. Hier liegt ein wesentlicher Unterschied zu den Oberflächengewässern. Das gilt besonders für Verunreinigungen, die persistent und bioakkumulierbar sind, für Stoffe, für die es in der Natur keine Abbaumechanismen gibt.

Der flächendeckende Schutz des Grundwassers ist ein Testfall für eine konsequente Anwendung des Vorsorgeprinzips. Hierfür sind im Wasserhaushaltsgesetz die rechtlichen Anforderungen beim Umgang mit wassergefährdenden Stoffen verankert.

Das Recht für den Umgang mit wassergefährdenden Stoffen ist ein relativ neues Fachgebiet. Sowohl die Gesetzgeber in Bund und Ländern als auch in den Europäischen Gemeinschaften sowie Industrie und Gewerbe haben die kostenwirksamen Auswirkungen dieser Regelungen erst nach und nach erkannt. Dementsprechend ist das Vollzugsdefizit auf diesem Gebiet als hoch einzuschätzen. Hinzu kommt, daß das mittlerweile sehr umfangreiche und komplexe Regelungswerk für den Umgang mit wassergefährdenden Stoffen unter Beachtung der benachbarten Regelungsbereiche schwierig zu vermitteln ist.

Mit diesem Fachbuch wird ein Grundwerk geschaffen, das über die historische Entwicklung bis zum gegenwärtigen Stand des anlagenbezogenen Umgangs mit wassergefährdenden Stoffen die vielfältigen Einzelheiten in einen Zusammenhang stellt. Dabei wird zum Verständnis der Einzelheiten, wie sie sich in Gesetzen, Verordnungen, Verwaltungsvorschriften und Technischen Regeln darstellen, die Hintergrundphilosophie dargelegt, um eine fachliche Begründung für rechtstechnische Regelungen zu geben.

Es wird mit diesem Fachbuch ein Brückenschlag zwischen Recht, Verwaltung und Technik gemacht, um auch für die unterschiedlichen Fachleute der verschiedensten Disziplinen eine „Sprachvereinbarung" zu schaffen.

Mein besonderer Dank gilt meinem Mitarbeiter Dr. Dirk Rottgardt, der mit vielen Anregungen und kritischem Blick das Entstehen dieses Buches begleitet hat. Ebenfalls danke ich Frau Gudrun Ertel, die mit viel Geduld das Buch geschrieben und gestaltet hat.

Berlin, September 1998

Inhaltsverzeichnis

1 Einführung

1.1
Geschichte des Umgangs mit wassergefährdenden Stoffen

Das Aufgabengebiet des Umgangs mit wassergefährdenden Stoffen stellt im Rahmen wasserwirtschaftlicher Fragen ein sehr neues Arbeitsfeld dar. Man kann es neben den vier traditionellen Säulen der Wasserwirtschaft

- dem Bauen am, um und im Gewässer,
- der Oberflächengewässer- und Grundwasserhydrologie,
- der Wasserversorgung,
- der Abwasserbehandlung

als fünfte Säule betrachten. Seine Ursprünge gehen auf das Umweltprogramm der Bundesregierung von 1971 [UPB-71, UPB-71a, STO-72] zurück. Das Umweltprogramm, das mit Beginn der sozialliberalen Koalition 1969 gestartet wurde, stellt u. a. das folgende Ziel in den Vordergrund, nämlich

„das Lagern wassergefährdender Stoffe bundeseinheitlich zu regeln. "

Dieses Thema war in den 60er Jahren besonders gravierend, als insbesondere die Mineralöle das maßgebende Schadensbild für das Grundwasser aufgrund vieler Leckagen einwandiger, korrodierter Tanks, Überfüllungen mangels Sicherheitseinrichtungen sowie Transportunfällen auf der Straße prägten.

Mineralöle, aber auch andere wassergefährdende Stoffe, die durch Unfälle bei Transport oder Lagerung ins Wasser gelangen, wurden in die administrative Arbeit aufgenommen. Man erkannte bereits damals, daß manche dieser Stoffe schon in sehr geringen Mengen schädlich sein können und die Nutzbarkeit der Gewässer einschränken.

Die Vorschriften der Länder über die Lagerung wassergefährdender Stoffe waren nicht einheitlich. Zwar stellte die Gewerbeordnung schon damals an die Lagerung brennbarer Flüssigkeiten einheitliche Anforderungen. Sie galten jedoch nicht außerhalb des gewerblichen Bereichs und nicht für alle wassergefährdenden Stoffe. Deshalb forderte man, auch um den Bedürfnissen der Wirtschaft gerecht zu werden, ein einheitliches technisches Recht für die Lagerung aller wassergefährdender Stoffe.

Dem damaligen Erkenntnisstand entsprechend zielten alle Aktivitäten auf das Lagern und den Transport wassergefährdender Stoffe. Das Umweltprogramm der Bundesregierung sah folgende Maßnahmen vor:

1. *„Die Bundesregierung wird, sofern sie durch die Vierte Novelle zum Wasserhaushaltsgesetz dazu ermächtigt ist, bis 31.7.1972 bundeseinheitliche Vorschriften über die Lagerung wassergefährdender Stoffe erlassen.*
2. *Unfälle, die wassergefährdende Stoffe betreffen, sollen nach einem einheitlichen Meldesystem gemeldet und durch Unfallwehren bekämpft werden. Hierbei wird geprüft, inwieweit und in welcher Form Einrichtungen des Bundes, u. a. des zivilen Bevölkerungsschutzes eingesetzt werden können.*
3. *Erhebliche Schädigungen der Umwelt sind möglich, wenn umweltgefährdende Güter bei ihrer Beförderung ins Freie treten. Diese Gefahr ist heute um so größer, als immer mehr solcher Güter unterwegs sind. Deshalb muß für umweltschützende Beförderungsvorschriften eine einheitliche Rechtsgrundlage geschaffen werden. Ein entsprechendes Gesetz, dessen Entwurf alsbald vorgelegt werden soll, wird grundsätzliche Vorschriften über die Beförderung gefährlicher Güter mit allen Verkehrsmitteln enthalten.*
4. *Die Vorschriften des Wasserhaushaltsgesetzes über Fernleitungen sollen so ausgeweitet werden, daß sie auch für Transporte anderer wassergefährdender Stoffe gelten. Demnächst wird auch die Rechtsverordnung über technische Anforderungen an die Beförderung gefährlicher Flüssigkeiten durch Fernleitungen erlassen werden."*

Mit dem Startschuß 1969 zur Erarbeitung des Umweltprogramms der Bundesregierung von 1971 wurden zahlreiche Projektgruppen und Arbeitskreise auf dem ganzen Umweltbereich gleichzeitig in Gang gesetzt. Unter der Leitung des damaligen Staatssekretärs Dr. G. Hartkopf wurde die gesamte für den Umweltschutz zuständige Abteilung des Bundesinnenministeriums mit rund 30 Fachbeamten eingesetzt, die durch Experten aus Wissenschaft, Industrie, technisch-wissenschaftlichen Verbänden, aber auch anderer Bundes- und Länderministerien ergänzt wurden. Es war eine Meisterleistung, der bislang in dieser Vollständigkeit nichts Gleichwertiges gefolgt ist. Hinzu kommt, daß das Umweltprogramm in nur knapp zwei Jahren erarbeitet wurde. Insbesondere der Materialienbestand [UPB-71a] ist noch heute **die** Lektüre, um sich in die Gesamtumweltproblematik einzulesen. Die Grundprinzipien, Lagebeurteilungen und Empfehlungen sind auch heute noch überwiegend gültig. Vieles ist erreicht worden und damit erledigt, für vieles ist aber nur eine andere Begrifflichkeit eingeführt worden!

Noch eine Anmerkung oder auch Anekdote zum Begriff „Wassergefährdende Stoffe". In einer der ersten Sitzungen zur Struktur des Umweltprogramms wurde, nachdem die traditionellen Bereiche der Wasserwirtschaft schnell identifiziert und mit einem Arbeitskreis bedacht wurden, die Frage von Staatssekretär Dr. Hartkopf in die Runde der Wasserreferenten gestellt, ob nicht noch etwas vergessen worden sei. Daraufhin trug Dr. E. Diesel vor, daß man angesichts der zahlreichen Unfälle bei der Lagerung und dem Transport von Mineralölen sich insgesamt um Stoffe und Produkte hinsichtlich ihrer Wassergefährdung kümmern müsse. Damit war der Begriff der wassergefährdenden Stoffe geboren und Dr. E. Diesel hatte postwendend die Obmannschaft des Arbeitskreises „Lagerung und Transport wassergefährdender Stoffe" übertragen bekommen.

Nach Verabschiedung und Veröffentlichung des Umweltprogramms der Bundesregierung 1971 wurden dann zügig die administrativen Vorbereitungen zur Erarbeitung neuer Gesetze oder Ergänzungen zu bestehenden Gesetzen in Angriff genommen. Mit der 4. Novelle zum Wasserhaushaltsgesetz (WHG) von 1976 wurde der Themenbereich „Wassergefährdende Stoffe" erstmals rechtlich verankert.

Es ist darauf hinzuweisen, daß in früheren Zeiten bereits gesetzliche Vorschriften mit bezug auf Gefahren für die Allgemeinheit durch unsachgemäßen Umgang mit Flüssigkeiten, Gasen und festen Stoffen erlassen worden sind.

Dabei standen zunächst die Brand- und Explosionsgefahren im Vordergrund, die sowohl für die Allgemeinheit, als auch insbesondere für die jeweiligen gewerblichen Arbeitnehmer drohten. Es zeigte sich dann, daß auch andere als Brand- oder Explosionseinwirkungen an technischen Anlagen und an Gebäuden nachhaltige Schäden anzurichten vermögen. Diese Erkenntnis beschränkte sich nicht nur auf brennbare Flüssigkeiten, sondern auch auf andere gefährliche Flüssigkeiten, Gase und Feststoffe.

Die ersten Regelungen entstanden in den Jahren 1930/1931 und basierten in den einzelnen Ländern auf Polizeiverordnungen über den Verkehr mit brennbaren Flüssigkeiten. Diese Regelungen können als Vorläufer der heutigen Verordnung über brennbare Flüssigkeiten (VbF) angesehen werden.

In Vorbereitung der 4. Novelle zum WHG wurde allerdings noch zwischen dem Bund und den Bundesländern heftig gestritten, ob der Bund für diesen Regelungsbereich die volle Gesetzgebungskompetenz erhalten oder weiterhin, wie es im WHG auf der Basis des Grundgesetzes bislang geregelt war, „nur" die Rahmenkompetenz behalten sollte. Der Bund hatte vor, über eine Ermächtigung für den Erlaß einer „Lager-Verordnung" dieses Themenfeld zu regeln. Da es keine politischen Mehrheiten für die erforderliche Grundgesetzänderung gab und die Länder nicht bereit waren, dieses Aufgabengebiet auf das Recht der Wirtschaft abzustellen, was ebenfalls die Einführung der konkurrierenden Gesetzgebung bedeutet hätte, einigte man sich auf die Aufnahme der materiellen Inhalte in das WHG in der Form der §§ 19g-l WHG.

Für die Fernleitungen (Pipelines) zur Beförderung von Massenstoffströmen wurde bereits mit der 2. Novelle zum WHG von 1964 die Regelung auf das Recht der Wirtschaft abgestellt, da es sich um Großeinrichtungen im Sinne von Industrieanlagen handelt und Fernleitungen länderübergreifend gebaut und betrieben werden. Deshalb unterliegen die §§ 19a-f der konkurrierenden Gesetzgebung und damit der Zuständigkeit des Bundes. Dagegen unterliegen die §§ 19g-l im WHG nur der Rahmenkompetenz des Bundes, so daß die einzelnen Bundesländer diesen Rahmen durch ihre jeweiligen Landeswassergesetze auszufüllen haben.

Nach damaligen Erkenntnisstand (Ende 60er/Anfang 70er Jahre) wurde der anlagenbezogene Umgang mit wassergefährdenden Stoffen nach § 19g WHG nur auf „Lagerung und Transport wassergefährdender Stoffe" beschränkt. Darunter fielen die Anlagen zum Lagern, Abfüllen und Umschlagen (LAU-Anlagen). Dafür entwickelten die Bundesländer (aber nicht alle!) Verordnungen und Verwaltungsvorschriften, die die technischen und administrativen Anforderungen definierten.

Bei der Beschäftigung mit dieser Materie wuchs die Erkenntnis, daß man hinsichtlich eines flächendeckenden Grundwasserschutzes nicht alle Anlagen erfaßt hatte, in denen mit Stoffen umgegangen wird. Insbesondere die Problematik der Altlasten und hier im speziellen der kontaminierten Altstandorte (sprich: Industrie- und Gewerbeareale) machte deutlich, daß der anlagenbezogene Umgang mit wassergefährdenden Stoffen zu erweitern war. Deshalb wurde in der 5. Novelle zum WHG (1986) der § 19g um die Anlagen zum Herstellen, Behandeln und Verwenden sowie um die werksinternen Rohrleitungen erweitert. Dieses dokumentiert sich in der Überschrift des § 19g WHG „Umgang mit wassergefährdenden Stoffen". Damit ist das gesamte denkbare Feld von Anlagen bis auf wenige Ausnahmen abgedeckt.

Diese Erweiterung machte es nun notwendig, das gesamte dazugehörige technische Recht, wie es in den jeweiligen Bundesländern vorlag, zu ergänzen bzw. abzuändern. Mit der Wiedervereinigung 1989 erweiterte sich dann der Kreis der Länderregelungen von bislang 11 auf 16 Landeswassergesetze mit den hierfür erforderlichen untergesetzlichen Regelungen. Mittlerweile wächst in den Ländern die Erkenntnis, daß diese Vielfalt mit teilweise sehr speziellen und unterschiedlichen Detailregelungen für den Anwender nicht mehr vertretbar sind, zumal die Konsensfindung zwischen den 16 Ländern immer schwieriger wird. Deshalb kommen die Länder immer wieder über die Länderarbeitsgemeinschaft Wasser (LAWA) zu der Überlegung, dem Bund doch die „Vollkompetenz" anzutragen.

Die Abbildung 1.1 zeigt die Entwicklungspunkte des Wasserrechts hinsichtlich des Themenbereiches anlagenbezogener Umgang mit wassergefährdenden Stoffen.

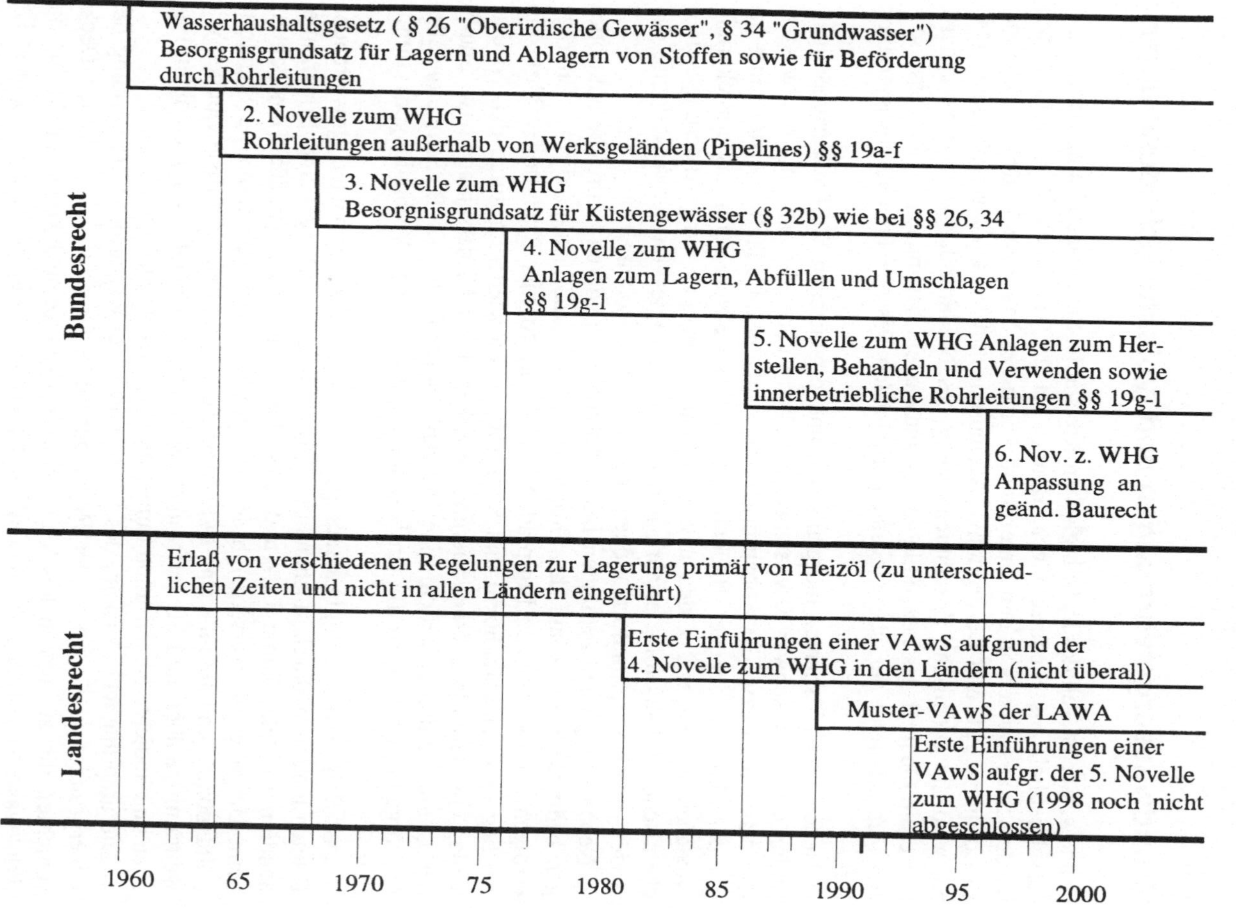

Abb. 1.1 Entwicklungspunkte des Wasserrechts für den anlagenbezogenen Umgang mit wassergefährdenden Stoffen

1.2
Grundwassergefährdungen und typische Schadensbilder

Grundwasser ist Teil des hydrologischen Kreislaufs. Seine Neubildung erfolgt fast ausschließlich aus Niederschlägen. Bereits bei der vertikalen Versickerung des Niederschlagswassers in den Untergrund kommt es besonders in der Wurzelzone zu Lösungs-, Ad- und Desorptions-, Austausch- und Umsetzungsreaktionen. Dabei wird die chemische Zusammensetzung des Niederschlagswassers verändert. Diese die Qualität des neugebildeten Grundwassers bestimmenden Prozesse setzen sich während der überwiegend horizontalen Passage im Grundwasserleiter fort.

Neben leicht löslichen anorganischen und organischen Stoffen/Verbindungen finden sich auch schwer bzw. schwerer lösliche Verbindungen im Grundwasser. Die Adsorption bzw. der Abbau organischer Inhaltsstoffe läuft in erster Linie im gut durchlüfteten obersten Bodenbereich ab. In welcher Form das einsickernde Niederschlagswasser bei den angesprochenen Prozessen eine Änderung seiner chemischen Inhaltsstoffe erfährt, hängt in erster Linie von der Ausbildung der Boden- und Untergrundformationen und den Verweilzeiten ab.

Neben den geogen bedingten Beeinträchtigungen wirken zahlreiche anthropogen bedingte Prozesse auf das Grundwasser ein. Großflächige, diffuse Einträge erfolgen bereits über den Luftpfad. Die Nutzung fossiler Brennstoffe führt zum Anstieg von Schwefeldioxid und Stickstoffen, die wiederum durch den Niederschlag eine Grundwasserversauerung bewirken. Über Niederschläge bzw. Staubdeposition werden außerdem eine Vielzahl anorganischer (z. B. Schwermetalle) und organischer Schadstoffe (insbesondere die flüchtigen Verbindungen) immittiert.

Der Schutz des Grundwassers gewinnt angesichts der vielen gravierenden Kontaminationen durch flächenhafte Anwendung von Dünge- und Pflanzenbehandlungsmitteln, durch Un- und Störfälle sowie unsachgemäße Handhabung beim Umgang mit wassergefährdenden Stoffen, durch kontaminierte Standorte (Altdeponien und aufgelassene Industriestandorte) und durch diffuse Quellen wie weiträumige über die Luft verfrachtete Schadstoffe, Abläufe von überbauten Flächen und undichte Kanalisation immer mehr an Bedeutung.

Die ursprüngliche Ansicht, das Grundwasser sei wegen der Filterwirkung des Untergrundes sowie der in der Regel über dem Grundwasser liegenden Deckschichten die am besten geschützte Wasserressource und könne direkt für die Trinkwasserversorgung verwendet werden, kann zumindest in dieser generellen Aussage nicht länger aufrechterhalten bleiben. Der „Chemische Zoo" ist auch im Grundwasser anzutreffen. Ist das Grundwasser einmal verunreinigt, so ist seine „Sanierung" nicht mehr oder nur in sehr langen Zeiträumen möglich. Grundwasserschäden sind Langzeitschäden. Hier liegt ein wesentlicher Unterschied zu den Oberflächengewässern. Das gilt besonders für Verunreinigungen, die persistent und bioakkumulierbar sind, also für Stoffe, für die es in der Natur keine Abbaumechanismen gibt. Effektiver Grundwasserschutz ist nur durch konsequente Anwendung des Vorsorgeprinzips zu erzielen. Vorsorgemaßnahmen zur Beherrschung der stofflichen Umwelt sind so zu gestalten, daß die Stoffkreisläufe geschlossen werden bzw. daß ein unkontrollierter Übergang von Stoffen aus technischen Systemen in die Umwelt weitgehend ausgeschlossen wird [LÜH-89].

Es steht außer Frage, daß selbstverständlich auch Oberflächengewässer - Bäche, Flüsse, Seen oder das Meer – vor einem Eintrag wassergefährdender Stoffe, sei es durch direkte Einleitung, sei es auf Umwegen z. B. durch ihren Kontakt mit dem Grundwasser, geschützt werden müssen.

Die Grundwassersituation im urbanen und industriellen Bereich läßt sich durch zwei Problem-Kategorien kennzeichnen:

– Beeinflussung der Grundwasserstände und -menge (quantitative Komponente),
– Beeinflussung der Grundwasserbeschaffenheit (qualitative Komponente).

Die zunehmende Oberflächenversiegelung in urbanen Regionen beeinflußt Grundwasserstände und Abflußmengen gravierend, die natürliche Versickerung des Oberflächenwassers wird erheblich behindert. Das Regenwasser muß zum größten Teil durch die Kanalisation abfließen, die Abflußsituation bei Hochwasser verschärft sich. Gleichzeitig sinken die Grundwasserstände, was die innerstädtische Entnahme von Grundwasser für Wasser- und Kühlwasserversorgung beeinträchtigt. Weitere mögliche Konsequenzen sind Setzungsschäden an Gebäuden und negative Folgen für die Vegetation.

Auch alle tiefbautechnischen Aktivitäten wie U-Bahn-Bau, Tiefgaragen oder Fundamente von Bauwerken können sich auf die Grundwassersituation auswirken. Von erd- und grundbautechnischen Maßnahmen ist grundsätzlich zu fordern, daß die von ihnen ausgehenden Belastungen wie Setzungsschäden und ökologische Veränderungen durch Grundwasserabsenkung oder Behinderung der Grundwasserströmung durch Dichtungswände minimiert und kontrollierbar gemacht werden. Bei der Einschätzung und Bewertung bautechnischer Maßnahmen kommt noch der Zeitfaktor hinzu, wobei zu unterscheiden ist in vorübergehende und dauerhafte Eingriffe. So handelt es sich bei einer Trockenhaltung einer Baugrube durch Dichtungswände oder durch Absenken um eine vorübergehende Maßnahme, deren Erfolg nur während der Herstellung des Bauwerkes garantiert sein muß. Dagegen müssen Dichtungswände unter Dämmen, Umschließungswände, Basisdichtungen und Auffangwannen auf Dauer wirksam sein, da von ihnen unter anderem die Lebensdauer des gesamten Bauwerkes abhängt. Dementsprechend sind an vorübergehende Maßnahmen weniger strenge bautechnische Anforderungen zu stellen als an dauerhafte. Das gilt gleichermaßen für das Herstellungsverfahren als auch für die eingesetzten Materialien.

1. Verschmutzung aus Gewerbe- und Industrie
   – unsachgemäßer Umgang und Unfälle mit wassergefährdenden Stoffen
   – unsachgemäße Ablagerung von Abfallprodukten (Deponien)
   – Halden, Auffüllungen
2. Altlasten
   – Altablagerungen
   – Altstandorte
   – militärische Altlasten
3. Undichte Kanalisationen
4. Luftverfrachtete Schadstoffe
5. Bautechnisch bedingte Beeinträchtigungen

- Bodenerosion
- Erdbewegungen
- Korrosion an Bauten
- chemisches Injektionsmaterial für Dichtungswände, Baugrubensohlen
6. Flächenhafte, diffuse Einträge
   - Überdüngung von Feldern und Gärten
   - übermäßiger Einsatz von Pflanzenbehandlungsmitteln in Feldern und Gärten
   - Autowaschen
   - Straßenverschmutzung durch Verkehr
   - andere Straßenverschmutzungen
     - Vegetationsrückstände
     - Tierische Rückstände
     - Streumaterial (zum Beispiel Granulat, Tausalz)
   - Kühlwasserentnahme und -infiltration
   - Wärmepumpen

Zur Zeit ist es nicht möglich, den einzelnen Quellen die jeweilige Schadstoffpalette und -menge eindeutig zuzuweisen, so daß eine gesicherte Bilanzierung und Abschätzung des Verschmutzungspotentials für das Grundwasser in bestimmten Regionen nicht möglich ist.

Betrachtet man jedoch einige Teilbereiche, über die Untersuchungen und Analysen vorliegen, wie die zahlreich aufgetretenen Schadensfälle mit chlorierten Kohlenwasserstoffen, so läßt sich die potentielle Grundwassergefährdung in urbanen Regionen erahnen. Untersuchungen von Fahrbahnabflüssen zeigen, daß die Palette der Schadstoffe sehr umfangreich ist und in nicht unerheblichem Maße Schwermetalle, halogenierte Kohlenwasserstoffe, PCB, Phenole und Pestizide enthält. Bei den Schwermetallen handelt es sich unter anderem um Zink, Blei, Cadmium, Chrom, Kupfer und Nickel. Ferner sind biologisch schwer abbaubare organische Bestandteile aus Reifen- und Straßenbelagsabrieb vorhanden. Weiterhin gehören Phosphate, Nitrate und Chloride dazu, die unter anderem ebenso wie Schwermetalle über die weiträumige Luftverfrachtung in urbane Regionen gebracht werden.

Urbane Regionen werden aus den verschiedensten Aktivitäten bzw. Quellen mit Schadstoffen belastet, die mit dem Niederschlag in das Grundwasser gelangen können. In Abhängigkeit des Wassergefährdungspotentials der Schadstoffe kann das zu irreversiblen Beeinträchtigungen des Grundwassers führen.

Ein wesentlicher Teil der anthropogenen Beeinträchtigungen des Grundwassers rührt aus Unfällen, Betriebsstörungen oder dem unsachgemäßen Umgang mit wassergefährdenden Stoffen her. In modernen Industriegesellschaften werden wassergefährdende Stoffe vielfältiger Art in vielfältiger Weise und in großen Mengen eingesetzt, z. B. als Heiz- und Kraftstoffe oder als Ausgangs- und Hilfsstoffe zur Erzeugung anderer Stoffe, die häufig wiederum wassergefährdend sind.

Anlagen zum Lagern, Abfüllen und Umschlagen sowie zum Herstellen, Behandeln und Verwenden wassergefährdender Stoffe, die technische Mängel aufweisen oder nicht sachgerecht betrieben werden, stellen eine potentielle Gefahr für das Grundwasser dar. Mangelhafte Anlagen zum Umgang mit wassergefährdenden Stoffen, insbesondere unterirdische Leitungen, sind in vielen Fällen die Quellen für festgestellte Grundwasserschäden.

Untersuchungen offenbarten auch, daß eine erhebliche Grundwasserverschmutzung über undichte Kanalisationen erfolgt. Die Undichtigkeiten werden unter anderem auch durch halogenorganische Stoffe hervorgerufen, die auf ihrem Weg durch die Kanalisation erst die Dichtungselemente an den Rohrstößen zerstören und dann mit dem Abwasser in den Untergrund versickern. So zeigte sich z. B. beim Kerosinunfall am Frankfurter Flughafen, daß neben dem aus dem Betankungssystem ausgetretenen Kerosin erhebliche Mengen an Nitrat und Kaltreinigern (halogenierte Kohlenwasserstoffe) im Grundwasser angetroffen wurden. Die Kaltreiniger werden zum Säubern der Flugzeuge eingesetzt; das Nitrat stammt aus den Fahrbahnenteisungsmitteln, die auf einer Harnstoffbasis aufbauen; beide auf den Betonflächen des Flughafens sich ansammelnde Mittel werden über ein Entwässerungssystem entsorgt.

Dieses ist durch die Kaltreiniger undicht geworden. Ferner sind durch die Kaltreiniger die Materialien in den Dehnungsfugen in den Betonflächen zerstört worden, so daß beide Stoffe unbehindert in das Grundwasser gelangen konnten.

Bei der Erstellung von vertikalen Dichtungswänden durch Injektionen kommen Stoffe zum Einsatz, deren 100%ige Festlegung und Persistenz gegen Auflösung und Auslaugung im Untergrund nicht immer gesichert ist. Da diese Dichtungswände auch nach abgeschlossener Baumaßnahme im Untergrund verbleiben, ist gerade das Langzeitverhalten von besonderer Bedeutung. Dafür gibt es bislang keine Kriterien, obwohl eine Injektion von Stoffen nach § 3 Wasserhaushaltsgesetz einen Nutzungstatbestand darstellt und damit erlaubnispflichtig ist.

Auch wenn die eingesetzten Chemikalien für sich relativ ungefährlich sind, so können sie durch Veränderung des pH-Wertes und des Redoxpotentials sowie durch vorhandene Schwermetallverunreinigungen zu schwerwiegenden Folgen aufgrund von Sekundärreaktionen im Grundwasser führen. Bislang wurden zu Dichtungszwecken neben einer Reihe unproblematischer Stoffe, unter anderem auch für Säugetiere hochtoxische Acrylamide, Ligninsulfonsäure, Natriumbichromat und Polyacrylamide benutzt.

Weitere Gefahren für das Grundwasser bringt der Betrieb von Wärmepumpen mit sich, die das Grundwasser anstelle der Außenluft als Wärmequelle nutzen. Zum einen führt dies zu einer örtlichen Senkung der Grundwassertemperatur. Allerdings werden solche Temperaturanomalien immer wieder durch natürliche Prozesse abgebaut. Ferner sind Grundwasserverschmutzungen durch Schadstoffe möglich, die sich in der Regel nicht rückgängig machen lassen. Deshalb ist besonderer Wert auf die eingesetzten Kältemittel und die gleichzeitig im Kühlmittelkreislauf enthaltenen Schmieröle und Korrosionsschutzinhibitoren wie auch auf die Funktionssicherheit der Wärmepumpen zu legen. Dies gilt insbesondere für die weitgehend unkontrollierten Wärmepumpen in Wohnhäusern.

Bei den Altlasten wird nach Altstandorten und Altablagerungen unterschieden. Unter dem Begriff der Altstandorte werden stillgelegte Betriebsgrundstücke zusammengefaßt, auf denen mit umweltgefährdenden Stoffen umgegangen wurde. Neben den technischen Mängeln und dem unsachgemäßen Umgang können durch Unfälle und unerkannte Leckagen die wassergefährdenden Stoffe in den Untergrund gelangen. Außerdem sind häufig bei baulichen Veränderungen und Auflassungen der Betriebe wassergefährdende Stoffe auf den Grundstücken verblieben, die eine latente Gefährdung des Grundwassers darstellen.

Unter dem Begriff der Altablagerungen gehören kontrolliert betriebene Altdeponien, unkontrolliert betriebene Abfallkippen (Müllkippen) und wilde Abfallablagerungen, auf denen vor dem 11. Juni 1972 Abfälle abgelagert worden sind. Altablagerungen sind häufig in ehemaligen Sand- und Kiesgruben ohne Sohldichtung angelegt worden. Auch bei oberirdischen Deponien wurde in der Vergangenheit auf Basisabdichtungen nicht im notwendigen Maß bestanden. Altablagerungen sind oftmals sehr heterogen aufgebaut und beinhalten eine Vielzahl unterschiedlicher Schadstoffe.

Die hier nur exemplarisch angerissenen Problemfelder zeigen die vielfältigen Möglichkeiten von Grundwasserverunreinigungen auf.

1.3
Statistische Angaben

Die rechtliche Grundlage für die statistische Erhebungen bildet das Gesetz über Umweltstatistiken (UStatG). Seit dem Erhebungsjahr 1996 werden mit veränderten Grundsätzen und methodischen Vorgaben die Unfälle beim Umgang mit wassergefährdenden Stoffen und bei der Beförderung nach dem Gesetz über Umweltstatistiken von 1994 [USG-94] erfaßt. Auf der Grundlage des § 12 des Gesetzes über Umweltstatistiken werden die Unfälle beim gesamten Umgang mit wassergefährdenden Stoffen jährlich erhoben.

Gemäß § 13 werden außerdem die Anlagen zum Umgang mit wassergefährdenden Stoffen als solche im Hinblick auf länderspezifisch gesetzlich vorgesehene Überwachungsmaßnahmen erhoben. Dieses erfolgt erstmals im Jahre 2000 und in fünf-jährlichem Turnus.

Gemäß § 14 werden die Unfälle bei der Beförderung wassergefährdender Stoffe erhoben. Dieser Bereich existierte schon seit 1975, da er insbesondere wegen der großen Mineralölvolumina von besonderer Bedeutung ist. Die Ergebnisse werden vom Beirat „Lagerung und Transport wassergefährdender Stoffe" beim Bundesumweltministerium auf der Basis der beim Statistischen Bundesamt eingehenden Daten ausgewertet und als Ergebnisbericht des Umweltbundesamtes herausgegeben. Es handelt sich dabei um absolute Unfallzahlen. Die statistischen Angaben basieren auf den offiziellen Unfallmeldungen in den Ländern. Die Dunkelziffer wird dabei von den Experten insgesamt als sehr groß eingeschätzt.

In der Statistik über die Unfälle bei der Lagerung und beim Transport wurde vom Statistischen Bundesamt [SBA-97] eine Auswertung vorgenommen. Danach sind für die Jahre 1992 bis 1995 zusammengenommen 6.529 Unfälle erfaßt worden (Tabelle 1.1). Das sind im Durchschnitt 1.632 Unfälle pro Jahr. Damit war das Unfallgeschehen in Deutschland trotz Einbeziehung der neuen Länder in die Erhebung ab 1992 rückläufig. Im Zeitraum 1988 bis 1991 waren im früheren Bundesgebiet im Jahresdurchschnitt 1.757 Unfälle gemeldet worden. Diese Entwicklung trifft auch für das bei Schadensfällen ausgelaufene Volumen zu. Für 5.656 Fälle wird das ausgelaufene Volumen mit 12.442 m^3 angegeben, davon konnten bei 4.134 Unfällen die wassergefährdenden Stoffe entsorgt oder wieder einer Verwendung zugeführt werden. Mit einer wiedergewonnenen Menge von 8.185 m^3 wurden demnach rund zwei Drittel des freigesetzten Volumens aufgefangen. 1988 bis 1991 belief sich dieser Anteil in ähnlicher Größenordnung. In den Jahren 1992 bis 1995 haben fast 4.300 m^3 wassergefährdende Stoffe (kumulativ) den Boden bzw. ein Gewässer verunreinigt. Von Beginn der Erhebung 1975 bis 1991 waren es im früheren Bundesgebiet überschlägig berechnet 37.000 m^3.

Tabelle 1.1 Unfälle, ausgelaufenes und wiedergewonnenes Volumen bei der Lagerung und beim Transport wassergefährdender Stoffe

Jahr	Unfälle	Ausgelaufenes	Wiedergewonnenes	
	Anzahl	m^3		**%**
		Deutschland		
1992	1.825	1.480	999	68
1993	2.029	2.575	1.656	64
1994	1.407	4.649	3.301	71
1995	1.268	3.738	2.229	60
	6.529	**12.442**	**8.185**	**66**

Einen Überblick über den zeitlichen Verlauf des Unfallgeschehens nach Stoffarten gibt Abb. 1.2.

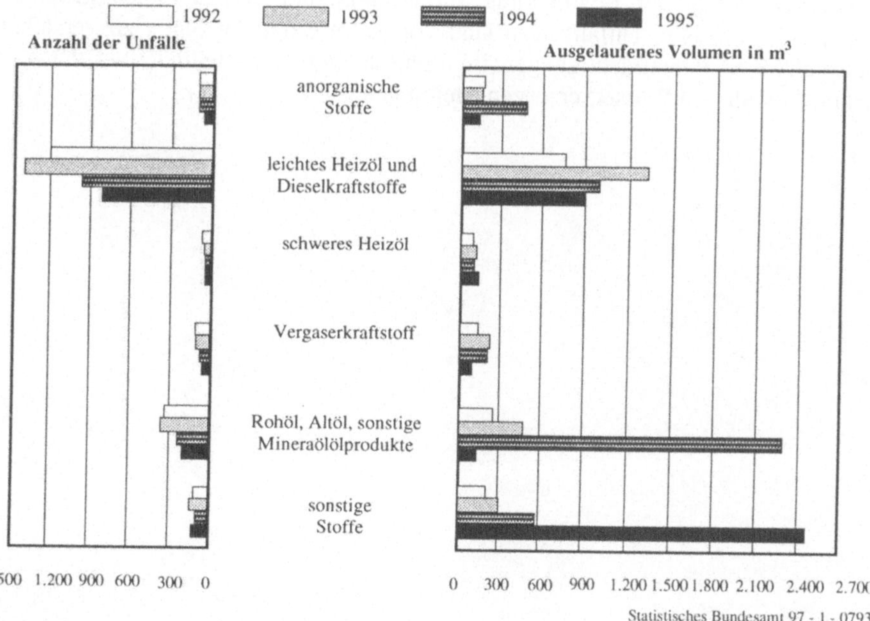

Abb. 1.2 Unfälle und dabei ausgelaufenes Volumen bei der Lagerung und beim Transport wassergefährdender Stoffe nach Stoffarten

Tabelle 1.2 Unfälle mit Unfallfolgen

| Jahr | Unfälle mit Anga-be zu Unfall-folgen*) | Verunreinigung | | | | | Gefähr-dung einer Wasser-ver-sorgung | Sonstige Folgen |
		des Bodens	eines Kanal-netzes	eines Gewäs-sers	einer Wasser-ver-sorgung	der Luft		
1992	1.590	1.094	416	558	5		22	110
1993	1.737	1.101	397	718	13	30	43	78
1994	1.180	824	257	413	10	18	29	89
1995	1.087	710	235	384	7	8	28	110
	5.594	**3.729**	**1.305**	**2.073**	**35**	**56**	**122**	**387**

*) Mehrfachnennungen möglich

Für 5.594 Unfälle, das sind 86% aller 1992 bis 1995 gemeldeten Fälle, wurden eine oder mehrere Arten von Beeinträchtigungen für die Umwelt registriert (Tabelle 1.2). Danach wird bei zwei Dritteln der Fälle eine Verunreinigung des Bodens als Unfallfolge erfaßt. Das ist unter anderem damit begründet, daß sich fast drei Viertel aller Unfälle bei der Lagerung wassergefährdender Stoffe ereigneten. Durch den Eintrag wassergefährdender Stoffe wurde in 35 Fällen die Trinkwasserversorgung der Bevölkerung verunreinigt und in 122 Fällen gefährdet. Unter den sonstigen Unfallfolgen sind vor allem Sekundärfolgen zu verstehen, beispielsweise Beeinträchtigungen für Mensch und Tier, Behinderung des Verkehrs, Ausfall von Wasserversorgungsleitungen.

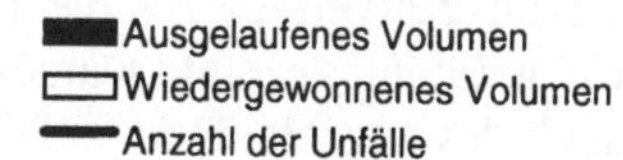

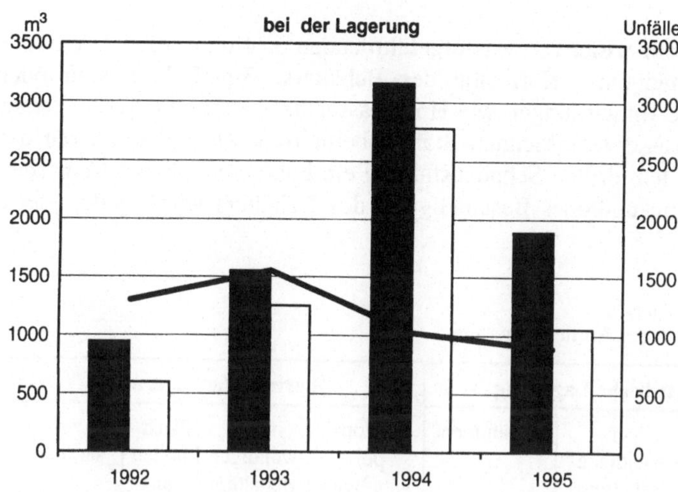

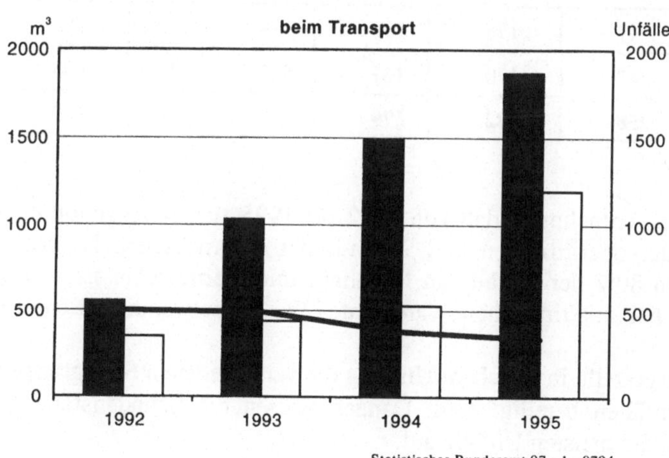

Abb. 1.3 Unfälle mit wassergefährdenden Stoffen

In Abb. 1.3 ist das Unfallgeschehen im Zeitverlauf für die Lagerung und den Transport wassergefährdender Stoffe getrennt gezeigt. Daraus ergibt sich, daß sowohl die Anzahl der Unfälle als auch das ausgelaufene Volumen aus Behältern für die Lagerung von wassergefährdenden Stoffen in jedem Jahr größer ist als beim Transport.

Unfälle bei der Lagerung von wassergefährdenden Stoffen werden u. a. durch mechanische Beschädigung, Korrosion des Behälters, Brand, Explosion oder durch andere äußere Einwirkungen wie Hochwasser hervorgerufen. Ferner treten auch Unfälle mit wassergefährdenden Stoffen beim Befüllen und Entleeren der Behälter auf. Bei jedem dritten Schadensfall lag ein Fehlverhalten von Menschen vor; durch Korrosion und/oder Beschädigung des Behälters wurde jeder vierte Unfall verursacht.

Tabelle 1.3 Unfälle nach der Art der Lagerung

Jahr	Unterirdische Lagerung			Oberirdische Lagerung			
	in doppel-wandigen Behältern	in ein-wandigen Behältern	zusammen	in doppel-wandigen Behältern	in ein-wandigen Behältern	Flach-boden-tanks	zu-sammen
1992	200	72	272	127	741	15	883
1993	204	98	302	179	880	28	1.087
1994	137	41	178	136	574	14	724
1995	123	47	170	137	540	18	695
	664	**258**	**922**	**579**	**2.735**	**75**	**3.389**

Der Tabelle 1.3 ist zu entnehmen, daß von 1992 bis 1995 zusammengenommen 3.389 Unfälle aus der oberirdischen und 922 aus der unterirdischen Lagerung registriert worden. In 80% der Unfälle an Behältern mit oberirdischer Lagerung waren einwandige, bei unterirdischen waren zu 72% doppelwandige Behälter betroffen.

In Abb. 1.4 ist dargestellt, in welchem Umfang die verschiedenen Stoffgruppen an den Lagerungsunfällen beteiligt sind. Danach weisen die Schadensfälle an Behältern mit Heizöl die meisten Unfälle auf.

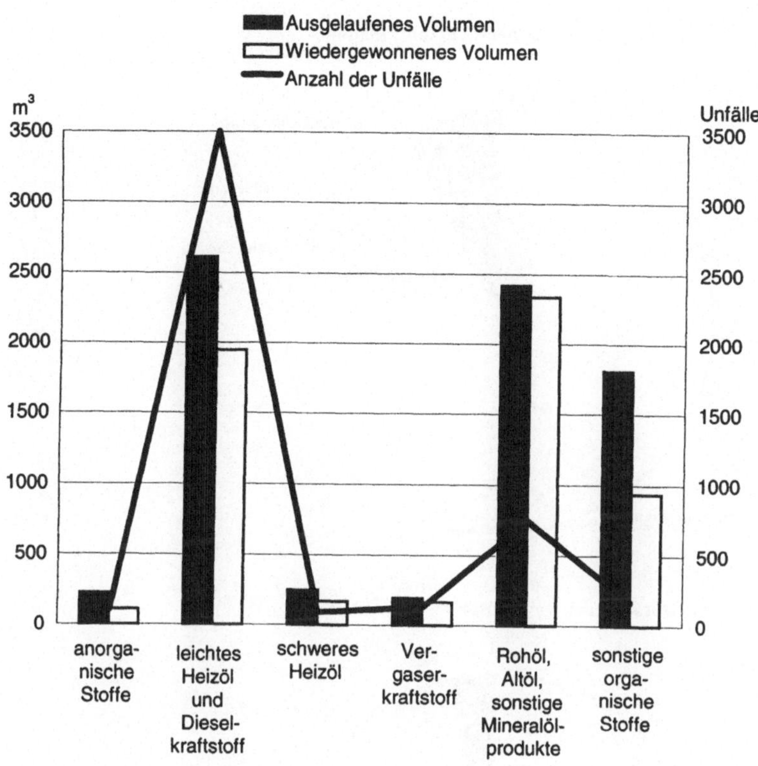

Abb. 1.4 Unfälle bei der Lagerung wassergefährdender Stoffe 1992 bis 1995 nach Stoffarten

Unfälle beim Transport wassergefährdender Stoffe sind in Abb. 1.5 dargestellt. Danach wurden im Beobachtungszeitraum rund 80% aller Güter durch den Straßengüterverkehr befördert, während der Güterverkehr auf dem Schienenweg 8% und die Binnenschiffahrt 5% hatte. Aus den Anteilen der Unfälle mit wassergefährdenden Stoffen nach der Art des Transportmittels ergibt sich eine etwas andere Relation.

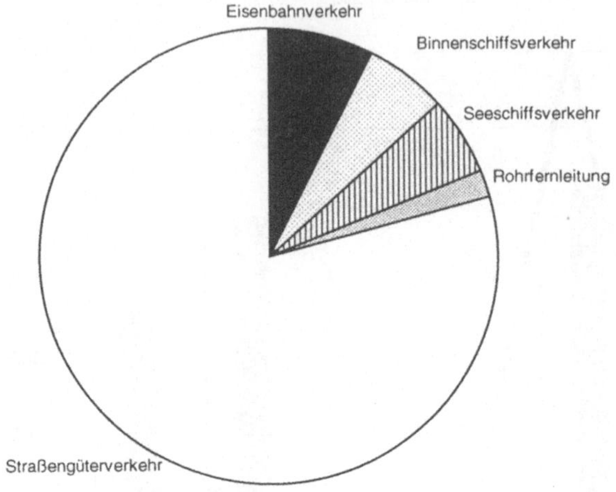

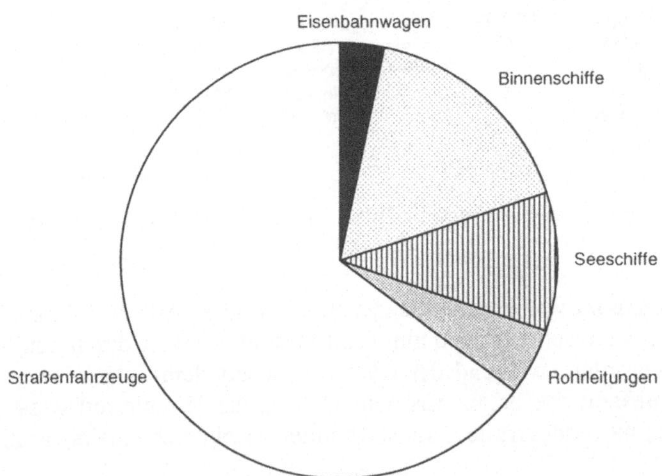

Statistisches Bundesamt 97 - 1 - 0796

Abb. 1.5 Unfälle beim Transport wassergefährdender Stoffe 1992 bis 1995

Straßenfahrzeuge waren an den Transportunfällen mit wassergefährdenden Stoffen zu zwei Dritteln beteiligt. Bezogen auf die Straßenverkehrsunfälle mit Sachschaden im Zeitraum 1992 bis 1995 ergeben die gemeldeten 1.060 Unfälle eine Unfallquote von 1,4 Unfälle mit wassergefährdenden Stoffen auf 10.000 Straßenverkehrsunfälle. Durch Binnenschiffe wurden knapp 17% der Transportunfälle mit wassergefährdenden Stoffen, durch Seeschiffe und Rohrleitungen jeweils etwa 7% verursacht.

Mit dieser Auswertung kann wegen des kurzen Beobachtungszeitraumes nicht geschlußfolgert werden, daß ein eindeutiger Trend hinsichtlich der Unfallzahlen und der beteiligten Mengen nachzuweisen ist. Die absoluten Zahlen unterliegen Schwankungen, die überwiegend stochastisch sind. Gleichwohl geben die Zahlen einen Anhalt für die Situation.

Die Erhebungen über Unfälle bei der Lagerung und beim Transport wassergefährdender Stoffe nach dem Gesetz über Umweltstatistiken (UStatG) vom März 1980 dienten dem Ziel, aus den quantifizierbaren Sachverhalten und Tendenzen auf Gefährdungspotentiale bei Lagerbehältern sowie Fahrzeugen und Schiffen aufmerksam zu machen. Mit der Einführung des UStatG vom September 1994 werden neue Akzente gesetzt, um die Informationen über das Unfallgeschehen sowohl beim Umgang mit wassergefährdenden Stoffen – das ist das Lagern, Abfüllen, Umschlagen, Herstellen, Behandeln und Verwenden – als auch bei der Beförderung von wassergefährdenden Stoffen zu verbessern. In größerem Umfang können Schadensfälle aus dem gewerblichen Bereich, aus öffentlichen Einrichtungen und privaten Haushalten berücksichtigt werden, die möglicherweise noch mehr Belastungen für die Umwelt mit sich bringen als aus den bisherigen Ergebnissen sichtbar wurde. Größere Aufmerksamkeit wird auch auf die Kosten für Gefahrenabwehr und Sanierung gelenkt. Von nicht unwesentlicher Bedeutung für die Validität der Erhebungen dürfte die vom Gesetzgeber vorgegebene Definition des Unfalls sein. Als Unfall gilt das bestimmungswidrige Austreten einer im Hinblick auf den Schutz der Gewässer nicht unerheblichen Menge wassergefährdender Stoffe.

2 Grundzüge der Umweltpolitik

2.1
Überblick

Mit der Verabschiedung des Umweltprogramms der Bundesregierung von 1971 [UPB-71] wurden die drei Umweltprinzipien Verursacherprinzip, Vorsorgeprinzip und Kooperationsprinzip eingeführt. Sie sind heute, 25 Jahre später, noch genauso uneingeschränkt gültig. Dabei haben sich im Laufe der Zeit lediglich die Schwerpunkte verlagert. Waren die 70er Jahre bis Mitte der 80er Jahre geprägt vom reparierenden Umweltschutz, so verlagerte sich, nachdem erhebliche Maßnahmen realisiert wurden, der Schwerpunkt zum vorsorgenden Umweltschutz.

So bestimmten zunächst Verursacher- und Kooperationsprinzip die Leitlinien der Umweltpolitik. Ausgelöst durch die vielen Schadensfälle und den Erkenntniszuwachs, trat das Vorsorgeprinzip mehr und mehr in den Vordergrund staatlichen Handelns, um die Ziele

- Sicherung von Gesundheit und Wohlbefinden des Menschen,
- Erhaltung der Leistungsfähigkeit des Naturhaushalts,
- langfristige Gewährleistung zivilisatorischen Fortschritts und volkswirtschaftlicher Produktivität,
- Vermeidung von Schäden an Kultur- und Wirtschaftsgütern,
- Bewahrung von Landschaft, Pflanzen- und Tierwelt

konsequenter zu verwirklichen.

Definition Verursacherprinzip
Umweltbelastungen verursachen Kosten. Das Verursacherprinzip bestimmt, daß grundsätzlich der Verursacher die Kosten der Umweltbelastungen zu tragen hat.

Das Verursacherprinzip stellt die politische Grundsatzentscheidung dar, daß die Umweltbelastungen als Kosten den Nutzen von Umweltgütern zuzurechnen sind und durch geeignete Instrumente sicherzustellen ist, daß die Kosten in die individuellen Kostenkalkulationen der Wirtschaftssubjekte eingehen. Das Verursacherprinzip ist ein ökonomisches Kostenrechnungsprinzip. Voraussetzung der Kostenzurechnung ist jedoch, daß die Verursacher von Umweltbelastungen bekannt sind. Fehlt diese Information – z. B. vielfach bei Umweltschäden aus der Vergangenheit (Altlasten) oder bei synergistischen Schadwirkungen –, so scheitert die Anwendung des Verursacherprinzips.

In diesen Fällen ist das Gemeinlastprinzip anzuwenden, d. h. die Allgemeinheit hat die Kosten zu tragen. Dieses Prinzip sollte nur auf die beiden Ausnahmefälle akuter ökologischer Notstände und der Nichtfeststellbarkeit von Verursachern beschränkt bleiben. Alles andere ist umwelt-, wirtschafts- und sozialpolitisch fatal.

Die Verwirklichung des Verursacherprinzips erfolgt in instrumenteller Hinsicht durch ordnungsrechtliche Ge- und Verbote, durch staatliche Programme sowie durch Abgaben auf Umwelteingriffe (einziges Beispiel z. Zt. Abwasserabgabe).

Definition Kooperationsprinzip

Das Kooperationsprinzip ist ein Leitbild für die Ausgestaltung umweltpolitischer Entscheidungsprozesse. Die Bundesregierung hat das Kooperationsprinzip wie folgt formuliert: „Nur aus der Mitverantwortlichkeit und der Mitwirkung der Betroffenen kann sich ein ausgewogenes Verhältnis zwischen individuellen Freiheiten und gesellschaftlichen Bedürfnissen ergeben. Eine frühzeitige Beteiligung der gesellschaftlichen Kräfte am umweltpolitischen Willensbildungs- und Entscheidungsprozeß ist deshalb von der Bundesregierung vorangetrieben worden, ohne jedoch den Grundsatz der Regierungsverantwortlichkeit in Frage zu stellen."

Definition Vorsorgeprinzip

Umweltpolitik erschöpft sich nicht in der Abwehr drohender Gefahren und der Beseitigung eingetretener Schäden. Vorsorgende Umweltpolitik verlangt darüber hinaus, daß die Naturgrundlagen geschützt und schonend in Anspruch genommen werden.

Dies ist durch die Weiterentwicklung des Umweltschutzgedankens geschehen. Umweltschutz wurde durch den Begriff der Umweltvorsorge erweitert, der in den Leitlinien Umweltvorsorge der Bundesregierung [DBT-86] definiert wurde. *Umweltvorsorge* ist als politisches Handlungsprinzip mit drei Schwerpunkten angelegt und umfaßt

> *„alle Handlungen,*
> *– die der Abwehr konkreter Umweltgefahren,*
> *– die im Vorfeld der Gefahrenabwehr der Vermeidung oder Verminderung von Risiken für die Umwelt*
> *– und die vorausschauend der Gestaltung unserer zukünftigen Umwelt, insbesondere dem Schutz und der Entwicklung der natürlichen Lebensgrundlage dienen".*

Mit dem Erdgipfel 1992 von Rio de Janeiro [BMU-92, SRU-94] kommen mit dem Gedanken der **nachhaltigen Entwicklung** (Sustainable Development) zwei wesentliche, neue Gesichtspunkte hinzu. Mit dem Begriff der Nachhaltigkeit wird eine Entwicklung bezeichnet, in der die Bedürfnisse heutiger Generationen befriedigt werden sollen, ohne die Bedürfnisse kommender Generationen zu gefährden. Mit diesem Leitbegriff verbindet sich die Erkenntnis, daß umweltpolitische Probleme nicht isoliert von der wirtschaftlichen und sozialen Entwicklung betrachtet werden können, sondern ein ganzheitlicher Ansatz erforderlich ist. Die alte Entwicklungsmaxime, zunächst ökonomischen Wohlstand zu erreichen und die sozialen und ökologischen Folgen später zu reparieren, ist hinfällig geworden. Das neue Denken erfordert eine integrale Betrachtung von ökologischen, sozialen und ökonomischen Belangen.

Im Sinne dieser Leitlinien von Umweltvorsorge und Nachhaltigkeit muß der Staat konkrete Umweltgefahren vorsorgend abwehren und schützend eingreifen, wenn z. B. Stoffeinträge erkennbar geeignet sind, Schäden für die formulierten Schutzziele herbeizuführen. Konkret ist eine Gefahr dann, wenn der Schadensumfang erheblich und nach wissenschaftlicher Erkenntnis eine hinreichende Eintrittswahrscheinlichkeit gegeben ist.

Damit ist das Vorsorgeprinzip zum zentralen Leitmotiv der deutschen Umweltpolitik geworden. Das Vorsorgeprinzip verlangt, daß sich umweltpolitische Ziele auf die Minimierung von Umweltbelastungen bei ordnungsgemäßer und bei nicht ordnungsgemäßer Umweltnutzung erstrecken. Das Vorsorgeprinzip nimmt die wissenschaftlich-technische Leistungsfähigkeit in Anspruch, um durch die Vermeidung von Emissionen die nicht beherrschbaren Probleme z. B. des Stoffeintrages in die Umwelt zu minimieren.

Das Vorsorgeprinzip als solches steht nicht zur Disposition und Diskussion; es ist gesellschaftspolitisch allgemein akzeptiert. Nur die daraus abgeleiteten Maßnahmen, das taktische und methodische Vorgehen, stimmen teilweise nicht überein mit dem hohen Anspruch, der hinter der Vorsorge steht.

Die Umsetzung des Vorsorgeprinzips muß sich an den erkenntnistheoretischen, wissenschaftlichen und technischen Möglichkeiten orientieren. Daraus sind die Vorsorgemaßnahmen zu entwickeln. Die rechtliche Grundlage für die erforderlichen Vorsorgemaßnahmen bildet die Wertordnung in den Grundrechten. Sie verpflichtet nach Art. 2 Abs. 2 Grundgesetz (GG) den Staat zum Schutz von Leben und körperlicher Unversehrtheit [BRD-49].

> ***Artikel 2 Grundgesetz***
> *(2) Jeder hat das Recht auf Leben und körperliche Unversehrtheit. Die Freiheit der Person ist unverletzlich. In diese Rechte darf nur auf Grund eines Gesetzes eingegriffen werden. Die erforderliche Sicherheit und damit die Risikogrenze hängt von dem Gefährdungspotential eines technischen Systems, eines Produktes ab. Das verpflichtet zur Gefahrenabwehr und Gefahrenvorsorge. Damit ist auch die Frage nach der Abgrenzung zwischen erforderlicher Risikovorsorge und hinzunehmendem Restrisiko aufgeworfen.*

Aus Art. 2 Abs. 2 GG ist ableitbar, daß der Staat technische Risiken nicht tolerieren kann, wenn sie nicht prinzipiell beherrschbar sind. Eine ungewisse Hoffnung auf einen zukünftigen Stand von Wissenschaft und Technik darf niemals neue gefahrvolle Technologien und Produkte mit hohem Gefährdungspotential rechtfertigen. Dieses würde eindeutig das Prinzips der Nachhaltigkeit verletzen.

Das bedeutet jedoch nicht, Technik a priori aus unserer Zivilisation zu verbannen. Nicht Verminderung oder gar Eliminierung der Technik heißt also das Gebot der Stunde, sondern das Bekenntnis zu einer Technik, in der und mit der die Menschen leben wollen und können sowie die Bedürfnisse kommender Generationen garantieren können. Da ein Ausstieg aus der technischen Zivilisation nicht möglich ist, ist uns eine positive Grundhaltung zu ihr als Verpflichtung aufgegeben. Die Auswirkungen ihrer Anwendung unterliegen in vollem Umfang unserer Verantwortung. Man muß mit den Mitteln der Technologie die aus der Technik resultierenden Umweltprobleme lösen. Man muß aber auch die organisatorischen Bedingungen und Entscheidungsstrukturen ändern, um die gebotene Technologieentwicklung und -anwendung realisieren zu können. Das erfordert auch Mut, aus

Vorsorge und Verantwortung heraus nicht beherrschbare Techniken oder Technologien mit einem hohen Gefährdungspotential zu verbieten.

Die Beherrschung der stofflichen und belebten Umwelt bleibt deshalb die vorrangige Herausforderung der vor uns liegenden Jahre. Die anstehenden Probleme sind dabei nicht auf einzelne Medialbereiche wie Luft, Wasser oder Boden bezogen und können deshalb nur im Zusammenhang gelöst werden.

Jedes ökologische System stellt eine komplexe Beziehung voneinander unabhängiger Größen dar, die sich gegenseitig beeinflussen und das System ständigen Änderungen unterwerfen. Außerdem werden die Ökosysteme durch den Eintrag naturfremder und natürlicher Stoffe und Mikroorganismen so unbestimmt, daß die Vorgänge in diesen Systemen prinzipiell außerhalb der menschlichen Erkenntnis liegen.

Im Gegensatz dazu ist die Kontrolle technischer Prozesse bei der Herstellung, der Verarbeitung, dem Verbrauch und der Beseitigung von Stoffen eine technisch bereits gelöste Aufgabe. Die Fähigkeit, schwierigste Probleme gerade bei der Vermeidung von Emissionen von Stoffen zu bewältigen, ist unter Beweis gestellt worden [LÜH-87].

Das Vorsorgeprinzip nimmt die wissenschaftlich-technische Leistungsfähigkeit in Anspruch, um durch die Vermeidung von Emissionen die nicht beherrschbaren Probleme des Stoffeintrags in die Umwelt zu minimieren.

Vorsorge heißt handeln im Bewußtsein der Begrenztheit menschlicher Erkenntnisfähigkeit.

Vorsorge heißt handeln bei begründeten Verdachtsmomenten (Besorgnisgrundsatz).

Vorsorge heißt Umkehr der Beweislast – nicht im juristischen, sondern im methodischen Sinn. Der, der einen Stoff in die Umwelt entlassen will, hat die Unbedenklichkeit „nach bestem Wissen und Gewissen" nachzuweisen.

Vorsorge heißt weitgehende Vermeidung der Verteilung/Verdünnung von Stoffen in die Umwelt.

Vorsorge heißt Forschung, um frühzeitig Gefahren aufspüren zu können.

Vorsorge heißt schließlich, die beste Technologie anzuwenden, um Gefahren für die Umwelt abzuwehren.

Einwirkungen auf die Umwelt, die zu lebens- und gesundheitsgefährdenden Folgen für die Menschen führen, verstoßen gegen Art. 2 Abs. 2 GG. Dabei stellt sich die Frage, ob das Recht auf körperliche Unversehrtheit sich nur auf den physischen Zustand des Menschen beschränkt oder auch sein psychisches Wohlbefinden einschließt. Folgt man der sehr weiten Definition des Gesundheitsbegriffs durch die Weltgesundheitsorganisation, so kann dies nicht zweifelhaft sein. Hiernach ist Gesundheit nicht nur die Abwesenheit von Krankheit, sondern ein „Zustand des vollständigen körperlichen, geistigen und sozialen Wohlbefindens". Das Bundesverfassungsgericht neigt zu dieser weiten Auffassung, hat allerdings 1981 in seiner Fluglärmentscheidung noch offengelassen, ob auch das psychische Wohlbefinden schlechthin unter den Schutz des Art. 2 Abs. 2 GG falle.

Das eigentliche Problem besteht in der Frage, in welchem Umfang Vorsorge notwendig ist. Natürlich darf der Staat nicht erst den Eintritt eines Schadens abwarten, weil dann der Schutz grundrechtlich gewährleisteter Rechtsgüter zu spät käme. Allenfalls könnte der Schaden in Grenzen gehalten werden. Wo Gesundheit oder gar Leben betroffen sind, gibt es keine Vorsorge, sondern allenfalls eine notwendig unzulängliche „Nachsorge".

Im Rahmen der Risikovorsorge stellt sich eine neue und verfassungsrechtlich noch nicht zu Ende diskutierte Frage nach der Vorsorge bei der Entsorgung. Das gilt gleichermaßen für die Entsorgung von verbrauchten radioaktiven Brennelementen und von chemischen Abfällen mit hohem Gefährdungspotential. Allgemein läßt sich sagen, der Blick über die nahe Zukunft hinaus muß sich auch auf die Frage richten, welche Folgen für künftige Generationen ein Handeln – oder ein Unterlassen – in der Gegenwart hat.

Da es bei der Einführung einer neuen Technik niemals möglich sein wird, mit letzter Sicherheit jeden theoretisch denkbaren Schaden auszuschließen, besteht in Literatur und Rechtsprechung weitgehende Einigkeit darüber, daß die Hinnahme eines Restrisikos unvermeidlich ist. Gleichzeitig muß es allerdings möglich sein, die Einführung einer neuen Technologie bzw. neuer Stoffe zu untersagen, wenn im Rahmen der Risikoabschätzung die Grenzen der menschlichen Erkenntnisfähigkeit erreicht werden.

Der Rat von Sachverständigen für Umweltfragen hat in seinem Nordseegutachten von 1980 [SRU-80] zum Vorsorgeprinzip und zur Anwendung vorsorgender emissionsbegrenzender Maßnahmen ausführlich Stellung genommen. Er läßt keinen Zweifel daran, daß das Vorsorgeprinzip über folgendes hinausgeht:

- eine vorgeschobene Gefahrenabwehr, bevor Störungen der Meeresökologie oder konkrete Gefahrensituationen für einzelne Arten erkennbar werden;
- emissionsbezogene Maßnahmen, die konkrete Gefahren für die Meeresumwelt und nachweisbare Schadwirkungen gar nicht erst entstehen lassen (insbesondere bei solchen Stoffen, bei denen eine schädliche Wirkung zu befürchten ist, ein konkreter Nachweis jedoch aussteht).

Zwei Absätze des Gutachtens von 1980 machen den Anspruch des Sachverständigenrats besonders deutlich:

> *„Daher fände das Vorsorgeprinzip seinen deutlichsten Ausdruck in der allen Verursachern auferlegten Verpflichtung, bei ihren Nutzungen die jeweils verfügbare Vermeidungstechnik auch dann anzuwenden, wenn noch nicht nachweisbar ist, daß sonst mit konkreten Gefahren oder Schäden für die Meeresökologie gerechnet werden müßte. Es werden Emissionsnormen festgesetzt, die der Verursacher im Einzelfall erfüllen muß, ohne daß sein Einwand rechtlich relevant und zulässig wäre, unter den gegebenen Verhältnissen würde sich weder eine konkrete Gefahr noch eine Schädigung der Meeresökologie zeigen".*

> *„Für einen Teilbereich kann das Vorsorgeprinzip schließlich auch noch strenger formuliert werden: Danach darf in die Stoff- und Energiekreisläufe sowie das Artengefüge eines Ökosystems überhaupt nicht eingegriffen werden, insbesondere nicht durch Eintrag von naturfremden Stoffen, die nicht oder schwer abbaubar sind oder sich in Lebewesen anreichern. Ob ein naturfremder Stoff nach den bisherigen Erkenntnissen überhaupt toxisch wirkt, sei es allein oder erst im Zusammenhang mit anderen Stoffen, und somit Beeinträchtigungen der Meeresumwelt hervorruft, bleibt dabei außer Betracht".*

Das Gutachten von 1980 trägt dabei der Tatsache Rechnung, daß „Gefahren-abwehr" und „befürchtete schädliche Wirkungen" jeweils bereits eine vorwegge-nommene Bewertung der Eigenschaften und der Wirkungen von emittierten Stof-fen enthalten. Der Sachverständigenrat war sich im klaren darüber, daß bei der Anwendung des Vorsorgeprinzips in seiner unmißverständlichen Form Schwie-rigkeiten zu erwarten sind. Neben den ökonomischen Widerständen wird auf die Probleme bei der Durchsetzung im internationalen und supranationalen Bereich verwiesen. Wichtig erscheint allerdings die grundsätzliche Anmerkung des Sach-verständigenrates zum Vorsorgeprinzip als Rechtsprinzip:

> *„Wo das Vorsorgeprinzip als Rechtsprinzip mit konkreten Pflichten aus-gefüllt und praktisch vollziehbar gemacht ist, wird seiner Anwendung im Einzelfall immer häufiger der Grundsatz der Verhältnismäßigkeit entge-gengehalten. Dadurch wird die Absicht, schon das Entstehen ökologi-scher Gefahrenquellen abzufangen, relativiert und auf lange Sicht aufge-hoben ..."*

In der juristischen Diskussion gibt es unterschiedliche Auslegungen. Auf der ei-nen Seite sollen die langfristige Bewahrung und Schonung der natürlichen Ver-hältnisse mitbetrachtet werden, während auf der anderen Seite die Vorsorge nur auf die Gefahren beschränkt sein soll, was eine wesentlich engere Auslegung als der Inhalt des umweltpolitischen Vorsorgeprinzips darstellt.

Das **Vorsorgeprinzip** führt stets über einen Abwägungsprozeß, der vom Be-sorgnisgrundsatz und Verhältnismäßigkeitsgrundsatz bestimmt wird (Abb. 2.1). Ziel des Vorsorgeprinzips ist es, so wenig Emission wie möglich bzw. gar keine Emissionen (falls jegliche Emission unverhältnismäßig wäre, siehe Atomrecht) mit vernünftigen und machbaren Mitteln in die Umwelt gelangen zu lassen. Die-ser Prozeß hat jeweils für den Einzelfall stattzufinden bzw. ist politisch über die rechtliche Verankerung von Technologieniveaus (z. B. allgemein anerkannte Regeln der Technik, Stand der Technik, Stand von Wissenschaft und Technik, einfach und herkömmlich, Produktanforderungen) oder den Ausschluß von Nut-zungen (z. B. in Trinkwasserschutzzonen, Dumping-Verbot auf hoher See) vor-weggenommen.

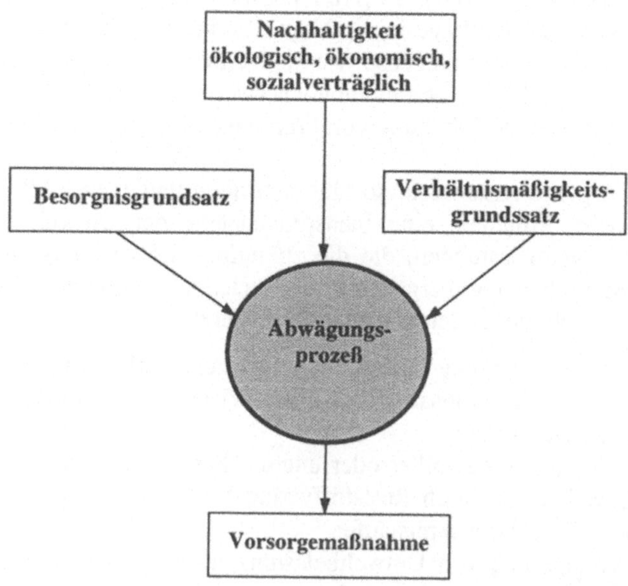

Abb. 2.1 Der Abwägungsprozeß zur Realisierung des Vorsorgeprinzips

Der **Besorgnisgrundsatz** beschreibt den Verdacht auf nachteilige Wirkungen/Auswirkungen. Er verlangt damit eine Bewertung bzw. Risikobetrachtung der Immissions- und Wirkungssituation.

Der **Verhältnismäßigkeitsgrundsatz** ist verfassungsrechtlich (Art. 20 GG) festgelegt. Er beinhaltet die drei gleichwertig zu berücksichtigenden Komponenten „ökonomische Vertretbarkeit (betriebs- und volkswirtschaftlich), technische Angemessenheit und standortspezifische Verträglichkeit".

Ausgangspunkt für die Abwägung ist das Prinzip der Nachhaltigkeit, wonach Maßnahmen nur zu treffen sind, wenn sie ökologisch, ökonomisch und sozial verträglich sind.

Mit dieser Ausrichtung bestimmt das umweltpolitische Vorsorgeprinzip ganz entscheidend die Vorgaben für staatliches Handeln im Umweltschutz. Das Vorsorgeprinzip muß insoweit als den Inhalt staatlicher Umweltpolitik maßgebend prägende Leitlinie begriffen werden. Seine wirksame Umsetzung in die praktische Politik setzt allerdings voraus, daß das Prinzip selbst inhaltlich und instrumentell hinreichend konkretisiert wird. Nur unter dieser Voraussetzung kann das Prinzip überhaupt eine umweltpolitische Entscheidungen leitende Wirkung entfalten und können die der Vorsorgeidee zugrunde liegenden Wertungen auf das Verständnis der rechtlichen Ausprägungen des Prinzips ausstrahlen.

Es liegt nahe, für die Inhaltsbestimmung zunächst die Ziele genauer zu umschreiben, die mit einer Vorsorgepolitik im oben genannten Sinne verfolgt werden können, den Inhalt also über die Funktionen des umweltpolitischen Vorsorgeprinzips zu bestimmen. Daß dabei rechtliche Kategorien nicht unbedingt im Vordergrund stehen, zeigt bereits der weite Vorsorgebegriff, den die Bundesregierung in den „Leitlinien Umweltvorsorge" von 1986 [DBT-86] verwendet: er erfaßt die Abwehr von Gefahren, wenn Stoffeinträge in die Umwelt erkennbar zu Schäden für Mensch und Umwelt führen können, ebenso wie die Vermeidung von Risiken bei Unsicherheit darüber, ob und inwieweit es möglicherweise zu Schäden kommen kann, und die vorausschauende Erhaltung von Freiräumen für die Entfaltung künftiger Generationen.

Faßt man diese drei Aspekte zusammen, so läßt sich als grundlegendes Ziel umweltpolitischer Vorsorge festhalten, eine Inanspruchnahme der Umwelt so gering zu halten, daß Umweltbelastungen, die die zukünftige Entwicklung der Lebensgrundlagen des Menschen vorübergehend oder dauerhaft verstellen können, erst gar nicht entstehen. Weiter bedeutet dies insbesondere:

- Schonung und sparsame Verwendung insbesondere nicht erneuerbarer natürlicher Ressourcen, u. a. durch den Einsatz von auf die Wiederverwendung von Stoffen zielenden Verfahrensweisen;
- Vermeidung bzw. Verringerung gewollter oder ungewollter Einträge und Ablagerungen in die Umwelt etwa durch Reststoffvermeidung und -verwertung oder durch geschlossene Produktionskreisläufe;
- Verhinderung einer Verlagerung von Umweltbelastungen durch medienübergreifend abgestimmte Vermeidungsanstrengungen;
- Verminderung der mit Stoffeinträgen und -anreicherungen verbundenen Risiken für die Umwelt durch eine Minimierung von Schadstoffemissionen nach Konzentrationen und Frachten.

Die mit der Umweltvorsorge verbundenen Zielvorstellungen laufen darauf hinaus, Handlungsweisen mit erheblichem Gefährdungspotential für die Umwelt sehr frühzeitig und möglichst lückenlos zu erfassen und mindestens in risikoärmere Bahnen zu lenken. Mit ihrem zeitlich vorverlagerten und naturwissenschaftliche Unsicherheiten ignorierenden Handlungsansatz bezweckt Vorsorgepolitik, die natürlichen Lebensgrundlagen des Menschen möglichst weit vorausschauend zu sichern und zu erhalten.

2.2
Vorsorgepolitik zum Schutz von Grundwasser

Der früheste Niederschlag des Vorsorgeprinzips im nationalen Recht findet sich im Atomrecht. Das Atomgesetz verwendet zwar den Begriff der Vorsorge im Sinne präventiver Gefahrenabwehr. Die Rechtsprechung hat diese Vorsorge aus der Gefahrenabwehr aber vorverlagert in den Bereich des „Gefahrenverdachtes", d. h. des praktischen Ausschlusses von Gefahren und Risiken nach dem Stand von Wissenschaft und Technik. Als bekanntester legislativer Ausdruck des Vorsorgeprinzips gilt seit 1974 das Bundes-Immissionsschutzgesetz. Danach hat eine Emissionsminimierung unabhängig von der Immissionssituation nach dem Stand der Technik zu erfolgen.

Auch das Waschmittelgesetz enthält seit 1986 ein Minimierungsgebot hinsichtlich des Bedarfs technischer Einrichtungen an Wasch- und Reinigungsmitteln, Wasser und Energie.

Das Abfallgesetz von 1986 realisiert mit dem Vermeidungs- und Verwertungsgebot den Vorsorgegedanken.

Als weitere Instrumente der Umweltvorsorge sind die Methoden Umweltverträglichkeitsprüfung (UVP) und die Technologieabschätzung (TA) zu nennen.

Die Umweltverträglichkeitsprüfung ist ein Verfahren zur Sicherung einer umfassenden Berücksichtigung von Umweltbelangen bei allen signifikanten umweltrelevanten Entscheidungen. Eingeführt wurde die UVP schon im Jahre 1969 in Amerika durch den National Environmental Policy Act (NEPA). Wobei als UVP-pflichtige „Maßnahmen" nicht nur konkrete, von den Bundesbehörden durchgeführte Projekte angesehen wurden, sondern auch behördliche Programme, Rechtsvorlagen, Verwaltungsvorschriften und Verfahrensregelungen sowie informelle Handlungen, wenn ihnen erhebliche Umweltrelevanz zukam. Diese Übertragung auf die Programm- bzw. Planungsebene ist in der Bundesrepublik Deutschland nicht vollständig geschehen, wohl aber die Anwendung auf private Projekte.

Die Technikfolgenabschätzung (TA) umfaßt dagegen neben der Folgenabschätzung auf die Umwelt und die Gesundheit des Menschen – eingeschlossen die Analyse von Unfallrisiken – auch die Folgenabschätzung auf soziale und ökonomische Strukturen. Zusätzlich wird der Stand einer Technik und ihre Entwicklungsmöglichkeiten analysiert, sowie die Folgen von Alternativen aufgezeigt. Eine umfassende, in der Regel standortgebundene TA wird aber aufgrund des Aufwandes immer nur in Einzelteilen durchgeführt werden können. Deshalb ist sie auch nicht rechtlich verankert.

Als ein weiteres Instrument kommt ab 1.10.96 das Kreislaufwirtschaftsgesetz zur Anwendung, dessen Ziel es ist, das Produkt von der Wiege bis zur Bahre so zu verfolgen, daß die ökologischen Belastungen minimiert werden. Hiermit wird eine konsequente ökologische Stoff-/Produktverträglichkeit gefordert, die insbesondere durch die Produktverantwortlichkeit nach § 22 KrWG hervorgehoben ist.

Das Vorsorgeprinzip wurde mit der 5. Novelle von 1986 zum Wasserhaushaltsgesetz [BMU-86] weiter dadurch realisiert, indem die Vorschriften an das Einleiten von Abwässern in die Gewässer (§ 7 a) dahingehend geändert wurden, daß bei gefährlichen Stoffen entsprechend dem Immissionsschutzrecht der Stand der Technik, unabhängig von der Qualität des aufnehmenden Mediums einzuhalten ist. Seit der 6. Novelle von 1996 zum Wasserhaushaltsgesetz [BMU-96] wurde das Vorsorgeprinzip noch weiter erweitert, indem alle Abwassereinleitungen dem Stand der Technik zu unterwerfen sind.

In dem Gesamtfeld der stofflichen Umwelt stellt der Umgang mit wassergefährdenden Stoffen einen bedeutenden Bereich dar. Überall, wo mit solchen Stoffen umgegangen wird, ist grundsätzlich auch die Verschmutzung eines Oberflächengewässers oder des Grundwassers, gegebenenfalls auf dem Umweg über den Boden, zu besorgen.

Das Wasserhaushaltsgesetz [BMU-96] enthält folgende grundwasserschützende Vorschrift:

§ 34 WHG „Reinhaltung"
(2) Stoffe dürfen nur so gelagert oder abgelagert werden, daß eine schädliche Verunreinigung des Grundwassers oder eine sonstige Verän-

derung seiner Eigenschaften nicht zu besorgen ist. Das gleiche gilt für die Beförderung von Flüssigkeiten und Gasen durch Rohrleitungen.

Für oberirdische Gewässer und für Küstengewässer enthalten die § 26 Abs. 2 und 32 b WHG inhaltsgleiche Bestimmungen.

§ 26 WHG „Einbringen, Lagern und Befördern von Stoffen"
(2) Stoffe dürfen an einem Gewässer nur so gelagert oder abgelagert werden, daß eine Verunreinigung des Wassers oder eine sonstige nachteilige Veränderung seiner Eigenschaften oder des Wasserabflusses nicht zu besorgen ist. Das gleiche gilt für die Beförderung von Flüssigkeiten und Gasen durch Rohrleitungen.
§ 32 b WHG „Reinhaltung"
Stoffe dürfen am Küstengewässer nur so gelagert oder abgelagert werden, daß eine Verunreinigung des Wassers oder eine sonstige nachteilige Veränderung seiner Eigenschaften nicht zu besorgen ist. Das gleiche gilt für die Beförderungen von Flüssigkeiten und Gasen durch Rohrleitungen.

Somit erstreckt sich der vorsorgende Schutz der Gewässer auf alle Gewässer, wie sie im § 1 WHG „Sachlicher Geltungsbereich" definiert sind. Unter Stoffen sind hier nicht nur allein die wassergefährdenden Stoffe zu verstehen, wie sie in § 19 g erwähnt werden, sondern auch z. B. Lebensmittel [SZ-87].

Der hierin zum Ausdruck kommende Besorgnisgrundsatz [LÜH-86] ist nach der Rechtsprechung des Bundesverwaltungsgerichts dahingehend zu verstehen, daß ein Eintritt einer Verunreinigung des Wassers oder eine sonstige nachteilige Veränderung seiner Eigenschaften nach menschlicher Erfahrung unwahrscheinlich sein muß. Der Besorgnisgrundsatz liegt auch den Regelungen zum Umgang mit wassergefährdenden Stoffen (§§ 19 a ff., 19 g ff. WHG) zugrunde.

Der Besorgnisgrundsatz ist ein äußerst strenger Maßstab [BVG-66]. Hinsichtlich des Grades der Wahrscheinlichkeit muß unter Berücksichtigung der Wertigkeit des bedrohten Schutzgutes differenziert werden [BVG-70]. Je größer und folgenschwerer der möglicherweise eintretende Schaden sein kann, um so höhere Anforderungen sind an die Unwahrscheinlichkeit des Schadeneintritts zu stellen [BVG-74]. Diese Differenzierung bedeutet eine Abstufung von Anforderungen in Abhängigkeit von Gefährdungspotential und kann im Einzelfall dazu führen, daß ein Grad an Unwahrscheinlichkeit eines Schadenseintritts zu verlangen ist, welcher der Unmöglichkeit nahe- oder gleichkommt [BVG-70]. Zur Feststellung der Unwahrscheinlichkeit hat eine Abwägung aller Umstände zu erfolgen, aus denen Anlaß zur Sorge gegeben sein kann. Nach dem Ergebnis dieser Abwägung darf bei den für die Wasserwirtschaft Verantwortlichen kein Grund zur Sorge verbleiben [BVG-71].

Nach einer weiteren zu § 34 WHG ergangenen Entscheidung des Bundesverwaltungsgerichtes [BVG-81] gebietet diese Vorschrift, daß jeder auch noch so wenig naheliegenden Wahrscheinlichkeit der Verunreinigung des besonders schutzwürdigen und schutzbedürftigen Grundwassers vorzubeugen. Eine schädliche Verunreinigung des Grundwassers oder eine sonstige nachteilige Veränderung seiner Eigenschaften sei immer schon dann zu besorgen, wenn die Möglichkeit eines entsprechenden Schadenseintritts nach den gegebenen Umständen und im

Rahmen einer sachlich vertretbaren, auf konkreten Feststellungen beruhenden Prognose nicht von der Hand zu weisen ist.

Der Besorgnisgrundsatz hat hinsichtlich des Umgangs mit wassergefährdenden Stoffen im WHG selbst durch die sog. Pipeline-Novelle von 1964 (§§ 19 a - 19 f) und die 4. Novelle von 1976, die 5. Novelle von 1986 sowie die 6. Novelle zum WHG hinsichtlich der §§ 19 g - l, ergänzt durch die jeweiligen Länderregelungen, eine Konkretisierung erfahren. Auch die rechtliche Verankerung von Technologieniveaus (allgemein anerkannte Regeln der Technik, Stand der Technik und die Ausweisung von Wasserschutzgebieten aufgrund des § 19 mit den entsprechenden Nutzungsbeschränkungen können als Ausfüllung des Besorgnisgrundsatzes angesehen werden.

Für andere grundwassergefährdende Handlungen fehlt es an einer entsprechenden Konkretisierung. In diesen Bereichen ist die Generalklausel des Besorgnisgrundsatzes im Einzelfall durch materielle Anforderungen auszufüllen. Diese wiederum haben sich an dem, dem Besorgnisgrundsatz zugrundeliegenden, allgemeinen Vorsorgeprinzip auszurichten. Aus diesem folgt, daß zum Schutz des Grundwassers Emissionen so weit wie möglich zu vermeiden, zu verringern und zu begrenzen sind.

Da auch das Vorsorgeprinzip als „instrumentelles" Handlungsziel konkretisierungs- und präzisierungsbedürftig ist, bedarf es neben der Berücksichtigung der oben geschilderten, von der Rechtsprechung entwickelten, materiellen Kriterien stets einer risikobezogenen Bewertung der jeweiligen vorhandenen bzw. zu erwartenden Immissions- und Wirkungssituation. Jede Festlegung konkreter Maßnahmen und Anforderungen setzt somit eine Abwägung voraus, die einerseits die mögliche Gefahr einer Gewässerverunreinigung, andererseits den Grundsatz der Verhältnismäßigkeit (Angemessenheit, Erforderlichkeit) in Rechnung zu stellen hat. Dieser Abwägungsprozeß betrifft nicht zuletzt auch das Verhältnis von Ökonomie, Ökologie und Sozialverträglichkeit im Sinne des Prinzips der Nachhaltigkeit.

2.3
Nachsorgepflicht zur Sanierung von Boden und Grundwasser

Der unsachgemäße Umgang mit wassergefährdenden Stoffen insbesondere auch von Gewerbe und Industrie hat zu vielen Altlasten (Altstandorten) geführt. Bereits die 60er Jahre, die primär von zahlreichen Mineralölschadensfällen (rund 5 Mio. einwandige Heizöltanks, überwiegend unterirdisch) als *das* Schadensergebnis geprägt waren, machten deutlich, daß schon beim Lagern, Abfüllen, Umfüllen und Transport ein großes Schadenspotential für Boden und Grundwasser gegeben war.

Angesichts dieser Situation und insbesondere auch angesichts der großen Zahl von erfaßten Altlastenverdachtsflächen und der enormen finanziellen Belastung durch die Sanierung stellt sich die Frage, wann eine Altlastensanierung und bis zu welchem Grad in Bezug auf den Boden- und Grundwasserschutz erforderlich ist. Fraglich ist dabei auch, ob das Sanierungsziel für den Grundwasserschutz durch §

34 WHG normativ vorgegeben ist, oder ob auf ein konkretes Bewirtschaftungskonzept der Wasserbehörde für das Grundwasservorkommen abzustellen ist.

Oder anders ausgedrückt lautet die Frage: Muß jede Altlast saniert werden,
muß jede Kontamination beseitigt werden? Damit ist zugleich verbunden, ob die
hohen Anforderungen der Vorsorge auch für die Nachsorge gelten.

Geht man zurück in die Anfänge der offiziellen Altlastenpolitik, so war das
Gefährdungspotential als Entscheidungsgrundlage maßgebend. Die Verfügbarkeit (Mobilität, Abbaubarkeit) von Schadstoffen längs ihrer Belastungspfade
spielte eine untergeordnete, wenn nicht gar keine Rolle. Diese Haltung hatte zur
Folge, daß die Anzahl der Sanierungsfälle sehr hoch war. Mit zunehmender
Kenntnis über das Ausmaß dieser Politik und insbesondere mit der Wiedervereinigung veränderte sich speziell unter dem Druck der knapper werdenden Fi-
nanzmittel die Politik. Mit dem Gutachten von Salzwedel [SAL-95] wurde die
Wende in Richtung der heute gültigen Altlastenpolitik eingeleitet. Die **Gefahrenabwehr** nach Polizeirecht wurde zum Maßstab. Der einzige „Schönheitsfehler" im
Salzwedelkonzept war, daß die Gefahrenabwehr mit der Bewirtschaftung des
Grundwassers als Voraussetzung verknüpft war. Dieses verträgt sich nicht mit
dem auch mittlerweile europaweit anerkannt flächendeckenden Grundwasserschutz [EG-91]. Der 60. Deutsche Juristentag [DJT-94] sowie das Sondergutachten Altlasten II [SRU-95] haben mit ihren Beschlüssen/Empfehlungen die maßgeblichen Voraussetzungen geschaffen, die sich auch in § 4 „Pflichten zur Gefahrenabwehr" nach Bundesbodenschutzgesetz [BOD-98] niedergeschlagen haben.
Danach sind im Sinne der Gefahrenabwehr zunächst die Schutzgüter zu bestimmen, die über den Transferpfad von der Quelle zu ihnen überhaupt geschädigt
werden können (Expositionsbetrachtung). Im Einzelfall ist jeweils zu prüfen, ob
eine hinreichende Wahrscheinlichkeit für eine Gefahr an einem Schutzgut besteht
[IWS-91]. Damit ist zu prüfen, ob diese Schadstoffe und über welche Pfade die
Schadstoffe verfügbar und transportierbar sind.

Als Schutzgüter kommen neben der menschlichen Gesundheit auch ökologische Systeme in Betracht, wie das Grundwasser als Ganzes und nicht nur, wenn es
bewirtschaftet ist, wie es bei der Gewinnung von Trinkwasser der Fall ist. Gemäß
§ 1 a WHG sind die Gewässer und damit auch *das* Grundwasser als Bestandteil
des Naturhaushaltes Schutzgut per se. Insofern hat der 60. Deutsche Juristentag
(1994) deshalb zu Recht die Empfehlung abgelehnt, daß

> „eine *Gefährdung des Schutzgutes Wasser nicht nach dem Besorgnis-
> grundatz beurteilt werden soll, sondern nach dem Bewirtschaftungskon-
> zept der zuständigen Wasserbehörde und nach den tatsächlich ausgeüb-
> ten Benutzungen*".

Er hat vielmehr beschlossen:

> „*Bewirtschaftungskonzepte sind nicht bei der Gefährdung des Schutzgu-
> tes Grundwasser, sondern im Rahmen der Verhältnismäßigkeit bei der
> Festlegung* etwaiger Sanierungsmaßnahmen zu berücksichtigen."

Insgesamt ist davon auszugehen, daß die sicherheitsrechtliche Gefahrenabwehr
nicht an absolute Zielvorstellungen des Vorsorgeprinzips anknüpfen kann. Vielmehr sind die Wasserbehörden verpflichtet, ihrem eingeräumten Ermessen entsprechend, jeden Grundwasserschadensfall individuell nach den örtlichen geologi-

schen, boden- und gewässerkundlichen Gegebenheiten sowie nach der Gefährlichkeit der Schadstoffe (toxikologisch, verfügbar) und unter dem Grundsatz der Verhältnismäßigkeit zu bewerten und zu entscheiden. Richtschnur für diese Ermessensausübung sind Kriterien, die in den LAWA-Empfehlungen vom Januar 1994 [LAWA-94] für die Erkundung, Bewertung und Behandlung von Grundwasserschäden zusammengefaßt und von den Ländern inzwischen eingeführt sind. Dazu sind Prüf- und Maßnahmenschwellenwerte als Orientierungswerte angegeben worden. Im Regelfall ist danach als Sanierungsziel für Grundwasser eine deutliche Unterschreitung des Maßnahmenschwellenwertes für Schadstoffe anzustreben, wobei einerseits die technische Machbarkeit, andererseits der Verhältnismäßigkeitsgrundsatz zugrunde zu legen ist. D. h. Altlastensanierung ist mit Augenmaß zu betreiben.

2.4
Europäische Umweltpolitik zum Schutz von Grundwasser

Hinsichtlich des Grundwasserschutzes sind insbesondere beim anlagenbezogenen Umgang mit wassergefährdenden Stoffen direkt bislang keine Europäischen Richtlinien entwickelt worden. Aufbauend auf der EG-Gewässerschutz-Richtlinie von 1976 [EG-76] wurde die EG-Grundwasserschutz-Richtlinie von 1979 [EG-79] erlassen. Sie stellt eine Rahmen-Richtlinie dar, die bisher nicht weiter konkretisiert worden ist.

Seitens der internationalen Organisationen wie ECE und OECD sind bislang nur programmatische Empfehlungen erarbeitet worden. Zur Zeit sind jedoch zahlreiche Aktivitäten vorhanden, die einzelne Regelungen und Konzepte sowie die verschiedenen internationalen und supranationalen Initiativen zur Verbesserung des Grundwasserschutzes und der bestehenden und geplanten Regelungen der Europäischen Union aufeinander hin zu entwickeln.

In diesem Zusammenhang zu nennen sind die ECE-Konvention zum Schutz grenzüberschreitender Gewässer (Helsinki, 1992); sowie Initiativen und Vereinbarung der ECE, wie die Charta zur Grundwasserbewirtschaftung von 1989, der Verhaltenskodex bei unfallbedingten Verunreinigungen grenzüberschreitender Binnengewässer von 1990 und die Empfehlungen an die Regierungen der ECE-Mitgliederstaaten über Vorsorge vor Gewässerverunreinigungen durch gefährliche Stoffe von 1994. Durch die im Entwurf vorliegenden Empfehlungen des Seminars zur Vermeidung und Kontrolle von Grundwasserverunreinigungen durch Chemikalienlagerung und Abfallbeseitigung vom September 1995 in Madrid werden die Regierungen der ECE-Mitgliederstaaten darüber hinaus aufgerufen, zusätzliche spezifische Maßnahmen für einen umfassenden Grundwasserschutz zu ergreifen und diesen nicht zu beschränken auf Trinkwassergewinnungsgebiete, auf die Schadensvorsorge, auf die Auswertung von Sanierungserfordernissen, auf die Verwendung von Sanierungstechniken, auf Haftungsregelungen für die Sanierung und auf den Ausgleich von Schäden.

Einen wichtigen Meilenstein stellt das Seminar im November 1991 in Den Haag [EG-91] dar, auf dem die Umweltminister der Mitgliedstaaten der Europäischen Gemeinschaft über gemeinsame zukünftige Strategien und Maßnahmen zur Verbesserung des Grundwasserschutzes beraten haben und die Kommission aufforderten, bis Mitte 1993 ein Grundwasser-Aktionsprogramm vorzulegen, das deutliche Verbesserungen hinsichtlich des Schutzes und der Bewirtschaftung des Grundwassers bringen sollte und den folgenden Grundsätzen entsprechen muß:

- Erhaltung des hohen Schutzniveaus der bisherigen Regelungen,
- Vorrang des Ressourcenschutzes vor technischen Aufbereitungsmaßnahmen zur Gewährleistung einer sicheren und guten Trinkwasserversorgung,
- Sanierung belasteter Gewässer und
- Erhebung vergleichbarer Meßdaten.

Wesentliche Beachtung finden sollen dabei das Vorsorgeprinzip, der Einsatz bester verfügbarer Technologien und das Prinzip der Subsidiarität. Schwerpunkte des Aktionsprogrammes müssen eine Novellierung der EG-Grundwasserrichtlinie und die bessere Verankerung des Grundwasserschutzes in anderen Problembereichen der Union sein.

Anlaß waren die besorgniserregende Entwicklung hinsichtlich Menge und Beschaffenheit des Grundwassers in vielen Regionen Europas, aber auch Regelungen in der Europäischen Gemeinschaft, die zu Gefährdungen des Grundwassers führen, wie z. B. die Agrarpolitik.

Angesichts der Tatsache, daß Grundwasser vor allem in den nördlichen Mitgliedstaaten die wesentliche Basis der Trinkwasserversorgung ist und in den südlichen Mitgliedstaaten zusätzlich erheblich für die landwirtschaftliche Bewässerung genutzt wird, war man sich einig, daß schärfere Schutzbestimmungen sowohl in Bezug auf Qualität als auch auf Quantität erforderlich sind.

Besonders deutlich wurde dies in Den Haag durch die Präsentation einer niederländischen Studie über Zustand und Gefährdung der Grundwasservorkommen in Europa. Nach deren Ergebnissen liegen europaweit die Hauptgefahrenquellen im Bereich der Landwirtschaft und Abfallbeseitigung, daneben stellt auch die Übernutzung des Grundwassers ein zunehmendes Problem dar.

Der Umweltrat der EU hat sich für folgende Schwerpunkte für EU-weite Maßnahmen ausgesprochen:

- Genehmigungssysteme und andere Instrumente für eine angemessene einzelstaatliche Bewirtschaftung des (Grund)Wassers,
- Maßnahmen zum vorsorgenden, flächendeckenden Grundwasserschutz, unter anderem in Hinblick auf diffuse Quellen,
- Allgemeine Bestimmungen zur Sicherheit von Anlagen zum Umgang mit wassergefährdenden Stoffen
- Allgemeine Bestimmungen zur Förderung von landwirtschaftlichen Praktiken, die mit dem Grundwasserschutz vereinbar sind.

Ferner wird die Kommission aufgefordert, eine Überarbeitung der Grundwasserrichtlinie vorzunehmen.

Der Rat der Europäischen Gemeinschaften hat u.a. entsprechend der Den Haager Erklärung von 1991 im Juni 1995 beschlossen, ein neues Konzept für die Gewässerschutzpolitik zu erarbeiten. Kernpunkte dieser neuen Konzeption sind u.a.:

1. Die künftige europäische Gewässerschutzpolitik soll die nachhaltige Entwicklung fördern. Sie soll im Rahmen des Artikels 130 r der Römi-

schen Verträge auf dem Vorsorge- und dem Verursacherprinzip sowie den Grundsätzen des vorbeugenden Handelns und der vorrangigen Beseitigung von Umweltschäden an der Quelle beruhen. Sie soll ferner auf dem Grundsatz des schrittweisen Abbaus der Verwendung gefährlicher Stoffe gestützt bleiben.

Besondere Aufmerksamkeit soll unter Berücksichtigung der vielfältigen natürlichen und sozioökonomischen Faktoren in den Regionen der Gemeinschaft dem Ziel eines hohen Umweltschutzniveaus, dem Subsidiaritätsprinzip sowie der Notwendigkeit gewidmet werden, im Hinblick auf ein geregeltes Funktionieren des Binnenmarktes erforderlichenfalls Vorschriften zu harmonisieren.

2. *Um die Wirksamkeit bei der Durchführung zu verbessern, soll die künftige europäische Gewässerschutzpolitik dafür Sorge tragen, daß Bürger und Sozialpartner ihre Ziele in vollem Umfang unterstützen und zu deren Verwirklichung beitragen können.*

3. *Sie soll sicherstellen, daß dem Ziel der Rechtssicherheit und der Notwendigkeit, die Rechtsvorschriften, unter anderem mit Hilfe der „besten verfügbaren Technologie" und der „besten Umweltpraxis", an den wirtschaftlichen und technischen Fortschritt anzupassen, gleiches Gewicht zugemessen wird.*

4. *Zur Realisierung des Ziels eines hohen Schutzniveaus für die Gewässer sollen spezielle Aktionen und Programme ausgearbeitet werden.*

5. *Es soll ein integriertes Konzept zugrunde gelegt werden, das alle Elemente des Wasserkreislaufs und seiner Wechselbeziehungen berücksichtigt. Es soll ferner die Wechselbeziehungen zwischen Qualität und Quantität sowie zwischen Gewässer- und Bodenbewirtschaftung mit in Betracht ziehen.*

6. *Es soll die Möglichkeit vorgesehen werden, unter anderem eine sozioökonomische und umweltbezogene Bewertung des potentiellen Nutzens und der potentiellen Kosten von Maßnahmen bzw. des Verzichts auf Maßnahmen vornehmen zu lassen.*

7. *Das Grundwasser-Aktionsprogramm soll mit den vorstehenden Grundprinzipien im Einklang stehen.*

Als konkrete Aufträge wurde folgendes beschlossen:

- die Schaffung einer Rahmenrichtlinie, die die Grundsätze für die Wasserwirtschaft und den Gewässerschutz in der Europäischen Union beinhaltet,
- die Forderung nach Beibehaltung des derzeitigen Schutzniveaus in der Europäischen Union,
- die Notwendigkeit der Herstellung von Kohärenz und Transparenz unter den Wasserrichtlinien,
- die Anwendung des Standes der Technik (Best Available Techniques, BAT) und der besten Umweltpraxis (Best Environmental Practice, BEP),
- die Anwendung eines kombinierten Ansatzes von Werten zur Emissionsbegrenzung mit der Festlegung von Qualitätszielen und
- die Anwendung der in der Rahmenrichtlinie festgelegten Grundsätze in anderen gewässerrelevanten Politikbereichen.

Die Kommission hat die Mitteilung „Die Wasserpolitik der Europäischen Union" an den Rat und das Parlament am 18. März 1996 [EG-96] vorgelegt.

Sie definiert die Ziele einer nachhaltigen Wasserpolitik auf der Grundlage von Vorsorge und Anwendung des Verursacherprinzips als:

1. *Gewährleistung einer sicheren, quantitativ und qualitativ ausreichenden Trinkwasserversorgung,*
2. *Erfüllung anderer wirtschaftlicher Erfordernisse dadurch, daß Wasser in ausreichender Güte und Menge verfügbar ist,*
3. *Erreichen eines guten ökologischen Zustands der Gewässer nach Güte und Menge, um die aquatische Umwelt zu schützen und Feuchtgebiete und sonstige wasserabhängige Funktionen von Ökosystemen zu schützen,*
4. *Verhinderung der negativen Folgen von Überschwemmungen und von Dürreschäden.*

Als spezifische Themen der Wasserpolitik geht die Kommission auch auf das Emissionsprinzip und das Immissionsprinzip ein, vermeidet aber eine klare Aussage darüber, wie beide Prinzipien miteinander verknüpft werden sollen, was die Umweltminister in ihrer Ratsentschließung gefordert hatten.

Die Kommission schlägt eine Wasserrahmenrichtlinie vor. Diese Rahmenrichtlinie soll integrierte Pläne zur Bewirtschaftung der Gewässer und spezifische Ziele für die einzelnen Gewässer vorschreiben.

Wesentliche Elemente der vorgeschlagenen Rahmenrichtlinie sollen ein ausgewogenes Kosten-Nutzen-Verhältnis und ein hohes Niveau des gemeinschaftlichen Gewässerschutzes sein. Sie würde eine integrierte Planung und Bewirtschaftung der jeweiligen Einzugsgebiete erfordern.

Unterschiede bei Zielen und Maßnahmen sollen nicht nur in den einzelnen Einzugsgebieten möglich sein, sondern auch auf lokaler Ebene innerhalb eines Einzugsgebietes.

Die Mitteilung der Kommission enthält dabei eine Reihe von Punkten, die aus der Sicht der Bundesrepublik Deutschland nicht unproblematisch sind. Dazu zählen u. a.

- die stärkere Einbeziehung von Kosten-Nutzen-Überlegungen, die zu größeren Unterschieden innerhalb der Union führen könnte,
- die fehlende Verknüpfung von Emissions- und Immissionsprinzip und
- die Möglichkeit zur Ausweisung von Zonen mit unterschiedlichem Schutzniveau, die dem flächendeckenden Gewässerschutz nicht gerecht wird.

Das Europäische Parlament hat am 23.10.1996 zu der Mitteilung der Kommission Stellung genommen und ebenfalls deutliche Kritik an den Vorstellungen der Kommission geübt. Es wird festgestellt, daß die prioritären Ziele und Maßnahmen der EU-Wasserpolitik besser auf Gemeinschaftsebene als auf der Ebene der Mitgliedstaaten zu erreichen seien. Es wird begrüßt, daß die Kommission von der ganzheitlichen Bewirtschaftung von Flußeinzugsgebieten ausgeht, die einen europäischen Ansatz erfordert. Hauptpunkt der Kritik ist die fehlende Verknüpfung von Emissions- und Immissionsprinzip. Nur ein kombinierter Ansatz, nämlich verbindliche, strenge, EU-weite Emissionsstandards mit ergänzenden Qualitätszielen können die notwendige Vorsorge und die Bekämpfung von Gewässerbelastungen an der Quelle gewährleisten, ohne Wettbewerbsverzerrungen zu erzeugen. Gefordert werden auch Quantitätsziele im Gewässerschutz, z. B. zum Schutz von Feuchtgebieten.

Die Entschließung fordert deshalb die Kommission auf, dieses Gesamtkonzept, das die Ziele und Maßnahmen einer europäischen Gewässerschutzpolitik auf der Grundlage einer definierten Kombination von Emissions- und Immissionsprinzip umfassend darlegt, in dem Entwurf einer Rahmenrichtlinie festzulegen.

Im Dezember 1996 hat die Kommission den Vorentwurf (consultation draft) einer Rahmenrichtlinie für die gemeinschaftliche Wasserpolitik vorgelegt (Wasser-Rahmen-Richtlinie).

Dieser Entwurf enthält als wesentliches Element die Bewirtschaftung von Flußeinzugsgebieten (river basin management) durch eine zuständige Behörde für jedes Einzugsgebiet.

Aufgaben dieser Behörden sollen sein

- einen guten Zustand von Oberflächen- und Grundwasser im Einzugsgebiet innerhalb bestimmter Fristen zu erreichen und hierfür entsprechende Maßnahmenprogramme aufzustellen,
- eine Analyse der Charakteristika des Einzugsgebietes durchzuführen,
- eine Übersicht der menschlichen Einflüsse auf Grund- und Oberflächenwasser zu erstellen,
- eine ökonomische Analyse der Wassernutzung durchzuführen,
- Schutzgebiete für alle für Trinkwasserentnahme genutzten oder vorgesehenen Gewässer einzurichten und für diese Qualitätsstandards festzusetzen, die unter Berücksichtigung der vorgesehenen Aufbereitungsverfahren die Trinkwasserqualität gewährleisten,
- den Zustand von Grund- und Oberflächenwasser zu überwachen,
- Maßnahmen für die Emission von Schadstoffen aurf der Basis eines „kombinierten Konzeptes", d. h. die Festlegung von Emissionsgrenzwerten und Gewässerqualitätsnormen zu definieren,
- langfristig sicherzustellen, daß für alle bedeutenderen Wasserentnahmen die tatsächlichen Kosten bezahlt werden (d.h. keine Subventionen, Zuschüsse o.ä.),
- einen Bewirtschaftungsplan für ihr Einzugsgebiet aufzustellen und die Öffentlichkeit zu informieren und daran zu beteiligen und
- Maßnahmen zur Verhinderung von Unfällen mit wassergefährdenden Stoffen zu ergreifen.

In insgesamt 13 Anhängen werden Definitionen und spezielle Kriterien für die Aufgaben der „Einzugsgebietsbehörden" aufgelistet, materielle Anforderungen, z. B. Grenzwerte, fehlen aber.

Für die Konkretisierung und Implementierung des kombinierten Ansatzes von Immissions- und Emissionsprinzip wird gemäß Art. 13 (Maßnahmeprogramme) und Art. 19 (Verschmutzungsunfälle) auf die bereits in Kraft befindliche EG-Richtlinie über die integrierte Vermeidung und Verminderung der Umweltverschmutzung (IVU-RiLi) [IVU-96] Bezug genommen.

Die IVU-Richtlinie hat die Ziele und Prinzipien der gemeinschaftlichen Umweltpolitik, so wie sie in Artikel 130r des Vertrages festgelegt sind, konsequent umgesetzt. Sie zielen insbesondere auf die Vermeidung, Verminderung und, soweit wie möglich, auf die Beseitigung der Umweltverschmutzung durch Maßnahmen an der Quelle ab. Ferner wird eine umsichtige Bewirtschaftung der natürlichen Ressourcen gefordert. Dabei sollten das Verursacher- und Vorsorgeprinzip gelten.

Getrennte Konzepte, die lediglich der isolierten Verminderung der Emission in Luft, Wasser und Boden dienen, können dazu führen, daß die Verschmutzung von einem Umweltmedium auf ein anderes verlagert wird.

Das Ziel des integrierten Konzeptes einer Verminderung der Verschmutzung besteht deshalb darin, Emissionen in Luft, Wasser und Boden unter Einbeziehung der Abfallwirtschaft soweit wie möglich zu vermeiden und, wo dies nicht möglich ist, zu vermindern. Ferner ist – neben anderen Aspekten wie Erschütterungen, Lärm und Störfällen – darauf zu achten, daß die verwendete Energie effizient eingesetzt wird. Dadurch soll ein hohes Schutzniveau für die Umwelt insgesamt erreicht werden. Die Richtlinie legt einen allgemeinen Rahmen mit Grundsätzen zur integrierten Vermeidung und Verminderung der Umweltverschmutzung fest.

Das wesentliche Instrument für die Umsetzung dieser Grundsätze ist die Erteilung der Genehmigung für den Betrieb von Anlagen. Die Richtlinie legt diesbezüglich u. a. folgendes fest.

1. Die zuständige Behörde erteilt oder ändert nur dann eine Genehmigung, wenn u. a. Umweltschutzmaßnahmen in bezug auf Luft, Wasser und Boden vorgesehen wurden, die zu einem hohen Schutzniveau für die Umwelt insgesamt beitragen sowie, wenn eine effiziente Energienutzung sichergestellt ist (Artikel 3, 4, 8, 9).
2. Emissionsgrenzwerte, äquivalente Parameter oder äquivalente technische Maßnahmen müssen Teil der Genehmigungsauflagen sein; sie sind auf die besten verfügbaren Techniken zu stützen, ohne daß dabei die Anwendung einer bestimmten Technik oder Technologie vorgeschrieben wird; zu berücksichtigen sind ferner die technische Beschaffenheit der betroffenen Anlage, ihr geographischer Standort sowie die örtlichen Umweltbelastungen. In allen Fällen setzen die Genehmigungsauflagen Bestimmungen zur weitestgehenden Verminderung der weiträumigen oder grenzüberschreitenden Umweltverschmutzung fest (Artikel 9).
3. Macht eine Umweltqualitätsnorm strengere Auflagen erforderlich, als sie mit der besten verfügbaren Technik erfüllbar sind, so sind insbesondere in der Genehmigung zusätzliche Auflagen enthalten, unbeschadet sonstiger Maßnahmen, die im Hinblick auf die Einhaltung der Umweltqualitätsnorm getroffen werden können (Artikel 10).
4. Eine vollständige Koordinierung zwischen den zuständigen Behörden hinsichtlich der Genehmigungsverfahren und -auflagen soll dazu beitragen, das höchstmögliche Schutzniveau für die Umwelt insgesamt zu erreichen (Artikel 6, 7).
5. Die Genehmigungsauflagen müssen regelmäßig überprüft und ggf. aktualisiert werden (Artikel 13). Unter bestimmten Bedingungen sind sie auf jeden Fall zu überprüfen (Artikel 12).
6. Um die Öffentlichkeit über den Betrieb der Anlage und die möglichen Auswirkungen auf die Umwelt zu unterrichten und die Transparenz des Genehmigungsverfahrens in der Gemeinschaft zu gewährleisten, muß sie vor einer Entscheidung Zugang haben zu den Informationen über Genehmigungsanträge für neue Anlagen oder wesentliche Änderungen sowie zu den Genehmigungspa-

pieren selbst, deren Aktualisierungen und den damit verbundenen Überwachungsdaten (Artikel 15).

7. Die Entwicklung und der Austausch von Informationen auf Gemeinschaftsebene über die besten verfügbaren Techniken soll dazu beitragen, das Ungleichgewicht auf technologischer Ebene in der Gemeinschaft auszugleichen, die weltweite Verbreitung der in der Gemeinschaft festgesetzten Emissionswerte und der angewandten Techniken zu fördern und die Mitgliedstaaten bei der wirksamen Durchführung dieser Richtlinie zu unterstützen (Artikel 16).

8. Da sich auch die besten verfügbaren Techniken – insbesondere aufgrund des technischen Fortschritts – im Laufe der Zeit ändern, muß die zuständige Behörde solche Entwicklungen verfolgen oder darüber informiert sein (Artikel 11).

9. Für bestimmte Kategorien von Anlagen und Schadstoffen, die unter diese Richtlinie fallen, können ggf. auf Gemeinschaftsebene Emissionsgrenzwerte festgelegt werden (Artikel 18).

10. Ein Verzeichnis der wichtigsten Emissionen und der dafür verantwortlichen Quellen wird als ein bedeutendes Instrument angesehen, um insbesondere einen Vergleich der umweltverschmutzenden Tätigkeiten in der Gemeinschaft zu ermöglichen. Die Kommission erstellt deshalb ein derartiges Verzeichnis mit Unterstützung eines Regelungsausschusses (Artikel 15).

Ein wesentliches Element der praktischen Umsetzung der IVU-Richtlinie ist, wie insbesondere in den Artikeln 3 (Betreiberpflichten), 9 (Genehmigungsauf-lagen) und 16(2) (Informationsaustausch) gefordert, die Identifikation und Anwendung der „besten verfügbaren Techniken".

Zentraler Punkt der IVU-RiLi ist die Definition „beste verfügbare Technik". Gemäß Art. 2 IVU-RiLi ist die BAT (Best Available Technique):

> *„Beste verfügbare Techniken" den effizientesten und fortschrittlichsten Entwicklungsstand der Tätigkeiten und entsprechenden Betriebsmethoden, der spezielle Techniken als praktisch geeignet erscheinen läßt, grundsätzlich als Grundlage für die Emissionsgrenzwerte zu dienen, um Emissionen in und Auswirkungen auf die gesamte Umwelt allgemein zu vermeiden oder, wenn dies nicht möglich ist, zu vermindern.*
>
> *– „Techniken" sowohl die angewandte Technologie als auch die Art und Weise, wie die Anlage geplant, gebaut, gewartet, betrieben oder stillgelegt wird.*
>
> *– „verfügbar" die Techniken, die in einem Maßstab entwickelt sind, der unter Berücksichtigung des Kosten-/Nutzen-Verhältnisses die Anwendung in dem betreffenden industriellen Sektor wirtschaftlich und technisch vertretbaren Verhältnissen ermöglicht, gleich, ob diese Techniken innerhalb des betreffenden Mitgliedstaates verwendet oder hergestellt werden, sofern sie zu vertretbaren Bedingungen für den Betreiber zugänglich sind.*
>
> *– „beste" die Techniken, die am wirksamsten zur Erreichung eines allgemein hohen Schutzniveaus für die Umwelt insgesamt sind.*

Inhaltlich deckt sich diese Definition weitgehend mit dem in der deutschen Gesetzgebung verwendeten Begriff des „Standes der Technik", wobei jedoch der

Berücksichtigung von Kostenaspekten in der IVU-Richtlinie eine besondere Aufmerksamkeit geschenkt wird.

Die EG-Kommission erarbeitet am „Institute for Prospective Technological Studies" (IPTS) der Generaldirektion XII in Sevilla (Spanien) im EIPPCB (European IPPC-Bureau, IPPC: Integrated Pollution Prevention and Control – engl. Ausdruck für IVU)) für rund 30 Branchen sog. BAT-Notes, die als Handbücher (BREF = Bat-Reference) zunächst nur den Charakter einer Leitlinie (Guidance) haben werden.

Die Wasser-Rahmen-Richtlinie sowie die IVU-Richtlinie, die unmittelbar miteinander verbunden sind, werden für die europäische Zukunft die Grundlage des Anlagenzulassungsrechts und der Genehmigungspraxis darstellen.

Der anlagenbezogene Umgang mit wassergefährdenden Stoffen hinsichtlich Boden- und Grundwasserschutz wird in der Wasserrahmen-Richtlinie und IVU-Richtlinie nicht ausdrücklich erwähnt. Deshalb spielt er auch z. Zt. in den Gliederungen der BREF´s keine Rolle. Gemäß Art. 19 Wasserrahmen-Richtlinie besteht jedoch die Möglichkeit, ihn zu integrieren. Denn wenn der integrierte Ansatz richtig ist, dann muß auch dieser Aspekt unbedingt seine direkte Berücksichtigung in den BREF´s finden.

Hinsichtlich des anlagenbezogenen Umgangs mit wassergefährdenden Stoffen sind drei unterschiedliche Philosophien und Vorgehensweisen in Europa realisiert worden, die sich an denen von Großbritannien, Frankreich und Deutschland festmachen lassen. Diese gilt es zu harmonisieren und in ein einheitliches Rechtssystem auf gleichem Anforderungsniveau zu bringen.

In *Großbritannien* basiert die Strategie darauf, die Grundwasserverletzlichkeit festzustellen. Dieses wird in Karten dargestellt, die das Verschmutzungspotential des Grundwassers an jeder Stelle aufzeigen. Ferner werden Quellenschutzzonen für die Trinkwassergewinnung festgelegt. Damit wird die Standortbestimmung von Industrie und Gewerbe vorgenommen, die durch die Planungsgesetze erfolgen.

Der nächste wichtige Punkt ist die Überwachung des Grundwassers, insbesondere von Einleitungen in das Grundwasser, wobei die Einleitung von Stoffen der Liste I der EG-Grundwasser-Richtlinie [EG-79] nicht zugelassen ist und von Stoffen der Liste II nur eingeschränkt nach der Grundwasser-Richtlinie erlaubt ist.

Technische Vorschriften mit Rechtscharakter sind nicht vorhanden. Die technische Gestaltung wird entsprechend der Verschmutzungsempfindlichkeit im Einzelfall festgelegt. Diese Vorgehensweise entspricht der britischen Grundphilosophie des Qualitäts- oder Immissionsprinzips.

In *Frankreich* wird der Schutz des Grundwassers mit zwei Ansätzen sichergestellt, die sich gegenseitig ergänzen und gleichzeitig zum Tragen kommen können.

Mit dem ersten Ansatz können zum Schutz des Grundwassers für die Trink- oder Mineralwassergewinnung Schutzzonen festgelegt werden. In diesen Gebieten können industrielle Aktivitäten, die Gefahren für das Grundwasser bergen – insbesondere das Lagern und Behandeln von Schadstoffen – verboten oder mit Auflagen belegt werden. Die Wasserschutzgebiete und ihre Auflagen werden in die Unterlagen zur Bodennutzungsplanung eingetragen.

Der zweite Ansatz betrifft Anlagen und Aktivitäten, die ein Gefahrenpotential für die Umwelt im allgemeinen bilden. Dabei werden nur die überwachungsbedürftigen Anlagen betrachtet (vergleichbar mit den genehmigungsbedürftigen Anlagen nach § 4 Bundesimmissionsschutzgesetz).

Ein Ministerialerlaß von 1990 verbietet danach die direkte oder indirekte Einleitung von jedwedem Stoff aus überwachungsbedürftigen Anlagen in das Grundwasser.

Ein Erlaß von 1993 legt die Mindestanforderungen für den integrierten, vorsorgenden Umweltschutz fest. Danach gilt:

- Umweltschonende Technologien müssen zum Einsatz kommen.
- Betriebsvorgaben müssen auf die durchzuführenden Kontrollen hinweisen.
- Verkehrsflächen und Parkplätze müssen gereinigt werden können. Rohrleitungen für Schadstoffe müssen dicht, zuverlässig und kontrollierbar sein; sie müssen unterhalten werden und oberhalb des Bodens angebracht sein.
- Lager für flüssige Schadstoffe müssen auf Rückhalteflächen eingerichtet werden, die dicht und widerstandsfähig gegenüber diesen Stoffen sind.
- Lagern und Behandeln von gefährlichen Stoffen sind nur auf Flächen zulässig, die dicht sind und die Rückgewinnung von Leckverlusten und kontaminiertem Abflußwasser erlauben.
- Behälter von gefährlichen Stoffen müssen gekennzeichnet sein.
- Größere Anlagen müssen mit einem Auffangbecken ausgestattet sein, dessen Fassungsvermögen in der Gefahrenstudie errechnet wird.
- Unter- und oberirdische Bauwerke zur Wassergewinnung müssen mit einer Rücklaufsperre ausgestattet sein.
- Bei Bohrarbeiten müssen die notwendigen Maßnahmen getroffen werden, damit keine Verbindung zwischen den unterirdischen Wasserleitern entsteht. Jedes nicht benötigte Bohrloch muß wieder verschlossen werden.
- Die Ausbringung von Abwässern ist genauestens geregelt.
- Bei größeren Anlagen muß das Grundwasser überwacht werden.

Diese Vorgehensweise basiert primär auf dem Anlagenbegriff. Da nur genehmigungsbedürftige Anlagen dieser Philosophie unterliegen, wird nur ein Ausschnitt betrachtet.

In *Deutschland* müssen technische Anlagen zum Umgang mit wassergefährdenden Stoffen so sicher gebaut und betrieben werden, daß keine Besorgnis besteht, daß von ihnen eine Verunreinigung der Gewässer ausgehen kann. Dabei wird zunächst das Gefahrenpotential einer Anlage bestimmt. Dieses setzt sich aus den inhärenten Eigenschaften des wassergefährdenden Stoffes, der Stoffmenge und den Standorteigenschaften zusammen.

Dem so ermittelten Gefahrenpotential wird ein adäquates Sicherheitskonzept gegenüber gestellt. Dieses Zusammenspiel von Gefahrenpotential und Sicherheitssystem ist in untergesetzlichen Regelwerken im Sinne des Emissionsminimierungsprinzips als Ausdruck des Vorsorgeprinzips festgelegt. Es werden alle Anlagen und Stoffe erfaßt. Für festgesetzte Trinkwasserschutzgebiete gelten strengere Anforderungen, wobei man aber im System bleibt. Diese Vorgehensweise entspricht konsequent dem Emissionsprinzip.

3 Wasserrechtliche Grundlagen

3.1
Grundzüge

3.1.1
Deutsche Rechtsstruktur

Wie alle Gesetze, so basiert auch das Wasserhaushaltsgesetz auf dem Grundgesetz (GG) [BRD-49]. Grundsätzlich liegt die Gesetzgebungskompetenz bei den Ländern, soweit im GG nicht dem Bund ein Vorrang eingeräumt ist (Art. 70 Abs. 1 GG).

Nach Art. 70 Abs. 2 GG bemißt sich die Abgrenzung der Zuständigkeit zwischen Bund und Ländern nach den Vorschriften des Grundgesetzes.

Das Grundgesetz sieht vor

- die ausschließliche Gesetzgebungsbefugnis des Bundes,
- die konkurrierende Gesetzgebungsbefugnis des Bundes,
- die Rahmengesetzgebungsbefugnis des Bundes.

Die ausschließliche Gesetzgebung beinhaltet hoheitliche Aufgaben wie z. B. Zoll, Meßwesen, Luftverkehr, Verteidigung.

Im Bereich der konkurrierenden Gesetzgebung (Art. 72 GG) haben die Länder prinzipiell das Gesetzgebungsrecht. Hält die Bundesregierung es jedoch für notwendig, eine bundeseinheitliche Regelung zu schaffen bzw. unterschiedliche landesgesetzliche Vorschriften zu vereinheitlichen, kann sie ein entsprechendes Bundesgesetz selbst erlassen, so daß Bundesrecht Landesrecht bricht.

> *Art. 72 Grundgesetz*
> *(1) Im Bereich der konkurrierenden Gesetzgebung haben die Länder die Befugnis zur Gesetzgebung, solange und soweit der Bund von seiner Gesetzgebungszuständigkeit nicht durch Gesetz Gebrauch gemacht hat.*
> *(2) Der Bund hat in diesem Bereich das Gesetzgebungsrecht, wenn und soweit die Herstellung gleichwertiger Lebensverhältnisse im Bundesgebiet oder die Wahrung der Rechts- oder Wirtschaftseinheit im gesamtstaatlichen Interesse eine bundesgesetzliche Regelung erforderlich macht.*
> *(3) Durch Bundesgesetz kann bestimmt werden, daß eine bundesgesetzliche Regelung, für die eine Erforderlichkeit im Sinne des Absatzes 2 nicht mehr besteht, durch Landesrecht ersetzt werden kann.*

In Art. 74 GG sind die Gebiete festgelegt, die unter die konkurrierende Gesetzgebung nach Art. 72 GG fallen.

Art. 74 Grundgesetz
Die konkurrierende Gesetzgebung erstreckt sich auf folgende Gebiete:
....
11. Recht der Wirtschaft (Bergbau, Industrie, Energiewirtschaft, Handwerk, Gewerbe, Handel, Bank- und Börsenwesen, privatrechtliches Versicherungswesen)
....

Für das Gebiet des Umweltschutzes sind nach Nr. 11 „Recht der Wirtschaft" u. a. die Gesetze zur

- Abfallwirtschaft (Kreislaufwirtschafts- und Abfallgesetz)
- Luftreinhaltung (Bundesimmissionsschutzgesetz)
- Gerätesicherheit (Gerätesicherheitsgesetz)

erlassen worden.

Darüber hinaus hat der Bund das Recht, Rahmenvorschriften nach Art. 75 GG zu erlassen. Dies gilt für die Bereiche, in denen aufgrund geographischer und regionaler Unterschiede Einzelprobleme länderspezifisch geregelt werden. So haben die Länder gewisse Freiräume bei der inhaltlichen Ausgestaltung der entsprechenden Gesetze.

Art. 75 Grundgesetz
Der Bund hat das Recht, unter den Voraussetzungen des Art. 72 Rahmenvorschriften zu erlassen über:
....
4. Die Bodenverteilung, die Raumordnung und den Wasserhaushalt.
....

Das Wasserhaushaltsgesetz (WHG) [BMU-96] ist eines der nach Art. 75 GG erlassenen, umweltrelevanten Rahmengesetze. Darauf aufbauend gestalten die einzelnen Länder für sich die spezifischen, konkreten Regelungen. Dabei sorgt die Arbeitsgemeinschaft Wasser der Länder (LAWA) für eine gewisse Vereinheitlichung der Landeswassergesetze und der auf ihnen beruhenden Verordnungen und Verwaltungsvorschriften, indem sie sog. LAWA-Entwürfe erarbeitet.

Für das Recht zum Umgang mit wassergefährdenden Stoffen ist allein die Rahmengesetzgebungsbefugnis des Bundes maßgeblich. Das bedeutet, daß der Bund nur Rahmenvorschriften erlassen darf. Zwar wird immer deutlicher, daß ein dringendes Bedürfnis an einer bundeseinheitlichen Regelung auf dem Gebiet des Rechts zum Umgang mit wassergefährdenden Stoffen besteht. Auch die Länderarbeitsgemeinschaft Wasser (LAWA) hält eine bundeseinheitliche Regelung zum Umgang mit wassergefährdenden Stoffen unter dem Gesichtspunkt der Wahrung der Wirtschaftlichkeit und zur Forderung europäischer Regelungen für unabdingbar. Den Bedürfnissen der Wirtschaft entspricht die Einheitlichkeit der allgemeinen Sicherheitsanforderungen. Außerdem kann nur durch bundesrechtliche Regelungen ein allgemeines Sicherheitsrecht formuliert werden, das den Schutz der Gewässer, insbesondere den Grundwasserschutz, den Schutz der Arbeitnehmer, den Schutz der Nachbarschaft vor gefährlichen Anlagen usw. geregelt wird.

Es wurden bereits mehrfach von einigen Bundesländern Anläufe unternommen, dieses Recht dem Recht der Wirtschaft und damit der konkurrierenden Gesetzgebung zuzuordnen. Bisher hatten sie damit jedoch keinen Erfolg, weil die Mehrheit der Länder an der bisherigen Regelung festhält (Wahrung des Förderalismus).

Bei einer Neuregelung des Rechts zum Umgang mit wassergefährdenden Stoffen wäre eine Verfassungsänderung vorzunehmen. Dabei sind alle Gesichtspunkte einzubeziehen, die dem Bund aufgrund konkurrierender Gesetzgebungskompetenz nach Art. 74 Nr. 11 „Recht der Wirtschaft" die Möglichkeit zum Erlaß von abschließenden Regelungen für Anlagen zum Umgang mit wassergefährdenden Stoffen vermitteln. Bei Ausschöpfung dieser Kompetenz erhält der Bund jedoch nur die Möglichkeit, für Anlagen, die im Bereich der gewerblichen Wirtschaft oder öffentlicher Einrichtungen verwendet werden, abschließende Regelungen zu treffen.

Der für die Wasserwirtschaft bedeutsame private Bereich der Anlagen zum Umgang mit wassergefährdenden Stoffen, z. B. Heizölverbraucheranlagen, verbliebe weiterhin in der Gesetzgebungskompetenz der Länder. Diese könnten aber zur Herbeiführung einheitlicher bundes- und länderrechtlicher Regelungen in ihren landesrechtlichen Regelungen auf die bundesrechtlichen Regelungen verweisen.

Für die gesamte Gesetzgebung in Deutschland liegt die in Abbildung 3.1 dargestellte Hierarchie zugrunde.

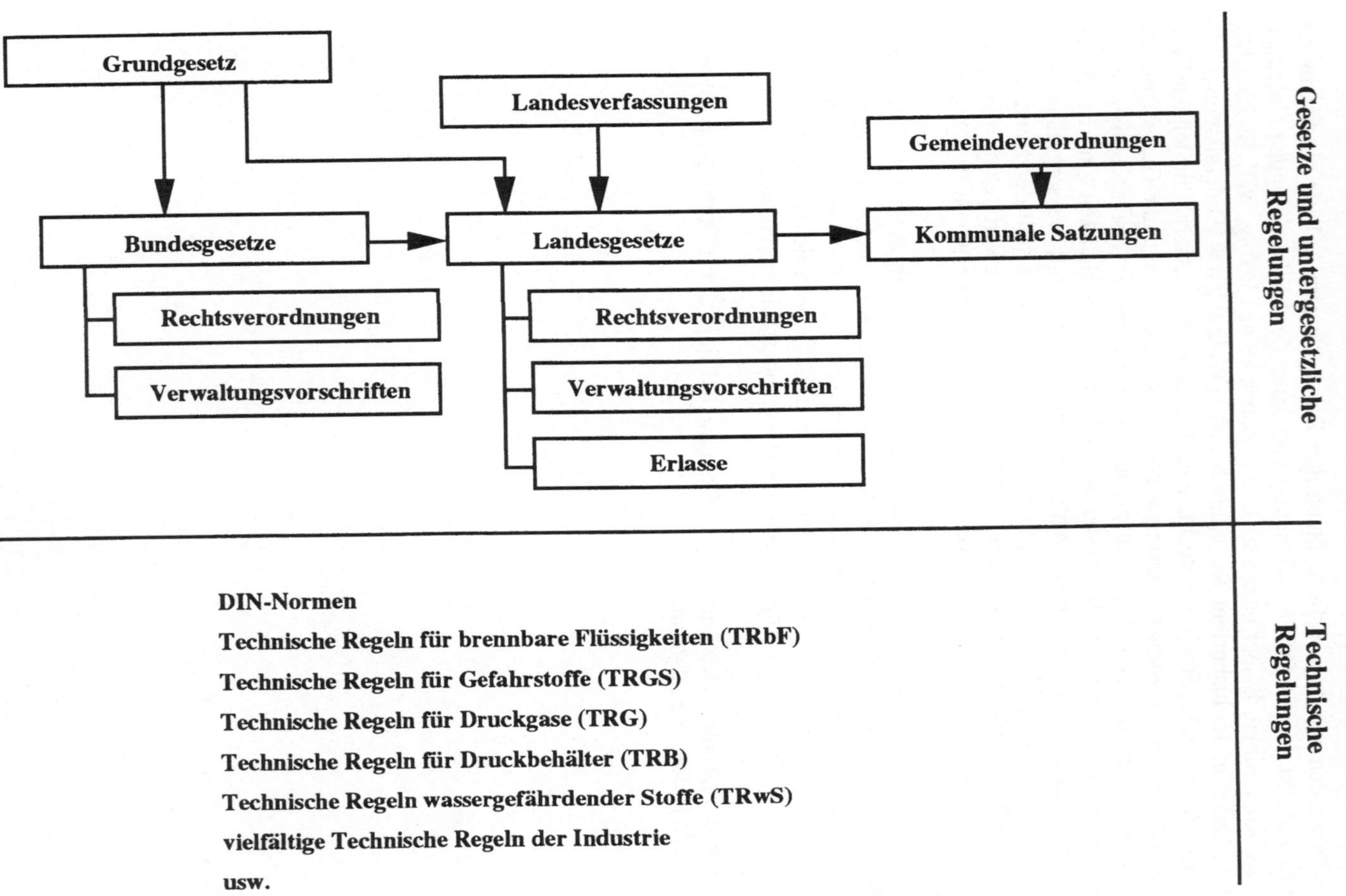

Abb. 3.1 Hierarchie der Rechtsnormen und Richtlinien

Die *Gesetze* werden durch vorgeschriebene Gesetzgebungsverfahren von den gewählten Bundes-, Landes- und Kommunalparlamenten erlassen.

Für Rechtsverordnungen und Verwaltungsvorschriften (untergesetzliche Regelwerke) sind in den Gesetzen Ermächtigungen enthalten, wie z. B. „Der Bundesminister für Umweltschutz, Naturschutz und Reaktorsicherheit erläßt mit Zustimmung des Bundesrates . . .", nach denen die einzelnen Themenbereiche inhaltlich und administrativ gestaltet werden.

Hinsichtlich der Geltungsbereiche der verschiedenen Instrumente ist zu beachten, daß Gesetze und Verordnungen unmittelbar für alle Betroffenen gelten und von diesen eingehalten werden müssen. Verwaltungsvorschriften und Erlasse dagegen gelten nur für die Behörde. Sie ermöglichen der Behörde, Ermessensspielräume zu nutzen. Die darin enthaltenen Regelungen werden nur indirekt – über ihre Umsetzung in Verwaltungsakten (Genehmigung, Erlaubnis) im jeweiligen Einzelfall – für den Betreiber einer Anlage wirksam.

Da sich diese Anforderungen jedoch in den für den Betreiber rechtsverbindlichen Genehmigungsbescheiden und nachträglichen Anordnungen niederschlagen, haben Verwaltungsvorschriften auch eine direkte Auswirkung auf den Betreiber.

Es empfiehlt sich somit für jeden Betreiber von Anlagen, sich rechtzeitig mit den Anforderungen aus den Verwaltungsvorschriften auseinanderzusetzen, denn sie geben der Genehmigungsbehörde Entscheidungskriterien und Handlungsmaximen vor.

Kommunale Satzungen sind Rechtsnormen, die nach Maßgabe von Bundesoder Landesgesetzen von den Kommunalparlamenten erlassen werden und die nur für das Gebiet der jeweiligen Kommune gültig sind, wie z. B. die Abwassersatzung, Abfallgebührensatzung.

Technische Regelungen sind grundsätzlich nichtstaatliche technische Normen technisch-wissenschaftlicher Verbände, wie die VDI-Richtlinien (Vereinigung Deutscher Ingenieure), ATV-Regelwerk Abwassertechnische Vereinigung), DIN-Normen (Deutsches Institut für Normung) sowie Industrienormen. Sie haben zunächst alle nur den Charakter einer Informationsquelle. Erst wenn sie in einem gesetzlichen oder untergesetzlichen Regelwerk zitiert sind, haben sie einen verbindlichen Rechtscharakter. Gleichwohl haben sie durch die Praxis faktisch Gesetzescharakter erhalten.

Eine Sonderstellung nehmen die Technischen Regeln für brennbare Flüssigkeiten (TRbF) und andere Technische Regeln zu Verordnungen nach § 11 Gerätesicherheitsgesetz [GSG-92] ein, weil in diesen Verordnungen die Bildung von Ausschüssen vorgesehen ist, welche offiziell beauftragt sind, technische Regelungen auszuarbeiten und den Bundeswirtschaftsminister zur Einführung vorzuschlagen.

3.1.2
Europäische Rechtsstruktur

Am 7. Februar 1992 wurde in Maastricht der „Vertrag über die Europäische Union" unterzeichnet, der im 1. Januar 1993 in Kraft trat. Schwerpunkt der gemeinsamen Politik ist nach wie vor der EG-Vertrag [EG-57], auf dem auch die Rechtssetzungsakte in der Europäischen Union basieren. Diese heißen deshalb weiterhin EG-(nicht EU-)Verordnung oder EG-Richtlinie. Auch die Kommission heißt weiterhin EG-Kommission.

Der Europäischen Union (EU) kommt damit auch auf dem Gebiet des Umweltrechtes keine Allzuständigkeit zu, sondern sie muß sich an die in den Verträgen vorgesehenen Voraussetzungen halten. Allerdings sind diese so weit gefaßt, daß die Gemeinschaft hier praktisch freie Hand hat.

Die Tätigkeit der Gemeinschaft beinhaltet ausdrücklich eine Politik auf dem Gebiet der Umwelt (Artikel 3b). Dabei ist in den Bereichen, in denen die Gemeinschaft nicht ausschließlich zuständig ist, das Subsidiaritätsprinzip zu beachten. In diesen Bereichen soll die Gemeinschaft nur tätig werden,

Artikel 3b
sofern und soweit die Ziele der in Betracht kommenden Maßnahmen auf Ebene der Mitgliedstaaten nicht ausreichend erreicht werden können und daher wegen ihres Umfangs und wegen ihrer Wirkung besser auf Gemeinschaftsebene erreicht werden können.

Dieses sogenannte Subsidiaritätsprinzip gewinnt im Bereich der Umweltgesetzgebung der EG immer größere Bedeutung. Mehr und mehr neigt die Europäische Kommission in ihren Richtlinienentwürfen dazu, das Subsidiaritätsprinzip dahingehend auszulegen, daß in den Richtlinien die formalen Anforderungen, z. B. an die Genehmigung von Anlagen, vorgeschrieben werden, während die materiellen Anforderungen jeder Mitgliedstaat selbst festlegen soll. Dabei ist offensichtlich, daß gerade die materiellen Anforderungen des Umweltschutzes erheblichen Einfluß auf die Produktionskosten haben und somit zu einem wichtigen Standortfaktor geworden sind.

Eine ergiebige Quelle von Umweltschutzrichtlinien war bisher der Art. 100 a EWG-Vertrag. Der Absatz 3 dieser Vorschrift verpflichtet die Kommission, bei ihren Maßnahmen zur Vereinheitlichung des Binnenmarktes im Bereich Umweltschutz von einem „hohen Schutzniveau" auszugehen.

Die Instrumente der (Umwelt-)Politik in der Europäischen Gemeinschaft sind in Artikel 189 EWG-Vertrag geregelt. Danach erlassen das Europäische Parlament, der Rat und die Europäische Kommission Verordnungen, Richtlinien und Entscheidungen, sprechen Empfehlungen aus und geben Stellungnahmen ab.

Die Ziele der EG-Umweltpolitik sind in den Artikeln 130r bis 130s geregelt. Danach wird angestrebt:

– Erhaltung, Schutz und Verbesserung der Umwelt,
– Schutz der Gesundheit,
– rationelle Verwendung der natürlichen Ressourcen und
– Bewältigung regionaler oder globaler Umweltprobleme.

Dabei soll unter Berücksichtigung von Vorsorge, Bekämpfung an der Quelle und dem Verursacherprinzip auf ein hohes Schutzniveau abgezielt werden. Auch sollen die Umweltschutzerfordernisse in den anderen Politikbereichen berücksichtigt werden.

Die wesentlichen Instrumente der EG-Umweltpolitik sind EG-Verordnungen und Richtlinien. EG-Verordnungen und EG-Richtlinien haben Ähnlichkeiten mit deutschen Bundesgesetzen. Eine EG-Verordnung setzt unmittelbar geltendes Recht in den Mitgliedstaaten, vergleichbar den Gesetzen und Verordnungen in Deutschland. Dies bedeutet, daß EG-Verordnungen keiner weiteren Umsetzung in nationales Recht bedürfen und in allen Mitgliedstaaten in gleicher Weise gelten.

Eine EG-Richtlinie dagegen ist zwar hinsichtlich des zu erreichenden Zieles für jeden Mitgliedstaat verbindlich, aber die Wahl der Form und der Mittel zur Erreichung des Ziels ist dem Mitgliedstaat überlassen. Dieses ist vergleichbar mit der Rahmenkompetenz des Bundes, die von den Ländern entsprechend ihrer regionalen Bedingungen und Spezialitäten ausgefüllt wird.

Im Umweltbereich arbeitet die EG in der Regel mit EG-Richtlinien und Entscheidungen.

Bei der Umsetzung von EG-Richtlinien in deutsches Recht sind je nach der innerdeutschen verfassungsmäßigen Kompetenzverteilung entweder der Bund oder die Länder zuständig. Im Bereich des Wasserrechts hat der Bund lediglich die Rahmenkompetenz, so daß hier in vielen Fällen die Länder für die Umsetzung direkt verantwortlich sind! Bund und Länder können frei entscheiden, wie sie die rechtliche Umsetzung der Anforderungen einer EG-Richtlinie vornehmen.

Für den jeweiligen Mitgliedstaat kommt mit einer EG-Richtlinie auch eine gewisse Verbindlichkeit auf ihn zu. Der Europäische Gerichtshof hat in ständiger Rechtsprechung entschieden, daß Bestimmungen selbst einer Richtlinie dem Bürger eines Mitgliedstaates unmittelbar Rechte einräumen können, so z. B. wenn die materiellen Anforderungen einer Richtlinie, wie Höchstwerte, Grenzwerte, bestimmte Ge- oder Verbote nicht vollständig oder nicht ordnungsgemäß im innerstaatlichen Recht umgesetzt sind.

Einzelnen Bürgern und auch Verbänden verschafft das Umweltrecht der Gemeinschaft die Möglichkeit, bei Verstößen der Verwaltung gegen das gemeinschaftliche Umweltrecht die Kommission anzurufen, die den Fall prüft und gegebenenfalls vor den Europäischen Gerichtshof bringt.

3.1.3
Technikniveaus

In Deutschland gibt es in den gesetzlichen und untergesetzlichen Regelwerken verschiedene Technikniveaus, nämlich

- allgemein anerkannte Regeln der Technik (a.a.R.d.T.),
- Stand der Technik (SdT),
- Stand von Wissenschaft und Technik (SWT).

Weiterhin werden Begriffe verwendet, wie

- einfach und herkömmlich,
- bestmöglicher Schutz.

Aus dem europäischen Rechtsbereich ist das Technikniveau

- Best Available Technique (BAT)

bekannt.

Die drei Technikniveaus a.a.R.d.T., SdT und SWT stellen eine Hierarchie dar, wobei der SWT das höchste Technikniveau darstellt. Im einzelnen versteht man darunter folgendes:

allgemein anerkannte Regeln der Technik (a.a.R.d.T.)
Die a.a.R.d.T. stellen einen Maßstab dar, der Regeln umfaßt, die in der praktischen Anwendung eine Erprobung gefunden und sich bewährt haben sowie Gedankengut der auf dem betreffenden Fachgebiet tätigen Personen geworden sind. Diese Definition der a.a.R.d.T. wurde übrigens bereits 1910 in einem Urteil des Reichsgerichtes getroffen.

Als a.a.R.d.T. gelten insbesondere solche technischen Vorschriften und Baubestimmungen, die von der obersten Wasserbehörde durch öffentliche Bekanntmachung eingeführt sind. Dazu zählen z. B.

- DIN-Normen für Stahlbehälter,
- Regelungen für Auffangwannen,
- Vorschriften für Behälter und Rohrleitungen, Domschächte, die Ausbildung von Auffangräumen u. a.,
- Technische Regeln für brennbare Flüssigkeiten.

Diese technischen Vorschriften werden von Gremien erstellt, in denen die auf dem Fachgebiet tätigen Experten zusammengeschlossen sind.

Stand der Technik (SdT)
Das WHG hatte bis zur 6. Novelle des WHG 1996 den SdT nicht definiert. Als SdT wurde durch Bund und die LAWA für den Gewässerschutz auf die Begriffsbestimmungen des Bundesimmissionsschutzgesetzes (BIMSCHG) [BR-90] zurückgegriffen.

> *§ 3 BIMSCHG „Begriffsbestimmungen"*
> *(6) Stand der Technik im Sinne des Gesetzes ist der Entwicklungsstand fortschrittlicher Verfahren, Einrichtungen oder Betriebsweisen, der die praktische Eignung einer Maßnahme zur Begrenzung von Emissionen gesichert erscheinen läßt. Bei der Bestimmung des Standes der Technik sind insbesondere vergleichbare Verfahren, Einrichtungen oder Betriebsweisen heranzuziehen, die mit Erfolg im Betrieb erprobt worden sind.*

Bei der Festlegung des SdT-Niveaus spricht laut obiger Definition die Fortschrittlichkeit der Anlage für sich. Es bedarf somit nicht einer Gremienarbeit und der damit zu findenden Kompromißformel. Die Anlage muß lediglich mindestens einmal in der Praxis erfolgreich realisiert worden sein, und zwar weltweit.

Danach müßte der Bundesgesetzgeber bei Bekanntwerden entsprechender Anlagen die gesetzlichen Anforderungen für jede Neuanlage, aber auch für die Altanlagen neu festsetzen.

Mit der 6. Novelle zum WHG wurde im § 7 a Abs. 5 erstmals eine wasserrechtliche Definition zum Stand der Technik eingeführt. Sie lautet:

> *§ 7 a WHG „Anforderungen an das Einleiten von Abwasser"*
> *(5) Stand der Technik im Sinne des Absatzes 1 ist der Entwicklungsstand technisch und wirtschaftlich durchführbarer fortschrittlicher Verfahren, Einrichtungen oder Betriebsweisen, die als beste verfügbare Techniken zur Begrenzung von Emissionen praktisch geeignet sind.*

Mit dieser Definition hat sich der deutsche Begriff des SdT auf europäischen Druck dem BAT (Best Available Technique) genähert, der insbesondere die Wirtschaftlichkeit berücksichtigt.

Diese Definition des SdT gilt grundsätzlich nur im Zusammenhang mit der Einleitung von Abwasser. Sie könnte aber auch auf den allgemeinen anlagenbezogenen Umgang mit wassergefährdenden Stoffen übertragen werden.

Stand von Wissenschaft und Technik (SWT)
Beim SWT geht man von der Definition des SdT aus. Die Anlage ist aber noch nicht in der betrieblichen Praxis realisiert. Sie ist jedoch z. B. als Technikumsanlage wissenschaftlich untersucht und hat eine hinreichende Wahrscheinlichkeit für eine erfolgreiche Praxiseinführung.

Mit erfolgreicher Einführung und Bewährung in der Praxis wird dann der SWT für diesen Bereich definitionsgemäß zum SdT.

Alle Begriffe beschreiben ein bestimmtes Niveau für ein zu realisierendes Sicherheitskonzept. Die vom Gesetzgeber festgesetzten Technikniveaus entsprechen einer für ein gesamtes Aufgabenfeld vorweggenommenen Abwägung (s. Abb. 2.1) zwischen der für das Aufgabenfeld festgestellten Besorgnis und der entsprechenden Verhältnismäßigkeit der Maßnahmen, mit der dem Gefährdungspotential zu begegnen ist.

Zu den weiteren Begriffen:

Bestmöglicher Schutz
Im Wasserrecht ist der Begriff „bestmöglicher Schutz" im Zusammenhang mit Anlagen zum Umschlagen von wassergefährdenden Stoffen und zum Lagern und Abfüllen von Jauche, Gülle und Silagesickersäften (§ 19 g Abs. 2 WHG) festgelegt worden. Man wollte damit dem Umstand Rechnung tragen, daß bei diesen Tätigkeiten Leckverluste und Überfüllungen nicht absolut zu vermeiden sind, was bei den a.a.R.d.T. grundsätzlich gefordert wird.

Das heißt, daß vom Sicherheitskonzept hinsichtlich der Anforderungen des Schutzzieles Grundwasser geringere Anforderungen gestellt werden.

Einfach oder herkömmlich (eoh)
Der Begriff eoh stellt kein eigenständiges Technikniveau dar. Vielmehr wird in einem Positivkatalog festgelegt, für welche Anlagen keine behördliche Vorkontrolle stattfinden muß. Damit wird das Genehmigungsverfahren wesentlich verkürzt. Die Anlagen selber müssen mindestens die a.a.R.d.T. erfüllen. Der Wegfall der behördlichen Vorkontrolle kann nur in der Annahme des Gesetzgebers liegen, daß bei diesen Anlagen dem Besorgnisgrundsatz bzw. dem Prinzip des bestmöglichen Schutzes Rechnung getragen ist.

Jeweils in Betracht kommende Regeln der Technik
Bis zur 6. Novelle zum WHG 1996 gab es im Zusammenhang mit den Anforderungen an Bau und Betrieb von Abwasseranlagen (§ 18 b WHG) die Anforderung nach den in Betracht kommenden Regeln der Technik. Nachdem alle Abwasseranlagen aber dem SdT gemäß § 7 a (5) WHG entsprechen müssen, wurde dieser Begriff entbehrlich.

Best Available Technique (BAT)
Über diesen Begriff gab es EU-weit sehr unterschiedliche Auffassungen. In Deutschland könnte er ohne weiteres mit dem SdT gleichgesetzt werden, wobei in den unterschiedlichen deutschen Gesetzen abweichende Definitionen vorliegen (siehe Bundesimmissionsschutzgesetz und Wasserhaushaltsgesetz). Wichtig ist jedoch, daß die europäische Definition die „wirtschaftliche Komponente" enthält. Die IVU-Richtlinie der EG [IVU-96] enthält die entsprechende Definition (siehe Kap. 2.4).

3.2
Das Wasserhaushaltsgesetz

3.2.1
Historische Entwicklung

Das Wasserrecht stellt zwar den ältesten rechtlich ausgestalteten Teil des Umweltrechtes dar. Das Wasserhaushaltsgesetz (WHG) wurde 1957 erlassen. Es knüpft inhaltlich an die Wassergesetze der Länder des Deutschen Reiches an, wie sie um die Jahrhundertwende in Preußen, Baden, Sachsen etc. vorhanden waren. Hinsichtlich der Berücksichtigung von gefährlichen/wassergefährdenden Stoffen und gefährlichen Anlagen hat sich dieses Gebiet aber erst spät herausgebildet.

Den Anfang machte das Gewerberecht. Seine Geschichte spiegelt recht gut die zunehmende Differenzierung der regelungstechnischen Erfassung wider. Es macht deutlich, daß die Entwicklung des Technischen Rechts geprägt ist durch eine Fallsammlung von Negativereignissen. Es ergaben sich stets Unglücksfälle, auf die der Ordnungsgeber bis in die jüngste Zeit durch Fortschreibung technischer Regelungen reagierte [KRI-92], wodurch das Sicherheitsniveau weiterentwickelt wurde.

Meilensteine der Entwicklung des Technischen Rechts

- 1869 erging die Gewerbeordnung für den Norddeutschen Bund [LAN-90]. Sie traf bereits in § 24 Regelungen über das Dampfkesselwesen, den herausgehoben wichtigen Typus gefährlicher Anlagen der damaligen Zeit, bei dem sich zahlreiche Unfälle mit Todesfolge für die Arbeitnehmer immer wieder ereigneten.
- 1930/31 ergingen in den Ländern koordiniert Polizeiverordnungen über den Verkehr mit brennbaren Flüssigkeiten.
- 1937 eröffnete die Änderung der GewO die Möglichkeit, über das Dampfkesselwesen hinaus Regelungen für sonstige gefährliche Anlagen zu treffen.
- 1953 wurde mit einer abermaligen Novellierung der GewO die Bildung technischer Ausschüsse eröffnet.
- 1960 kam es dann zum Erlaß der ursprünglichen VbF, der sich eine technische Verordnung (TVbF) 1964 hinzugesellte.
- 1970 wurde die VbF (jetzt VBF-96) neugefaßt und anstelle der TVbF traten nun erstmalig die Technischen Regeln für brennbare Flüssigkeiten (TRbF) auf den Plan.

- 1980 wurde die DruckbehV erlassen, welche auf die inhaltlich engere, nur ortsbewegliche Anlagen erfassende Druckgasverordnung und die Unfallverhütungsvorschrift „Druckbehälter" zurückging.

Das Bauordnungsrecht ging von den baulichen Anforderungen an Feuerstätten und Heizräume zu Vorgaben für die Lagerung gefährlicher Flüssigkeiten aus. Bedeutsam für die späteren Weichenstellungen war die Einführung einer Prüfzeichenpflicht, die sich auch auf Baustoffe, Bauteile und Einrichtungen für Lageranlagen erstreckte. Im Gefolge der EG-Bauproduktenrichtlinie [EG-88] kam es zu einer Überarbeitung der Landesbauordnungen und zum Erlaß des Bauproduktengesetzes des Bundes [BMB-92], die für bestimmte Baustoffe und Bauteile, auch für solche in Anlagen zum Umgang mit wassergefährdenden Stoffen entsprechende Vorprüfungen festlegen. Entweder müssen sie ein CE-Zeichen oder aber ein deutsches Übereinstimmungszeichen (Ü-Zeichen) tragen dürfen.

Im Jahr 1960 nahm der Bund mit demWHG seine Kompetenz wahr, Rahmenvorschriften über den „Wasserhaushalt" gemäß Art. 75 Nr. 4 Grundgesetz zu erlassen und hat so für die Wasserwirtschaft ein einheitliches deutsches Wasserrecht geschaffen, wobei der gesamte Wasserhaushalt einem öffentlich-rechtlichen Bewirtschaftungsgebot unterstellt wurde. Das Wasserhaushaltsgesetz ist als das deutsche wasserwirtschaftliche „Grundgesetz" zu betrachten.

In den Jahren 1960 bis 1962 haben dann fast alle Bundesländer ihre Landeswassergesetze erlassen, mit denen sie die bundesrechtlichen Vorschriften ausgefüllt und ergänzt haben. Der Anwender des Wasserrechts muß also stets sowohl das WHG, als auch das Wasserrecht desjenigen Bundeslandes zu Rate ziehen, in dem er eine wasserrechtlich relevante Maßnahme durchführen will. Es kann nämlich sein, daß das jeweilige Landesrecht für den konkreten Fall besonders zu beachtende Regelungen trifft, für den sich im WHG nur allgemeine oder sogar gar keine Vorschriften finden.

Die Erkenntnis, den Gewässerschutz gegenüber gefährlichen Anlagen zu regeln, hat, gemessen an der Gesamtentwicklung des Wasserrechts, dort erst relativ spät ihren Niederschlag gefunden (siehe auch Kap. 1.1).

- 1961 bilden die Heizölbehälterverordnungen in den Ländern den ersten Ansatz.
- 1964 werden mit der 2. Novelle zum WHG insbesondere Vorschriften über Rohrleitungsanlagen zur Beförderung wassergefährdender Stoffe (§§ 19 a - f) eingeführt.
- 1968 schaffen die Länder Ermächtigungen zur Ausgestaltung der §§ 26 und 34 WHG, um Leitungen und Anlagen zur Beförderung, Lagerung und Ansammlung von Treibstoffen zu regeln. Daraus ergaben sich die Verordnungen über das Lagern wassergefährdender Flüssigkeiten und Technische Bestimmungen zur Lagerbehälter-Verordnung.
- 1973 wurde das Instrument des § 19 a WHG genutzt für eine Verordnung über wassergefährdende Stoffe bei der Beförderung in Rohrleitungsanlagen.
- 1976 wurde mit der 4. Novelle zum WHG der Kreis der besonders geregelten gefährlichen Stoffe ausgedehnt und auch die Beschränkungen auf flüssige Stoffe fallengelassen. Dabei konzentriert sich der Regelungsbereich auf Anlagen zum Lagern, Abfüllen und Umschlagen (LAU-Anlagen). Weiter wurden Mindestanforderungen nach den allgemein anerkannten Regeln der Technik in § 7 a WHG eingeführt. Die 4. Novelle war einschneidend, da eine Neuorientierung

der staatlichen Wasserwirtschaftspolitik angesichts der prekären Gewässersituation realisiert wurde.

- 1986 wurden mit der 5. Novelle zum WHG weitere Verschärfungen der Anforderungen, vor allem der Anforderungen nach dem Stand der Technik an die Einleitung von Abwasser mit gefährlichen Stoffen, eingeführt sowie die Gleichstellung von Werksrohrleitungen und besonders von Anlagen zum Herstellen, Behandeln und Verwenden (HBV-Anlagen) mit den LAU-Anlagen geschaffen.
- 1996 wurde mit der 6. Novelle zum WHG für die Einleitungen von Abwasser der einheitliche Maßstab des Standes der Technik für alle Abwässer eingeführt. Im anlagenbezogenen Umgang mit wassergefährdenden Stoffen wurde der Bezug zum Bauproduktengesetz hergestellt und damit die Harmonisierung zum EG-Recht realisiert.

3.2.2
Ziele

Das Ziel der Neuregelung des Wasserrechts in der Bundesrepublik Deutschland ist nach wie vor,

- das ökologische Gleichgewicht zu bewahren und wiederherzustellen,
- die Wasserversorgung der Bevölkerung und Wirtschaft zu sichern und
- andere Wassernutzungen, die dem Gemeinwohl dienen, auf lange Zeit zu ermöglichen.

Mit dem ausführlichen Titel des WHG „Gesetz zur Ordnung des Wasserhaushaltes" kommt eindeutig zum Ausdruck, daß die Gewässer, wie sie in § 1 (WHG) „Sachlicher Geltungsbereich" als oberirdische Gewässer, Grundwasser und Küstengewässer definiert sind, nach Menge und Beschaffenheit einer geordneten Bewirtschaftung zu unterziehen sind. Er lautet:

> *§ 1 WHG „Sachlicher Geltungsbereich"*
> *(1) Dieses Gesetz gilt für folgende Gewässer:*
>   *1.   das ständig oder zeitweilig in Betten fließende oder stehende oder aus Quellen wild abfließende Wasser (oberirdische Gewässer),*
>   *1a. das Meer zwischen der Küstenlinie bei mittlerem Hochwasser oder der seewärtigen Begrenzung der oberirdischen Gewässer und der seewärtigen Begrenzung des Küstenmeers (Küstengewässer),*
>   *2.   das Grundwasser.*
> *(2) Die Länder können kleine Gewässer von wasserwirtschaftlicher Bedeutung sowie Quellen, die zu Heilquellen erklärt worden sind, von den Bestimmungen dieses Gesetzes ausnehmen. Dies gilt nicht für § 22.*
> *(3) Die Länder bestimmen die seewärtige Begrenzung derjenigen oberirdischen Gewässer, die nicht Binnenwasserstraßen des Bundes sind.*

Das Gesetz stellt sicher, daß die Gewässer haushälterisch zu bewirtschaften und zu schützen sind sowie nachteiligen Einwirkungen auf sie vorzubeugen ist. Damit sind die Gewässer unter einen weitgehenden Bewirtschaftungsvorbehalt gestellt, wobei allerdings von der grundsätzlichen Nutzbarkeit des Wassers und der Gewässer durch öffentliche und private Nutzer ausgegangen wird. Dieses soll aber nur durch einen geordneten Ausgleich der Nutzungsfunktionen und der ökologischen Funktionen der Gewässer erfolgen.

Die Regelungseingriffe des WHG stellen die Bewirtschaftung des Wasserhaushaltes dar. Dabei geht es um die menschlichen Einwirkungen auf Oberflächen- und Grundwasser, die mittelbar oder unmittelbar den Wasserhaushalt berühren und um die Verfügung über die Wasserressourcen aufgrund einer Bilanzierung von Wasserangebot und Wasserbedarf mit dem Ziel, die Versorgung mit Wasser in geeigneter Menge und Güte stets zu gewährleisten und auf Dauer und für die Zukunft zu erhalten.

Die Zielsetzung des Wasserhaushaltsgesetzes ist es, gemäß § 1 a „Grundsatz" den Wasserhaushalt als Bestandteil von Natur und Landschaft und als Grundlage für lebenswichtige oder zumindest bedeutsame Nutzungen

- vor vermeidbaren Beeinträchtigungen zu schützen

und

- zum Wohl der Allgemeinheit zu bewirtschaften.

§ 1 a WHG „Grundsatz"

(1) Die Gewässer sind als Bestandteil des Naturhaushaltes und als Lebensraum für Tiere und Pflanzen zu sichern. Sie sind so zu bewirtschaften, daß sie dem Wohl der Allgemeinheit und im Einklang mit ihm auch dem Nutzen einzelner dienen und vermeidbare Beeinträchtigungen ihrer ökologischen Funktionen unterbleiben.

(2) Jedermann ist verpflichtet, bei Maßnahmen, mit denen Einwirkungen auf ein Gewässer verbunden sein können, die nach den Umständen erforderliche Sorgfalt anzuwenden, um eine Verunreinigung des Wassers oder eine sonstige nachteilige Veränderung seiner Eigenschaften zu verhüten, um eine mit Rücksicht auf den Wasserhaushalt gebotene sparsame Verwendung des Wassers zu erzielen, um die Leistungsfähigkeit des Wasserhaushaltes zu erhalten und um eine Vergrößerung und Beschleunigung des Wasserabflusses zu vermeiden.

(3) Das Grundeigentum berechtigt nicht

   1.   zu einer Gewässerbenutzung, die nach diesem Gesetz oder nach den Landeswassergesetzen einer Erlaubnis oder Bewilligung bedarf,

   2.   zum Ausbau eines oberirdischen Gewässers.

Bereits 1957 wurde in der Begründung des Gesetzentwurfes zum WHG [WHG-57] die besondere Bedeutung des Wasserhaushalts deutlich hervorgehoben:

„Der Wasserschatz gehört zu den Existenzquellen unseres Volkes. Wasser ist die wichtigste Voraussetzung für jedes menschliche, tierische und pflanzliche Leben, für die Gesundheit von Mensch und Tier, für die Fruchtbarkeit des Bodens und für jede wirtschaftliche Produktion und Tätigkeit. Wasser ist durch menschliche Maßnahmen nicht vermehrbar. Es ist aber als Nahrungsmittel, als Rohstoff und als Betriebsmittel unentbehrlich und unersetzlich. Deshalb ist seine haushälterische Bewirtschaf-

tung erforderlich. Die Gewässer müssen so gepflegt und gehütet werden, daß vermeidbare volkswirtschaftliche Schäden nicht entstehen".

Aber erst in der 5. Novelle zum WHG 1986 wurden in § 1 a Abs. 1 die Worte „ ... als Bestandteil des Naturhaushaltes ..." eingefügt, womit alle Gewässer gemäß § 1 WHG Schutzgut per se wurden. Mit der Formulierung wird hervorgehoben, daß die Gewässer als in den Naturhaushalt eingebundene Lebensräume zu bewirtschaften sind. Zugleich wird klargestellt, daß sie dem Gemeinwohl, z. B. der öffentlichen Wasserversorgung, der Erholung, der Brauchwasserver- und -entsorgung etc. dienen müssen und in diesem Rahmen selbstverständlich im Interesse einzelner genutzt werden können. Die Wasserbehörden sollen schließlich im Rahmen ihrer Bewirtschaftungsentscheidungen dafür sorgen, daß die Gewässer Belastungen nur im unbedingt notwendigen Umfang ausgesetzt werden, damit die Leistungsfähigkeit der Gewässer auch für die Zukunft auf Dauer erhalten werden kann.

Hierin kommt das Bewirtschaftungsgebot zum Ausdruck. Das WHG unterstellt den Wasserschatz einer besonderen öffentlich-rechtlichen Benutzungsordnung.

Unter Gewässerbewirtschaftung ist die umfassende Ermittlung des verfügbaren Wasserschatzes und seiner nutzbaren Anteile sowie deren Zuteilung zur Nutzung unter Abwägung der verschiedenen, teilweise einander gegenüberstehenden ökologischen Funktionen und Nutzungsfunktionen des Gewässers zu verstehen. Das gilt insbesondere für das Grundwasser, da bis dahin das Grundwasser immer nur im Zusammenhang mit Trinkwasserschutzgebieten einer besonderen Aufmerksamkeit und Schutzwürdigkeit unterlag. Ferner wurde die sparsame Verwendung des Wassers (Stichwort: Wassersparen) in § 1 a Abs. 2 verankert.

Mit der Aufforderung, die Gewässer „als Bestandteil des Naturhaushalts" zu bewirtschaften, wird klargestellt, daß die Gewässerbewirtschaftung nicht nur darauf gerichtet sein soll, die Leistungsfähigkeit der Gewässer für die verschiedenen, hergebrachten Nutzungsanforderungen, insbesondere die Wasserversorgung und die Abwasserbeseitigung zu erhalten. Vielmehr soll bei der Gewässerbewirtschaftung auch Berücksichtigung finden, daß die Gewässer als Ökosysteme und Lebensräume eine wichtige Funktion für den Naturhaushalt haben.

Diesem ökologischen Aspekt ist jedoch der Gesichtspunkt gegenübergestellt, daß die Gewässer zugleich vielfältige Nutzungsanforderungen erfüllen müssen. Die zuständigen Behörden müssen mit ihren Entscheidungen ein ausgewogenes Verhältnis erreichen.

Ein besonderes Augenmerk wird im § 1 a Abs. 2 WHG auf die allgemeine Pflicht und Sorgfalt im Hinblick auf den Gewässerschutz und eine sparsame Wasserverwendung gerichtet. Danach ist jedermann verpflichtet, bei Maßnahmen, mit denen Einwirkungen auf ein Gewässer verbunden sein können, die nach den Umständen erforderliche Sorgfalt anzuwenden, um eine Verunreinigung des Wassers oder eine sonstige nachteilige Veränderung seiner Eigenschaften zu verhüten und um eine mit Rücksicht auf den Wasserhaushalt gebotene sparsame Verwendung des Wassers zu erzielen. Damit kommt das umweltrechtliche Vorsorgeprinzip zum Ausdruck. Die allgemeine Sorgfaltspflicht gilt grundsätzlich, unabhängig davon, ob die Anwendung der erforderlichen Sorgfalt bei gewässerrelevanten Maßnahmen oder bei der Wasserverwendung wegen ansonsten auftretender konkreter wasserwirtschaftlicher Probleme erforderlich ist oder nicht.

Anders als beim Bewirtschaftungsgebot, das ausschließlich Behörden und öffentliche Stellen verpflichtet, richtet sich die allgemeine Sorgfaltspflicht an jeden Bürger („jedermann"). Sie stellt unmittelbar geltende, von jedermann zu beachtende und notfalls mit ordnungsrechtlichen Mitteln durchzusetzende Verhaltenspflichten auf. Sie gilt deshalb nicht nur für Gewässerbenutzer, wie z. B. Wasserentnehmer oder Einleiter von Abwasser, sondern auch für Indirekteinleiter und Gewässereigentümer oder -anlieger sowie im übrigen für alle Bürger, die Maßnahmen durchführen, die sich nachteilig auf die Gewässer auswirken können. Dies sind vor allem Maßnahmen hinsichtlich Gewässerbenutzungen, Unterhaltung und sowie den Umgang mit wassergefährdenden Stoffen.

Die Gewässer sind durch das WHG unter einen weitgehenden Bewirtschaftungsvorbehalt gestellt worden. Anders als z. B. bei der immissionsschutzrechtlichen Anlagengenehmigung nach §§ 5, 6 BImSchG, wonach ein Rechtsanspruch auf Erteilung der Genehmigung bei Vorliegen der Genehmigungsvoraussetzungen besteht, gibt es bei Gewässerbenutzungen grundsätzlich keinen Rechtsanspruch auf Genehmigung. Die Wasserbehörden entscheiden über einen Erlaubnisantrag oder einen Bewilligungsantrag nach pflichtgemäßem Erfassen, wobei sie auch einen Antrag mit Begründung zurückweisen können.

So ist etwa nach § 6 WHG die beantragte Erlaubnis oder Bewilligung zu versagen, wenn von der beabsichtigten Gewässerbenutzung eine Beeinträchtigung des Wohls der Allgemeinheit, insbesondere eine Gefährdung der öffentlichen Wasserversorgung, zu erwarten ist, die nicht anderweitig vermieden oder ausgeglichen werden kann, da das WHG auf den Schutz der Gewässer vor Gefährdungen und schädlichen Beeinträchtigungen angelegt ist.

> **§ 6 WHG „Versagung"**
> *Die Erlaubnis und die Bewilligung sind zu versagen, soweit von der beabsichtigten Benutzung eine Beeinträchtigung des Wohls der Allgemeinheit, insbesondere eine Gefährdung der öffentlichen Wasserversorgung, zu erwarten ist, die nicht durch Auflagen oder durch Maßnahmen einer Körperschaft des öffentlichen Rechts verhütet oder ausgeglichen wird.*

3.3
Landeswassergesetze

Die Wassergesetze der Bundesländer füllen nicht nur den Rahmen des WHG aus, sondern ergänzen dieses Kraft eigener Zuständigkeit durch Bestimmungen, für deren Erlaß dem Bund die Kompetenz fehlt. Hierzu gehört u. a. die Einteilung der oberirdischen Gewässer, das Eigentum, die Duldungspflichten und Zwangsrechte, das Verfahrensrecht, soweit nicht der Bund auch insoweit den Rahmen gestaltet hat (vgl. §§ 9, 9 a, 31 WHG) sowie die Regelungen der behördlichen Zuständigkeit. Der Schwerpunkt der Landesgesetze liegt in der Regel in der Regelung der Unterhaltung und des Ausbaus der Gewässer sowie der Zulassung der Errichtung von Anlagen in und an Gewässern.
Für die möglichst einheitliche Ausgestaltung der Rahmenvorgaben des Bundes haben die für die Wasserwirtschaft zuständigen obersten Behörden der Länder eine Länder-Arbeitsgemeinschaft Wasser (LAWA) gebildet. Ziel ist es, harmoni-

sierte und auf gleichem Anforderungsniveau stehende Muster-Regelungen zu schaffen, um für die Betroffenen den Gleichbehandlungsgrundsatz zu garantieren. Die entsprechenden LAWA-Muster-Entwürfe zu den verschiedenen Teilbereichen der Wasserwirtschaft werden nach Verabschiedung in der LAWA den Ländern zur Einführung empfohlen. Die Länder können sie 1:1 umsetzen und als landesrechtliches Instrument erlassen. Sie können aber auch abweichen sowie landesspezifische Anforderungen ergänzen.

4 Anlagenbezogener Umgang mit wassergefährdenden Stoffen

4.1 Hintergrund für den Aufbau der Instrumente

Die Diskussion über sichere und umweltverträgliche Anlagen hat seit den Unfällen und Katastrophen von Seveso, Bophal und Sandoz zu einer erheblichen Veränderung in den grundlegenden technischen und organisatorischen Anforderungen, den administrativen Abläufen sowie den rechtlichen Grundlagen geführt. Gleichzeitig hat sich auch das methodische Herangehen geändert. Schlagartig sind seit wenigen Jahren Begriffe wie „Ganzheitlicher betrieblicher Umweltschutz", „Integrierte Sicherheitskonzepte", „Produktionsintegrierter Umweltschutz", „Öko-Audit" und ähnliche Begriffe in der Diskussion. Dieses macht deutlich, daß die alte getrennte, sektorale Betrachtungsweise ihre Grenzen erreicht hat und einer Konzentrationsbewegung, sprich integralen Betrachtung weicht.

Deshalb wird seit einiger Zeit auch vom „Produktionsintegrierten Umweltschutz" gesprochen. Damit soll zum Ausdruck gebracht werden, daß zur weiteren Optimierung des Umweltschutzes

- Anlagen so dicht sind, daß Schadstoffe im bestimmungs- und nicht bestimmungsgemäßen Betrieb nicht ins offene System Umwelt freigesetzt,
- nachgeschaltete Reinigungstechniken durch integrierte Lösungen ersetzt bzw. ergänzt werden, um unerwünschte Emissionen gar nicht erst entstehen zu lassen bzw. weitgehend zu vermeiden.

Integrierte Umweltschutztechnologien dienen der konsequenten Umsetzung des Vorsorgeprinzips in der Umweltpolitik. Sie sind die entscheidende Voraussetzung dafür, daß Umweltprobleme ganzheitlich betrachtet und gelöst werden. Denn integrierte Umweltschutztechnik greift die Ursachen produktions- und produktbedingter Emissionen auf und schließt dementsprechend technische Verfahren, organisatorische Abläufe und Verhaltensweisen in sämtliche Phasen des Produktionskreislaufes ein, von der Rohstoffgewinnung und Produktion über die Verteilung und den Ge- und Verbrauch von Produkten bis hin zu deren Verwertung oder schadloser Beseitigung.

Hierzu sind emissionsarme und sicherheitsredundante Produktionsverfahren besonders geeignet. Integrierte Umweltschutztechnik, häufig auch als „saubere Technologie" oder „Primärmaßnahme" bezeichnet, spielt in der umweltpolitischen Diskussion auch international als Beitrag zu einer nachhaltigen Entwicklung (Sustainable Development) eine zunehmend wichtigere Rolle. Sie wird die umwelttechnologische Entwicklung der kommenden Jahre entscheidend beeinflussen, da sie nicht nur ökologische, sondern, bei Einsatz echter technischer Innovationen, auch ökonomische Vorteile mit sich bringt.

Mit der Betonung des Vorsorgeprinzips in der Umweltpolitik der Bundesrepublik Deutschland war eine derartige Entwicklung zwangsläufig geboten, da nur mit einer ganzheitlichen Betrachtung einer Anlage der Stör- oder Unfall oder der nicht bestimmungsgemäße Betrieb weitestgehend von vornherein ausgeschaltet werden kann.

Eine Anlage muß nicht nur sicher sein, d. h. es darf nicht zu Unfällen kommen bzw. eingetretene dürfen sich nicht auswirken, sondern sie muß auch noch umweltverträglich sein, denn eine sichere Anlage ist nicht automatisch umweltverträglich. D. h., die Forderung nach Umweltverträglichkeit ist die umfassendere Forderung. Somit stellt eine Umweltverträglichkeitsprüfung auch nicht nur die bloße Addition der Erfüllung der sicherheitstechnischen Anforderungen dar, obwohl die Enthaltung der Sicherheitsgesetzgebung einen sehr wesentlichen Teil der anlagenbezogenen UVP darstellt.

Der anlagenbezogene Umgang mit wassergefährdenden Stoffen ist auf das Vielfältigste mit den verschiedenen Materien des Umweltschutzes verbunden. Eine Anlage, in denen mit Stoffen umgegangen wird, muß gleichzeitig alle Schutzziele wie Luftreinhaltung, Gewässerschutz, Bodenschutz, Naturschutz, Arbeitsschutz gleichermaßen erfüllen.

Wenn der wasserrechtliche Besorgnisgrundsatz, wie oben erläutert, konsequent realisiert wird, bedeutet das für eine Anlage im bestimmungs-, wie im nicht bestimmungsgemäßen Betrieb Nullemission, wozu auch das Stör- oder Unfallgeschehen gehört.

Das bedeutet weiterhin, daß letztlich die Realisierung der Sicherheitsphilosophie für eine Anlage, gleichgültig ob es sich um einen Altölsammelbehälter oder eine großchemische Produktionsanlage handelt, in der Erfüllung aller Schutzziele und damit aller technischen und organisatorischen Maßnahmen besteht. Es ist quasi eine Hüllkurve über alle Anforderungen zu legen, die sich aus den weitestgehenden Anforderungen aus jedem Schutzzielbereich ergibt. Daraus resultiert dann die Auslegung einer sicheren Anlage. Die Abbildung 4.1 vermittelt ohne Anspruch auf Vollständigkeit einen Eindruck, aus welch unterschiedlichen Rechtsbereichen gleichzeitig Anforderungen auf eine Anlagen „einstürmen".

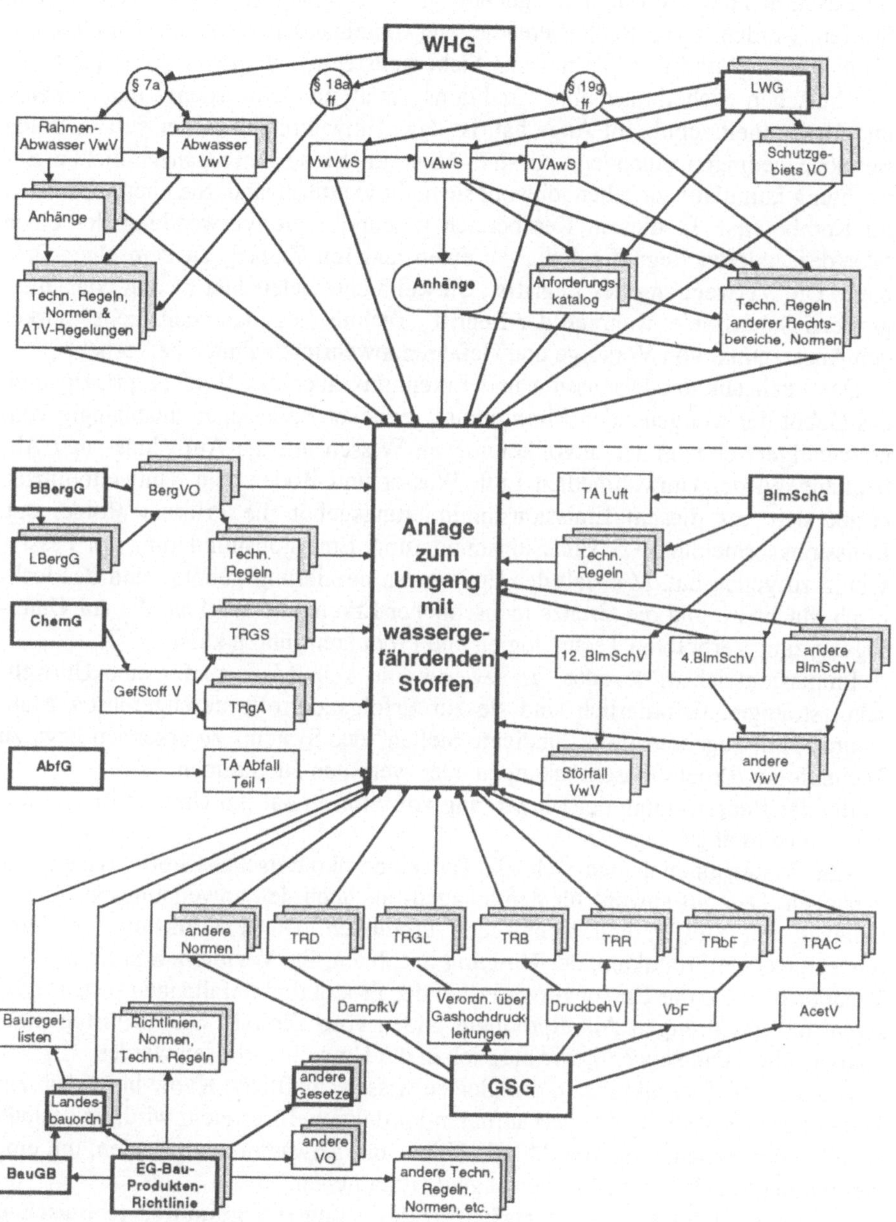

Abb. 4.1 Anforderungen an eine Anlage

Im Zusammenhang mit dem anlagenbezogenen Umgang mit wassergefährdenden Stoffen werden zwei Rechtsbereiche eng miteinander verzahnt, nämlich das „Umweltrecht" und das „Technische Sicherheitsrecht". Während der Bereich des „Technischen Sicherheitsrechts" traditionsgemäß im Schwerpunkt den Arbeits- und Gesundheitsschutz im Auge hat, ist das „Umweltrecht" weiter gefaßt. Beide Bereiche bedingen einander und sind daher im Sinne einer ganzheitlichen Betrachtung kumulativ zu sehen, obwohl sie nicht identisch sind. Sie überlappen sich im Kernbereich. In diesem Kernbereich beschreibt die Verwendung des einen oder des anderen Begriffes lediglich einen anderen Zugang zu demselben Problem. Die Verwendung des Begriffs „Umweltrecht" beleuchtet medial oder übergreifend Schutzziele, während der Begriff „Technisches Sicherheitsrecht" stärker den Ansatzpunkt von Vorsorge und Gefahrenabwehrmaßnahmen hervorhebt.

Das Fazit aus der Diskussion und Erkenntnis über das Vorsorgeprinzip muß das Gebot der weitgehenden Minimierung jeglicher Emissionen unabhängig vom notwendigerweise immer unvollkommenen Wissen um die Aufnahme- und Abbaufähigkeit der Umweltmedien Luft, Wasser und Boden sein. Umweltpolitisch ergibt sich aus diesem Emissionsminimierungsgebot die Prioritätenfolge, daß Emissionsvermeidung vor Emissionsminderung, Emissionsminderung vor Passivschutz zu gehen hat. Maßstab des Emissionsminimierungsgebotes sind das technisch Machbare und die Grenze menschlicher Erkenntnisfähigkeit, die zur Untersagung/zum Verbot von Technologien und Produkten führen kann.

Immissionsrichtwerte oder -grenzwerte sind kein Maßstab für eine Umweltschutzstrategie. Erforderlich sind sie zur Erfolgskontrolle durchgeführter Maßnahmen, um gegebenenfalls „undichte Stellen" des Systems zu erkennen bzw. zu Technologie-/Produktbeschränkungen oder -verboten zu kommen.

Bei der Beherrschung der Einwirkung von Stoffen auf die Umwelt ist von folgendem **Modell** auszugehen:

Alle Maßnahmen haben sich als Teil einer ökologischen Stoffwirtschaft zu verstehen. Das gilt sowohl für den anlagen- als auch den anwendungsbezogenen Umgang mit Stoffen und technischen Produkten. Die **Produktion** von Stoffen/technischen Produkten, der **Umgang** mit ihnen, ihr **Verbleiben** nach Ge- und Verbrauch sowie die **Entsorgung** der bei der Produktion anfallenden festen, flüssigen und gasförmigen Abfallprodukte bilden **eine Einheit.** Stoffe dürfen nicht unkontrolliert und so wenig wie möglich in die Umwelt entlassen werden.

Das gleiche Technikniveau, das gleiche wissenschaftliche Know-how, das zur Zeit bei der Herstellung des verkaufbaren Produktanteils erreicht wird, ist deshalb auch bei der Behandlung von Abfall, Abluft und Abwasser anzuwenden, um eine verursachergerechte Kostenzuweisung zu ermöglichen.

Es kommt somit auf die **Sicherheitsoptimierung des gesamten technischen Systems** (nicht nur Teiloptimierung!) der Produktion, der Entsorgung, des technischen Umgangs bei Umschlag, Transport und Verwenden von Stoffen/Produkten an. Das *Gefährdungspotential* eines Betriebes ist *ganzheitlich zu definieren.* Über jeden Betrieb ist eine „Käseglocke" zu legen, um über Wege und Verbleib der in den Betrieben gelagerten, eingesetzten, verarbeiteten Stoffe/Zwischenprodukte/Produkte einen nachweisbaren Überblick zu gewinnen (Abb. 4.2). Diese Analyse umfaßt die Produktion, die Entsorgung sowie den innerbetrieblichen Umgang mit den Stoffen/Produkten.

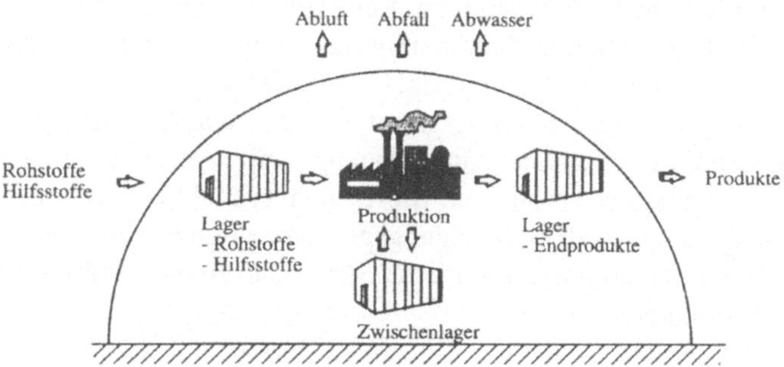

Abb. 4.2 Anlagensicherheitskonzept

Das bundesdeutsche Umweltrecht ist historisch von verschiedenen Ausgangspunkten her gewachsen und daher noch weitgehend sektoral gegliedert. Jedes umweltrelevante Gesetz bildet ein anderes Schutzziel ab und realisiert dieses mit entsprechenden technischen und organisatorischen Anforderungen.

So dienen primär u. a.

- das Gerätesicherheitsgesetz dem Schutzziel „Brand- und Explosionsschutz und damit dem Arbeitsschutz";
- das Kreislaufwirtschafts- und Abfallgesetz dem Schutzziel „Gesundheitsschutz, Schutz von Boden, Gewässern, ökologischen Funktionen";
- das Immissionsschutzgesetz dem Schutzziel „ Schädliche Umwelteinwirkungen – vorallem bezogen auf die Luft – durch Immissionen zu verhindern";
- das Wasserrecht dem Schutzziel „die Gewässer so zu bewirtschaften, daß keine nachhaltig nachteiligen Veränderungen zu besorgen sind (Besorgnisgrundsatz)".

Der Besorgnisgrundsatz, wie er im Wasserhaushaltsgesetz in §§ 19 a, 19 g, 26, 32 b, 34 formuliert ist, stellt die weitestgehende Anforderung an Anlagen in der Realisierung des Vorsorgeprinzips dar.

Der Besorgnisgrundsatz bzw. das Vorsorgeprinzip gilt für alle Anlagen, gleichgültig ob sie einem förmlichen Zulassungsverfahren nach Bundes-Immissionsschutzgesetz, Wasserhaushaltsgesetz oder Kreislaufwirtschafts- und Abfallgesetz etc. unterliegen oder nicht.

Die zu treffenden Maßnahmen zum vorbeugenden Umweltschutz im Einzelfall haben grundsätzlich die folgenden drei Bereiche zu berücksichtigen:

- Stoffe/Produkte
- Technische Anlagen
- Qualitätsmanagement

Das Ziel der Vorsorgemaßnahmen zur Beherrschung der Einwirkungen von Stoffen auf die Umwelt muß es sein,

- die Stoffkreisläufe zu schließen, so daß ein Übergang von Stoffen aus technischen Systemen in die Umwelt weitgehend ausgeschlossen wird;
- nur Stoffe und Produkte einzusetzen, die umweltverträglich oder ökologisch vertretbar sind.

Das naturwissenschaftlich nicht bestimmbare Reinigungsvermögen des Untergrundes sowie die Möglichkeiten der Verdünnung darf nicht als Element der Reduzierung von technischen und stoffökologischen Anforderungen vorab in Rechnung gebracht werden. Vor diesem Hintergrund hat die Wasserwirtschaft die Anforderungen an technische Systeme zum Umgang mit wassergefährdenden Stoffen und an zur Anwendung kommende Stoffe und Produkte zu definieren. Damit ist es dann auch möglich, den Abwägungsprozeß zwischen verschiedenen Schutzzielen (z. B. Immissionsschutz, öffentliche Sicherheit, Brand- und Explosionsschutz etc.) durchzuführen.

Umgang mit Stoffen/Produkten in technischen Systemen
In einer großen Anzahl von Anlagen der gewerblichen Wirtschaft oder öffentlicher Einrichtungen wird in vielfältiger Weise mit wassergefährdenden Stoffen umgegangen. So gibt es Anlagen zum Lagern, Abfüllen, Umschlagen, Herstellen, Behandeln und Verwenden von wassergefährdenden Stoffen. Es gibt einfache Anlagen, die nur einer dieser Tätigkeiten dienen. Beispiele sind ein Stückgutlager für in Transportbehälter verpackte wassergefährdende Stoffe, eine Kühlanlage, die Ammoniak als Kältemittel verwendet, oder eine Ladebühne, an der wassergefährdende Stoffe von der Eisenbahn auf Lastkraftwagen umgeladen werden.

Viele Anlagen sind jedoch komplizierter zusammengesetzt. In einer chemischen Fabrik werden Rohstoffe und Produkte gelagert. Es werden aus harmlosen oder auch aus wassergefährdenden Rohstoffen wassergefährdende Zwischen- oder Endprodukte hergestellt. Dabei werden Zwischenprodukte gegebenenfalls vorübergehend bis zur weiteren Verwendung zwischengelagert. Die Zwischenprodukte werden bis hin zum Endprodukt weiterbehandelt und schließlich in Transportbehälter oder auch Tanklastzüge abgefüllt oder auf Schiffe umgeschlagen. Bei allen diesen Tätigkeiten können andere wassergefährdende Stoffe verwendet werden: Heizöl wird verbrannt, um die nötige Energie zu gewinnen, Öle werden in Transformatoren verwendet und in Heiz- und Kühlkreisläufen werden gegebenenfalls wassergefährdende Stoffe eingesetzt.

Die Gesamtanlage der chemischen Fabrik läßt sich verfahrenstechnisch bedingt nur selten in klar voneinander abgegrenzte, räumlich getrennte Einzelanlagen aufspalten, in denen nur jeweils einer dieser Tätigkeiten nachgegangen wird. Grundsätzlich können alle Anlagenteile, so z. B. zum Lagern, Abfüllen, Umschlagen, Herstellen, Behandeln oder Verwenden auf der gleichen Anlagenplatte stehen. Abbildung 4.3 [TI-89] zeigt als Prinzipskizze Grund- und Aufriß einer Freiluft-Industrieanlage.

Bestimmte Anlagen sind primär anderen Rechtsbereichen unterworfen. Das gilt vor allem für alle nach dem Bundes-Immissionsschutzgesetz genehmigungsbedürftigen Anlagen. Die meisten der Stoffe, mit denen in solchen Anlagen umgegangen wird, sind jedoch wassergefährdend im Sinne des § 19 g WHG. Neben dem primär geltenden Immissionsschutzrecht ist daher subsidiär der Besorgnisgrundsatz des Wasserrechts anzuwenden. Insbesondere gilt das auch für Anlagen zum Behandeln überwachungsbedürftiger oder besonders überwachungsbedürftiger Abfälle – die in der Regel wassergefährdend sind – („Sonderabfälle"), bei denen primär das Abfallrecht und bezüglich der Genehmigung das Immissionsschutzrecht gelten.

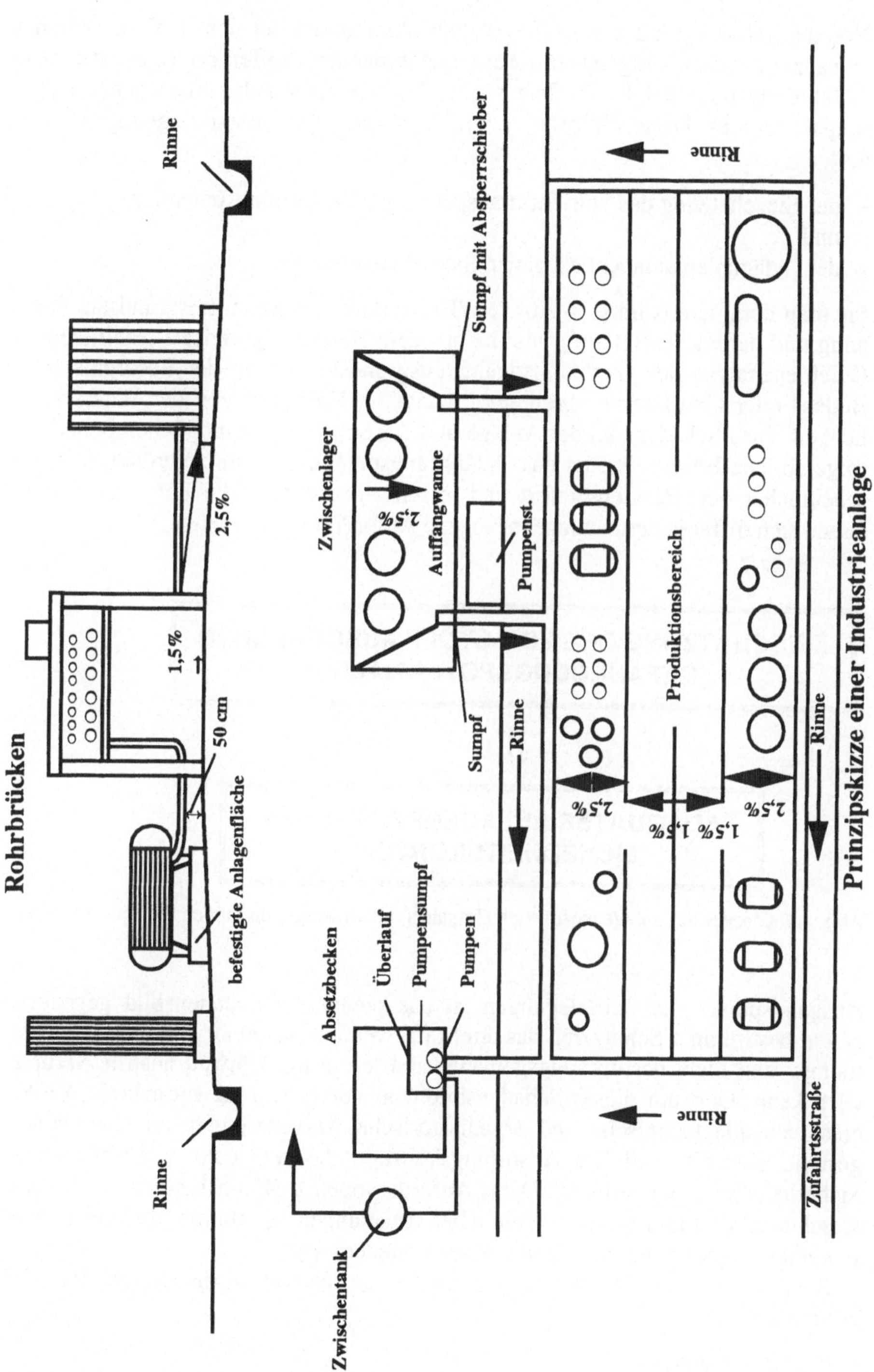

Abb. 4.3 Prinzipskizze einer Anlage

Vor dem Hintergrund der stoffrelevanten Aktivitäten bei dem breiten Feld des anlagenbezogenen Umgangs mit wassergefährdenden Stoffen bedarf es eines vom Gefährdungspotential der Stoffe ausgehenden adäquaten anlagenbezogenen Sicherungskonzeptes. Diese Philosophie wird von zwei Komponenten getragen (Abb. 4.4),

– der Einschätzung des vom Stoff ausgehenden Gefährdungspotentials
und
– dem adäquaten anlagenbezogenen Sicherheitskonzept.

Sie trägt dem bereits im § 34 Abs. 2 WHG verankerten Besorgnisgrundsatz Rechnung und berücksichtigt aufgrund der aus dem Besorgnisgrundsatz resultierenden Gefahrenanalyse den Verhältnismäßigkeitsgrundsatz. Denn die Besorgnis einer Boden- oder Gewässerverunreinigung hängt im Einzelfall von der Wahrscheinlichkeit eines Schadens an der Anlage und der Schwere der möglichen Schadensfolge ab. Die Besorgnis oder das Gefährdungspotential ist um so größer, je wahrscheinlicher der Schadenseintritt und je schwerwiegender die Folge ist. Daraus lassen sich differenzierte anlagenbezogene Anforderungen ableiten.

EINSCHÄTZUNG DES VOM STOFF AUSGEHENDEN
GEFÄHRDUNGSPOTENTIALS

ADÄQUATES ANLAGENBEZOGENES
SICHERHEITSKONZEPT

Abb. 4.4 Konzept des anlagenbezogenen Umgangs mit wassergefährdenden Stoffen/Produkten

Ausgangspunkt aller Überlegungen ist das potentielle Schadensbild gegenüber einem bestimmten Schutzziel, das ein Stoff, wenn er aus einer Anlage im bestimmungs- und nicht bestimmungsgemäßen Betrieb in die Umwelt austritt, verursachen kann. Und um dieses Schadensbild von vornherein zu vermeiden, werden entsprechende technische und organisatorische Anforderungen an eine Anlage gestellt. Hiermit wird das Abstufungskonzept, das adäquate anlagenbezogene Sicherheitskonzept begründet. Diese Anforderungen z. B. hinsichtlich des Gewässerschutzes sind in den wasserrechtlichen Regelungen des Bundes und der Länder sowie der zugehörigen technischen Regeln niedergelegt.

Zunächst ist das Gefährdungspotential einer Anlage abzuschätzen. Es wird bestimmt durch

- die Stoffcharakteristik
  - Toxikologie,
  - Verhalten bei Freiwerden,
  - Stoffmenge,

- die Standortcharakteristik
- die Nutzungscharakteristik.

Das Gefährdungspotential ist nicht nur eine Frage der toxikologischen Auswirkungen, die von einem Stoff ausgehen. Gleichwohl ist aber dieser Gesichtspunkt der entscheidende Aspekt zum Einstieg in die Anlagenrelevanz hinsichtlich des Umweltschutzes und im besonderen des Gewässerschutzes. Darüber hinaus ist aber auch das Verhalten bei Freiwerden von besonderer Bedeutung. Denn es gibt standorttreue Stoffe, die nicht in Lösung mit Wasser gehen und somit nicht zu Schutzgütern transportiert werden können. Ferner gibt es Stoffe, die als Phase auf dem Grundwasser aufschwimmen (z. B. Mineralöle) oder in tiefere Bereiche des Grundwassers absinken (z. B. CKW's). Deshalb ist das Mobilitäts- oder Transferverhalten der Stoffe von Bedeutung.

Der Standort spielt ebenfalls eine wichtige Rolle, da es für die Ausbreitung eines Stoffes nicht unerheblich ist, ob die Anlage auf einem natürlich geschützten Grundwasserleiter (z. B. mächtige Tonsteinschicht) oder auf einem Karstgrundwasserleiter steht.

Weiterhin ist die Umgebungsnutzung zu beurteilen. Hier gibt es empfindlichere (z. B. Trinkwassergewinnung, wertvolles Biotop) und weniger empfindlichere Nutzungen (z. B. ausgewiesene Industriegebiete).

Alle drei Charakteristika machen das Gefährdungspotential aus. Diese zusammenfassende Bewertung ist bereits ein erster Einstieg in die Umweltverträglichkeitsprüfung oder Nachhaltigkeitsprüfung.

Das den Anlagen unterlegte Sicherheitskonzept besteht prinzipiell aus zwei Barrieren, das sog. Zweibarrieren-Konzept [RDT-91]. Beide Barrieren (Abb. 4.5) bestehen aus vorhandenen Anlagen, Anlagenteilen und Sicherungseinrichtungen. Sie werden durch organisatorische Maßnahmen ergänzt, die vorwiegend Sicherungszwecken dienen.

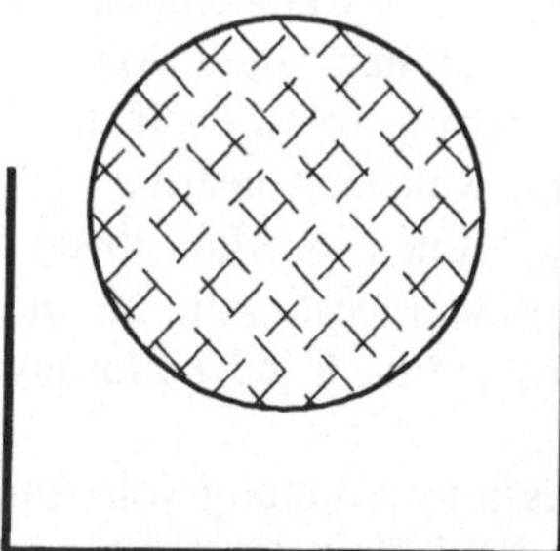 

Abb. 4.5 Prinzip des Zweibarrieren-Konzeptes (links: Behälter im Auffangraum, rechts: doppelwandiger Behälter – mit Leckanzeigegerät)

Die erste Barriere wird von der Wand des Lagertanks, der Rohrleitung o. ä., bzw. von den entsprechend sicheren Armaturen gebildet. Sie umschließt den gelagerten wassergefährdenden Stoff und verhindert im bestimmungsgemäßen Betrieb der Anlage seine Freisetzung und damit jedes Einwirken auf Boden oder Gewässer. Für den Fall, daß diese erste Barriere versagt, muß eine zweite vorhanden sein, denn auch im nicht bestimmungsgemäßen Betrieb darf eine nachteilige Verunreinigung nicht zu besorgen sein [LÜH-86].

Dieses Grundprinzip läßt sich auf Abfüll-, Herstellungs-, Behandlungs- und Verwendungs- und auch Umschlagsanlagen übertragen, aber auch auf Anlagen, die unter andere rechtliche Vorschriften fallen, z. B. eine dem Abfallrecht unterliegende Shredderanlage oder gar eine Deponie.

In der Regel hat der Betreiber ein wirtschaftlich bedingtes Eigeninteresse daran, daß die erste Barriere dicht bleibt. Sonst träten Verluste an Roh- oder Hilfsstoffen oder Produkten oder Zeit- und Geldverluste wegen Produktionsunterbrechungen ein.

Grundsätzlich ist davon auszugehen, daß für die erste Barriere die Belange der Wasserwirtschaft schon durch andere Rechtsbereiche (Immissionsschutz-, Arbeitsschutzrecht) mit berücksichtigt sind, so daß sie selbst keine zusätzlichen eigenen Anforderungen stellen muß. Es ist der Wasserwirtschaft aber ein Mitspracherecht bei der Formulierung der Anforderungen an die erste Barriere einzuräumen, da Art und Aufbau der ersten Barriere entscheidend den an der zweiten Barriere zu betreibenden Aufwand beeinflussen. Die Wasserwirtschaft ist dann sicher, daß die erste Barriere bei Einhalt der Bestimmungen aus den anderen Rechtsbereichen im bestimmungsgemäßen Betrieb keinen Grund zur Besorgnis bietet. Den Wasserbehörden gegenüber ist im Einzelfall nur noch nachzuweisen, daß diese Bestimmungen auch wirklich erfüllt werden.

Wenn die erste Barriere im bestimmungsgemäßen Betrieb keinen wassergefährdenden Stoff austreten läßt, was grundsätzlich durch die Einhaltung der Vorschriften aus anderen Rechtsbereichen gewährleistet wird und von den entsprechenden Behörden oder Organisationen überwacht wird, dann kann sich die Wasserwirtschaft ausschließlich auf die zweite Barriere konzentrieren.

Die zweite Barriere wird lediglich während und für eine bestimmte Zeit nach einer Störung des bestimmungsgemäßen Betriebs beansprucht. In diesem Fall hat sie das Einwirken von Stoffen auf den Boden oder ein Gewässer, die die erste Barriere durchbrochen haben, nur so lange zu verzögern, bis die Maßnahmen zur Beseitigung dieser Stoffe erfolgreich waren. „Absolute Dichtheit" muß von der zweiten Barriere in der Regel nicht gefordert werden, sondern nur eine auf diese Zeitspanne begrenzte Dichtheit. Welche Materialien und welche Konstruktionsweise für die zweite Barriere zu verwenden sind, hängt vom Einzelfall ab und wird außer durch den zurückzuhaltenden Stoff auch davon bestimmt, ob die zweite Barriere mehrfach verwendet werden soll oder ob sie nach jeder Störung zu erneuern ist.

Damit werden zwei Grundprinzipien für die Konstruktionsgestaltung von Anlagen zum Umgang mit wassergefährdenden Stoffen deutlich, nämlich

– die Anlagen müssen kontrollierbar

und

– die Anlagen müssen insbesondere hinsichtlich der 2. Barriere reparierbar

sein.

Beide Barrieren müssen jederzeit auf Dichtheit zu prüfen sein. Eine Anlage ist so zu bauen, daß sie mit möglichst einfachen Kontrollen geprüft werden kann. Die Kontrollmethoden reichen von regelmäßiger visueller Überprüfung bis zu automatischen Leckanzeigegeräten etc. und Grundwassermeßstellen. Der zu treibende Aufwand hängt von den Stoffeigenschaften des wassergefährdenden Stoffes, denen der Materialien der Barriere, dem Gefahren- oder Gefährdungspotential und der speziellen Anlagenkonstruktion ab.

So sind unterirdische Rohrleitungen und Tanks für wassergefährdende Stoffe nur mit hohem Aufwand kontrollierbar. Sie sind aus Gewässerschutzgründen zu vermeiden, sofern Sicherheitsüberlegungen nicht entgegenstehen.

Beschädigte Teile müssen sich rasch auswechseln, abdichten oder erneuern lassen. Besonderes Augenmerk ist auf die Reparaturfreundlichkeit der zweiten Barriere zu richten. Sie ist ggf. als „Wegwerf-Barriere" auszulegen, so daß sie nach einem Störfall zu entsorgen und zu erneuern ist. Dieses stellt andere Anforderungen an die Bauplanung, die über die traditionelle Gebäudegestaltung nach statischen und architektonischen Gesichtspunkten hinausgehen.

4.2
Das rechtliche Instrumentarium

Die gegenwärtige Rechtslage für den Umgang mit wassergefährdenden Stoffen ist dadurch gekennzeichnet, daß die einschlägigen Vorschriften teils Bundes-, teils Landesrecht sind und über verschiedene Rechtsbereiche hinweggehen. In Tabelle 4.1 sind die Kernbereiche dargestellt.

Tabelle 4.1 Rechtsbereiche zum Umgang mit wassergefährdenden Stoffen

Gesetz-gebungs-ebene	Rechtsbereich			
	Wasserrecht	Arbeitsschutz-recht	Baurecht	sonstiges Recht
Bund	• Wasserhaus-haltshaltsgesetz (WHG)	• Gerätesicherheits-gesetz (GSG) • Verordnung über brennbare Flüssigkeiten (VbF) u. a.	• Bauprodukten-gesetz	• Bundes-Immis-sionsschutzgesetz mit zugehörigen Verordnungen • Umweltstatistik-gesetz • Umweltstrafrecht
Land	• Landeswasser-gesetz (LWG) • Anlagenver-ordnung (VAwS)		• Bauordnung • Verordnung zur Feststel-lung der was-serrechtlichen Eignung von Bauprodukten durch Nach-weise nach der Bauordnung • Bauregelliste	

4.2.1 Wasserrecht

Das **Wasserhaushaltsgesetz (WHG)** hat mit den nachfolgenden Paragraphen die zuvor beschriebene Philosophie (s. Kap. 4.1) umgesetzt [BMU-96]. Zunächst einmal wird in § 19 g Abs. 1 bis Abs. 4 definiert, welche Anlagen und welche Tätigkeiten unter den Geltungsbereich fallen (Abs. 1 und 2) und wie das technische Sicherheitsniveau zu gestalten ist (Abs. 3). In Abs. 4 wird für das Lagern wassergefährdender Stoffe in bestimmten Gebieten auf Landesrecht verwiesen.

§ 19 g WHG „Anlagen zum Umgang mit wassergefährdenden Stoffen"
(1) Anlagen zum Lagern, Abfüllen, Herstellen und Behandeln wassergefährdender Stoffe sowie Anlagen zum Verwenden wassergefährdender Stoffe im Bereich der gewerblichen Wirtschaft und im Bereich öffentlicher Einrichtungen müssen so beschaffen sein und so eingebaut, aufgestellt, unterhalten und betrieben werden, daß eine Verunreinigung der Gewässer oder eine sonstige nachteilige Veränderung ihrer Eigenschaften nicht zu besorgen ist. Das gleiche gilt für Rohrleitungsanlagen, die den Bereich eines Werksgeländes nicht überschreiten.
(2) Anlagen zum Umschlagen wassergefährdender Stoffe und Anlagen zum Lagern und Abfüllen von Jauche, Gülle und Silagesickersäften müssen so beschaffen sein und so eingebaut, aufgestellt, unterhalten und betrieben werden, daß der bestmögliche Schutz der Gewässer vor Verunreinigung oder sonstiger nachteiliger Veränderung ihrer Eigenschaften erreicht wird.
(3) Anlagen im Sinne der Absätze 1 und 2 müssen mindestens entsprechend den allgemein anerkannten Regeln der Technik beschaffen sein sowie eingebaut, aufgestellt, unterhalten und betrieben werden.
(4) Landesrechtliche Vorschriften für das Lagern wassergefährdender Stoffe in Wasserschutz-, Quellenschutz-, Überschwemmungs- oder Plangebieten bleiben unberührt.

Danach fallen alle **Anlagen** zum

- Lagern
- Abfüllen   LAU-Anlagen
- Umschlagen

- Herstellen
- Behandeln
- Verwenden   HBV-Anlagen
- werksinterne
  Rohrleitungen

unter den Geltungsbereich des § 19 g WHG, wobei die Anlagen zum Verwenden auf die in der gewerblichen Wirtschaft sowie in öffentlichen Einrichtungen beschränkt sind.

Als Tätigkeiten sind zu beachten:

- einbauen,
- aufstellen,

- unterhalten,
- betreiben,

und zwar so, daß Verunreinigungen der Gewässer oder sonstige nachteilige Veränderungen nicht zu besorgen sind. Das gleiche gilt für die Beschaffenheit der Anlage. Das bedeutet, daß an die Anlage als solche (Beschaffenheit) und an den Betrieb der Anlage ein gleich hohes Anforderungsniveau gestellt wird.

Hinsichtlich des technischen und organisatorischen Anforderungsniveaus wird für alle Anlagen einschließlich der werksinternen Rohrleitungen gefordert, daß sie in bezug auf ihre Beschaffenheit und den Tätigkeiten mindestens den allgemein anerkannten Regeln der Technik entsprechen müssen. Mit dem Wort „mindestens" wird das sog. Abstufungskonzept rechtlich eingeführt. D. h., daß für das geringste Gefährdungspotential das Technikniveau a.a.R.d.T. festgesetzt werden. Für höhere Gefährdungspotentiale können im Einzelfall weitergehende technische und organisatorische Anforderungen verlangt werden.

Für Anlagen zum Umschlagen (U-Anlagen) von wassergefährdenden Stoffen sowie zum Lagern und Abfüllen von Jauche, Gülle und Silagesickersäften wird nicht der Besorgnisgrundsatz angesetzt, sondern nur der bestmögliche Schutz für die Gewässer verlangt. Dieses entspricht einem niedrigeren Anforderungsniveau, da davon auszugehen ist, daß beim Umschlagen – hier war im wesentlichen an das Umschlagen vom Schiff aufs Land und umgekehrt gedacht worden – Leckverluste nicht zu vermeiden sind bzw., daß von der Landwirtschaft nicht ein so hoher Sicherheitsstandard gefordert werden kann.

Die Forderung nach bestmöglichem Schutz gestattet damit ein Abweichen von dem strengen Besorgnisgrundsatz. Allerdings müssen auch diese Anlagen mit Einrichtungen ausgestattet sein und so betrieben werden, daß nach menschlicher Erfahrung eine Gewässerverunreinigung ausgeschlossen ist.

Der Bund hat mit diesem Rahmen die Eckpunkte für ein Sicherheitskonzept gesetzt, um das Schutzgut „Gewässer" im Sinne einer vorsorgenden Umweltpolitik zu realisieren (Tabelle 4.2).

Tabelle 4.2 Wasserrechtliches Sicherheitskonzept

Anlagenart	Sicherheitsniveau	technische und organisatorische Anforderungen
• Anlagen zum Lagern • Anlagen zum Abfüllen • Anlagen zum Herstellen • Anlagen zum Behandeln • Anlagen zum Verwenden im Bereich der gewerblichen Wirtschaft und im Bereich öffentlicher Einrichtungen • innerbetriebliche Rohrleitungen	Besorgnisgrundsatz	mindestens allgemein anerkannte Regeln der Technik a.a.R.d.T.
• Anlagen zum Umschlagen • Anlagen zum Lagern und Abfüllen von Jauche, Gülle und Silagesickersäften	bestmöglicher Schutz	

Er hat auf Grund seiner Rahmenkompetenz keine Ermächtigung, die Anlagen sowie das technische und organisatorische Sicherheitskonzept näher zu definieren. Dieses geschieht durch die Länder.

Mit § 19 g Abs. 5 und 6 werden die wassergefährdenden Stoffe definiert, die im Zusammenhang mit dem anlagenbezogenen Umgang mit wassergefährdenden Stoffen unter die Anlagenbereiche nach § 19 g Abs. 1 und 2 fallen.

> **§ 19 g WHG „Anlagen zum Umgang mit wassergefährdenden Stoffen"**
> *(5) Wassergefährdende Stoffe im Sinne der §§ 19 g bis 19 l sind feste, flüssige und gasförmige Stoffe, insbesondere*
> *— Säuren, Laugen,*
> *— Alkalimetalle, Siliciumlegierungen mit über 30 vom Hundert Silicium; metallorganische Verbindungen, Halogene, Säurehalogenide, Metallcarbonyle und Beizsalze,*
> *— Mineral- und Teeröle sowie deren Produkte,*
> *— flüssige sowie wasserlösliche Kohlenwasserstoffe, Alkohole, Aldehyde, Ketone, Ester, halogen-, stickstoff- und schwefelhaltige organische Verbindungen,*
> *— Gifte, die geeignet sind, nachhaltig die physikalische, chemische oder biologische Beschaffenheit des Wassers nachteilig zu verändern. Das Bundesministerium für Umwelt, Naturschutz und Reaktorsicherheit erläßt mit Zustimmung des Bundesrates allgemeine Verwaltungsvorschriften, in denen die wassergefährdenden Stoffe näher bestimmt und entsprechend ihrer Gefährlichkeit eingestuft werden.*
> *(6) Die Vorschriften der §§ 19 g bis 19 l gelten nicht für Anlagen im Sinne der Absätze 1 und 2 zum Umgang mit*
> *1. Abwasser,*
> *2. Stoffen, die hinsichtlich der Radioaktivität die Freigrenzen des Strahlenschutzrechts überschreiten.*
> *Absatz 1 und die §§ 19 h bis 19 l finden auf Anlagen zum Lagern und Abfüllen von Jauche, Gülle und Silagesickersäften keine Anwendung.*

Dabei ist festzuhalten, daß das WHG grundsätzlich alle Stoffe betrachtet. Im Gegensatz zu den nach Gewerberecht geregelten „brennbaren Flüssigkeiten" sind es im WHG „feste, flüssige und gasförmige Stoffe". Die im § 19 g exemplarisch aufgeführten Stoffe und Stoffgruppen haben vor diesem Hintergrund keine besondere Bedeutung. Die Formulierungen stammen noch aus Zeiten (Anfang 70er Jahre), als Verwaltungsjuristen meinten, mit ein paar Stoffgruppen die Stoffvielfalt beherrschen zu können. Die 5 Anstriche könnten auch ersatzlos gestrichen werden.

Wichtig ist, daß der Bund eine Ermächtigung hat, die wassergefährdenden Stoffe näher zu bestimmen und sie entsprechend ihrer Gefährlichkeit einzustufen. Eine einheitliche, abschließende Bewertung von wassergefährdenden Stoffen ist naturgemäß zu fordern, denn ein und derselbe Stoff kann nicht in Schleswig-Holstein anders in seiner Gefährlichkeit eingestuft werden als in Bayern. Der Inhalt für die Ermächtigung legt den Grundstein für das Abstufungskonzept, in dem die Stoffe ihrer Gefährlichkeit nach klassifiziert werden.

Weiterhin ist wichtig, daß Abwasser kein wassergefährdender Stoff ist. Damit wurde eine eindeutige Schnittstelle zu den technischen Anforderungen an Abwasseranlagen (Kanalisation, Kläranlagen) geschaffen.

Mit § 19 h WHG wurden behördliche Vorkontrollen eingeführt. Danach ist grundsätzlich für die Anlagen eine besondere wasserrechtliche Eignungsfeststellung oder Bauartzulassung erforderlich, es sei denn, es handelt sich um Anlagen einfacher oder herkömmlicher Art (eoh-Anlagen).

§ 19 h WHG „Eignungsfeststellung und Bauartzulassung"

(1) Anlagen nach § 19 g Abs. 1 und 2 oder Teile von ihnen sowie technische Schutzvorkehrungen dürfen nur verwendet werden, wenn ihre Eignung von der zuständigen Behörde festgestellt worden ist. Satz 1 gilt nicht

1. für Anlagen, Anlagenteile oder technische Schutzvorkehrungen einfacher oder herkömmlicher Art,

2. wenn wassergefährdende Stoffe

    a)   vorübergehend in Transportbehältern gelagert oder kurzfristig in Verbindung mit dem Transport bereitgestellt oder aufbewahrt werden und die Behälter oder Verpackungen den Vorschriften im öffentlichen Verkehr genügen,

    b)   sich im Arbeitsgang befinden,

    c)   in Laboratorien in der für den Handgebrauch erforderlichen Menge bereitgehalten werden.

(2) Soweit Anlagen, Anlagenteile und technische Schutzvorkehrungen nach Absatz 1 Satz 1 serienmäßig hergestellt werden, können sie der Bauart nach zugelassen werden. Die Bauartzulassung kann inhaltlich beschränkt, befristet und unter Auflagen erteilt werden. Sie wird von der für den Herstellungsort oder Sitz des Einfuhrunternehmens zuständigen Behörde erteilt und gilt für den Geltungsbereich dieses Gesetzes.

(3) Die Eignungsfeststellung nach Absatz 1 und die Bauartzulassung nach Absatz 2 entfallen für Anlagen, Anlagenteile oder technische Schutzvorkehrungen,

1. die nach den Vorschriften des Bauproduktengesetzes vom 10. August 1992 oder anderer Rechtsvorschriften zur Umsetzung von Richtlinien der Europäischen Gemeinschaft, deren Regelungen über die Brauchbarkeit auch Anforderungen zum Schutz der Gewässer umfassen, in den Verkehr gebracht werden dürfen und das Kennzeichen der Europäischen Gemeinschaft (CE-Kennzeichen), das sie tragen, nach diesen Vorschriften zulässige und von den Ländern zu bestimmende Klassen und Leistungsstufen aufweist,

2. bei denen nach den bauordnungsrechtlichen Vorschriften über die Verwendung von Bauprodukten auch die Einhaltung der wasserrechtlichen Anforderungen sichergestellt wird oder

3. die nach immissionsschutz- oder arbeitsschutzrechtlichen Vorschriften der Bauart nach zugelassen sind oder einer Bauartzulassung bedürfen; bei der Bauartzulassung sind die wasserrechtlichen Anforderungen zu berücksichtigen.

Danach werden die LAU-Anlagen rechtlich anders als die HBV-Anlagen behandelt. Für die LAU-Anlagen ist vor der Inbetriebnahme grundsätzlich eine Eignungsfeststellung, also eine wasserrechtliche Vorprüfung, vorgeschrieben. Der Betreiber, der ohne Eignungsfeststellung eine LAU-Anlage in Betrieb nimmt, handelt ordnungswidrig.

Für die HBV-Anlagen entfällt sie, weil sich die Stoffe dort im Arbeitsgang befinden. Die bei ihnen nicht formal erforderliche Eignungsfeststellung wird oft irrtümlich dahingehend verstanden, daß für HBV-Anlagen bezüglich des Gewässerschutzes weniger strenge Maßstäbe an die Ausgestaltung der Anlage anzulegen sind. In Wirklichkeit sind die Anforderungen an LAU- und HBV-Anlagen grundsätzlich gleich. Der Unterschied ist nur, daß bei den HBV-Anlagen der Betreiber in erster Linie allein für ihr Einhalten verantwortlich ist, da der Besorgnisgrundsatz hinsichtlich des Schutzgutes „Gewässer" für alle Anlagen gilt. Er ist unteilbar! Gleichwohl kann die Wasserbehörde den HBV-Anlagen im Rahmen der allgemeinen Gewässeraufsicht nachträglich Auflagen erteilen, wenn sie feststellt, daß die Ländervorschriften nicht eingehalten werden. In einigen Ländern, z. B. in Nordrhein-Westfalen und Niedersachsen werden andere Genehmigungsverfahren wie die nach dem Bundes-Immissionsschutzgesetz (BImSchG) [BRD-90] benutzt, um wasserwirtschaftlich begründete Auflagen auch an HBV-Anlagen zu erteilen.

Von der Eignungsfeststellungspflicht sind ausgenommen:

– Anlagen, Anlagenteile sowie technische Schutzvorkehrungen, die als „einfach oder herkömmlich (eoh)" gelten,
– seriengefertigte Anlagen, Anlagenteile und Schutzvorkehrungen, für die wasserrechtliche Bauartzulassungen vorliegen.

Aber außerdem genießen bau-, arbeitsschutz- und immissionsschutzrechtliche Vorprüfungen absoluten Vorrang vor Eignungsfeststellung und wasserrechtlicher Bauartzulassung (Ersetzungswirkung).

Im Verhältnis zwischen Wasser- und Baurecht findet im Zusammenhang mit der Umsetzung der EG-Bauprodukten-Richtlinie [EG-88] zur Zeit ein Umbruch statt. Denn eine wesentliche Grundvoraussetzung für die Verwirklichung des europäischen Binnenmarktes ist die umfassende Harmonisierung der produktbezogenen technischen Vorschriften und Regelwerke. Nach der EG-Bauprodukten-Richtlinie sollen Bauprodukte in der Gemeinschaft künftig frei verkehrsfähig sein und keiner weiteren nationalen Zulassung unterliegen. Auch Anlagen, bzw. Anlagenteile zum Umgang mit wassergefährdenden Stoffen fallen teilweise unter diese Richtlinie. Deshalb hat die wasserrechtliche Eignungsfeststellung zu entfallen, soweit eine Normung entsprechend der EG-Bauprodukten-Richtlinie vorgenommen wird.

Der Wechsel wurde im nationalen Bereich durch das Bauproduktengesetz [BMB-92] und die neuen Bauordnungen der Länder vollzogen. Schließlich wurde auch das WHG nachgeführt. Analog zu den geplanten Normungen nach den EU-Bestimmungen wurden Bauregellisten geschaffen. Sie enthalten Normen, die von Bauprodukten – also auch von bestimmten Teilen wasserrechtlicher Anlagen – einzuhalten sind (bzw. Freistellungen von baurechtlichen Vorprüfungen).

Bauprodukte benötigen jetzt – sofern nicht freigestellt – entweder das CE-Zeichen oder das Übereinstimmungszeichen (Ü-Zeichen). Ein Bauprodukt erhält das Ü-Zeichen durch Übereinstimmung mit einer in den Bauregellisten aufgeführten Norm oder durch eine allgemeine bauaufsichtliche Zulassung oder Prüfzeugnis (an Stelle der früheren Prüfzeichen). Bei der Erteilung des Ü-Zeichens müssen die Belange des Gewässerschutzes berücksichtigt werden, was durch die entsprechenden Verordnungen sichergestellt wird. Im Kapitel 8 wird auf dieses Thema näher eingegangen.

Nach § 19 i WHG hat der Betreiber die Dichtheit der Anlage und die Funktionsfähigkeit der Sicherheitseinrichtungen zu überwachen und durch Sachverständige prüfen zu lassen.

> **§ 19 i WHG „Pflichten des Betreibers"**
>
> *(1) Der Betreiber hat mit dem Einbau, der Aufstellung, Instandhaltung, Instandsetzung oder Reinigung von Anlagen nach § 19 g Abs. 1 und 2 Fachbetriebe nach § 19 l zu beauftragen, wenn er selbst nicht die Voraussetzungen des § 19 l Abs. 2 erfüllt oder nicht eine öffentliche Einrichtung ist, die über eine dem § 19 l Abs. 2 Nr. 2 gleichwertige Überwachung verfügt.*
>
> *(2) Der Betreiber einer Anlage nach § 19 g Abs. 1 und 2 hat ihre Dichtheit und die Funktionsfähigkeit der Sicherheitseinrichtung ständig zu überwachen. Die zuständige Behörde kann im Einzelfall anordnen, daß der Betreiber einen Überwachungsvertrag mit einem Fachbetrieb nach § 19 l abschließt, wenn er selbst nicht die erforderliche Sachkunde besitzt oder nicht über sachkundiges Personal verfügt. Er hat darüber hinaus nach Maßgabe des Landesrechts Anlagen durch zugelassene Sachverständige auf den ordnungsgemäßen Zustand überprüfen zu lassen, und zwar*
>
> *1. vor Inbetriebnahme oder nach einer wesentlichen Änderung,*
>
> *2. spätestens fünf Jahre, bei unterirdischer Lagerung in Wasser- und Quellenschutzgebieten spätestens zweieinhalb Jahre nach der letzten Überprüfung,*
>
> *3. vor der Wiederinbetriebnahme einer länger als ein Jahr stillgelegten Anlage,*
>
> *4. wenn die Prüfung wegen der Besorgnis einer Wassergefährdung angeordnet wird,*
>
> *5. wenn die Anlage stillgelegt wird.*
>
> *(3) Die zuständige Behörde kann dem Betreiber Maßnahmen zur Beobachtung der Gewässer und des Bodens auferlegen, soweit dies zur frühzeitigen Erkennung von Verunreinigungen, die von Anlagen nach § 19 g Abs. 1 und 2 ausgehen können, erforderlich ist. Sie kann ferner anordnen, daß der Betreiber einen Gewässerschutzbeauftragten zu bestellen hat; die §§ 21 b bis 21 g gelten entsprechend.*

Mit diesen Betreiberpflichten wurden umfassende Regelungen eingeführt. Sie stellen gleichwertig neben die erste Säule der Anlagenbeschaffenheit die zweite Säule des Betreibens einer Anlage. Hier wird insbesondere die Einführung von Fachbetrieben und Sachverständigen begründet, die die erforderliche Fachkunde und die betriebliche Ausstattung besitzen müssen, um ihre Aufgaben wahrnehmen zu können.

Weiterhin kann die Behörde im Einzelfall Maßnahmen zur Beobachtung der Gewässer und des Bodens sowie die Bestellung eines Gewässerschutzbeauftragten dem Betreiber einer Anlage auferlegen.

Nach § 19 k WHG werden Anforderungen an das Befüllen und Entleeren der Anlagen gestellt.

§ 19 k WHG „Besondere Pflichten beim Befüllen und Entleeren"

Wer eine Anlage zum Lagern wassergefährdender Stoffe befüllt oder entleert, hat diesen Vorgang zu überwachen und sich vor Beginn der Arbeiten vom ordnungsgemäßen Zustand der dafür erforderlichen Sicherheitseinrichtungen zu überzeugen. Die zulässigen Belastungsgrenzen der Anlagen und der Sicherheitseinrichtungen sind beim Befüllen oder Entleeren einzuhalten.

Diese Anforderungen tragen dem wiederholt aufgetretenen Schadensbild von Überfüllungen insbesondere bei der Befüllung von Mineralöltanks Rechnung.

Mit § 19 l WHG werden Betriebe gefordert, die einer besonderen Zulassung bedürfen, um die gewerbsmäßigen Tätigkeiten an Anlagen, nämlich Einbauen, Aufstellen, Instandhalten, Instandsetzen oder Reinigen durchführen zu dürfen.

§ 19 l   WHG „Fachbetriebe"

(1) Anlagen nach § 19 g Abs. 1 und 2 dürfen nur von Fachbetrieben eingebaut, aufgestellt, instandgehalten, instandgesetzt und gereinigt werden; § 19 i Abs. 1 bleibt unberührt. Die Länder können Tätigkeiten bestimmen, die nicht von Fachbetrieben ausgeführt werden müssen.

(2) Fachbetrieb im Sinne des Absatzes 1 ist, wer

1. über die Geräte und Ausrüstungsteile sowie über das sachkundige Personal verfügt, durch die die Einhaltung der Anforderungen nach § 19 g Abs. 3 gewährleistet wird, und

2. berechtigt ist, Gütezeichen einer baurechtlich anerkannten Überwachungs- oder Gütegemeinschaft zu führen, oder einen Überwachungsvertrag mit einer Technischen Überwachungsorganisation abgeschlossen hat, der eine mindestens zweijährige Überprüfung einschließt.

Ein Fachbetrieb darf seine Tätigkeit auf bestimmte Fachbereiche beschränken.

Die Voraussetzungen, um ein anerkannter Fachbetrieb nach § 19 l WHG zu sein, sind, daß der Betrieb

- über Geräte und Ausrüstungsteile sowie sachkundiges Personal zur Gewährleistung der allgemein anerkannten Regeln der Technik verfügt,
- ein Gütezeichen einer baurechtlich anerkannten Überwachungs- oder Gütegemeinschaft <u>oder</u> einen Überwachungsvertrag mit einer Technischen Überwachungsorganisation hat.

Die letzte Voraussetzung stellt eine Qualitätssicherung dar, die über das Qualitäts-Management nach EN ISO 9000 ff. hinausgeht. Da das QM-System nach EN ISO 9000 ff. keinen Umweltschutz berücksichtigt, sind die Eigen- und Fremdüberwachungsspielregeln nach § 19 l WHG wesentliche Bausteine für ein Total Quality Management-System (TQM-System).

Zusammenfassend hat das WHG ein alle Elemente umfassendes Sicherheitskonzept für alle denkbaren Anlagen, in denen mit wassergefährdenden Stoffen umgegangen wird, eingeführt. Dieses Sicherheitskonzept umfaßt

- die Klassifizierung von allen Stoffen (fest, flüssig, gasförmig) nach ihrer Gefährlichkeit,
- die technischen und organisatorischen Anforderungen für die Beschaffenheit und den Betrieb der Anlagen sowie die Tätigkeiten an den Anlagen,
- die behördlichen Vorkontrollen,
- die Betreiberpflichten,
- die qualitätsgesicherten Fachbetriebe, die an den Anlagen tätig werden dürfen.

Für dieses Sicherheitskonzept hat der Bund bis auf die Klassifizierung der wassergefährdenden Stoffe nur die Rahmenbedingungen festgelegt. Diese sind durch die Länder auszufüllen.

4.2.2
Arbeitsschutzrecht

Wie in Abb. 4.6 dargestellt, spielen andere Rechtsbereiche – Arbeitsschutzrecht und Baurecht – bei den Anlagen zum Umgang mit wassergefährdenden Stoffen eine maßgebliche Rolle. Sie sind ebenfalls unmittelbar zu beachten oder sind als Informationsquelle für das Wasserrecht heranzuziehen.

So haben alle die Anlagen einen Bezug zum Arbeitsschutzrecht, von denen Brand- und Explosionsgefahren (Schutzziel Arbeitnehmer und Nachbarschaft) ausgehen. Deshalb wurden in diesem Rechtsbereich die Anlagen zur Lagerung, Abfüllung und Beförderung brennbarer Flüssigkeiten zu Lande in der Verordnung über brennbare Flüssigkeiten (VbF) geregelt [BMU-96a]. Die Verordnungsermächtigung war bis 1992 in § 24 der Gewerbeordnung (GewO) enthalten. Danach wurden zum Schutz der Beschäftigten und Dritter vor Gefahren durch Anlagen, die mit Rücksicht auf ihre Gefährlichkeit einer besonderen Überwachung bedürfen (überwachungsbedürftige Anlagen), die erforderlichen Schutzvorschriften erlassen.

Zur Übernahme der EG-Richtlinien (Bauprodukten-Richtlinie, Druckbehälter-Richtlinie, Maschinen-Richtlinie) wurden mehrere Verordnungen über überwachungsbedürftige Anlagen gemäß § 24 GewO (u. a. die VbF) auf eine neue gesetzliche Grundlage gestellt. Die Ermächtigungsnorm zum Erlaß dieser Verordnung ist nunmehr in das Gesetz über technische Arbeitsmittel (Gerätesicherheitsgesetz) [GSG-92] überstellt worden. Damit übernimmt das Gesetz die Funktionen der früheren Gewerbeordnung.

Der § 24 GewO ging wortgleich in den § 11 des Gerätesicherheitsgesetzes über. Eine materielle Änderung z. B. der VbF ist damit nicht verbunden.

Das Gerätesicherheitsgesetz gehört wie die Gewerbeordnung in den Bereich der konkurrierenden Gesetzgebung, und zwar in das Arbeits- bzw. Arbeitsschutzrecht. Gesetzestechnisch wird dafür der Begriff Gewerberecht nicht mehr benutzt. Das WHG wurde inzwischen angepaßt. Entsprechendes fehlt noch im Landesrecht.

Das Gerätesicherheitsgesetz schafft die erforderliche Sicherheit für das Inverkehrbringen und Ausstellen technischer Arbeitsmittel, das gewerbsmäßig oder selbständig im Rahmen einer wirtschaftlichen Unternehmung erfolgt (§ 1).

Die Ermächtigung zum Erlaß der Verordnung über brennbare Flüssigkeiten findet sich also nicht mehr in der Gewerbeordnung, sondern entsprechend § 2 Abs. 2a und anderer Verordnungen im Gerätesicherheitsgesetz:

> *§ 2 Gerätesicherheitsgesetz*
> *(2 a) Überwachungsbedürftige Anlagen im Sinne dieses Gesetzes sind*
> *1. Dampfkesselanlagen,*
> *2. Druckbehälteranlagen außer Dampfkesseln,*
> *3. Anlagen zur Abfüllung von verdichteten, verflüssigten oder unter Druck gelösten Gasen,*
> *4. Leitungen unter innerem Überdruck für brennbare, ätzende oder giftige Gase, Dämpfe oder Flüssigkeiten,*
> *5. Aufzugsanlagen,*
> *6. elektrische Anlagen in besonders gefährdeten Räumen,*
> *7. Getränkeschankanlagen und Anlagen zur Herstellung kohlensaurer Getränke,*
> *8. Acetylenanlagen und Calciumcarbidlager,*
> *9. Anlagen zur Lagerung, Abfüllung und Beförderung von brennbaren Flüssigkeiten,*

Die Verordnung über brennbare Flüssigkeiten findet zusammen mit den zugehörigen Anhängen I und II und den vom Deutschen Ausschuß für brennbare Flüssigkeiten (DAbF) aufgestellten Technischen Regeln für brennbare Flüssigkeiten (TRBF) entsprechend ihrer Zielsetzung, welche vorrangig dem Brand- und Explosionsschutz dient, nur im gewerblichen Bereich Anwendung. Allerdings haben diese Vorschriften zwangsläufig auch eine bedeutende Wirkung für den Gewässerschutz. Sie werden deshalb auch dafür herangezogen.

Im Zuge der Konzentration aller Vorprüfungen im Baurecht wurde der § 12 VbF als Rechtsgrundlage für (arbeitsschutzrechtliche) Bauartzulassungen nach der VbF gestrichen. Statt dessen wurden die einschlägigen TRbF auf die Bauregellisten gesetzt. Bereits erteilte Bauartzulassungen nach der VbF laufen aus.

Für den Gewässerschutz bedeutsam sind auch weitere Verordnungen nach § 2a Gerätesicherheitsgesetz, vor allem die Druckbehälterverordnung (Nr. 2 und 3), während Aufzugsanlagen (Nr. 5) oder Getränkeschankanlagen (Nr. 7) praktisch bedeutungslos sind.

4.2.3
Baurecht

Weiterhin ist das **Baurecht** zu beachten, denn Anlagen zum Umgang mit wassergefährdenden Stoffen sind regelmäßig bauliche Anlagen im Sinne der Bauordnungen der Länder und müssen als solche den Anforderungen des Baurechts entsprechen.

Bauordnungsrecht ist Landesrecht. Deshalb erarbeitet die ARGE BAU (Arbeitsgemeinschaft der für das Bau-, Wohnungs- und Siedlungswesen zuständigen Minister und Senatoren der Länder) Mustervorschriften, die die Länder mit oder ohne Modifikation einführen. Dazu zählt u. a. die Musterbauordnung (MBO) [MBO-93]. Die Länder haben darüber hinaus das Deutsche Institut für Bautechnik – DIBt – in Berlin eingerichtet und beauftragt, bautechnische Prüfungen durchzuführen und Zulassungen zu erteilen.

Wie zuvor bereits erwähnt, findet zur Zeit ein Umbruch statt, da die EG-Bauprodukten-Richtlinie bzw. das Bauproduktengesetz in das Baurecht eingeführt wurden (s. Kap. 8.2).

Die Bundesländer haben inzwischen nach einem bundeseinheitlichen Muster neue Bauordnungen eingeführt, die u. a. ihre bisherigen Prüfzeichenverordnungen ablösen. In Zukunft wird unterschieden zwischen dem nationalen Bereich – geordnet durch die Landesbauordnungen [z. B. MV-94] und dem europäischen Bereich – geordnet durch das Bauproduktengesetz [BMB-92].

4.2.4
Immissionsschutzrecht

Das Bundes-Immissonsschutzrecht und seine nachgeordneten Verordnungen und Technischen Regeln etc. sind ausschließlich Bundesrecht. Für den Gewässerschutz wird es bedeutsam durch die Verfahrenskonzentrationen seiner Genehmigungsverfahren.

Sobald eine Anlage im Sinne von § 19 g WHG Teil einer immissionsschutzrechtlich genehmigungsbedürftigen Anlage ist (die beiden Anlagenbegriffe sind unterschiedlich!), sind die Baugenehmigung und die wasserrechtliche Eignungsfeststellung einer LAU-Anlage in das immissionsschutzrechtliche Genehmigungsverfahren eingebettet. Auch für HBV-Anlagen sind die Fragen des Gewässerschutzes in diesem Verfahren mit abzuklären - und bei Bedarf ergehen entsprechend Auflagen oder Nebenbestimmungen im immissionsschutzrechtlichen Genehmigungsbereich.

§ 19 h Abs. 2 Nr. 3 sieht neuerdings auch den Vorrang immissionsschutzrechtlicher Bauartzulassungen vor. Der Trend geht aber dahin, alle Vorprüfungen im Baurecht zu konzentrieren, wobei die Belange der anderen Rechtsbereiche mit abzudecken sind. Daher ist es zur Zeit unwahrscheinlich, daß mit immissionsschutzrechtlichen Bauartzulassungen zu rechnen ist.

5 Ausgangspunkt Wassergefährdende Stoffe

5.1
Die Stoffproblematik

Es wäre naiv zu glauben, daß Tonnen über Tonnen von gezielt und ungezielt hergestellten Stoffen in die Umwelt unkontrolliert entlassen werden können, ohne daß sie darauf reagiert. Wälder sterben, Schäden an Bauwerken werden sichtbar, Trinkwasser als Lebensmittel Nr. 1 ist in Gefahr, Tier- und Pflanzenarten sterben aus. Die Beherrschung der Einwirkungen auf die Umwelt bleibt deshalb die vorrangige Herausforderung auch in der Zukunft.

Die Zahl der bekannten chemischen Stoffe wird weltweit mit ca. 6 Millionen geschätzt. Sie erhöht sich täglich. Gezielt hergestellt werden in Europa bisher ca. 115.000 Stoffe, von denen weniger als 10.000 Stoffe mengenmäßig relevant sind.

Diese Stoffe sind als sog. Altstoffe im EINECS-Register (European Inventory of Existing Chemical Substances) [EIN-90] enthalten. Es enthält die Stoffe, die bis 18.09.1981 in den Verkehr gebracht wurden. Alle seitdem in den Verkehr gebrachten Stoffe sind „neue" Stoffe und bedürfen der Anmeldung gemäß dem Chemikaliengesetz (ChemG) [CHE-94].

Von den ca. 115.000 Stoffen werden

	ca.	4.600	Stoffe in Mengen von	>	10	t/Jahr,
davon	ca.	1.050	Stoffe in Mengen von	>	1.000	t/Jahr,
davon	ca.	750	Stoffe in Mengen von	>	1.000	t/Jahr bis 10.000 t/Jahr
und	ca.	300	Stoffe in Mengen von	>	10.000	t/Jahr.

produziert. Diese 4.600 Stoffe machen 99% der gehandhabten Stoffe aus. Die Anzahl der Zubereitungen – d. h. Gemischen aus reinen chemischen Stoffen – übersteigt die Zahl von 100.000 jedoch um ein Vielfaches.

Diese Stoffe und Zubereitungen gelangen bei der Rohstoffgewinnung, der Produktion, der Lagerung, dem Umschlag, dem Transport, durch Ge- und Verbrauch, durch Stör- und Unfälle, sowie durch Abfallentsorgung in die Umwelt und werden über die Luft, den Boden und das Wasser in der Umwelt verbreitet. Somit kann grundsätzlich jeder Stoff letztendlich in den Wasserkreislauf gelangen. Alle Stoffe außer Wasser selbst müssen zunächst einmal als wassergefährdend betrachtet werden, wenn auch mit unterschiedlichem Gefährdungspotential.

Es zeigt sich, daß die Erfahrungen und Kenntnisse über mögliche Reaktionen unserer Umwelt auf die Stoffe bei weitem nicht ausreichen, um Gefährdungspotentiale sicher abschätzen zu können. Es wird immer mehr Unwissenheit als gesicherte Erkenntnisse über die Stoffe vorhanden sein. Dieses Problem ist nicht aufhebbar. Folgende Situation läßt sich verallgemeinernd für die Stoffproblematik beschreiben:

- Die Zusammensetzungen von Abwässern, Abluft und Abfall sind im Hinblick auf die umweltrelevanten Stoffanteile in der Regel unbekannt. Das wird immer so bleiben.
- Selbst wenn die stoffliche Zusammensetzung bekannt wäre, könnte sich diese bei der gleichen Produktion durch geringfügige Änderungen der Produktionsparameter (Rohstoff, Druck, Temperatur, Gefäß usw.) unkontrollierbar verändern.
- Selbst wenn wir alle Einzelstoffe von Abluft, Abfall oder Abwasser kennen, wären in der Regel keine Wirkungsanalysen bzw. -daten verfügbar.
- Selbst wenn wir alle Wirkungsdaten hätten, wären Synergismen und Antagonismen unbekannt.
- Selbst wenn auch Synergismen und Antagonismen bekannt wären, wären die Wirkungen der Stoffwechselprodukte, deren Synergismen und Antagonismen unbekannt.
- Selbst wenn alles das bekannt wäre, gibt es eine praktisch unbegrenzte Vielfalt verschiedener Biotope, die durch noch so umfangreiche Wirkungsanalysen in ihrem Lang- und Kurzzeitverhalten prinzipiell niemals abbildbar sein werden. Es ist nicht einmal die natürliche Veränderung der Biotope vollständig beschreibbar.

Deshalb sind konzeptionelle Ansätze zu finden, die trotz Unkenntnis der möglichen Umweltgefährdungen wesentliche Gefährdungen erst gar nicht entstehen lassen. Bei dem anlagenbezogenen Umgang mit wassergefährdenden Stoffen wurde dieser Ansatz mit der 5. Novelle zum Wasserhaushaltsgesetz (§ 19 g-l) 1986 weitgehend umgesetzt und durch die Ländervorschriften weiter präzisiert.

5.2
Grundsätze der Stoffbewertung

Die umfassende Erfassung des Umweltrisikos und damit verbunden die Festlegung von exakt meßbaren Grenz-, Richt- und Schwellenwerten für einen Stoff ist auf rein wissenschaftlicher Basis unmöglich. Trotz großer Erkenntnislücken und methodischer Probleme müssen statt dessen für die Vielfalt chemischer Stoffe pragmatisch und nachvollziehbar Grenz-, Richt- und Schwellenwerte bzw. Gefährdungsklassen angegeben werden, um differenzierte Anforderungen entsprechend der jeweiligen Schutzziele stellen zu können.

Im gesamten Umweltbereich werden Stoffe und Zubereitungen bewertet. Einen einheitlichen Begriff für einen gefährlichen Stoff gibt es nicht. Unter dem Aspekt verschiedener Schutzziele ist der Umgang mit „gefährlichen Stoffen" in unterschiedlichen Rechtsmaterien geregelt. So spricht das Verkehrsrecht vom Gefahrgut oder von gefährlichen Gütern, das Wasserrecht von wassergefährdenden (§ 19 g WHG) Stoffen, das Abfallrecht von besonders überwachungsbedürftigen Abfällen („Sonderabfällen") das Arbeitsschutzrecht von brennbaren Flüssigkeiten sowie von gefährlichen chemischen Stoffen bzw. von gefährlichen Arbeitsstoffen, das Chemikalienrecht von gefährlichen bzw. umweltgefährlichen Stoffen, das Immissionsschutzrecht von schädlichen Umwelteinwirkungen durch Luftverunreinigungen und das Sprengstoffrecht von explosionsgefährlichen Stoffen. Dementsprechend unterliegt ein und derselbe Stoff aufgrund unterschiedlicher Schutzziele auch unterschiedlichen Bewertungskriterien und verschiedenen Klassifizierungssystemen.

Grundsätzlich kann man hinsichtlich der Stoffbewertung zwei Möglichkeiten unterscheiden:

a)   Bewertung in Form von Werten,
b)   Bewertung in Form von Klassen.

Eine Bewertung in Form von Werten (Grenz-, Richt- und Schwellenwerte u.ä.) erfolgt immer dann, wenn toxikologisch oder ökologisch begründet ab einem bestimmten Wert beobachtbare Schädigungen (Menschliche Gesundheit z.B. am Arbeitsplatz, Sterben von Tieren/Pflanzen) eintreten.

Eine Bewertung in Form von Klassen erfolgt immer dann, wenn unterschiedliche technische Maßnahmen entsprechend der Gefährlichkeit der Stoffe/Produkte aus risikomindernden Gründen zu treffen sind. Hier teilt man z.B. im Sicherheitsrecht die brennbaren Flüssigkeiten in Gefahrenklassen mit dem Ziel, entsprechend der Entzündlichkeit unterschiedliche technische und organisatorische Maßnahmen begründen zu können. Ähnliche Klassenbildungen sind für die unterschiedlichsten Abfälle vorgenommen worden (Abfallartenkatalog). Im Wasserrecht (gemäß dem Wasserhaushaltsgesetz) hat man das System der Wassergefährdungsklassen und nach der Gefahrstoffverordnung [GSV-94] die Klasse „Umweltgefährlichkeit" eingeführt.

5.3
Kriterien zur Charakterisierung von Stoffen

Das Stoffen zugrunde liegende Gefährdungspotential (Stoffcharakteristik) wird im wesentlichen bestimmt durch die Toxikologie, das Verhalten bei Freiwerden (Mobilität) und die Menge. Dabei leitet die Menge bereits von den reinen Stoffcharakteristika zu denen einer konkreten Anlage über. Für das Gefährdungspotential sind entsprechend Abb. 5.1 die maßgeblichen Kriterien zu erfassen und zu bewerten.

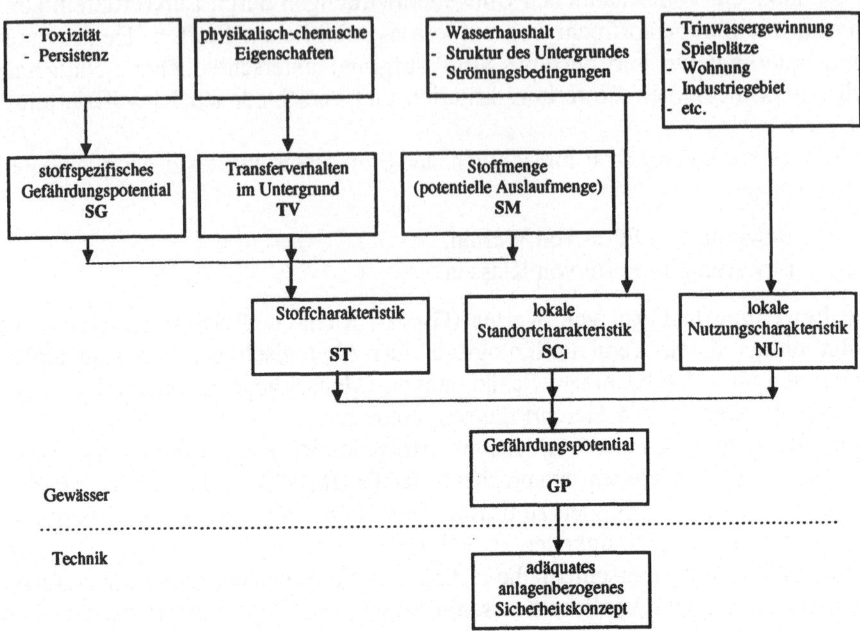

Abb. 5.1 Fließschema für ein anlagenbezogenes Sicherheitskonzept

5.3.1
Das stoffspezifische Gefährdungspotential

Der Begriff „wassergefährdender Stoff" und die Ermächtigung zu einer näheren Bestimmung entsprechend der Gefährlichkeit der Stoffe ist in § 19 g Abs. 5 WHG festgelegt. Er umfaßt grundsätzlich alle Stoffe. Das wurde bereits im Kapitel 4.2.1 dargestellt.

Der Begriff „nachhaltige Veränderung" im § 19 g Abs. 5 WHG beinhaltet, daß bei der Wassergefährdung, die von Stoffen ausgehen kann, deren zeitliches und räumliches Wirkungsverhalten maßgeblich zu berücksichtigen ist.

Die maßgebenden Stoffeigenschaften sind

- Humantoxizität
- Ökotoxizität
- Persistenz/Abbaubarkeit
- Gefährliche Reaktionen mit Wasser.

Da das Grundwasser auch Transportmittel ist, ist zusätzlich das Mobilitätspotential eines Stoffes in Boden und Grundwasser zu berücksichtigen.

Gegebenenfalls sind bei manchen Anlagen weitere Stoffeigenschaften wie z.B. die Explosionsgefahr zu berücksichtigen, wenn sie mittelbar zu einer Gefährdung des Grundwassers durch die o. g. Stoffeigenschaften beitragen können. Auch ist den Abbauprodukten von Stoffen und dem Zusammenwirken verschiedener Stoffe Aufmerksamkeit zu schenken.

Die nach WHG geforderte „nähere Bestimmung entsprechend ihrer Gefähr-lichkeit" bedeutet ein abgestuftes Klassensystem. Bei der Ermittlung des Wasser-gefährdungspotentials wird die stoffspezifische Wassergefährdung über ein hier-archisch geordnetes System von zur Zeit 4 Wassergefährdungsklassen abgebildet. Die hierarchische Stufung der Wassergefährdung ist Voraussetzung, um entspre-chende Sicherheitsanforderungen an die Anlagen begründen zu können. Daraus ergibt sich der einfache Zusammenhang – höheres Wassergefährdungspotential erfordert erhöhte Anlagensicherheit.

Bei der Einstufung in Wassergefährdungsklassen sind so unterschiedliche Stof-feigenschaften wie z.B. Bodenpassageverhalten, Cancerogenität, Abbau, Toxizität gegenüber verschiedenen Organismen und stoffliches Verteilungsverhalten in einer einzigen Wassergefährdungsklasse (WGK) zusammenzuführen. Die relative Unterscheidung der von Stoffen ausgehenden unterschiedlichen Wassergefähr-dung durch 4 Klassen konnte deshalb nur über eine Konvention erfolgen [LTwS-79, HAHN-96]. Der Untertitel dieser Konvention „Bewertung der Eigenschaften von Stoffen und Stoffgemischen im Hinblick auf technische Maßnahmen zur Abwendung der Gefährdung des Wassers durch Unfälle beim Lagern, Abfüllen, Umschlagen und Befördern" macht deutlich, für welchen Anwendungszweck sie erstellt wurde. Die Wassergefährdungsklasse ist danach eine Anlagenkennziffer, hinter der sich ein bestimmtes technisches und organisatorisches Sicherheitskon-zept verbirgt.

Die Wassergefährdungsklasse wird oft auch für andere Zwecke benutzt, was aber strenggenommen nicht statthaft ist. Es wird deshalb empfohlen, vor der Ver-wendung der Wassergefährdungsklassen in anderen Regelungsbereichen unbe-dingt einen Vergleich der Schutzziele vorzunehmen, um Fehlinterpretationen zu vermeiden.

Die Bewertung wassergefährdender Stoffe und ihre Einleitung in Wasserge-fährdungsklassen (WGK) erfolgt danach augenblicklich in vier Stufen:

- WGK 0   im allgemeinen nicht wassergefährdend
- WGK 1   schwach wassergefährdend
- WGK 2   wassergefährdend
- WGK 3   stark wassergefährdend

Dabei können die „im allgemeinen nicht wassergefährdenden Stoffe" der WGK 0 "im speziellen" durchaus wassergefährdend sein, z.B. bei

- entsprechenden Mengen,
- sensiblen örtlichen Gegebenheiten,
- Wasserzutritt und
- Brand mit Löschwasseranfall

im konkreten Einzelfall.

Für die Durchführung der Einstufung der Stoffe nach Wassergefährdungsklas-sen ist entsprechend der Konvention [LTwS-79] eine Kommission zur Bewertung wassergefährdender Stoffe (KBwS), die sich aus Mitgliedern der Verwaltung, der Wissenschaft und der Chemischen Industrie zusammensetzt, eingerichtet worden, um über die in die Bewertung eingehenden Kriterien hinausgehenden Stoffinfor-mationen mit berücksichtigen zu können. Die Begründung dafür ist in der Kon-vention wie folgt gegeben:

„Die Vielfalt der Stoffeigenschaften wie auch der Umweltgefährdungen macht es erforderlich, neben den erfaßten Grundeigenschaften bzw. Gefährdungen spezielle, besonders schwerwiegende Bedrohungen des Wassers und insbesondere der menschlichen Gesundheit zusätzlich zu erfassen und in geeigneter Weise in die Bewertung einzubeziehen, sofern hierzu aufgrund wissenschaftlicher Erkenntnisse Anlaß gegeben ist. Dazu gehören u.a. chronische Toxizität, Cancerogenität, Mutagenität und Teratogenität, aber auch spezifische Umweltgefährdungen, wie z.B. Bioakkumulation oder Toxizität gegenüber anderen Organismen, u.a. Algen und Daphnien. Anlaß für eine zusätzliche Prüfung kann auch dann gegeben sein, wenn die nach den 3 Testverfahren ermittelten Bewertungszahlen erheblich differieren, da in solchen Fällen die Zulässigkeit einer einfachen arithmetischen Mittelung nachgeprüft werden sollte. Nur so kann vermieden werden, daß mit der sich aus den bisher aufgeführten Eigenschaften automatisch ergebenden Bewertung der vorläufigen Wassergefährdungsklassen eine in Wirklichkeit nicht gegebene Sicherheit in der Bewertung vorgetäuscht wird. Zur Bewertung dieser zusätzlichen Aspekte wurde eine Kommission von Fachleuten verschiedener Disziplinen unter Mitwirkung der beteiligten Kreise eingesetzt [KBwS]. Die Kommission ist im Rahmen der hier beschriebenen Bewertung in ihrer Entscheidung, Stoffe aufgrund vorliegender Erkenntnisse bis zu den Höchstwerten einzustufen, nur ihrem von der Fachkunde getragenen Gewissen verpflichtet. "

Zur Einstufung eines Stoffes in eine der 4 Wassergefährdungsklassen werden ausschließlich Stoffeigenschaften herangezogen. Im wesentlichen sind dabei für die Wassergefährdung

- die Toxizität
- die Beständigkeit
- und das Verteilungsverhalten

der Stoffe maßgeblich.

Die Bewertung ist in zwei Stufen eingeteilt, die Vorprüfung (Stufe I) und die Nachprüfung (Stufe II).

Stufe I
1. Bestimmung der akuten
   - Säugetiertoxizität (Schutzziel Mensch),
   - Fischtoxizität (Schutzziel Gewässer),
   - Bakterientoxizität (Schutzziel Kläranlage),
   (die drei Tests der Stufe I sind obligatorisch).
2. Den gemessenen Toxizitäten werden sog. Bewertungszahlen zugeordnet.
3. Die drei Bewertungszahlen werden miteinander zu der sog. Wassergefährdungszahl WGZ verknüpft (s. Tabelle 5.3) und entsprechend der Klasseneinteilung einer vorläufigen Wassergefährdungsklasse zugeordnet.

Für die vorgesehenen Toxizitätstests sind entsprechend Tabelle 5.1 die Untersuchungsmethoden definitiv festgelegt, um eindeutig vergleichbare Ergebnisse für die Bewertung zu erhalten.

Tabelle 5.1 Zusammenstellung der Toxizitätstests der Stufe I

Toxizitätstest	Untersuchungsmethode
Fischtoxizität (a)	LC_{50} (mg/L), EG L251/146 DIN 38 412 L15; OECD 203
Bakterientoxizität (b)	EC_{10} (mg/l), z.B. nach DIN 38 412 L8 Entwurf
Säugetiertoxizität (c)	LD_{50} Ratte (mg/kg), z.B. EG- oder OECD-Prüfmethode

Die Fisch- bzw. Bakterientoxizität wird in mg/l gemessen. Unter der Annahme, daß 1 Liter 1 kg bzw. 1000 g bzw. 10^6 mg wiegt, kann man die Toxizität in mg/l einer dimensionslosen Toxizität in mg/kg bzw. $mg/10^6$ mg gleichsetzen. Die Bewertungszahl ist der negative 10er-Logarithmus dieser dimensionslosen Zahl.

Beispiel: EC_{10} sei 100 mg/l

- 100 mg/l wird gleichgesetzt mit $100 \ mg/10^6 \ mg = 10^{-4}$
- Bewertungszahl = $-\log 10^{-4} = 4$

In Tabelle 5.2 sind die den Untersuchungsbefunden zugeordneten Bewertungszahlen (BWZ) für die 3 Toxizitätstests wiedergegeben. Daraus ist ablesbar, daß die jeweiligen Klassengrenzen jeweils um 2 Zehnerpotenzen voneinander abweichen.

Tabelle 5.2 Zuordnung der Bewertungszahlen (BWZ)

LC_a bzw. EC_b in mg/l	> 10.000	> 100 - 10.000	> 1 - 100	≤ 1
LC_a bzw. EC_b dimensionslos	> 10^{-2}	> 10^{-4}-10^{-2}	> 10^{-6} - 10^{-4}	$\leq 10^{-6}$
BWZa bzw. b	$\geq 1,9$	2 - 3,9	4 - 5,9	≥ 6
LD_{50} (mg/kg)	> 2.000	> 200 - 2.000	> 25 - 200	≤ 25
BWZ_c	1	3	5	7

Aus den jeweiligen Einzelergebnissen wird entsprechend Tabelle 5.3 zunächst durch Mittelwertbildung die Wassergefährdungszahl WGZ gebildet, die den vorläufigen Wassergefährdungsklassen WGK$_{vorläufig}$ zugeordnet wird.

Tabelle 5.3 Bestimmung einer vorläufigen Wassergefährdungsklasse (Stufe I)

$$\frac{BWZ_a + BWZ_b + BWZ_c}{3} = \text{WGZ (Wassergefährdungszahl)}$$

WGZ	0 - 1,9	2 - 3,9	4 - 5,9	> 6
WGK$_{vorläufig}$	0	1	2	3

Stufe II

Häufig wurde die Bewertung in der Form mißverstanden, daß nur diese Basiskriterien der Stufe I maßgebend sind. Diese obligatorische Vorprüfung der Stoffeigenschaften ist lediglich eine punktuelle Abbildung bestimmter unerwünschter Eigenschaften im Vorfeld der eigentlichen Gesamtbewertung. Die Kommission ist darüber hinaus gehalten, den jeweiligen Stoff einer umfassenden Bewertung zu unterziehen.

Die weiteren zu beachtenden Prüfkriterien, insbesondere zum biologischen Abbauverhalten, zu Langzeitwirkungen und zur Mobilität können zu verschärfenden oder entlastenden Gesichtspunkten für die endgültige Einstufung führen. In einer abschließenden Gesamtbewertung findet eine fachliche Abwägung dieser Argumente statt. Dabei wird geprüft, ob aufgrund dieser zusätzlichen Merkmale die endgültige Wassergefährdungsklasse höher oder niedriger als die vorläufige sein muß (Bonus-Malus-Regelung).

In Tabelle 5.4 sind die Prüfungen der Stufe II zusammengefaßt. Die Bewertung der obligatorischen (Kriterien d und e) sowie die fakultativen Zusatzkriterien (Kriterien f bis l) führen zu entlastenden (Bonus) und verschärfenden (Malus) Zuschlägen zu der vorläufigen Wassergefährdungsklasse nach Stufe I. Sie können von unterschiedlichem Gewicht sein. Erst eine zusammenfassende Abwägung bzw. Bewertung führt zu einer Bonus- oder Malusvergabe oder zu einer Bestätigung der bei der Vorprüfung ermittelten vorläufigen Wassergefährdungsklasse.

Tabelle 5.4 Prüfungen der Stufe II

Ergänzungskriterien		Bewertungsgrundlage	Bewertung der Einzelinformationen	
			entlastend „positiv" (+) Bonus	verschärfend „negativ" (-) Malus
Toxizitätsvergleich	(d)	zunächst Vergleich (a)-(b)-(c) von Stufe I		z. B. herausragende aquatische Toxizität $BWZ_{a,b}$-$BWZ_c > 2$
Biologische Abbaubarkeit	(e)	z. B. nach DIN 38 412 L2 OECD 301E oder EG L251	leicht abbaubar (ready biodegradable) z. B. zu 70% DOC (28 d)	persistent oder schwer abbaubar (not inherent biodegradable)
Daphnientoxizität Algentoxizität	(f)	EC_{50} (mg/l), L251/155 oder DIN 38 412 L11 EC_{10} (mg/l), z. B. nach DIN 38 412 L9		herausragende aquatische Toxizität im Vergleich zu $WGK_{Stufe\ I}$
Bioakkumulierbarkeit	(g)	BCF z. B. nach OECD 305 oder log P_{ow}, z. B. EG L251/57		z. B. BCF > 100 oder log $P_{ow} > 2,7$
Kanzerogenität Mutagenität Teratogenität	(h)	z. B. MAK-Liste oder US Nat. Tox. Progr.		z. B. bei Stoffen der MAK-Kategorie III A oder III B oder bei anderen relevanten Befunden
Abiotische Abbaubarkeit	(i)	z. B. Hydrolyse, Photolyse, Oxidation, Reduktion	z. B. rasche Umwandlung zu indiff. Endprodukten	z. B. Bildung besonders gefährlicher Umwandlungsprodukte
Bodenmobilität	(k)	z. B. phys.-chem. Eigensch. wie Wasserlöslichkeit, K_{OC} R_f, Viskosität, Dampfdruck	z. B. rasche Festlegung als indiff. Endprodukte	z. B. Grundwasserschäden bekannt bzw. wahrscheinlich; PSM mit W-Kennzeichnung
Sonstiges	(l)	z. B. Kontrollierbarkeit, Reparierbarkeit, kritische Metaboliten, Verunreinigung, relativ niedrige NOEC	z. B. leichte Rückholbarkeit	z. B. keine angemessene Eliminierbarkeit oder NOEC: $EC \geq 1 : 100$

Einstufungsbeispiel: Anilin

Die der Kommission Bewertung wassergefährdender Stoffe (KBwS) vorliegenden Daten werden hier in vereinfachter Form wiedergegeben.

Stufe I (Obligatorische Kriterien)

LD_{50} (Ratte, oral) 440 mg/kg BWZ   = 3

LC_{50} (Goldorfe)   63 mg/l BWZ = -log $(63 \cdot 10^{-6})$ = 4,2

EC_{10} (Ps. putida) >130 mg/l BWZ = -log $(130 \cdot 10^{-6})$ = 3,9 (bzw. < 3,9)

$$WGZ = \frac{4,2 + 3,9 + 3}{3} = 3,7$$

Entsprechend Tabelle 2.3 ist die vorläufige WGK : $WGK_{vorläufig}$ 1

Stufe II (Ergänzungskriterien)

- der biologische Abbau ist relativ leicht und der $logP_{ow}$ 0,9,
- Algentoxizität: Toxische Wirkung bereits bei 8,3 mg/l,
- EC_{50} (Daphnia magna): 0,5 mg/l,
- Kanzerogenität: Verdacht auf Kanzerogenität, MAK IIIB.

Malus-Bonus-Vergabe

- Vergleich der obligatorischen Toxizitäten: Weder Malus noch Bonus,
- Biologischer Abbau: Weder Malus noch Bonus,
- Algen- und Daphnientoxizität ist sehr hoch, daher Malus,
- Kanzerogenität: Wegen des Verdachts auf Kanzerogenität, Malus.

Die Kommission Bewertung wassergefährdender Stoffe hat den Stoff wegen seiner hohen Algen- und Daphnientoxizität sowie dem Verdacht auf Kanzerogenität trotz der $WGK_{vorläufig}$ 1 endgültig in WGK 2 eingestuft.

Die Entscheidung und die Entscheidungsgründe werden von der KBwS auf Datenblättern dokumentiert. Der Hersteller wird über die Entscheidung der KBwS informiert und erhält Gelegenheit zur Stellungnahme. Bei der Bewertung und der Aufnahme der Stoffdaten in entsprechende Stoff-Datenblätter werden ausschließlich „nicht vertrauliche Daten" verwendet, die eine vollständige Entscheidungstransparenz ermöglichen. Diese Stoff-Datenblätter sind in einer Loseblattsammlung allgemein verfügbar [SDB-96].

Die KBwS ist auch berechtigt, die von ihr nach Wassergefährdungsklasse endgültig eingestuften Stoffe umzustufen, wenn neue abweichende oder ergänzende Erkenntnisse über den Stoff vorliegen. Dieses wird dann ebenfalls dokumentiert und veröffentlicht.

5.3.2
Bewertung wassergefährdender Stoffgemische

Die Einstufung und Zuordnung zu Wassergefährdungsklassen bei Stoffmischungen und Zubereitungen stellt ein besonderes Problem dar. Die meisten Stoffe, mit denen in Anlagen umgegangen wird, sind keine reinen Stoffe, sondern Stoffgemische. Die Rezeptur der Zubereitungen ist in der Regel vertraulich, was ihre Aufnahme in die Verwaltungsvorschriften verhindert.

Im Vollzug wurde mangels Informationen in der Regel von der höchsten WGK der Einzelkomponenten des Stoffgemisches ausgegangen. Im Anhang 2 der „Allgemeinen Verwaltungsvorschrift über die Einstufung wassergefährdender Stoffe in Wassergefährdungsklassen – VwV wassergefährdender Stoffe (VwVwS)" [VVS-96] wurde 1996 als rechtsverbindliche Regelung ein Verfahrensweg beschrieben, mit dessen Hilfe die Wassergefährdungsklasse von Zubereitungen, Stoffgemischen und Lösungen ermittelt werden kann. Er ist eine Konvention, die an den bisherigen Grundsätzen anknüpft. Sie führt grundsätzlich zu eindeutigen Ergebnissen. Sie enthält auch ein praktikables Einstufungsverfahren für Stoffe und Stoffanteile, deren WGK „nicht sicher bestimmt" ist und verzichtet in der Regel auf die Ergebnisse von Tierexperimenten (Fischtests, Rattentests) mit Gemischen. Hier wird das Tierschutzgesetz berücksichtigt, wonach Tierversuche nicht zulässig sind, wenn Bewertungsfragen aus vorliegenden Daten mit ausreichender Sicherheit abgeschätzt werden können.

Als Berechnungsgrundlage dienen die Massenanteile eine Gemisches, einer Zubereitung oder Lösung. Die untere Berücksichtigungsgrenze ist dabei in der Regel 0,2% (entsprechend der unteren Berücksichtigungsgrenze in der Gefahrstoffverordnung [GSV-94]). In Abbildung 5.2 ist das Fließschema zur Ermittlung einer Mischungs-WGK wiedergegeben.

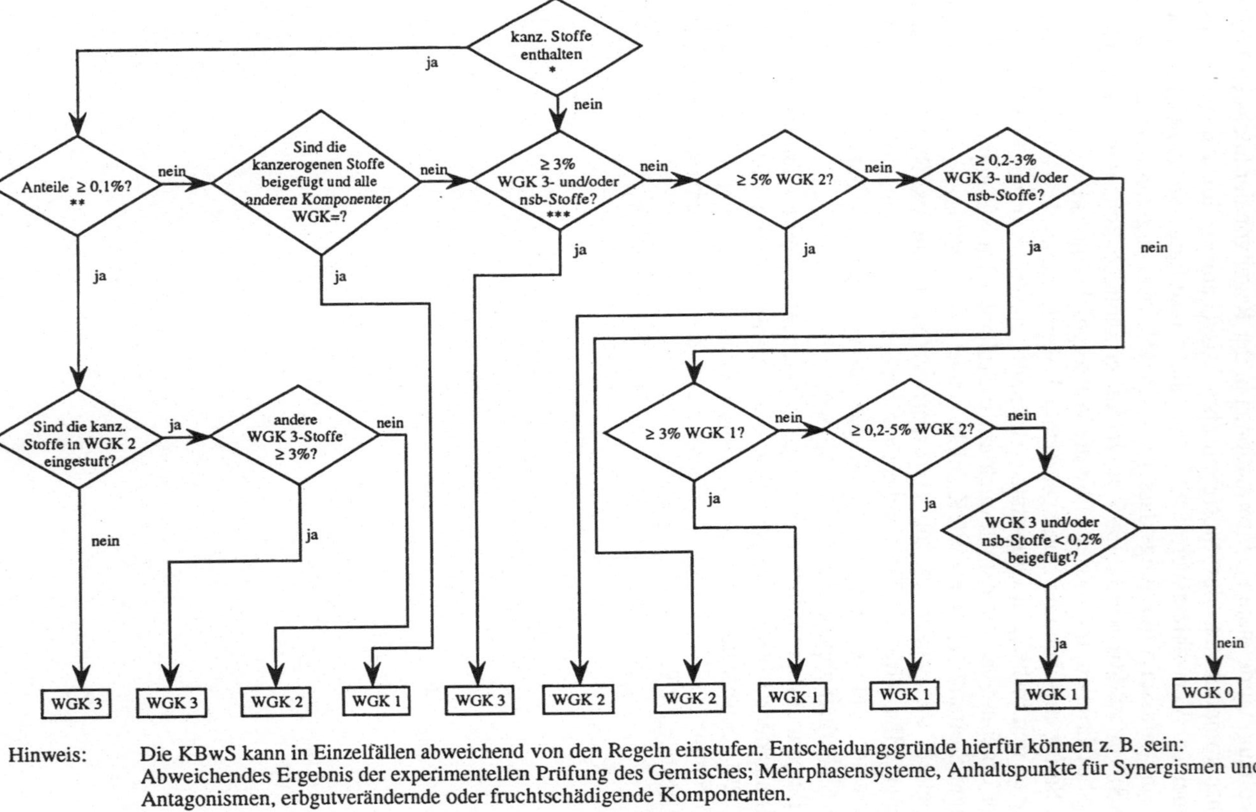

Abb. 5.2 Fließschema zur Ermittlung einer Mischungs-WGK

Hinweis: Die KBwS kann in Einzelfällen abweichend von den Regeln einstufen. Entscheidungsgründe hierfür können z. B. sein: Abweichendes Ergebnis der experimentellen Prüfung des Gemisches; Mehrphasensysteme, Anhaltspunkte für Synergismen und Antagonismen, erbgutverändernde oder fruchtschädigende Komponenten.

*   kanz. Stoffe: Stoffe, die gemäß § 4a und § 52 (3) GefStoffV als kanzerogene Stoffe bekanntgemacht sind.

**   falls die Kennzeichnungspflicht (R45) nach GefStoffV bei niedrigeren Prozentsätzen als 0,1% beginnt, sind diese zugrunde zu legen.

***   nsb-Stoffe: Stoffe, deren WGK nicht sicher bestimmt ist.

Dem Bewertungsschema liegen folgende Regeln zugrunde:
Alle Gemische, Zubereitungen und Lösungen sind

WGK 3,   wenn der WGK 3-Stoffanteil größer oder gleich 3% ist. Dabei gelten alle Stoffe, die nicht in der VwVwS genannt sind oder anderweitig nicht sicher bestimmt sind, als WGK 3-Stoff.

WGK 2,   wenn der WGK 2-Stoffanteil größer oder gleich 5%
oder
wenn der WGK 3-Stoffanteil größer oder gleich 0,2 bis 3% und/oder der Anteil nicht sicher bestimmter Stoffe ist.

WGK 1,   wenn der WGK 1-Stoffanteil größer oder gleich 3%
oder
wenn der WGK 2-Stoffanteil größer oder gleich 0,2 bis 5% ist oder WGK 3 und/oder nicht sicher bestimmte Stoffe kleiner 0,2 % beigefügt wurden.

WGK 0,   wenn der WGK 1-Stoffanteil kleiner 3% ist. WGK 3-Stoffe und Stoffe, deren WGK nicht sicher bestimmt sind, dürfen auch unterhalb der Berücksichtigungsgrenze (0,2%) nicht beigefügt worden sein.

Entsprechend Punkt 2.1 von Anhang 2 der VwVwS

> *2.1 Als krebserzeugende (kanzerogene) Stoffe im Sinne dieser Regeln gelten alle Stoffe, die gemäß GefStoffV mit R45 („kann Krebs erzeugen") zu kennzeichnen sind. Kanzerogene Stoffe im Sinne dieser Regeln sind auch die Stoffe, die gemäß § 52, Abs. 3 GefStoffV als krebserzeugend der Kategorie 1 oder 2 nach Anhang I GefStoffV bekanntgemacht werden. Stoffe, die nur auf inhalativem Wege krebserzeugend sind, sind nicht krebserzeugend im Sinne dieser Regeln.*

gelten besondere Regeln für krebserzeugende Komponenten, sofern sie entsprechend der Gefahrstoffverordnung eindeutig als kanzerogen ausgewiesen sind (R 45 „kann Krebs erzeugen"). Sie werden in WGK 3 eingestuft. Dabei ist die untere Berücksichtigungsgrenze der Gefahrstoffverordnung für kanzerogene Stoffe übernommen worden. Normalerweise liegt sie bei 0,1%. Es gibt aber in der Gefahrstoffverordnung eine Reihe krebserzeugender Stoffe mit abweichender Berücksichtigungsgrenze. In konkreten Einzelfällen kann die Kommission zur Bewertung wassergefährdender Stoffe (KBwS) entsprechend Punkt 5 von Anhang 2 der VwVwS Gemische abweichend von den vorgenannten Regeln einstufen.

> *5. Die Kommission zur Bewertung wassergefährdender Stoffe (KBwS) kann in Einzelfällen Gemische abweichend von den vorgenannten Regeln einstufen. Dies ist z.B. möglich bei*
> *– Gemischen, deren Komponenten auf verschiedene Phasen verteilt sind,*
> *– Gemischen, bei denen Anhaltspunkte für eine starke gegenseitige Beeinflussung der Wirkung vorhanden sind. Hierzu zählen auch*

> *Gemische, bei denen die Bioverfügbarkeit schwerlöslicher Stoffe,*
> *z.B. durch Zusatz von Emulgatoren, erhöht sein kann,*
> – *Gemischen, in denen Komponenten enthalten sind, die gemäß TRGS*
> *200 erbgutverändernd oder fruchtschädigend sind,*
> – *Gemischen, bei denen die Anwendung der vorgenannten Regeln zu*
> *einer anderen Einstufung führt als sich aus einer experimentellen*
> *Untersuchung des Gemisches selbst ergeben hat.*

Zum letzten Anstrich von Punkt 5 ist anzumerken, daß die WGK aufgrund der experimentellen Prüfung durch die Kommission natürlich nur dann Vorrang vor der WGK nach Anwendung der Mischungsregeln haben kann, wenn diese Prüfung sich auch auf diejenigen Eigenschaften erstreckt hat, die maßgeblich für die Einstufung der am stärksten gefährdenden Mischungskomponenten waren. Dies ist z.B. bei kanzerogenen oder stark bioakumulierenden Mischungsbestandteilen fast nie der Fall. Ebensowenig ist beispielsweise nicht zu rechtfertigen, wenn einem Gemisch aus 80% leicht abbaubarem Stoff der WGK 1 und 20% persistentem Stoff der WGK 3 aufgrund einer Abbauprüfung des Gemisches ein entsprechender Bonus erteilt wird. Die biologische Abbauprüfung von Mischungen ist nur bei dem Ergebnis „nicht biologisch abbaubar" eindeutig.

Beispiel:

a)   In einer Zubereitung sind folgende Einzelstoffe, die alle nicht kanzerogen sind, enthalten:

Stoff A:	WGK 1	80%
Stoff B:	WGK 3	1%
Stoff C:	WGK 2	19%

Ergebnis: WGK gleich 2, da der WGK 3-Anteil kleiner 3% und der WGK 2-Anteil größer oder gleich 5% ist.

b)   In einer Zubereitung sind folgende Einzelstoffe, die alle nicht kanzerogen sind, enthalten:

Stoff A:	WGK 1	99%
Stoff B	nicht sicher bestimmt,	1% also WGK 3

Ergebnis: WGK gleich 2, da der WGK 3-Anteil kleiner 3%, aber größer als 0,2% ist.

5.3.3
Bewertete Stoffe und deren Publikation

Rechtsverbindliche Grundlage für die Einstufung von wassergefährdenden Stoffen in Wassergefährdungsklassen (WGK) ist die „Allgemeine Verwaltungsvorschrift über die Einstufung wassergefährdender Stoffe in Wassergefährdungsklassen – VwS wassergefährdender Stoffe (VwVwS)" [VVS-96]. Z. Zt. wird eine Novellierung der VwVwS diskutiert. Sie beinhaltet ein neues Bewertungssystem, das auf der R-Satz-Einstufung entsprechend der Gefahrstoffverordnung beruht. Sie enthält folgende Grundsätze:

VwV wassergefährdender Stoffe (VwVwS)

1　Anwendungsbereich

1.1　Diese Verwaltungsvorschrift bestimmt wassergefährdende Stoffe und Stoffgruppen und stuft sie entsprechend ihrer Gefährlichkeit in Wassergefährdungsklassen ein.

1.2　Stoffe im Sinne dieser Verwaltungsvorschrift sind auch Zubereitungen und Gemische. Stoffgruppen sind zu Gruppen zusammengefaßte Einzelstoffe mit gemeinsamen Merkmalen.

2　Wassergefährdende Stoffe, Wassergefährdungsklassen

2.1　Die in Anhang 1 aufgeführten Stoffe und Stoffgruppen werden als wassergefährdend bestimmt und in eine von vier Wassergefährdungsklassen (WGK) eingestuft.

2.2　Die Einstufung erfolgt entsprechend der Gefährlichkeit nach folgenden Wassergefährdungsklassen:

WGK 3:　　stark wassergefährdend,

WGK 2:　　wassergefährdend,

WGK 1:　　schwach wassergefährdend,

WGK 0:　　im allgemeinen nicht wassergefährdend.

Erläuterung

Anhang 1 enthält eine Liste der bisher eingestuften wassergefährdenden Stoffe und Stoffgruppen. Diese Liste wird fortgeschrieben. Im Zuge der Fortschreibung können bestehende Einstufungen geändert werden, wenn neue Erkenntnisse dies erfordern.

Die Stoffe und Stoffgruppen sind unter einer chemischen Bezeichnung aufgeführt, die ihre eindeutige Identifizierung erlaubt. In einigen Fällen werden Einzelstoffe zu Stoffgruppen zusammengefaßt.

Die einer Stoffgruppe zugeordnete Wassergefährdungsklasse ist für alle Einzelstoffe dieser Stoffgruppe bindend. Die Gruppendefinition kann im Zuge der Fortschreibung geändert werden, wenn neue Erkenntnisse dies erfordern.

Die Einstufung von Stoffen und Stoffgruppen erfolgt aufgrund der physikalischen, chemischen und biologischen Stoffeigenschaften nach dem Bewertungsschema des Beirates beim Bundesministerium für Umwelt, Naturschutz und Reaktorsicherheit „Lagerung und Transport wassergefährdender Stoffe (Beirat LTwS)" durch die Kommission „Bewertung wassergefährdender Stoffe" des Beirates.

Für Anträge zur Einstufung wassergefährdender Stoffe und Stoffgruppen ist das „Merkblatt für Anträge zur Einstufung wassergefährdender Stoffe im Sinne von § 19 g WHG" vom 8.2.87 (GMBl. 1987, S. 99) zu beachten.

Zusätzliche Informationen, u.a. eine Synonymenliste über die im Anhang 1 enthaltenen Stoffe finden sich im „Katalog wassergefährdender Stoffe", der bei der Geschäftsstelle des Beirates Lagerung und Transport wassergefährdender Stoffe, Umweltbundesamt, Postfach 33 00 22, 14191 Berlin, zu beziehen ist.

> *3   Zubereitung und Gemische*
> *3.1 Bei Zubereitungen sowie sonstigen Gemischen ist die Wasserge-*
> *fährdungsklasse entsprechend Anhang 2 zu ermitteln.*
> *3.2 Lebens- und Futtermittel werden grundsätzlich nicht eingestuft.*

Die KBwS hat z. Zt. ca. 2.000 Stoffe und Stoffgruppen in Wassergefährdungs-klassen eingestuft. Diese Liste ist als Anhang 1 der Verwaltungsvorschrift wassergefährdende Stoffe (VwVwS) 1996 veröffentlicht worden. Außerdem enthält die VwVwS im Anhang 2 eine Bestimmungsregel (Mischungsregel), die es dem Hersteller oder anderen Personen erlaubt, „Zubereitungen oder sonstige Gemische" in eine Wassergefährdungsklasse eigenverantwortlich einzustufen.

Die Liste der ca. 2.000 bisher eingestuften wassergefährdenden Stoffe und Stoffgruppen wird ständig fortgeschrieben. Ergänzungen werden im Bundesgesundheitsblatt publiziert und bei Novellen in die VwVwS übernommen. Im Zuge dieser Fortschreibungen können bestehende Einstufungen geändert werden, wenn neue Erkenntnisse dies erfordern.

Parallel zur VwVwS publiziert das Umweltbundesamt noch den „Katalog wassergefährdender Stoffe" [KWS-96]. Er enthält sog. Service-Listen, die für den jeweiligen Stoff weitere Informationen bereitstellen. Dazu zählen u. a. Synonymliste, Klassifizierungsnummern wie UN-Nr., CAS-Nr., Einstufungen nach anderen Gesichtspunkten wie VbF-, GGVS-Klassifizierung. In verschiedenen Werken ist dieses Material direkt publiziert und in sog. Stoffdatenblättern für die einzelnen eingestuften Stoffe zusammengefaßt und mit weiteren Informationen ergänzt worden [DIE-98, UBM-98]. Abbildung 5.3 stellt ein solches Datenblatt nach [UBM-98] dar.

Stoffdatenblatt: Acetaldehyd

Stoffname:	Acetaldehyd
Summenformel:	C2-H4-O

Kennziffern

CAS-Nr.:	75-07-0
UN-Nr.:	1089
KwS-Nr.:	1
GefStoffVO-Nr.:	3, 1604

Einstufungen – Eigenschaften

WGK:	1
VbF-Klasse;	B

GefahrstoffVO

R-Satz:	12-36/37-40
S-Satz:	(2)-16-33-36/37
Gefahrstoffsymbol:	F+, Xn

MAK-Werte

ml/Kubikmeter(ppm):	50,0
mg/Kubikmeter:	90,0
Spitzenbegrenzung:	1

Gefahrgut

GGVS-Klasse:	3, 1a

Synonyme: Acetaldehyde; Äthanal; Ethanal; Ethylaldehyd; Ethylidenoxid

Abb. 5.3 Beispiel eines Stoffdatenblattes nach [UBM-98]

Für die Antragstellung zur Einstufung wassergefährdender Stoffe i. S. des § 19 g WHG existiert ein Merkblatt [MAE-87]. Danach kann die KBwS über verschiedene Wege eingeschaltet werden. Anträge auf Einstufung wassergefährdender Stoffe in die WGK können an die zuständigen Wasserbehörden oder die Geschäftsstelle des BMU-Beirats „LTwS" beim Umweltbundesamt oder auch an das Deutsche Institut für Bautechnik (DIBt) in Berlin gerichtet werden. Anträge, die in unmittelbarem Zusammenhang mit einem wasserrechtlichen Antrag stehen, werden mit Priorität bearbeitet. Dem Antrag sind entsprechende Unterlagen über den Stoff beizufügen.

5.3.4
Selbsteinstufung wassergefährdender Stoffe

Die KBwS kann aus Gründen beschränkter Arbeitskapazität kurzfristig nur eine begrenzte Anzahl der technisch wichtigen wassergefährdenden Stoffe bewerten. Dieses hat beträchtliche Konsequenzen für die Industrie. Denn sofern ein Stoff noch nicht in der VwVwS enthalten ist, bedeutet dies nicht, daß der Stoff nicht wassergefährdend ist. Aus Vorsorgegesichtspunkten haben die Länderwasserwirtschaftsverwaltungen, die für den Vollzug zuständig sind, in § 6 Abs. 3 der Muster-VAwS [VAS-91] festgelegt, daß Stoffe, deren Wassergefährdungsklasse nicht sicher bestimmt ist, in die Wassergefährdungsklasse 3 (WGK 3-Stoff) einzustufen sind. Es muß nämlich grundsätzlich davon ausgegangen werden, daß jeder Stoff außer Wasser selbst generell als wassergefährdend anzusehen ist, zumindest solange das Gegenteil nicht nachgewiesen ist.

Deshalb haben die Unternehmen der chemischen Industrie, die im Verband der Chemischen Industrie (VCI) zusammengeschlossen sind, Stoffe in Wassergefährdungsklassen selbst eingestuft. Hierzu hat der VCI 1987 in Abstimmung mit der KBwS ein Selbsteinstufungskonzept entwickelt [VCI-87], das sich eng an das Bewertungsschema der KBwS anlehnt. Danach hat der VCI über 6.000 Selbsteinstufungen in einer Liste veröffentlicht [VCI-91]. Es entspricht dem Selbstverständnis der Hersteller, daß sie ausreichende Kenntnisse über die gesundheitlichen und umweltbezogenen Auswirkungen der von ihnen hergestellten Stoffe erwerben und weitergeben, weil sie letztlich für die von diesen Stoffen ausgehenden Wirkungen verantwortlich sind und für eventuelle Schäden in die Haftung genommen werden können (§ 22 Abs. 2 WHG).

Um nicht zu einem unverhältnismäßigen Zeitverzug zu kommen, hat die KBwS in Absprache mit dem VCI und der LAWA beschlossen, die Plausibilität der Selbsteinstufungen anhand von Stichprobengruppen zu überprüfen, um sie dann in die Verwaltungsvorschrift übernehmen zu können. Zunächst wurden aus der Selbsteinstufungsliste des VCI alle Stoffe selektiert, die von den Herstellern selbst der WGK 3 zugeordnet worden waren. Diese Stoffbewertungen wurden vollständig und ohne weitere Prüfung in die VwVwS übernommen. Von den Stoffen der WGK 0 bis 2 wurden alle Stoffe mit einer Jahresproduktion von mehr als 1.000 t von der KBwS ausgesucht und nach den vorliegenden selbsteingestuften Wassergefährdungsklassen in drei gewichtete Gruppen unterteilt. Aus jeder Gruppe wurde nach einem Zufallsverfahren eine Stichprobe ausgewählt. Insgesamt wurden nach diesem Muster 70 von 454 Stoffen einer näheren Prüfung durch die KBwS unterzogen. Die Übereinstimmung wurde von der KBwS als „gut" bezeichnet, so daß das gesamte Kollektiv ohne besondere Kennzeichnung in die VwVwS übernommen werden konnte. Ein allgemeiner Rückschluß aus dem guten Ergebnis der Plausibilitätsprüfung des ersten Teilkollektivs von 454 selbsteingestuften Stoffen auf die Qualität der gesamten 6.000 selbsteingestuften Stoffe ist jedoch nicht zulässig. Weitere Stoffkollektive sind in der Bearbeitung. Solange aber Stoffe aus dem VCI-WGK-Katalog nicht offiziell in die VwVwS übernommen worden sind, müssen die Hersteller ihre Stoffe mit dem Vermerk „nach Selbsteinstufung" versehen, z.B. WGK-2 nach Selbsteinstufung.

Diese selbsteingestuften Stoffe werden strenggenommen entsprechend § 6 Abs. 3 Muster VAwS als „nicht sicher bestimmt" betrachtet und deshalb wie WGK 3-

Stoffe behandelt. Der Umweltausschuß des Bundesrates hatte deshalb angeregt, diese unbefriedigende Situation bei den „nicht sicher bestimmten Stoffen" durch eine „nähere Bestimmung" unter Berücksichtigung der Selbsteinstufung aufzuheben. Einige Länder folgen bereits dieser Praxis, andere noch nicht.

Die wesentlichen Aspekte zur vorläufig sicheren Einstufung von Stoffen in Wassergefährdungsklassen auf der Basis von geprüften Selbsteinstufungen wurden in folgender Formulierung der KBwS gefaßt:

> *Ein Stoff gilt als vorläufig sicher eingestuft, wenn*
> - *der Hersteller oder Inverkehrbringer mit Hilfe geeigneter Fachkräfte eine Einstufung nach dem Bewertungsschema des Beirates beim Bundesministerium für Umwelt, Naturschutz und Reaktorsicherheit "Lagerung und Transport wassergefährdender Stoffe" (LTwS) durchgeführt hat,*
> - *die Einstufung klar dokumentiert und der Geschäftsstelle der Kommission Bewertung wassergefährdender Stoffe (KBwS) im Umweltbundesamt übermittelt wurde und die schriftliche Bestätigung der KBwS-Geschäftsstelle über die Nachvollziehbarkeit der Dokumentation vorliegt.*
>
> *Bewertungen von Stoffen durch die KBwS heben die vorläufig sicheren Einstufungen auf.*

Die Geschäftsstelle der KBwS im Umweltbundesamt hat inzwischen eine größere Anzahl von Stoffen als „vorläufig sicher" eingestuft. Die Länder können im Vollzug bereits auf diese vorläufig sichere Einstufung anstelle der „nicht sicheren Bestimmung" zurückgreifen.

5.3.5
Verwendung des WGK-Systems

Das System der Wassergefährdungsklassen hat Eingang in vielfältige Regelungs- und Anwendungsbereiche gefunden (Tabelle 5.5). Dabei wird teilweise übersehen, daß es sich hierbei im engeren Sinn (wie geschildert) um eine „Anlagenkennziffer" entsprechend der Anforderungen des § 19 g Abs. 5 WHG handelt, die nur die erforderliche Sicherheitsredundanz der Anlage beeinflussen soll.

Tabelle 5.5 Anwendungsbereiche des WGK-Systems

- LAWA-Muster-Verordnung für Anlagen zum Umgang mit wassergefährdenden Stoffen

- Sicherheitskonzept des VCI
    - für Anlagen zum Umgang mit wassergefährdenden Stoffen
    - für den Brandschutz bei Chemikalienlägern
    - für Kühlwasserströme in der chemischen Industrie

- Anforderungen an Löschwasserrückhalteeinrichtungen (ARGEBAU)
    - Löschwasserrückhalterichtlinie

- Kriterien für die Aufnahme von Stoffen in Anhang II der Störfall-Verordnung

- Vergaberegelungen für den „Umweltengel"

- Beurteilungshilfen für Altlasten und sonstige Schadensfälle

- Verkehrsverbotsschild 269 „Durchfahrverbot für Wagen mit wassergefährdender Ladung"

- Festlandsockel-Bergverordnung (FlsBergV)

- Bewertung von Gewässerunfällen durch die Internationale Kommission zum Schutz der Elbe (IKSE)

- Prüfung auf allgemeine Anwendung zur Bewertung von Gewässerstörfällen

5.3.6
Weitere Bewertungen von Stoffen

Hinsichtlich der Wassergefährdung existieren zwei weitere wesentliche Rechtsbereiche, nämlich das Chemikalienrecht und das Verkehrsrecht. Dabei ist insbesondere das Chemikalienrecht zu beachten, da die Klassifizierungen EU-weit gelten. Dieses hat eine besondere Bedeutung, da das WGK-System eine deutsche Besonderheit ist. Kein anderer EU-Mitgliedsstaat kennt derzeit eine vergleichbare Regelung. Sie stehen aber derzeit nicht im Widerspruch zu EU-Regelungen.

5.3.6.1
Einstufung von Stoffen nach Gefahrstoff-Verordnung

Das Gesetz zum Schutz vor gefährlichen Stoffen (Chemikaliengesetz-ChemG) bezweckt, Mensch und Umwelt vor den schädlichen Einwirkungen gefährlicher Stoffe und Zubereitungen zu schützen [CHE-94].

> *§ 3 a ChemG „Gefährliche Stoffe und gefährliche Zubereitungen"*
> *(2) Umweltgefährlich sind Stoffe und Zubereitungen, die selbst oder deren Umwandlungsprodukte geeignet sind, die Beschaffenheit des Naturhaushaltes, von Wasser, Boden oder Luft, Klima, Tieren, Pflanzen oder Mikroorganismen derart zu verändern, daß dadurch sofort oder später Gefahren für die Umwelt herbeigeführt werden können.*

Der Schutz von Mensch und Umwelt vor gefährlichen Stoffen kann durch diverse Maßnahmen angestrebt werden, die bis zum Verwendungsverbot reichen. Diese äußerste Maßnahme ist jedoch nur zulässig, wenn den Gefahren durch Einstufung, Verpackung und Kennzeichnung nicht hinreichend begegnet werden kann. § 13 ChemG schreibt vor, daß der Hersteller oder Einführer einen Stoff einzustufen, zu verpacken und zu kennzeichnen hat, wenn er im Sinne von § 7, § 9 und § 9 a des ChemG oder nach gesicherter wissenschaftlicher Erkenntnis gefährlich ist. Der Einstufung zum Zwecke der Kennzeichnung kommt deshalb erhebliche Bedeutung zu.

Für die Bestimmung und Kennzeichnung liefert die EG-Richtlinie 67/548/EWG [EG-67] einschließlich ihrer Folgerichtlinien mit ihren Gefahrensymbolen und R-Sätzen geeignete Einstufungen. Derartige Einstufungen und Kennzeichnungen existieren für die üblichen Gefährlichkeitsmerkmale bereits seit längerem (z. B. Totenkopf für giftige Substanzen). Das System der Einstufungen von Stoffen ist um das Kriterium „umweltgefährlich" erweitert worden. Abgesehen von der Kennzeichnung von FCKW und Halonen als ozonschichtschädigend (R 59) beschränken sich die Kriterien für Umweltgefährlichkeit bisher auf die in wenigen Gefahrensätzen definierte Wassergefährdung (R 50 bis 53).

In der Gefahrstoff-Verordnung [GSV-94] sind für die Einstufung von Stoffen aufgrund bestimmter Auswirkungen auf die Umwelt im Anhang I neue R-Sätze (Hinweise auf besondere Gefahren) sowie ein neues Gefahrensymbol bzw. eine neue Gefahrenbezeichnung eingeführt worden. Als Symbol dient ein entlaubter Baum und ein toter Fisch sowie der Buchstabe N und als Gefahrenbezeichnung das Wort (umweltgefährlich).

Im Anhang I, Nr. 1 GefStoffV sind die Einstufungskriterien und die Auswahl der Gefahrenbezeichnungen u. a. für aquatische Systeme folgendermaßen beschrieben:

Anhang I, Nr. 1 GefStoffV

1.5.2.1   Gewässer

1.5.2.1.1

Stoffe werden als gefährlich für die Umwelt eingestuft, mit dem Gefahrensymbol "N" und der Gefahrenbezeichnung "Umweltgefährlich" und gemäß den nachstehenden Kriterien mit den jeweiligen R-Sätzen versehen:

R50   Sehr giftig für Wasserorganismen

und

R53   Kann in Gewässern längerfristig schädliche Wirkungen haben

Akute Toxizität:

	96h LC_{50}	(Fisch)	≤ 1 mg/l
oder	48h EC_{50}	(Daphnia)	≤ 1 mg/l
oder	72h IC_{50}	(Alge)	≤ 1 mg/l

und der Stoff ist nicht leicht abbaubar oder der log P_{ow} (log Oktanol/Wasser Verteilungskoeffizient) $\geq 3{,}0$ (es sei denn, der experimentell bestimmte BCF ≤ 100).

R50   Sehr giftig für Wasserorganismen

Akute Toxizität:

	96h LC_{50}	(Fisch)	≤ 1 mg/l
oder	48h EC_{50}	(Daphnia)	≤ 1 mg/l
oder	72h IC_{50}	(Alge)	≤ 1 mg/l

R51   Giftig für Wasserorganismen

und

R53   Kann in Gewässern längerfristig schädliche Wirkungen haben

Akute Toxizität:

	96h LC_{50}	(Fisch)	1 mg/l $< LC_{50} \leq 10$ mg/l
oder	48h EC_{50}	(Daphnia)	1 mg/l $< EC_{50} \leq 10$ mg/l
oder	72h IC_{50}	(Alge)	1 mg/l $< IC_{50} \leq 10$ mg/l

und der Stoff ist nicht leicht abbaubar oder log $P_{ow} \geq 3{,}0$ (es sei denn, der experimentell bestimmte BCF ≤ 100).

1.5.2.1.2

(1) Stoffe sind gemäß den folgenden Kriterien als gefährlich für die Umwelt einzustufen. Die R-Sätze werden nach den folgenden Kriterien ausgewählt:

R52   Schädlich für Wasserorganismen

und

R53   Kann in Gewässern längerfristig schädliche Wirkungen haben

Akute Toxizität:

	96h LC_{50}	(Fisch)	10 mg/l $< LC_{50} \leq 100$ mg/l
oder	48h EC_{50}	(Daphnia)	10 mg/l $< EC_{50} \leq 100$ mg/l
oder	72h IC_{50}	(Alge)	10 mg/l $< IC_{50} \leq 100$ mg/l

und der Stoff ist nicht leicht abbaubar.

(2) Das Kriterium nach Absatz 1 gilt, falls kein zusätzlicher wissenschaftlicher Nachweis über die Abbaubarkeit und/oder Toxizität vorliegt, mit dem sicher festgestellt werden kann, daß weder der Stoff noch seine Abbauprodukte eine potentielle längerfristige oder spät einsetzende Gefahr für Gewässer darstellen. Ein solcher zusätzlicher wissenschaftlicher Nachweis sollte in der Regel auf Untersuchungen, die für Stufe 1 (§ 5 ChemPrüfV) gefordert werden, oder gleichwertigen Untersuchungen beruhen und kann folgendes einschließen:

i)   nachgewiesene Möglichkeit, in Gewässern schnell abgebaut zu werden;

ii)   keine chronischen toxischen Wirkungen bei einer Konzentration von 1,0 mg/l, z. B. eine Konzentration bei der keine Wirkung zu beobachten ist (NOEC), von über 1,0 mg/l, bestimmt in einer verlängerten Toxizitätsprüfung an Fisch oder Daphnia.

    R52   Schädlich für Wasserorganismen
            Stoffe, die den in diesem Kapitel genannten Kriterien nicht entsprechen, die jedoch aufgrund der vorliegenden Nachweise über ihre Toxizität eine Gefahr für die Struktur/das Funktionieren aquatischer Ökosysteme darstellen können.

    R53   Kann in Gewässern längerfristig schädliche Wirkungen haben
            Stoffe, die nicht von den oben genannten Kriterien erfaßt werden, aber aufgrund vorliegender Nachweise über ihre Persistenz und Akkumulierbarkeit sowie vorhergesagtem oder beobachtetem Verhalten in der Umwelt eine unmittelbare oder längerfristige oder spät einsetzende Gefahr für die Struktur oder das Funktionieren aquatischer Ökosysteme darstellen können.

(3) Schwer wasserlösliche Stoffe, z. B. Stoffe mit einer Löslichkeit von weniger als 1 mg/l, fallen unter diese Kriterien, wenn
-   sie nicht leicht abbaubar sind und
-   der $\log P_{ow} \geq 3{,}0$ (es sei denn, der experimentell bestimmte BCF ≤ 100).

(4) Das Kriterium nach Absatz 3 gilt, falls kein zusätzlicher wissenschaftlicher Nachweis über die Abbaubarkeit und/oder Toxizität vorliegt, mit dem sicher festgestellt werden kann, daß weder der Stoff noch seine Abbauprodukte eine potentielle längerfristige oder spät einsetzende Gefahr für Gewässer darstellen.

(5) Der zusätzliche Nachweis nach Absatz 4 sollte in der Regel auf Untersuchungen, die für Stufe 1 (§ 5 ChemPrüfV) gefordert werden, oder gleichwertigen Untersuchungen beruhen und kann folgendes einschließen:

i)   nachgewiesene Möglichkeit, in Gewässern schnell abgebaut zu werden;

ii)   keine chronischen toxischen Wirkungen bei der Löslichkeitsgrenze, z. B. eine Konzentration, bei der keine Wirkung zu beobachten ist (NOEC), über der Löslichkeitsgrenze, bestimmt in einer verlängerten Toxizitätsprüfung an Fisch oder Daphnia.

> 1.5.2.1.3
>
> Bemerkungen zur Bestimmung der IC_{50} für Algen und der Abbaubarkeit
>
> – Kann im Fall von Stoffen mit hoher Farbintensität nachgewiesen werden, daß das Algenwachstum ausschließlich durch eine Verringerung der Lichtintensität gehemmt wird, sollten 72 h IC_{50} für Algen nicht als Grundlage für die Einstufung verwendet werden.
>
> – Stoffe gelten als leicht abbaubar, wenn eines der nachstehenden Kriterien erfüllt ist:
>
> a) Wenn in einer 28tägigen Bioabbaubarkeitsuntersuchung folgende Abbauwerte erreicht werden:
>
>   – Test mit gelösten organischen Kohlenstoffen: 70%,
>   – Tests mit Sauerstoffentzug oder Kohlendioxidbildung: 60% des theoretischen Maximums.
>
>   Diese Werte der Bioabbaubarkeit müssen innerhalb von 10 Tagen nach dem Beginn des Abbauprozesses (Zeitpunkt, zu dem 10% des Stoffes abgebaut sind) erreicht sein.
>
> b) Falls nur CSB- und BSB5-Daten vorliegen, wenn das Verhältnis BSB5/CSB größer oder gleich 0,5 ist.
>
> c) Falls andere stichhaltige wissenschaftliche Nachweise darüber vorliegen, daß der Stoff in Gewässern in 28 Tagen zu einem Grad von > 70% (biotisch und/oder abiotisch) abgebaut werden kann.

Vergleicht man dies mit den für die WGK-Einstufung wesentlichen Eigenschaften, so fehlen hierbei besonders

- die Human-/Säugeetiertoxizität.

Diese wird durch andere R-Sätze abgedeckt, die aber nicht mit dem Begriff „umweltgefährlich (wassergefährdend)" verknüpft sind.

Außerdem fehlen

- die Bakterientoxizität und
- die Mobilität und das Verteilungsverhalten im Untergrund.

Hierfür gibt es derzeit noch keine R-Sätze.

Weitgehend gleich sind allerdings die Testverfahren, nach denen die verschiedenen Eigenschaften für die R-Satz-Kennzeichnung und WGK-Einstufung ermittelt wurden.

Der Vergleich zeigt aber auch, daß trotz der Einführung des Kriteriums „umweltgefährlich" im EU-Kennzeichnungssystem die WGK nicht überflüssig geworden ist. Einerseits ermöglicht das EU-Modell eine raschere, widerspruchsfreie, nicht hierarchisch gegliederte Selbsteinstufung, andererseits ist das WGK-System umfassender, hierarchisch und führt durch Einbezug einer Expertenkommission zu einer validierteren Bewertung.

Einige grundsätzlich nicht harmonisierbare Unterschiede im Verfahren und im Ergebnis erklären sich auch aus den unterschiedlichen Schutzzielen. Die EU-Richtlinie dient dem Schutz beim Inverkehrbringen und beim bestimmungsgemäßen Gebrauch von Chemikalien, die WGK dem Schutz beim Umgang mit Stoffen in Anlagen. Die WGK ist eine Anlagenkennziffer, die die Sicherheitsredundanz der Anlage bestimmt, um die Wahrscheinlichkeit einer Stoffemission zu vermindern.

5.3.6.2
Einstufung von Stoffen nach Gefahrgutverordnung Straße

Nach der Neufassung der Gefahrgutverordnung Straße (GGVS) wird ein Stoff als „wasserverunreinigend" angesehen [GGVS-95], wenn er eines der folgenden Kriterien erfüllt:
  Von den nachfolgend genannten Werten

- 96 Stunden- LC50-Wert für Fische,
- 48 Stunden- EC50-Wert für Daphnien,
- 72 Stunden- IC50-Wert für Algen

ist der kleinste Wert

- höchstens 1 mg/Liter;
- größer als 1 mg/Liter aber höchstens 10 mg/Liter, und der Stoff ist biologisch nicht leicht abbaubar;
- größer als 1 mg/Liter aber höchstens 10 mg/Liter, und der $LogP_{ow}$-Wert ist mindestens 3,0 (es sei denn, der experimentell bestimmte BCF beträgt höchstens 100)

maßgeblich für die Einstufung „wasserverunreinigend". Somit fallen auch Mineralölprodukte mit einem Flammpunkt > 61°C und ≤ 100°C (neu in Klasse 9) gemäß der Anlage A (Randnummern 3390 bis 3396) unter die neue Einstufung „wasserverunreinigend".

In Abbildung 5.4 ist das Ablaufschema zur Einstufung dargestellt.

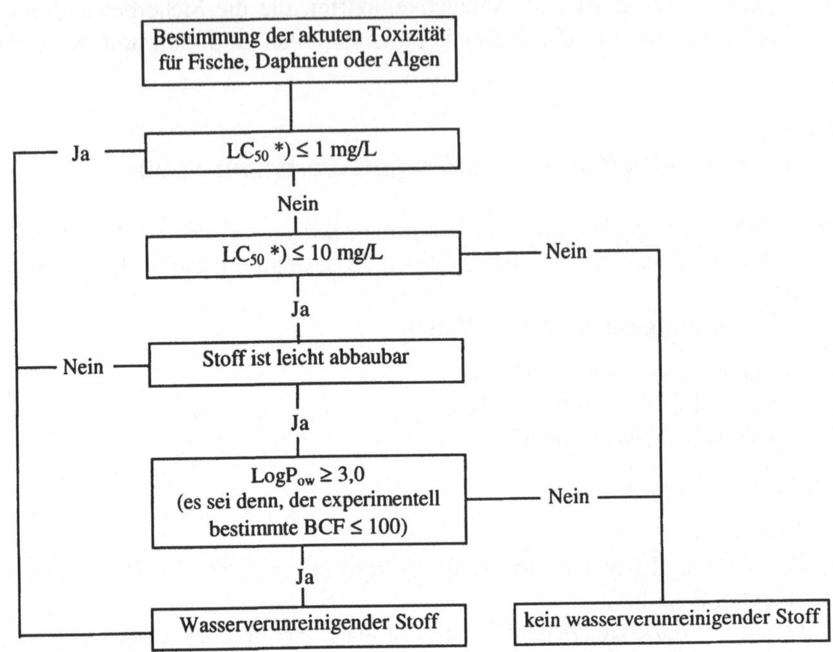

*) kleinster der Werte: 96-Stunden - LC_{50}, 48-Stunden - EC_{50}, 72-Stunden - IC_{50}

Abb. 5.4 Ablaufschema zur Einstufung nach GGVS

Diese Einstufungen nach der GGVS als „wasserverunreinigend" entsprechen den folgenden Einstufungen gemäß GefStoffV.

N/R50/R53   Umweltgefährlich/sehr giftig für Wasserorganismen und kann in Gewässern langfristige schädliche Auswirkungen haben,

N/R50   Umweltgefährlich/sehr giftig,
oder
N/R52/R53   umweltgefährlich/giftig für Wasserorganismen und kann in Gewässern längerfristig erhebliche Auswirkungen haben.

5.3.7
Das Transferverhalten

Die zweite Säule der Stoffbewertung widmet sich dem Transferverhalten von Stoffen, um die Möglichkeiten der Gefährdung von Schutzgütern abschätzen zu können. Aus dieser Kenntnis lassen sich Schadensszenarien ableiten, die es im Sinne der Vorsorge für Boden und Grundwasser zu vermeiden gilt. Die Schlußfolgerung daraus ist dann, daß im Sinne der Verhältnismäßigkeit die adäquaten technischen und organisatorischen Maßnahmen zu treffen sind, um die Schadensbilder nicht entstehen zu lassen. So sind z. B. Stoffe, die wasserunlöslich sind, als weniger gefährlich einzustufen, da sie nicht ins Grundwasser gelangen oder mit dem Grundwasser transportiert werden können, obwohl sie sehr toxisch sein können. In diesem Fall ist nur der direkte Kontakt im Schadensfall maßgebend.

Beispiel: Das 2, 3, 7, 8-TDDD, das Seveso-Dioxin, ist extrem giftig. Da es jedoch praktisch wasserunlöslich ist, kann es mit dem Wasser, insbesondere dem Grundwasser nicht transportiert werden. Somit ist nur der direkte Kontakt zu vermeiden.

Vier Aspekte sind zur Ermittlung der realen Gefahrensituation neben der toxikologischen Bedeutung der Schadstoffe und der angetroffenen Konzentration und Menge zu betrachten, um den Einfluß der örtlichen Verhältnisse auf die Schadstoffmenge in den Transferpfaden und die Exposition der Schutzgüter zu bewerten (Abb. 5.5).

1. Wieviel Schadstoff verläßt den Gefahrenherd, d. h. wie groß der Austrag ist (m_I)?
2. Wieviel von dem ausgetragenen Schadstoff kommt beim betrachteten Umweltkompartiment an, d. h. wie groß ist der Eintrag? Dabei ist von Bedeutung, wie sich der Schadstoff nach Art und Menge auf dem Weg zum Schutzgut verändert (m_{II}).
3. Wie verändern sich Art und Menge des Schadstoffes beim Transport im betrachteten Umweltkompartiment Grundwasser (m_{III})?
4. Wie groß ist die Empfindlichkeit des Schutzgutes gegenüber den eingetragenen Schadstoffen und die Schutzwürdigkeit der Nutzung (m_{IV})? Dabei wird die Immissionssituation des betrachteten Umweltkompartiments in die Bewertung einbezogen.

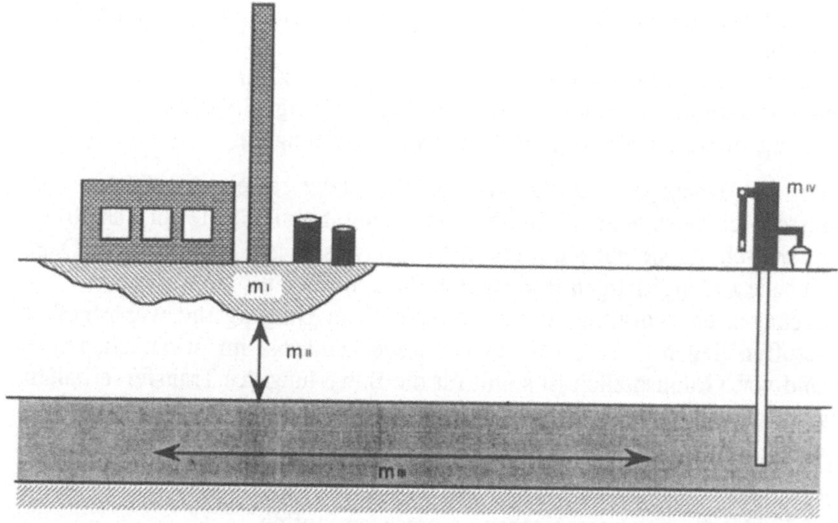

Abb. 5.5 Transferverhalten von Schadstoffen

Formalisierte Bewertungsmodelle sind z. Zt. noch nicht offiziell eingeführt. Ein Ansatz, der im folgenden dargestellt wird, wurde im Institut für wassergefährdende Stoffe [IWS-96, LÜH-96] entwickelt.

Das Bewertungsmodell „Transferverhalten" befaßt sich zunächst mit den Aspekten m_{II} und m_{III}, für das ein formalisiertes Vorgehen entwickelt wurde. In einem weiteren Schritt werden die Aspekte m_I und m_{IV} betrachtet, um eine frachtbezogene Raum-/Zeitverteilung der Schadstoffe von der Quelle (Donator) zum Schutzgut (Akzeptor) abschätzen zu können [IWS-91].

Das Transferverhalten der Aspekte m_{II} und m_{III} wird einerseits von den stoffspezifischen Eigenschaften, dem Abbauverhalten, sowie andererseits von den standortspezifischen Gegebenheiten bestimmt. Auf diese Weise wird eine quantitative Aussage über die Gefahr einer Altlast im Hinblick auf das Schutzgut Grundwasser ermöglicht.

Das stoffspezifische Transferverhalten wird dabei ausschließlich durch physikalisch-chemische Parameter beschrieben, die eine Prognose über eine mögliche vertikale Versickerung eines Schadstoffes in der nicht wassergesättigten Zone des Untergrundes in den Grundwasserleiter sowie über den horizontalen Stofftransport in der wassergesättigten Zone des Untergrundes erlaubt. Ergänzend dazu wird das Abbauverhalten der Schadstoffe betrachtet. Durch die Typisierung der geologischen und hydrogeologischen Situation mittels standortspezifischer Parameter erfolgt eine Klassifikation, mit der dann die Wechselwirkungen mit der Untergrundmatrix abgeschätzt werden kann.

Mit der in seiner Grundidee so beschriebenen Bewertung des Transferverhaltens kann die Gefahrensituation bzw. das Schadensszenario transparent nachvollziehbar bestimmt werden. Folgende Informationen sind dazu notwendig:
– Art, Bindungsform und Konzentration des in dem Umweltmedium (Boden und/oder Grundwasser) analysierten Stoffes
– Standortadresse, die eine Zuordnung zu den hydrogeologischen Standortfragen ermöglicht
– Abschätzung der Volumenausdehnung der möglichen Kontamination
– Grundwasserströmung nach Richtung und Geschwindigkeit/Gefälle
– Entfernung zu Schutzgütern (z. B. Grundwassernutzungen)

Bezüglich des Transferverhaltens sind die Schutzinteressen des Bodens und Grundwassers teilweise gegenläufig. So sind wenig mobile Stoffe für das Grundwasser unkritisch, da sie gar nicht erst ins Grundwasser gelangen können. Dagegen können sie zu langfristigen Bodengefährdungen führen.

Bei Leckagen etc. aufgrund von unsachgemäßem Umgang mit wassergefährdenden Stoffen liegen diese Stoffe in der Regel zunächst im oberflächennahen Untergrund vor. Grundsätzlich ist somit für die Bewertung des Transferverhaltens von folgenden Strukturelementen auszugehen:

- Unterscheidung nach **nicht wassergesättigter** und **wassergesättigter Zone** des Untergrundes,
- Unterscheidung nach anorganischen/organischen Stoffen,
- Unterscheidung nach Flüssigkeiten, die sich **nicht** mit Wasser vermischen (Zweiphasenfluß) sowie Feststoffen und Flüssigkeiten, die sich mit Wasser mischen (Einphasenfluß).

Diese Strukturelemente lassen sich, wie in Abb. 5.6 dargestellt, in einen Zusammenhang bringen, der nach Feststellung der Zugehörigkeit eines Stoffes zu einem der Strukturelemente die sachgerechte Zuordnung zur Ermittlung des Transferverhaltens ermöglicht.

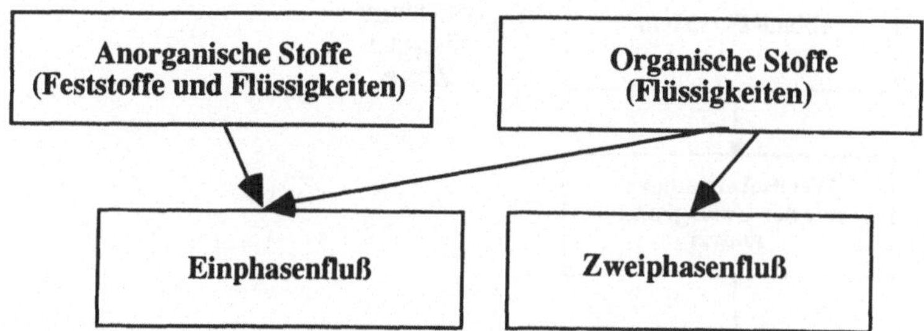

Abb. 5.6 Zusammenhang der Strukturelemente für das Transferverhalten

Das Transferverhalten stellt ein komplexes Zusammenspiel verschiedener Einflußgrößen dar. Seine Ermittlung wird deshalb durch verschiedene, aufeinander folgende Schritte vorgenommen (Abb. 5.7). Dabei wird der Weg der Kontaminanten von der in der Regel geländeoberflächennahen Quelle über die vertikale Versickerung (nicht wassergesättigte Zone) und den horizontalen Transport (wassergesättigte Zone) zum Schutzgut der Betrachtung zugrunde gelegt.

Ein Ziel ist es, dabei die Stoffe herauszufiltern, die letztlich bei der Betrachtung des Transferverhaltens von Stoffen vom Donator (Quelle) zum Akzeptor (Schutzgut) nicht von Bedeutung sind. Denn es gibt Stoffe, die bereits aufgrund ihrer stoffspezifischen Daten keinem Transfer unterliegen oder die im speziellen Einzelfall aufgrund ihrer Wechselwirkungen mit der vorliegenden Untergrundmatrix an einem Transfer gehindert werden und somit am Schutzgut (Akzeptor) nicht wirken können.

Die Bewertung des Transferverhaltens erfolgt zunächst anhand von Listen, die die stoffspezifischen Daten und ihre entsprechende Bewertung beinhalten, sowie einer Anleitung für die Bewertung der Wechselwirkungen mit der Untergrundmatrix, die eine Typisierung der geologischen Verhältnisse einer Region enthalten muß.

Mit dieser Charakterisierung des Transferverhaltens eines Stoffes vom Donator zum Akzeptor in der betreffenden Region ist bereits eine qualitative Aussage über die Gefahrensituation möglich, bevor man für die kritischen Situationen im Einzelfall eine Frachtermittlung anstellt. Über diese Vorgehensweise wird die Bewertung systematisiert und unnötiger Recherchen- und Arbeitsaufwand gespart.

Die folgende Abbildung (5.7) zeigt den systematischen Ablauf der Bewertung des Transferverhaltens mittels vier aufeinanderfolgender Bewertungsschritte auf.

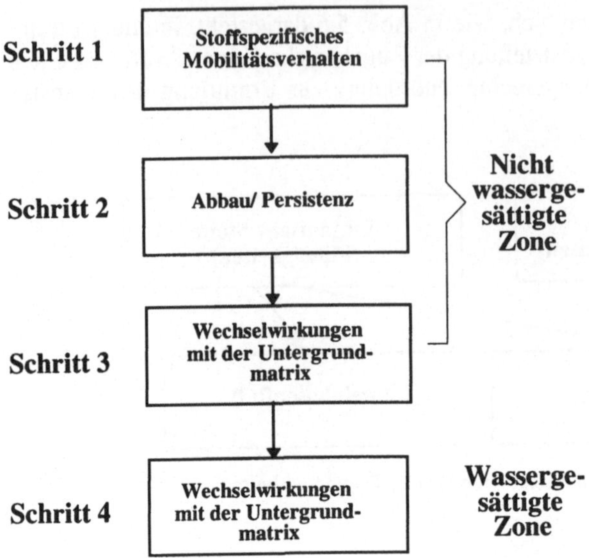

Abb. 5.7 Systematischer Ablauf der Bewertung des Transferverhaltens

Im **Schritt 1** wird zunächst das stoffspezifische Transferverhalten in der **nicht wassergesättigten Zone** anhand von physikalisch-chemischen Daten ermittelt. Dabei werden die Stoffe Eigenschaftsklassen, die die Mobilität beschreiben, zugeordnet.

Im **Schritt 2** erfolgt eine Bewertung der Abbaufähigkeit bzw. Persistenz im Untergrund. In diesem Bewertungsschritt wird nicht nach nicht wassergesättigter und wassergesättigter Zone unterschieden, da es vom Ergebnis für die anstehende Fragestellung gleichgültig ist, ob ein Stoff in der nicht wassergesättigten oder wassergesättigten Zone des Untergrundes abgebaut wird. Dieses ist ein pragmatischer Ansatz, da die Datenlage eine Differenzierung nur schwer ermöglicht.

Aufgrund der in den ersten beiden Schritten ermittelten Daten läßt sich ein erstes **Abbruchkriterium** formulieren:

> Stoffe, die sowohl leicht abbaubar als auch wenig mobil sind, werden die wassergesättigte Zone in der Regel nicht erreichen. Sie fallen aus der weiteren Betrachtung heraus. Alle anderen Stoffe werden in den Schritten 3 - 5 weiterbewertet.

Im **Schritt 3** werden ebenfalls **Kriterien** formuliert, deren Erfüllung zum **Abbruch** der weiteren Betrachtung führt:

> Wird ein Grundwasserleiter von einer wenig durchlässigen Schicht z.B. einer Tonschicht abgedeckt, führt dies ebenfalls dazu, daß Stoffe nicht durch sie hindurchdringen. Schichten mit hohem organischen Anteil, z.B. ausreichend mächtige Torfschichten verhindern aufgrund ihres hohen Bindungsvermögens ebenso den Transport für viele Schadstoffe.

An allen anderen Standorten werden die standortspezifischen Adsorptionsverhältnisse sowie das Rückhaltevermögen des Untergrundes bewertet. Dabei wird der Standort Eigenschaftsklassen zugeordnet werden, die sein Rückhaltevermögen beschreiben.

Im **Schritt 4** schließt sich – adäquat zu Schritt 3 – die Bewertung der standortspezifischen Wechselwirkungen mit der Untergrundmatrix in der **wassergesättigten Zone** an. Das stoffspezifische Mobilitätsverhalten in der wassergesättigten Zone ist für alle drei Stoffgruppen gleich einzuordnen. Für das Transferverhalten sind nur die standortspezifischen Eigenschaften (Wechselwirkungen mit der Untergrundmatrix) maßgebend. Da nur der wasserlösliche Anteil der Stoffe zu betrachten ist, ist grundsätzlich eine Frachtbetrachtung durchzuführen, um das Ausmaß der Verfrachtung zu ermitteln.

Das Bewertungsschema zur Ermittlung des stoffspezifischen Transferverhaltens greift auf eine Arbeit des BMU-Beirates „Lagerung und Transport wassergefährdender Stoffe" [UBA-91] zurück. Es zielt darauf ab, anhand von physikalisch-chemischen Stoffparametern das stoffspezifische Transferverhalten abzuschätzen. Zunächst ist die Frage „Was für ein Schadstoff liegt vor?" zu klären (Abb. 5.8), da der Stofftransfer von den speziellen Stoffarten und -eigenschaften abhängt.

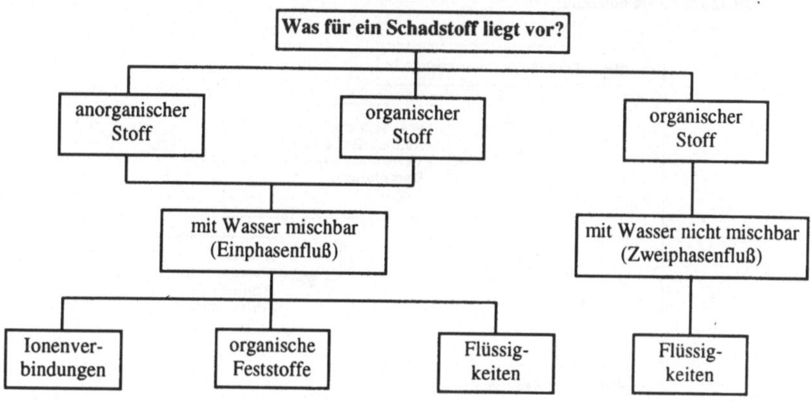

Abb. 5.8 Prinzipielles Ablaufschema für die Vorgehensweise zur Ermittlung des stoffspezifischen Transferverhaltens

Für die zu betrachtenden Stoffe werden die einzelnen Bewertungsschritte dann getrennt nach **„nicht wassergesättigter Zone des Untergrundes"** und **„wassergesättigter Zone des Untergrundes"** durchgeführt, um dem Transferverhalten des Stoffes längs des möglichen Pfades vom Donator zum Akzeptor Rechnung zu tragen.

Nicht wassergesättigte Zone

Stoffspezifisches Mobilitätsverhalten (Schritt 1)
Zur Ermittlung des stoffspezifischen Mobilitätsverhaltens in der nicht wassergesättigten Zone des Untergrundes werden folgende Eigenschaften berücksichtigt und zwar werden sie nach drei Eigenschaftsklassen bewertet (Abb. 5.9):

- wenig mobil
- mobil
- stark mobil

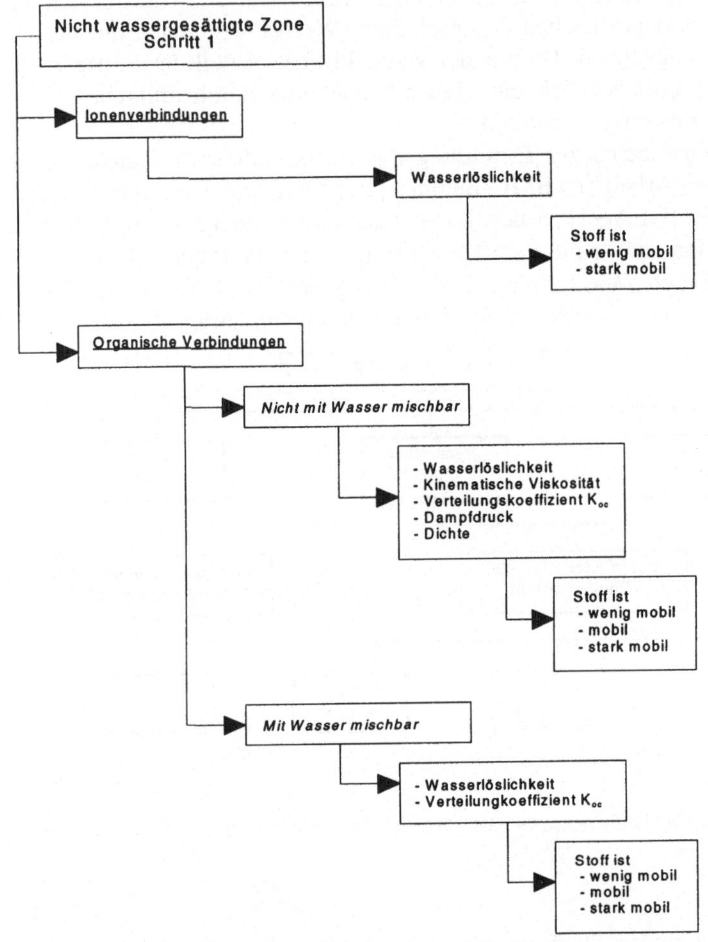

Abb. 5.9 Prinzipielles Ablaufschema für die Vorgehensweise zur Ermittlung des stoffspezifischen Mobilitätsverhaltens in der nicht wassergesättigten Zone des Untergrundes

Der **Aggregatzustand** eines Stoffes ist für das Mobilitätsverhalten im Untergrund entscheidend. **Feststoffe** bleiben, sofern sie nicht oder nur sehr gering wasserlöslich sind, an der Oberfläche liegen. Sobald sie mit eindringendem Niederschlagswasser eine Lösung bilden, stellen sie für das Grundwasser eine potentielle Gefahr dar. In diesem Fall wird die gebildete wäßrige Lösung als Flüssigkeit weiterbewertet. Aufgrund der Überprüfung der Wasserlöslichkeit aller in Betracht gezogenen Stoffe, werden dabei kaum oder nicht wasserlösliche Feststoffe sofort in der ersten Stufe als „wenig mobil" bewertet. **Gase** können das Grundwasser erreichen, wenn ihre Dichte größer als Luft ist, da sie sich in diesem Fall am Boden konzentrieren und mit dem Niederschlag in den Untergrund eingewaschen werden können. Beim Transport im Grundwasser ist wiederum die Wasserlöslichkeit ausschlaggebend. In diesem Fall wird die gebildete wäßrige Lösung als Flüssigkeit weiterbewertet. **Flüssigkeiten** werden, wie oben erläutert, nach wassermischbaren und nicht wassermischbaren Flüssigkeiten unterschieden.

Für die Bewertung des stoffspezifischen Mobilitätsverhaltens werden die Ionenverbindungen von den Organischen Stoffe getrennt behandelt. Die für das Mobilitätsverhalten der **Ionenverbindungen** ausschlaggebende Eigenschaft ist ausschließlich ihre Wasserlöslichkeit.

Bei den organischen Verbindungen wird zwischen wassermischbaren und nicht wassermischbaren Stoffen unterschieden. Die mit Wasser nicht mischbaren Stoffe werden maßgeblich durch die Kriterien Wasserlöslichkeit, Verteilungskoeffizient K_{oc} für die Verteilung zwischen der organischen und der wäßrigen Phase, kinematische Viskosität, Dichte des Stoffes und Dampfdruck (Volatilität) bewertet. Bei den mit Wasser mischbaren Stoffen dagegen ist zur Bewertung ebenfalls ausschließlich das Kriterium der Wasserlöslichkeit maßgeblich.

Organische Schadstoffe werden hinsichtlich ihres Mobilitätsverhaltens bei 20°C und 1 atm bewertet. Sie sind nach

- mit Wasser nicht mischbaren Stoffen (Zweiphasenfluß)
- mit Wasser mischbaren Stoffen (Einphasenfluß)

zu unterscheiden.

Unter Wassermischbarkeit wird hierbei die Eigenschaft von Stoffen verstanden, mit Wasser ein einphasiges Flüssigkeitssystem zu bilden. Dabei geht der Stoff eine chemische Verbindung zu den Wassermolekülen ein. Diese Lösung kann nicht, wie dies bei wasserunlöslichen, aber wassermischbaren Stoffen der Fall ist, mit physikalischen Methoden aufgetrennt werden. Im praktischen Fall gilt für die **Wassermischbarkeit** die folgende Regel:

> Als mit Wasser mischbar gelten diejenigen organischen Stoffe, die bei mehr als 10.000 mg in 1 Liter Wasser noch immer ein einphasiges Flüssigkeitssystem bilden.

Für die Bewertung des Mobilitätsverhaltens von **nicht mit Wasser mischbaren organischen Stoffen** (Zweiphasenfluß) sind die Kriterien

- Löslichkeit in Wasser,
- Verteilungskoeffizient K_{oc}
- kinematische Viskosität,
- Dampfdruck
- Dichte

maßgeblich.

Bei **organischen, mit Wasser mischbaren Stoffen** ist davon auszugehen, daß sie aufgrund ihrer hohen Wasserlöslichkeit rasch in den Untergrund eingewaschen und in das Grundwasser gelangen können. Bei einer Wasserlöslichkeit über 10.000 mg/l (dies entspricht der Definition der Wassermischbarkeit), wird ein Stoff automatisch als „stark mobil" bewertet.

Abbauverhalten und Persistenz (Schritt 2)
In diesem Bewertungsschritt wird die Möglichkeit des Abbaus von Stoffen ermittelt. Dabei ist zu beachten, daß die Ergebnisse eine relative Bewertung der Stoffe untereinander bei gegebenen Untersuchungsbedingungen widerspiegelt. Ziel dieses Bewertungsschrittes 2 ist eine Einstufung in die Eigenschaftsklassen

- leicht abbaubar
- abbaubar
- schwer bis nicht abbaubar.

Eine wesentliche Rolle für die Verweildauer eines Stoffes in einem Umweltkompartiment spielt die Abbaubarkeit der Substanz.

Abbauprozesse können abiotisch oder biotisch erfolgen, wobei der abiotische Abbau von Substanzen insbesondere durch Photolyse und Hydrolyse erfolgt.

Stoffe, die über längere Zeiträume hinweg in der Umwelt bleiben, ohne durch biotische oder abiotische Prozesse abgebaut oder transformiert zu werden, werden auch als **persistent** bezeichnet. Für die Persistenz gibt es kein absolutes Maß, sie ist jedoch eng verbunden mit der chemischen Reaktivität eines Stoffes. Als persistent gelten Substanzen, die jahrelang in unveränderter Form in der Umwelt verweilen können.

Wechselwirkungen mit der Untergrundmatrix (Schritt 3)
Für die Bewertung der Wechselwirkungen von Stoffen mit der Untergrundmatrix ist eine Typisierung der geologisch-lithologischen und der hydrogeologischen Situation des Standortes erforderlich.

In der Typisierung erfolgt die Zuordnung realer, strukturtypischer Kennwerte zu definierten Untergrundtypen, welche die hydrogeologischen Wechselwirkungen zwischen Stoff und Untergrundmatrix charakterisieren. Für die Zuordnung zu definierten Unterstrukturtypen sind die folgenden Parameter maßgebend:

- **Geologisch lithologische (matrixbeschreibende) Parameter :**
  - Oberflächengeologie, Geländehöhe, Versiegelung und Geländenutzung
  - Anzahl und Mächtigkeit der Grundwasserleiter und Grundwassergeringleiter bzw. Stauer
    - Lithologie (Kornzusammensetzung) und Porenvolumen
- **Hydrogeologische (transportbeschreibende) Parameter :**
  - Niederschlag, Verdunstung und Abfluß
  - K_u - Werte (Versickerungsbeiwerte) der nicht wassergesättigten Zone
  - Durchlässigkeitsbeiwerte der betrachteten Grundwasserleiter (K_f - Werte)
  - Durchlässigkeitsbeiwerte der betrachteten Grundwassergeringleiter bzw. Stauer (K_f - Werte)
  - Grundwasserflurabstand aus Geländehöhe und Grundwasserspiegelhöhe
  - Grundwassergefälle i und Grundwasserfließrichtung
  - Abstandsgeschwindigkeit V_a
  - Transmissivität T und Speicherkoeffizient S
- **Hydrogeochemische (Retardationsbeschreibende) Parameter :**
  - Kationenaustauschkapazität (KAK_{eff}) als Summe der mineralischen und organischen KAK

- Organischer Kohlenstoffgehalt der Hauptgrundwasserleiter und der Grundwasserdeckschicht
- Wasserstoffionenkonzentration (pH - Werte)
- Stoffspezifische Verteilungskoeffizienten (K_{oc} - Werte)
- Lithologie, Aufbau und Mächtigkeit der nicht wassergesättigten Zone
- effektives Porenvolumen und Residualsättigung

Auf eine Betrachtung des Rückhaltevermögens des Oberbodens mit seinen höheren biotischen und abiotischen Aktivitäten wird verzichtet, da bei Anlagen zum Umgang mit wassergefährdenden Stoffen davon ausgegangen werden kann, daß dieser aus bautechnischen Gründen abgetragen ist. Für die Typisierung des Untergrundes wird daher nur die nicht wassergesättigte und die wassergesättigte Zone des Deckgebirges betrachtet.

Adäquat zur Bewertung des stoffspezifischen Mobilitätsverhaltens wird die Fähigkeit des Standortes, Stoffe auf ihrem vertikalen Weg in Richtung Grundwasser zu behindern, in die Eigenschaftsklassen

- wenig rückhaltend
- rückhaltend
- stark rückhaltend

eingeordnet. Für Ionenverbindungen, organische, nicht mit Wasser mischbare und mit Wasser mischbare Stoffe wird unter Verwendung entsprechender Parameter (s. zuvor) das Rückhaltevermögen ermittelt und den obigen Eigenschaftsklassen zugeordnet.

Wassergesättigte Zone

In der wassergesättigten Zone des Untergrundes findet für alle Stoffe, die wasserlöslich sind bzw. wasserlösliche Anteile haben, eine Verfrachtung mit dem Grundwasserstrom statt (horizontaler Transfer). Für nicht mit Wasser mischbare Stoffe (Stoffe in Phase) findet ein horizontaler und vertikaler Transfer statt. In Abb. 5.10 sind die Zusammenhänge dargestellt.

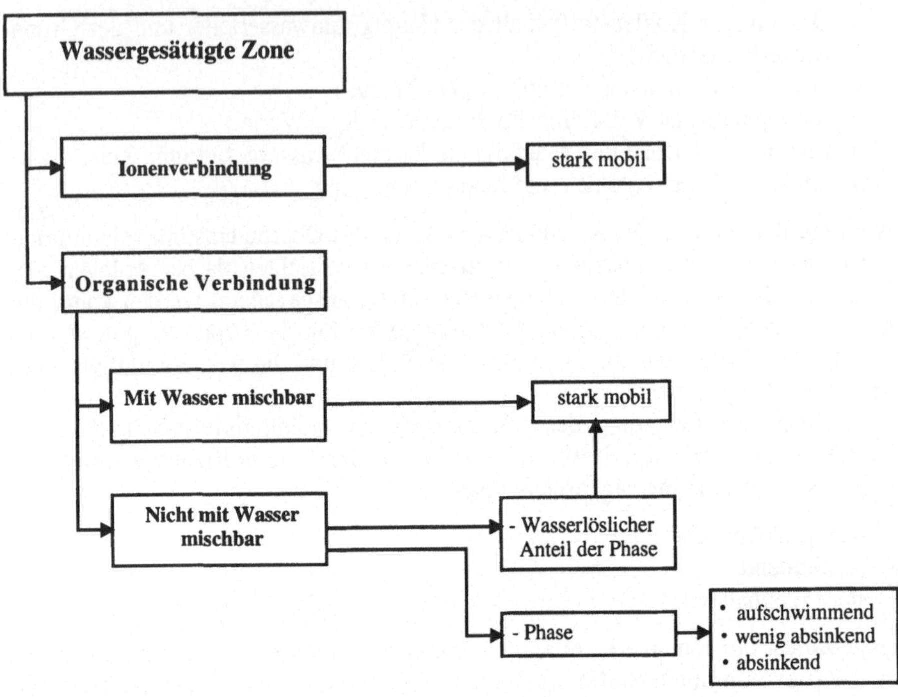

Abb. 5.10 Prinzipielles Ablaufschema für die Vorgehensweise zur Ermittlung des stoffspezifischen Verhaltens in der wassergesättigten Zone des Untergrundes

Bewertung des Mobilitätsverhaltens von wasserlöslichen Ionenverbindungen und von organischen, mit Wasser mischbaren Stoffen
Bei allen **Ionenverbindungen** und **organischen, mit Wasser mischbaren Stoffen**, die entsprechend der Bewertung in den Schritten 1, 2 und 3 das Grundwasser erreichen können, kann davon ausgegangen werden, daß diese Stoffe im Grundwasser mit transportiert werden, ohne dessen Fließeigenschaften nachhaltig zu verändern. Ihr Verhalten hängt im wesentlichen von standortspezifischen Wechselbeziehungen mit der Untergrundmatrix ab. Für die stoffspezifische Bewertung des im Grundwasserleiter gelösten Anteils dieser Stoffe wird eine starke Mobilität angenommen, da sie die maximale Mobilität (entsprechend der Fließgeschwindigkeit des Grundwassers) erreichen kann.

Die Migration von **nicht mit Wasser mischbaren Stoffen** kann in der wassergesättigten Zone sowohl in horizontaler als auch in vertikaler Richtung erfolgen. Auch organische, nicht mit Wasser mischbare Stoffe besitzen, obwohl sie als Phase im Grundwasser vorhanden sind, eine gewisse Wasserlöslichkeit. Da der wasserlösliche Anteil mit dem Grundwasserstrom verfrachtet wird, ist das Mobilitätsverhalten auch in **horizontaler** Richtung zu betrachten.

Die **vertikale** Migration von Stoffen erfolgt in Abhängigkeit der Dichte des Stoffes. Ein Stoff einer geringen Dichte schwimmt als Phase auf der gesättigten Zone auf. Hat ein Stoff eine hohe Dichte, so sinkt er als Phase auf den darunterliegenden Grundwasserstauer ab und migriert nur in geringen Mengen in horizontaler Richtung mit dem Grundwasserleiter. In diesem Fall besteht die Gefahr, daß z. B. bei einem gefensterten Grundwasserstauer die Stoffphase vertikal in ein tieferliegendes Grundwasserstockwerk absinkt. Eine solche Möglichkeit muß im Einzelfall bei den standortspezifischen Gegebenheiten überprüft werden. Ein Stoff mit einer dem Wasser vergleichbaren Dichte bewegt sich im Grundwasserstrom fort. Nach der Dichte des Stoffes werden die **Eigenschaftsklassen**

- aufschwimmend
- wenig absinkend
- absinkend

gebildet.

Wechselwirkungen der Stoffe mit der Untergrundmatrix in der wassergesättigten Zone des Untergrundes (Schritt 4)
Hinsichtlich der Wechselwirkungen der Stoffe mit der Untergrundmatrix werden – wiederum in Abhängigkeit der Stoffgruppen Ionenverbindungen, organische nicht mit Wasser mischbare und organische mit Wasser mischbare Stoffe – für die wassergesättigte Zone Kriterien für die Ermittlung des Rückhaltevermögens eines Standortes formuliert.

Wasserlösliche Ionenverbindungen, die in die wassergesättigte Zone des Untergrundes gelangen, verhalten sich generell wie in der nicht wassergesättigten Zone des Untergrundes. Die Schichtmächtigkeit des Grundwasserleiters spielt jedoch keine vergleichbare Rolle, da in der wassergesättigten Zone der horizontale Stofftransport (mit dem Grundwasserstrom) gegenüber dem vertikalen (gravitativen und dispersiven) Stofftransport stark in den Vordergrund tritt. Die Mächtigkeit des Grundwasserleiters ist daher bei der Betrachtung des generellen Stofftransportes von untergeordneter Bedeutung. Aus diesem Grund werden hier lediglich die Kationenaustauschkapazitäten der mineralischen und der organischen Substanz als Bewertungskriterien zugrunde gelegt.

Bei den **organischen, nicht mit Wasser mischbaren Stoffen** wird in Bezug auf das Transferverhalten nur der im Grundwasser gelöste Anteil betrachtet. Daher ist das Rückhaltevermögen nur für diesen Teil zu ermitteln. Die Phase selbst ist überwiegend standorttreu und wird nicht mit dem Grundwasserstrom verfrachtet. Ihre Raumlage wird von der Phasendichte bestimmt. Diese Stoffgruppe ist somit genauso zu betrachten wie die mit Wasser mischbaren organischen Stoffe. Für die Ermittlung des Rückhaltevermögens wird zum einen der organische Kohlenstoffgehalt als Maß für das Bindevermögen (Retardation) zum anderen der Durchlässigkeitsbeiwert K_f als geschwindigkeitsbestimmender Wert (Transport) herangezogen.

Zusammenfassende Bewertung des Transferverhaltens von Stoffen im nicht wassergesättigten und wassergesättigten Untergrund
Eine **zusammenfassende Bewertung** für den vertikalen und horizontalen Transport erfolgt aufgrund der Einzelbewertungen der Transferpotentiale für die nicht wassergesättigte Zone und die wassergesättigte Zone. Die Gesamtsituation wird anhand der einzelnen Eigenschaftsklassen für die jeweiligen Schritte als qualitati-

ve Beurteilung verbal zusammengefaßt, in dem die Stoffe den Eigenschaftsklassen

- hohes Transportpotential
- mittleres Transportpotential
- kein Transportpotential

zugeordnet werden.

Die folgenden Abbildungen (5.11, 5.12) zeigen das Prinzip der Gesamtbewertung, wobei nach der jeweiligen Stoffart zu unterscheiden ist. Dabei ergibt sich aus bestimmten Kombinationen von Eigenschaftsklassen die Gesamteigenschaftsklasse „kein Transportpotential".

1. Nicht wassergesättigte Zone

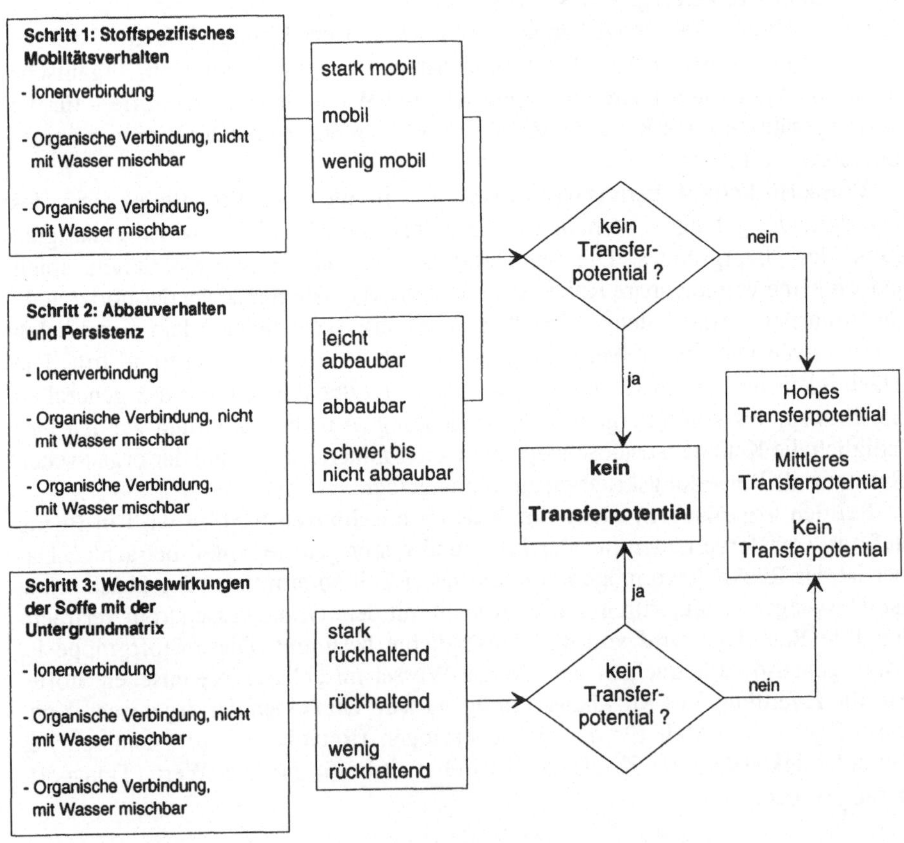

Abb. 5.11 Veranschaulichung des Gesamtablaufs des Bewertungsverfahrens in der nichtwassergesättigten Zone

2. Wassergesättigte Zone

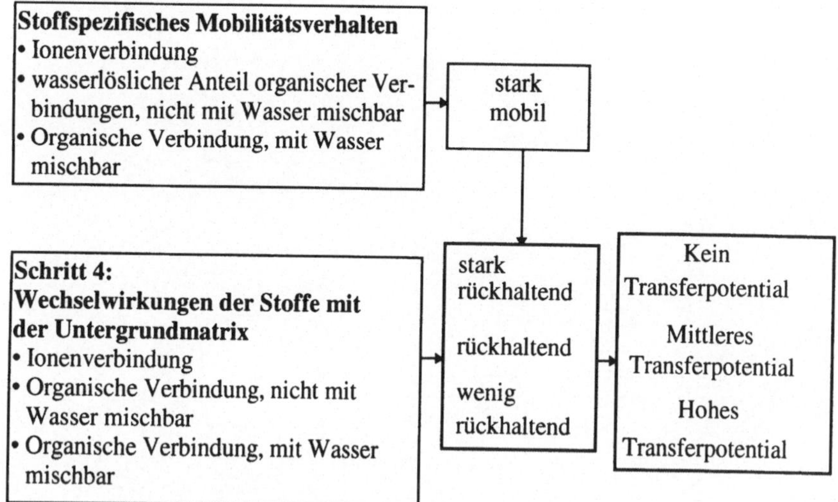

Abb. 5.12 Veranschaulichung des Gesamtablaufes des Bewertungsverfahrens in der wassergesättigten Zone

6 Technische Anforderungen an Anlagen zum Umgang mit wassergefährdenden Stoffen

6.1 Allgemeines

Zur Ausfüllung und Ergänzung der bundesrechtlichen Vorschriften zum Umgang mit wassergefährdenden Stoffen sind in den Landeswassergesetzen Ermächtigungen erforderlich, um die konkreten Anforderungen an die Anlagen zum Umgang mit wassergefährdenden Stoffen ausfüllen zu können. Diese sind in der jeweiligen Verordnung zum Umgang mit wassergefährdenden Stoffen (VAwS) realisiert worden.

Die Ermächtigungsvorschriften in den Landeswassergesetzen für die jeweilige landesrechtliche VAwS sind in Tabelle 6.1 enthalten:

Tabelle 6.1 Fundstellen in den Landeswassergesetzen für die Ermächtigung einer VAwS

Baden-Württemberg	§ 25 b Abs. 2
Bayern	Art. 37 Abs. 4
Berlin	§ 23 Abs. 5
Brandenburg	§ 20 Abs. 7
Bremen	§ 150 Nr. 2
Hamburg	§ 28 Abs. 4
Hessen	§§ 31 Abs. 3, 94 Abs. 3
Mecklenburg-Vorpommern	§ 20 Abs. 6
Niedersachsen	§ 167 Nr. 2
Nordrhein-Westfalen	§ 18 Abs. 2
Rheinland-Pfalz	§ 20 Abs. 5
Saarland	§ 39 Abs. 4 Satz 1 Nr. 2
Sachsen	§ 52 Abs. 4
Sachsen-Anhalt	§ 169
Schleswig-Holstein	§ 16 Abs. 1
Thüringen	§ 54 Abs. 3

Technisches Umweltrecht verlangt, um praktikabel zu sein, nach einheitlichen oder zumindest in den wesentlichen Teilen einheitlichen Maßstäben. Von Land zu Land abweichende technische und infrastrukturelle Anforderungen, z. B. an Lagerbehälter, können auf der Planungs- und Betreiberseite u. a. zu erheblichen Kostenunterschieden und Wettbewerbsverzerrungen führen.

Um ein Auseinanderfallen von Regelungen für das Umweltmedium Wasser zu vermeiden, haben die sich in der Länderarbeitsgemeinschaft Wasser (LAWA) zusammengeschlossenen Fachministerien der einzelnen Bundesländer 1990 auf eine Musterverordnung, die Muster VAwS [VAS-91], verständigt. Diese von der LAWA verabschiedete Musterverordnung dient zusammen mit geringfügigen Änderungswünschen der EG-Kommission den einzelnen Bundesländern als Vorlage. Die Zustimmung eines Bundeslandes zu einer Muster-Verordnung bindet dieses Land nicht rechtlich, sondern lediglich politisch. Es hat stets die Möglichkeit, die Verordnung nicht oder in abgewandelter Form einzuführen.

Die Muster-VAwS hat den Charakter einer an die Länder gerichteten Empfehlung, gleichlautende Vorschriften einzuführen. Ihre Bedeutung geht jedoch weiter. Sie kann nämlich auch als allgemein anerkannte Regel der Technik in weiterem Sinne betrachtet werden. Sie

- liefert in Bundesländern, die ihr Wasserrecht noch nicht an die 5. WHG-Novelle von 1986 angepaßt haben, einen Maßstab für den Vollzug;
- ist bei unklaren landesrechtlichen Regelungen zur Auslegung heranzuziehen;
- bildet die Bezugsgröße für die Erarbeitung Technischer Regeln.

Weitere Details sind in den Verwaltungsvorschriften zum Vollzug der VAwS (VVAwS) enthalten. Auch hierfür hat die LAWA einen Musterentwurf entwickelt.

Für den Planer und Betreiber von Anlagen zum Umgang mit wassergefährdenden Stoffen ist zu empfehlen, sich in einem ersten Schritt mit den in der Muster-VAwS und Muster-VVAwS aufgestellten Anforderungen vertraut zu machen und im zweiten Schritt zu klären, ob das jeweilig gültige Landesrecht die konkrete Fragestellung abweichend geregelt hat.

Die technischen und organisatorischen Anforderungen sind in Ausführung der §§ 19 g-l WHG in den Ländervorschriften „Verordnung über Anlagen zum Umgang mit wassergefährdenden Stoffen" (VAwS) und den entsprechenden Verwaltungsvorschriften der VAwS niedergelegt.

· Die Fundstellen für die VAwS und VVAwS der Länder ist in Tabelle 6.2 enthalten.

Darüber hinaus gibt es in bestimmten Ländern noch weitere Verordnungen, Verwaltungsvorschriften und Leitfäden, die spezielle Themen behandeln. Dazu zählen u. a.:

- Tankstellen,
- Anlagen zum Lagern und Abfüllen von Gülle und Jauche,
- Auffangwannen aus Stahl bis 1.000 l,
- Löschwasser-Rückhaltung,
- Abdichtungen von Flächen,8
- Unterirdische Rohrleitungen,
- Rückhaltevermögen,
- Flachbodentanks zur Lagerung wassergefährdender Flüssigkeiten,
- Abwasseranlagen als Auffangvorrichtungen,
- Einwandige unterirdische Behälter.

Tabelle 6.2 Fundstellen für die VAwS und VVAwS der jeweiligen Länder (Stand April 1998)

Land	VAwS	VVAwS
Baden-Württemberg	Verordnung des Umweltministeriums über Anlagen zum Umgang mit wassergefährdenden Stoffen und über Fachbetriebe (Anlagenverordnung – VAwS) v. 11.2.1994 (GBl. Baden-Württemberg, S. 182), geändert durch Verordnung zur Änderung der Anlagenverordnung – VAwS v. 19.11.1995 (GBl. Baden-Württemberg, S. 816) [Novellierung für Jahresende 1998 vorgesehen]	[VVAwS etwa für Jahresende 1998 geplant; zur Zeit keine gültige VVAwS, aber unveröffentlichter Erlaß mit teilweiser Umsetzung der Muster-VVAwS der LAWA: Hinweise zum Vollzug]
Bayern	Verordnung über Anlagen zum Umgang mit wassergefährdenden Stoffen und über Fachbetriebe (Anlagenverordnung – VAwS) v. 3.8.1996 (Bayerisches GVBl., S. 348)	Verwaltungsvorschrift zum Vollzug der Anlagenverordnung – VVAwS v. 22.1.1997 (AllMBl. Bayern, S. 149)
Berlin	Verordnung über Anlagen zum Umgang mit wassergefährdenden Stoffen und über Fachbetriebe (VAwS) v. 6.3.1995 (GVBl. Berlin, S. 67)	Ausführungsvorschriften zum Vollzug der Verordnung über Anlagen zum Umgang mit wassergefährdenden Stoffen und über Fachbetriebe (AV-VAwS) v. 30.11.1995 (ABl. Berlin, S. 149)
Brandenburg	Verordnung über Anlagen zum Umgang mit wassergefährdenden Stoffen und über Fachbetriebe (VAwS) v. 19.10.1995 (GVBl. Brandenburg II, S. 634)	Verwaltungsvorschrift zum Vollzug der Verordnung über Anlagen zum Umgang mit wassergefährdenden Stoffen und über Fachbetriebe (VVAwS) v. 13.11.1995 (ABl. Brandenburg, S. 950)
Bremen	Verordnung über Anlagen zum Umgang mit wassergefährdenden Stoffen (Anlagenverordnung – VAwS) v. 4.4.1995 (GBl. Bremen, S 251)	Bekanntmachung der obersten Wasserbehörde über die Einführung allgemein anerkannter Regeln der Technik für Anlagen zum Umgang mit wassergefährdenden Stoffen v. 1.9.1995 (Abl. Bremen, S. 779) und Bekanntmachung der Hinweise zum Vollzug der Verordnung über Anlagen zum Umgang mit wassergefährdenden Stoffen – VAwS – v. 1.9.1995 (Abl. Bremen, S. 788)
Hamburg	*Verordnung über Anlagen zum Umgang mit wassergefährdenden Stoffen (Anlagenverordnung – VAwS) v. 11.8.1987 (GVBl. Hamburg I, S. 165)* [5. Novelle WHG noch nicht umgesetzt; Verordnung auf Grundlage der Muster-VAwS grundsätzlich bis Mitte 1998 beabsichtigt]	[VVAwS wegen Hamburger Verwaltungsstruktur nicht vorgesehen, Umsetzung der Inhalte der Muster-VVAwS aber in anderer geeigneter Form beabsichtigt]

noch **Tabelle 6.2**

Land	VAwS	VVAwS
Hessen	Verordnung über Anlagen zum Umgang mit wassergefährdenden Stoffen und über Fachbetriebe (Anlagenverordnung – VAwS) v. 16.9.1993 (GVBl. Hessen I, S. 409), zul. geändert durch Gesetz zur Neuorganisation der hessischen Umweltverwaltung v. 15.7.1997 (GVBl. Hessen I, S. 232)	Verwaltungsvorschrift zur Verordnung über Anlagen zum Umgang mit wassergefährdenden Stoffen und über Fachbetriebe (Anlagenverordnung – VAwS) v. 16.9.1993 (Staatsanz. Hessen, S. 2358), zul. geändert durch Änderung der Verwaltungsvorschrift zur Anlagenverordnung v. 21.11.1996 (Staatsanz. Hessen 1997, S. 3858)
Mecklenburg-Vorpommern	Verordnung über Anlagen zum Umgang mit wassergefährdenden Stoffen und über Fachbetriebe (Anlagenverordnung – VAwS) v. 5.10.1993 (GVBl. Mecklenburg-Vorpommern, S. 887)	Vollzug der Verordnung über Anlagen zum Umgang mit wassergefährdenden Stoffen und über Fachbetriebe (Anlagenverordnung – Verwaltungsvorschrift – VVAwS) v. 5.10.1993 (ABl. Mecklenburg-Vorpommern, S. 1697)
Niedersachsen	Verordnung über Anlagen zum Umgang mit wassergefährdenden Stoffen und über Fachbetriebe (Anlagenverordnung – VAwS –) v. 17.12.1997 (Niedersächsisches GVBl., S. 549)	[Alte VVAwS mit neuer VAwS außer Kraft gesetzt; VVAwS auf Grundlage der Muster-VVAwS der LAWA grundsätzlich noch 1998 vorgesehen]
Nordrhein-Westfalen	Verordnung über Anlagen zum Umgang mit wassergefährdenden Stoffen und über Fachbetriebe (VAwS) v. 12.8.1993 (GVBl. Nordrhein-Westfalen, S. 676), geändert durch Verordnung zur Änderung der Verordnung über Anlagen zum Umgang mit wassergefährdenden Stoffen und über Fachbetriebe (VAwS) v. 10.10.1994 (GVBl. Nordrhein-Westfalen, S. 958, ber. S. 1013)	Verwaltungsvorschriften zum Vollzug der Verordnung über Anlagen zum Umgang mit wassergefährdenden Stoffen und über Fachbetriebe (VV-VAwS) v. 28.11.1994 (MBl. Nordrhein-Westfalen, S. 44), geändert durch Verwaltungsvorschriften zum Vollzug der Verordnung über Anlagen zum Umgang mit wassergefährdenden Stoffen und über Fachbetriebe (VV-VAwS) v. 14.8.1996 (MBl. Nordrhein-Westfalen, S. 1579)
Rheinland-Pfalz	Landesverordnung über Anlagen zum Umgang mit wassergefährdenden Stoffen und über Fachbetriebe (Anlagenverordnung – VAwS) v. 1.2.1996 (GVBl. Rheinland-Pfalz, S. 121)	[Alte VVAwS mit neuer VAwS außer Kraft gesetzt; vollständiger Verzicht auf VVAwS wird erwogen]
Saarland	Verordnung über Anlagen zum Umgang mit wassergefährdenden Stoffen und über Fachbetriebe (VAwS) v. 28.4.1997 (ABl. Saarland, S. 730)	Verwaltungsvorschriften zum Vollzug der Verordnung über Anlagen zum Umgang mit wassergefährdenden Stoffen und über Fachbetriebe – VVAwS v. 8.8.1997 (GMBl. Saarland 1998, S. 42)

noch **Tabelle 6.2**

Land	VAwS	VVAwS
Sachsen	Verordnung des Sächsischen Staatsministeriums für Umwelt und Landesentwicklung über Anlagen zum Umgang mit wassergefährdenden Stoffen (SächsVAwS) v. 28.4.1994 (Sächsisches GVBl. S. 966)	[Verwaltungsvorschrift nicht vorgesehen, jedoch als Entscheidungshilfe vorhanden Lose-Blatt-Sammlung: Sächsisches Landesamt für Umwelt und Geologie ed.: Handbuch zur Wasserwirtschaft – Informationen zum Umgang mit wassergefährdenden Stoffen. Radebeul: Selbstverlag, 1996 ff.]
Sachsen-Anhalt	Verordnung über Anlagen zum Umgang mit wassergefährdenden Stoffen (VAwS LSA) v. 25.1.1995 (GVBl. LSA, S. 58), zul. geändert durch Verordnung zur Änderung der Verordnung über Anlagen zum Umgang mit wassergefährdenden Stoffen v. 5.12.1997 (GVBl. LSA, S. 1067)	Verwaltungsvorschriften zum Vollzug der Verordnung über Anlagen zum Umgang mit wassergefährdenden Stoffen (VV VAwS LSA) v. 4.3.1997 (MBl. LSA, S. 789)
Schleswig-Holstein	Landesverordnung über Anlagen zum Umgang mit wassergefährdenden Stoffen (Anlagenverordnung – VAwS) v. 29.4.1996 (GVBl. Schleswig-Holstein, S. 448, ber. S. 592)	Verwaltungsvorschriften zum Vollzug der Landesverordnung über Anlagen zum Umgang mit wassergefährdenden Stoffen – VV-VAwS – v. 9.10.1996 (ABl. Schleswig-Holstein, S. 664)
Thüringen	Thüringer Verordnung über Anlagen zum Umgang mit wassergefährdenden Stoffen und über Fachbetriebe (Thüringer Anlagenverordnung – ThürVAwS) v. 25.7.1995 (GVBl. Thüringen, S. 261)	Verwaltungsvorschriften zum Vollzug der Thüringer Anlagenverordnung (ThürVVAwS) v. 19.8.1996 (Thüringer Staatsanz, S. 1712)

Allen Länder-VAwS liegt auf der Basis des WHG und der Muster-VAwS die in Abb. 6.1 dargestellte Struktur zur Realisierung der Anforderungen an Anlagen zum Umgang mit wassergefährdenden Stoffen zugrunde.

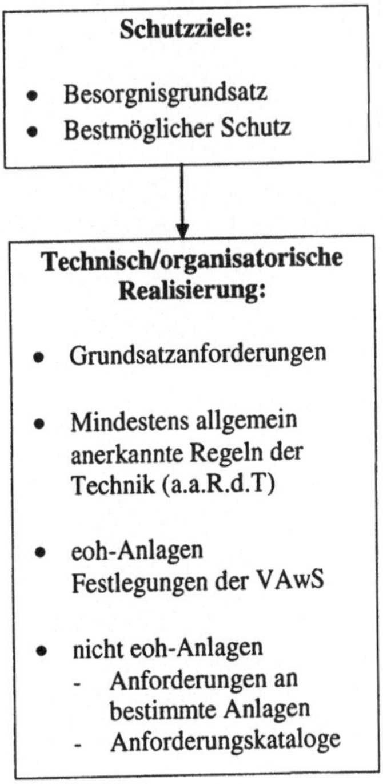

Schutzziele:

- Besorgnisgrundsatz
- Bestmöglicher Schutz

Technisch/organisatorische Realisierung:

- Grundsatzanforderungen

- Mindestens allgemein anerkannte Regeln der Technik (a.a.R.d.T)

- eoh-Anlagen Festlegungen der VAwS

- nicht eoh-Anlagen
  - Anforderungen an bestimmte Anlagen
  - Anforderungskataloge

Abb. 6.1 Realisierung der Anforderungen an Anlagen zum Umgang mit wassergefährdenden Stoffen

Im Rahmen der Realisierung gilt **für alle Anlagen**, das sind LAU-, HBV-Anlagen sowie Werksleitungen, daß sie mindestens die a.a.R.d.T. und grundsätzlich auch die Grundsatzanforderungen gemäß § 3 VAwS erfüllen müssen. Bei LAU-Anlagen wird hinsichtlich der behördlichen Vorkontrollen zwischen eoh-Anlagen und nicht eoh-Anlagen unterschieden, um behördlichen Verwaltungsaufwand zu verringern.

Mit der Muster-VAwS werden die §§ 19 g bis 19 l WHG konkretisiert. Dementsprechend dürfen die Vorschriften der Muster-VAwS nicht im Widerspruch zu den Vorgaben des Wasserhaushaltsgesetzes stehen. Die in den §§ 19 g bis 19 l WHG enthaltenen Vorschriften sind aber nicht etwa erst ab dem Zeitpunkt der Einführung der Muster-VAwS anzuwenden. Als unmittelbar geltendes Recht sind sie vielmehr stets anzuwenden. So verlangt § 19 l WHG die Zulassung von Fachbetrieben für Tätigkeiten an Anlagen zum Umgang mit wassergefährdenden Stoffen. Diese Pflicht besteht seit dem Inkrafttreten der 4. WHG-Novelle, also bereits seit 1976.

In den folgenden Ausführungen werden die Inhalte der Muster-VAwS dargestellt und interpretiert. Dort wo es notwendig erscheint, wird im einzelnen auf länderspezifische Abweichungen hingewiesen.

Die Muster-VAwS ist in Teilen und Abschnitten zusammengefaßt:

<table>
<tr><td>Erster Teil:</td><td colspan="2">Allgemeine Vorschriften: §§ 1-12</td></tr>
<tr><td>Zweiter Teil:</td><td colspan="2">Anlagen zum Lagern, Abfüllen und Umschlagen wassergefährdender Stoffe</td></tr>
<tr><td></td><td>Erster Abschnitt: licher Art: §§ 13, 14</td><td>Anlagen einfacher oder herkömm-</td></tr>
<tr><td></td><td>Zweiter Abschnitt: zulassung: §§ 15-19</td><td>Eignungsfeststellung und Bauart-</td></tr>
<tr><td></td><td>Dritter Abschnitt:</td><td>Betrieb der Anlagen: § 20</td></tr>
<tr><td>Dritter Teil:</td><td colspan="2">Anlagen zum Herstellen und Behandeln wassergefährdender Stoffe sowie Anlagen zum Verwenden dieser Stoffe im Bereich der gewerblichen Wirtschaft und im Bereich öffentlicher Einrichtungen: § 21</td></tr>
<tr><td>Vierter Teil:</td><td colspan="2">Überwachung: §§ 22, 23</td></tr>
<tr><td>Fünfter Teil:</td><td colspan="2">Fachbetriebe: §§ 24-26</td></tr>
<tr><td>Sechster Teil:</td><td colspan="2">Bußgeldvorschriften: § 27</td></tr>
<tr><td>Siebter Teil:</td><td colspan="2">Übergangs- und Schlußvorschriften: §§ 28, 29</td></tr>
</table>

Die wesentlichen Inhalte der Muster-VAwS lassen sich wie folgt zusammenfassen. Aufbauend auf den definitorischen Bestimmungen und den Grundsatzanforderungen sind eine Reihe von speziellen Anforderungen zu beachten (Tabelle 6.3).

Tabelle 6.3 Inhalte der Muster-VAwS

Definitionen	
• Anwendungsbereich	§ 1 Muster-VAwS
• Begriffsbestimmungen	§ 2 Muster-VAwS
Grundsatzanforderungen	§ 3 Muster-VAwS
• Dichtheit der Anlagen	
• Erkennbarkeit von Undichtheiten	
• Rückhalten von ausgetretenen wassergefährdenden Stoffen	
• Rückhalten von mit wassergefährdenden Stoffen verunreinigten anderen Stoffen (vor allem Wasser (z. B. Löschwasser)	
• Verbot von Auffangräumen mit Abläufen	
• Betriebsanweisungen	
Spezielle Anforderungen	
• Definition von 4 Gefährdungsstufen	§ 6 Muster-VAwS
• Anzeigepflicht bei Schadensfällen und Betriebsstörungen	§ 8 Muster-VAwS
• Kennzeichnungspflicht der Anlagen hinsichtlich der in ihnen enthaltenen Stoffe	§ 9 Muster-VAwS
• Einschränkungen für Anlagen in Schutzgebieten	§ 10 Muster-VAwS
• Anlagenkataster für bestimmte Anlagen	§ 11 Muster-VAwS
• Anforderungen an Rohrleitungen	§ 12 Muster-VAwS
• LAU-Anlagen einfacher und herkömmlicher Art (eoh-Anlagen)	§ 13 Muster-VAwS
• Eignungsfeststellung und Bauartzulassung für LAU-Anlagen	§ 15 Muster-VAwS
• Anforderungen an das Befüllen	§ 20 Muster-VAwS
• Abwasseranlagen als Auffangvorrichtung für HBV-Anlagen	§ 21 Muster-VAwS
• Sachverständigen-Anforderungen und Aufgaben	§§ 22, 23 Muster-VAwS
• Ausnahmen von der Fachbetriebspflicht	§ 24 Muster-VAwS
• Bestehende Anlagen	§ 28 Muster-VAwS
• Ordnungswidrigkeiten	§ 27 Muster-VAwS

6.2
Kernregelungen

6.2.1
Anwendungsbereich

Rechtliche Regelungen definieren zunächst den Anwendungsbereich, um für die Betroffenen die Reichweite festzulegen.

> **§ 1 Muster-VAwS „Anwendungsbereich"**
> *Diese Verordnung gilt für Anlagen zum Umgang mit wassergefährdenden Stoffen nach § 19 g Abs. 1 und 2 Wasserhaushaltsgesetz – WHG.*

Mit dem Verweis auf den § 19 g Abs. 1 und 2 WHG werden die zu behandelnden Anlagen abschließend festgelegt, nämlich

- Anlagen zum Lagern,
- Anlagen zum Abfüllen,   } LAU-Anlagen
- Anlagen zum Umschlagen,

- Anlagen zum Herstellen,
- Anlagen zum Behandeln,   } HBV-Anlagen
- Anlagen zum Verwenden,
- Rohrleitungen, soweit sie den
  den Bereich eines Werksgeländes
  nicht überschreiten

Was unter einer Anlage zu verstehen ist, wird in § 2 Muster-VAwS definiert (s. Kap. 6.2.2 und 6.2.3).

Die Muster-VAwS findet nur auf Anlagen Anwendung. Der Umgang mit wassergefährdenden Stoffen außerhalb von Anlagen wird ausgenommen. Der Ge- und Verbrauch von wassergefährdenden Stoffen außerhalb von Anlagen wird in anderen Gesetzen, z. B. des Pflanzenschutz- oder Düngemittelrechts, geregelt. Bestimmte Anwendbarkeitsfragen werden an keiner Stelle ausdrücklich geregelt.

Hinsichtlich der Stoffe, die sich in den Anlagen befinden, gibt es keine Beschränkungen. Alle festen, flüssigen und gasförmigen Stoffe gemäß § 19 g Abs. 5 WHG, die entsprechend ihrer Gefährlichkeit in die Wassergefährdungsklassen WGK 0 bis WGK 3 eingestuft sind, werden erfaßt. Nicht eingestufte Stoffe werden gemäß § 6 Abs. 3 Muster-VAwS wie Stoffe der WGK 3 betrachtet

Die VAwS enthält keine *Bagatellmengengrenze*. Eine Beschränkung des Geltungsbereiches auf mengenmäßig bedeutsame Fälle des Umgangs mit wassergefährdenden Stoffen findet somit nicht statt.

Nach § 19 g Abs. 6 WHG ergeben sich einige *Ausnahmen*, auch wenn sie nicht ausdrücklich in § 1 Muster-VAwS wiederholt worden sind. Sie schränken den Anwendungsbereich der Verordnung ein:

1. Keine Anwendbarkeit auf
   - Abfalldeponien (§ 19 g Abs. 1 WHG erfaßt nur Anlagen zum Lagern, nicht zum Ablagern von Stoffen),
   - Abwasseranlagen (§ 19 g Abs. 6 Nr. 1 WHG), (siehe Kap. 6.2.11).
2. Eingeschränkte Anwendbarkeit auf

– Anlagen zur Verwendung wassergefährdender Stoffe. Ihr Einsatz ist auf die Bereiche der gewerblichen Wirtschaft und der öffentlichen Einrichtungen beschränkt
(§ 19 g Abs. 1 WHG).
– Anlagen zum Lagern und Abfüllen von Jauche, Gülle und Silagesickersäften
(§ 19 g Abs. 1 und §§ 19 h - l WHG finden keine Anwendung).
3. Eingeschränkte Anwendbarkeit in den Ländern
In einigen Ländern ist im jeweiligen § 1 VAwS eine weitere Festlegung getroffen worden. So nehmen z. B. Bremen und Niedersachsen die Tiefspeicherung als unterirdische behälterlose Lagerung ausdrücklich aus. In den anderen Ländern ist zu vermuten, daß des auch beabsichtigt ist, daß aber mangels vorhandener Anlagen das Problem nicht erkannt worden ist.

6.2.2
Begriffsbestimmungen

Die Begriffsbestimmungen dienen dazu, den wichtigsten in einem Gesetzestext verwendeten Formulierungen einen eindeutig definierten Inhalt zuzuordnen. Der Gesetzgeber will damit möglichen Auslegungsstreitigkeiten zuvorkommen und der Praxis eine Hilfe geben. Die in § 2 enthaltenen Begriffsbestimmungen definieren Schlüsselbegriffe, wie sie in den §§ 3 - 28 Muster-VAwS vorkommen.

Für den Anwender ist es deshalb immer ratsam, bei Unsicherheit im Begrifflichen zunächst den § 2 Muster-VAwS und Nr. 2 Muster-VVAwS sowie entsprechende Kommentierungen zu analysieren. Parallel dazu sollten auch die entsprechenden landesspezifischen VAwS und VVAwS herangezogen werden.

> *§ 2 Muster-VAwS „Begriffsbestimmungen"*
> *(1) **Anlagen** sind selbständige und ortsfeste oder ortsfest benutzte Funktionseinheiten. Betrieblich verbundene unselbständige Funktionseinheiten bilden eine Anlage.*

Der Anlagenbegriff der Muster-VAwS deckt sich nicht mit den Anlagenbegriffen z. B. des

– Immissionsschutzrechts,
– Bauordnungsrechts,
– Gentechnikrechts,
– Abfallrechts,

aber auch nicht mit denen des übrigen Wasserrechts (siehe §§ 18 b, 19 a WHG), die anders bestimmt werden. Deshalb ist es wichtig, den Anlagenbegriff im Sinne der Muster-VAwS genauestens zu beachten.

Der Anlagenbegriff ist deshalb so entscheidend, weil die §§ 19 g bis l WHG ohne Anlage keine Anwendung finden. Er ist weiterhin wichtig, da eine Betriebsstätte aus mehreren *selbständigen Funktionseinheiten* bestehen kann. Diese gilt es im ersten Schritt zu definieren, da sie die Voraussetzung für die Ermittlung der Gefährdungsstufe der Anlage nach § 6 Muster-VAwS bildet.

Sowohl die Planung von neuen Anlagen und damit verbunden die erforderlichen Genehmigungsfragen, als auch die Überwachung von bestehenden Anlagen setzt die eindeutige Definition der selbständigen Funktionseinheiten voraus. Hierbei muß es zu einem Konsens zwischen Betreiber und Behörde kommen, da alle Investitionsentscheidungen sowie Betriebs- und Überwachungsabläufe davon abhängen.

> *§ 2 Muster-VAwS „Begriffsbestimmungen"*
> *(2) **Gasförmig sind Stoffe**, deren kritische Temperatur unter 50°C liegt oder die bei 50°C einen Dampfdruck größer als 3 bar haben. **Feste Stoffe** sind Stoffe, die nach dem Verfahren zur Abgrenzung brennbarer Flüssigkeiten gegen brennbare feste oder salbenförmige Stoffe in Nr. 3 der Technischen Regeln für brennbare Flüssigkeiten (TRbF 003) als fest oder salbenförmig gelten. **Flüssig sind Stoffe**, die weder gasförmig nach Satz 1 noch fest nach Satz 2 sind.*

Der Aggregatzustand eines Stoffes hängt außer von seinen Stoffeigenschaften von sich wandelnden Umwelteinflüssen wie dem Druck oder der Temperatur ab. Derselbe Stoff kann also z. B. flüssig oder gasförmig auftreten. Eine Stoffklasse wie die Siliconöle besitzt Viskositätsspannen, die sogar unter normalen Umweltbedingungen eine Einstufung von fest bis flüssig zulassen. Bei der Definition des Aggregatzustandes ist daher die Angabe von Normalbedingungen wichtig. Die Muster-VAwS hat sich hier den arbeitsschutzrechtlichen Definitionen aus der VbF angeschlossen.

> *§ 2 Muster-VAwS „Begriffsbestimmungen"*
> *(3) **Unterirdisch** sind Anlagen oder Anlagenteile, die vollständig oder teilweise im Erdreich eingebettet sind. Alle anderen Anlagen oder Anlagenteile gelten als oberirdisch.*

Nach der Definition der unterirdischen Anlage ist jede Anlage „oberirdisch", wenn sie nicht der Definition einer unterirdischen Anlage im Sinne der Muster-VAwS entspricht.

Unterirdisch bedeutet nicht, daß die Anlage unter Geländeoberkante sein muß. Für Anlagen und Anlagenteile in Kellern und sonstigen Tiefgeschossen trifft diese Definition ebensowenig zu wie auf Rohrleitungen, die in einem begehbaren unterirdischen Schutzrohr oder Schutzkanal verlegt sind. Entscheidend für die Abgrenzung unterirdisch/oberirdisch ist die Erkennbarkeit von Leckagen und von Betriebszuständen, die bei ungehinderter Fortentwicklung zu Leckagen führen können (siehe auch § 3 Nr. 2 und Nr. 3 Muster-VAwS). Eine oberirdische oder von Kellerräumen oder Schutzkanälen umgebene Anlage gewährleistet die erforderliche Erkennbarkeit von Undichtigkeiten, weil sie einsehbar ist. Bei einer vollständig oder teilweise ins Erdreich eingebetteten Anlage muß die Erkennbarkeit durch indirekte Anzeigemöglichkeiten geschaffen werden wie Leckanzeigegeräte.

Besteht eine Anlage z. B. aus verschiedenen Anlagenteilen, von denen die einen unterirdisch, die anderen oberirdisch sind, so sind zunächst die unterirdischen Anlagenteile abzugrenzen. Es ergibt sich daraus, daß für zwei rechtlich selbständige, aber miteinander verbundene Anlagen entsprechende Anforderungen zu beachten sind. Beispiele dafür sind:

- Einem über Geländeoberkante angeordneten Lagerbehälter ist aus Gründen des Explosionsschutzes ein unterirdischer Auffangraum zugeordnet. Obwohl der Auffangraum rechtlich gesehen Bestandteil der Lageranlage ist, bleibt der Lagerbehälter eine oberirdische Anlage. Er kann daher auch einwandig ausgeführt sein (siehe auch § 3 Nr. 1 Muster-VAwS) und nur der unterirdische Auffangraum bedarf ggf. einer Überprüfung durch Sachverständige (siehe auch § 23 Abs. 1 Nr. 1 Muster-VAwS).

– Zwischen einer Lager- und einer Verwendungsanlage, die in Kellerräumen von zwei unterschiedlichen Gebäuden angeordnet sind, verläuft eine ins Erdreich eingebettete Rohrleitung. Die selbständige Rohrleitung stellt eine unterirdische Anlage dar; die Lager- und die Verwendungsanlage gelten als oberirdisch.

> *§ 2 Muster-VAwS „Begriffsbestimmungen"*
> *(4) **Lagern** ist das Vorhalten von wassergefährdenden Stoffen zur weiteren Nutzung, Abgabe oder Entsorgung. **Abfüllen** ist das Befüllen von Behältern oder Verpackungen mit wassergefährdenden Stoffen. **Umschlagen** ist das Laden und Löschen von Schiffen sowie das Umladen von wassergefährdenden Stoffen in Behältern oder Verpackungen von einem Transportmittel auf ein anderes.*

> *§ 2 Muster-VAwS „Begriffsbestimmungen"*
> *(5) **Herstellen** ist das Erzeugen, Gewinnen und Schaffen von wassergefährdenden Stoffen. **Behandeln** ist das Einwirken auf wassergefährdende Stoffe, um deren Eigenschaften zu verändern. **Verwenden** ist das Anwenden, Gebrauchen und Verbrauchen von wassergefährdenden Stoffen unter Ausnutzung ihrer Eigenschaften. Wenn wassergefährdende Stoffe hergestellt, behandelt oder verwendet werden, befinden sie sich im Arbeitsgang.*

Die Definitionen sind widerspruchsfrei und eindeutig. Lagern ist damit definitionsmäßig eine vorübergehende Tätigkeit. Lediglich ist unklar, ob die Befülleinrichtungen bei HBV-Anlagen mit unter dem Abfüllvorgang zu behandeln sind oder ob sie als Teil der HBV-Anlage zu betrachten sind. In der Regel zählt man aber in allen Bundesländern Einfülleinrichtungen mit zu der jeweiligen Anlage.

> *§ 2 Muster-VAwS „Begriffsbestimmungen"*
> *(6) **Behälter**, in denen Herstellungs-, Behandlungs- oder Verwendungstätigkeiten ausgeführt werden, sind Teile einer Herstellungs-, Behandlungs- oder Verwendungsanlage. Auch andere Behälter, die im engen funktionalen Zusammenhang mit Herstellungs-, Behandlungs- oder Verwendungsanlagen stehen, sind grundsätzlich Bestandteil von Herstellungs-, Behandlungs- oder Verwendungsanlagen. Solche Behälter sind jedoch Teil einer Lageranlage, wenn sie mehreren Herstellungs-, Behandlungs- oder Verwendungsanlagen zugeordnet sind oder wenn sie mehr Stoffe enthalten können, als für eine Tagesproduktion oder Charge benötigt werden. Die Zuordnung behält Gültigkeit auch bei Betriebsunterbrechung.*

Eine HBV-Anlage umfaßt alle Anlagenteile, die nötig sind, um den angestrebten Zweck zu erfüllen. Somit sind alle Behälter, die diesem Zweck dienen oder Behälter, die hiermit in engem Zusammenhang stehen, Bestandteil der HBV-Anlage. Hierzu zählen z. B. Rührbehälter, in denen verschiedene Stoffe zusammengemischt werden oder Reaktoren, in denen aus verschiedenen Stoffen durch chemische Umwandlung andere entstehen, aber auch Vorlagebehälter und Ausgleichsgefäße in einem Kühlkreislauf, die zur Produktsynthese nötig sind.

Inwieweit Lagerbehälter oder Einfülleinrichtungen als eigenständige Anlagen – die dann der Eignungsfeststellung unterlägen – abzuspalten sind, muß der Einzelprüfung jeder Anlage überlassen werden.

> *§ 2 Muster-VAwS „Begriffsbestimmungen"*
> *(7) **Rohrleitungen** sind feste oder flexible Leitungen zum Befördern wassergefährdender Stoffe.*

Rohrleitungen, die einzelne Teile einer Anlage verbinden, sind unselbständig und bilden mit diesem funktionsbestimmenden Anlagenteil eine Anlage.

Problematisch ist die Zuordnung, wenn zwei für sich betrachtete selbständige Funktionseinheiten durch eine Rohrleitung verbunden werden. Es ergeben sich drei Möglichkeiten:

- Die Rohrleitung macht aus den zuvor selbständigen Funktionseinheiten eine einzige Anlage unter Einschluß der Rohrleitung.
- Die Rohrleitung wird einer der beiden übrigen Anlagen als unselbständige Funktionseinheit zugeschlagen.
- Die Rohrleitung und die beiden zuvor selbständigen Funktionseinheiten bleiben auch nach ihrer betriebstechnischen Verknüpfung drei selbständige Anlagen.

Dieses muß im Einzelfall geklärt werden.

Ungeklärt ist, inwieweit Ableitsysteme als Rohrleitungen ausgebildet für Leckagemengen, Löschwasser, Niederschlagswasser bei Freiluftanlagen unter diese Definition fallen. § 21 Muster-VAwS unterstellt, daß es Fälle gibt, in denen wassergefährdende Stoffe bei einer Betriebsstörung und sogar im bestimmungsgemäßen Betrieb in ein Ableitsystem gelangen und dort zu einem anderen Punkt der Anlage in einem Auffangraum oder in eine andere Anlage – z. B. eine Abwasseraufbereitungsanlage – transportiert werden. Vom Gefährdungspotential aus betrachtet, müßten solche Rohrleitungen eigentlich bis zum Auffangraum bzw. bis zur Abwasseraufbereitungsanlage wie Produktrohrleitungen im Sinne der VAwS behandelt werden. Eine endgültige Klärung werden aber erst die Gerichte liefern können.

> *§ 2 Muster-VAwS „Begriffsbestimmungen"*
> *(8) **Lageranlagen** sind auch Flächen einschließlich ihrer Einrichtungen, die dem Lagern von wassergefährdenden Stoffen in Transportbehältern und Verpackungen dienen. **Vorübergehendes Lagern** in Transportbehältern oder kurzfristiges Bereitstellen oder Aufbewahren in Verbindung mit dem Transport liegen nicht vor, wenn eine Fläche regelmäßig dem Vorhalten von wassergefährdenden Stoffen dient. **Abfüllanlagen** sind auch Flächen einschließlich ihrer Einrichtungen, auf denen wassergefährdende Stoffe von einem Transportbehälter in einen anderen gefüllt werden. **Umschlaganlagen** sind auch Flächen einschließlich ihrer Einrichtungen, auf denen wassergefährdende Stoffe in Behälter oder Verpackungen von einem Transportmittel auf ein anderes umgeladen werden.*

Hiermit ist der Begriff der Anlage von den eigentlichen Apparaturen und Gerätschaften, die im engeren Sinne dem Lagern, Abfüllen und Umschlagen dienen, auf die Flächen ausgedehnt worden, über denen sich diese Tätigkeiten abspielen. Und zwar wird nicht nur die Fläche als solche einbezogen, sondern auch alle mit ihr in Zusammenhang stehenden Einrichtungen, z. B. Auffangeinrichtungen etc.

Auch mobil genutzte Anlagen sind somit nicht gänzlich vom Anwendungsbereich der Muster-VAwS ausgenommen. Ein vorübergehendes Lagern liegt nämlich vor, wenn z. B. Aufsetztanks zur innerbetrieblichen Verteilung auf einer Fläche des Werksgeländes „zwischengelagert" werden. Während der Zeit werden die Aufsetztanks ortsbeweglich genutzt. Die Aufsetztanks selber stellen damit keine Lageranlage im Sinne der Muster-VAwS dar. Der Platz dagegen ist eine Lageranlage und unterliegt damit den einschlägigen Anforderungen. Ungeachtet dessen unterliegen die Aufsetztanks als ortsbewegliche Anlagen im wasserrechtsfremden Sinn) den entsprechenden anderweitigen Regelungen z. B. nach Gefahrgutrecht, evtl. nach VbF oder der Druckbehälterverordnung.

> *§ 2 Muster-VAwS „Begriffsbestimmungen"*
> *(9) **Stillegen** ist das Außerbetriebnehmen einer Anlage; dazu gehört nicht die bestimmungsgemäße Betriebsunterbrechung.*

Das Stillegen ist von einer bestimmungsgemäßen Betriebsunterbrechung z. B. zu routinemäßigen Wartungs- oder Instandsetzungsarbeiten zu unterscheiden. Betriebsunterbrechungen fallen nicht darunter.

> *§ 2 Muster-VAwS „Begriffsbestimmungen"*
> *(10) **Aufstellen** und **Einbauen** ist das Errichten und Einfügen von vorgefertigten Anlagen und Anlagenteilen. **Instandhalten** ist das Aufrechterhalten, **Instandsetzen** das Wiederherstellen des ordnungsgemäßen Zustandes einer Anlage. **Reinigen** ist das Entfernen von Verunreinigungen und Reststoffen von und aus Anlagen.*

> *§ 2 Muster-VAwS „Begriffsbestimmungen"*
> *(11) **Schutzgebiete** sind*
> *1. Wasserschutzgebiete nach § 19 Abs. 1 Nr. 1 und 2 WHG; ist die weitere Zone unterteilt, so gilt als Schutzgebiet nur deren innerer Bereich,*
> *2. Heilquellenschutzgebiete nach (Landesrecht),*
> *3. Gebiete, für die eine vorläufige Anordnung nach (Landesrecht) oder eine Veränderungssperre zur Sicherung von Planungen für Vorhaben der Wassergewinnung nach § 36 a Abs. 1 WHG erlassen ist.*

Die Definitionen sind widerspruchsfrei und eindeutig.

> *§ 2 Muster-VAwS „Begriffsbestimmungen"*
> *(12) **Betriebsstörung** ist eine Störung des bestimmungsgemäßen Betriebs einer Anlage, sofern wassergefährdende Stoffe aus Anlagenteilen austreten können.*

Diese Definition lehnt sich an die Definition des Störfalls gemäß § 2 Störfallverordnung [BMU-91] an. Dabei kommt es darauf an, daß wassergefährdende Stoffe durch Ereignisse wie größere Emissionen, Brände oder Explosionen sofort oder später Boden und Gewässer gefährden können.

6.2.3
Wasserrechtlichen Anlagenbegriff

6.2.3.1
Problemlage

Die Anlagen zum Umgang mit wassergefährdenden Stoffen nach § 19 g Wasserhaushaltsgesetz (WHG) werden in der Muster-Anlagenverordnung (Muster-VAwS) folgendermaßen definiert in § 2 (1):

> *Anlagen sind selbständige und ortsfeste oder ortsfest benutzte Funktionseinheiten. Betrieblich verbundene unselbständige Funktionseinheiten bilden eine Anlage.*

Alle technischen und organisatorischen Anforderungen an solche wasserrechtlichen Anlagen ergeben sich aus ihrem Gefährdungspotential, ausgedrückt durch ihre Zuordnung zu einer der maßgebende Gefährdungsstufen A bis D gemäß § 6 Muster-VAwS. Die Grundlagen zur Ableitung der Gefährdungsstufe sind (Abb. 6.2):

1. Stufe:	• Festlegen der Anlage und Abgrenzen gegenüber anderen Anlagen
2. Stufe:	• Feststellen der maßgebenden Wassergefährdungsklasse (WGK) für die Anlage (1. Schritt)
	• Feststellen der maßgebenden Menge[1] für die Anlage (2. Schritt)
3. Stufe:	• Verbinden der maßgebenden WGK und der maßgebenden Menge zur Gefährdungsstufe

In der Praxis bereitet die erste Stufe den Betreibern erhebliche Schwierigkeiten, aber auch den Sachverständigen.

Die Kernaussage gemäß § 2 (1) Muster-VAwS ist: „Anlagen sind selbständige Funktionseinheiten", zunächst unabhängig davon, ob ortsfest oder nur ortsfest benutzt. Unklar dabei sind sowohl die Definitionen der „Funktionseinheiten", als auch von „selbständig". Da selbständig nicht definiert ist, bleibt außerdem der Inhalt von § 2 (1) Satz 2 Muster-VAwS von unklar, wonach betrieblich verbundene unselbständige Funktionseinheiten zusammen eine Anlage bilden. Sicher ist aber richtig, daß eine wasserrechtliche Funktionseinheit in der Regel weniger ist als eine immissionsschutzrechtliche Anlage.

Die Festlegung, was eine wasserrechtliche Anlage ist und wie sie gegenüber benachbarten Anlagen abgegrenzt ist, hat erhebliche Bedeutung für die Feststellung der maßgebenden Menge an wassergefährdenden Stoffen in dieser Anlage. Da die Klassenbildung für die Mengen in Zehnerschritten erfolgt, kommen viele Betreiber (insbesondere die vielen KMU), die in der Regel immer über 1 m³, aber meistens unter 10 m³ liegen, sehr leicht in die Gefährdungsstufen B bis D.

---

[1] „Menge" ist hier als Begriff für den Anlageninhalt an wassergefährdenden Stoffen verwendet. Tatsächlich wird in der Regel für Flüssigkeiten und ggf. Feststoffe aus praktischen Gründen das Volumen benutzt. Streng physikalisch gesehen sollte eigentlich die Masse benutzt werden, wie es in der Muster-Anlagenverordnung für die Gase vorgesehen ist.

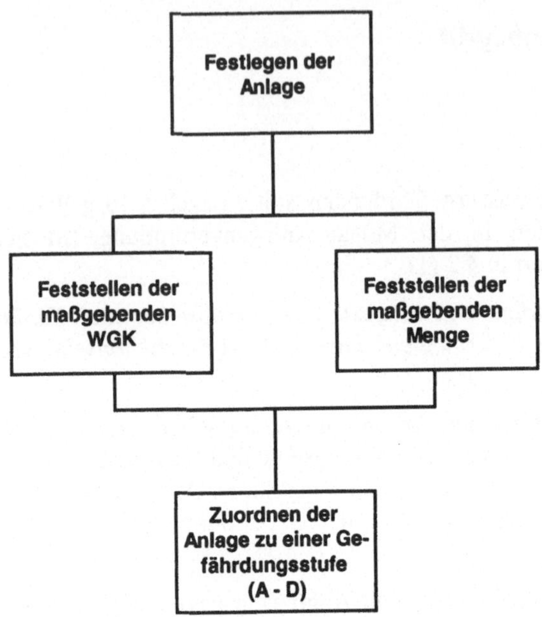

Abb. 6.2 Ableiten der Gefährdungsstufe einer wasserrechtlichen Anlage

Die maßgebende WGK hängt ebenfalls von der Anlagenfestlegung ab. Es ist nämlich die Frage zu klären, welche Stoffe relevant sind und damit ob nur ein Stoff vorliegt oder ob infolge mehrerer Stoffe die Mischungsregel anzuwenden ist.

6.2.3.2
Vorhandene Anlagenbegriffe und -definitionen

Die in den verschiedenen Bereichen des Umweltrechts benutzten Anlagenbegriffe und -definitionen unterscheiden sich bekanntermaßen voneinander – ebenso wie es Unterschiede zwischen den in Deutschland heute üblichen und denen der EG-Richtlinien gibt.

Bundes-Immissionsschutzgesetz (BImSchG) und Verordnung über genehmigungsbedürftige Anlagen (4. BImSchV)
Das BImSchG definiert in § 3 (5):
> *Anlagen im Sinne dieses Gesetzes[2] sind*

---

[2] „Betriebsstätte" und „ortsfeste Einrichtung" sind spezielle Arten von BImSchG-Anlagen. Von dem immissionsschutzrechtlichen Anlagenbegriff erfaßt werden aber auch ortsbewegliche Sachen – und zwar zum Unterschied vom Wasserrecht offenbar auch, wenn sie nicht nur ortsfest verwendet werden. Ferner zählen alle diejenigen Grundstücke dazu, von denen – ohne daß eine der zuvor erwähnten Anlagenarten darauf steht – eine Emission (in die Luft) ausgehen kann. Es genügt eine dort vorgenommene, irgendwie geartete Tätigkeit. Ausgenommen

1. *Betriebsstätten und sonstige ortsfeste Einrichtungen,*
2. *Maschinen, Geräte und sonstige ortsveränderliche technische Einrichtungen sowie Fahrzeuge, soweit sie nicht der Vorschrift des § 38 unterliegen, und*
3. *Grundstücke, auf denen Stoffe gelagert oder abgelagert oder Arbeiten durchgeführt werden, die Emissionen verursachen können, ausgenommen öffentliche Verkehrswege.*

Die 4. BImSchV erstreckt die Genehmigungspflicht der besonders beschriebenen genehmigungsbedürftigen Anlagen in § 1 (2) auf:

1. *Anlagenteile und Verfahrensschritte, die zum Betrieb notwendig sind, und*
2. *Nebeneinrichtungen, die mit den Anlagenteilen und Verfahrensschritten nach Nummer 1 in einem räumlichen und betriebstechnischen Zusammenhang stehen und die für*
    a) *das entstehen schädlicher Umwelteinwirkungen,*
    b) *die Vorsorge gegen schädliche Umwelteinwirkungen,*
    c) *das Entstehen sonstiger Gefahren, erheblicher Nachteile oder erheblicher Belästigungen*
    von Bedeutung sein können.
3. *Grundstücke, auf denen Stoffe gelagert oder abgelagert oder Arbeiten durchgeführt werden, die Emissionen verursachen können, ausgenommen öffentliche Verkehrswege.[3]*

Richtlinie 96/61/EG des Rates v. 24. September 1996 über die integrierte Vermeidung und Verminderung der Umweltverschmutzung (IVU-Richtlinie)
Die IVU-Richtlinie beschränkt in Ziff. 27 der Begründungen ihren Geltungsbereich auf

> *... solche Anlagen, die ein großes Potential zur Umweltverschmutzung und damit auch zu grenzüberschreitender Verschmutzung haben. ...*

In Ziff. 17 wird der Begriff „geographischer Standort" benutzt [eng. „loca-tion"]: *Emissionsgrenzwerte, äquivalente Parameter oder äquivalente technische Maßnahmen sind auf die beste verfügbare Technik zu stützen, ohne daß dabei die Anwendung einer bestimmten Technik vorgeschrieben würde; zu berücksichtigen sind die technische Beschaffenheit der betroffenen Anlage, ihr <u>geographischer Standort sowie die örtlichen Umweltbedingungen</u>. ...*

---

sind nur bewegliche Sachen oder Grundstücke, die dem Verkehrsrecht unterliegen. Der Anlagenbegriff des BImSchG ist deshalb sehr weit gespannt.

[3] Eine genehmigungsbedürftige Anlage besteht demnach aus <u>Anlagenteilen</u> und umfaßt <u>Verfahrensschritte</u>. Sie umfaßt ferner alle eng benachbarten <u>Nebeneinrichtungen</u>, die mit ihr betriebstechnisch verbunden sind und so das Funktionieren der „Haupt-Anlage" gewährleisten. Wenn eines von beiden fehlt, räumliche Nähe oder betriebstechnischer Zusammenhang, handelt es sich offenbar nicht mehr um eine Nebeneinrichtung, sondern um eine eigenständige Anlage. Sinngemäß sind diese Verhältnisse auch auf die nicht genehmigungsbedürftigen Anlagen zu übertragen.

Das wird praktisch wörtlich in Art. 9 (4) aufgegriffen. Der Standortbegriff kommt auch z.B. in Ziff. 18 vor.

Die Richtlinie erwähnt in Ziff. 13 der Begründungen weiterhin „Betreiber einer Anlage" [engl. „operator" – ohne den deutschen Zusatz, daß er eine „Anlage" betreibt], in Ziff. 21 „Änderungen einer Anlage", in Ziff. 23. „Bau und Betrieb einer Anlage".

Art. 2 der Richtlinie definiert Anlagen folgendermaßen:

> *Im Sinne dieser Richtlinie bezeichnet der Ausdruck ...*
>
> 3. *„Anlage" [engl.: „installation"][4] (vom Wortsinn her aber eher „Einrichtung", „Vorrichtung")] eine <u>ortsfeste technische Einheit</u>, in der <u>eine oder mehrere der in Anhang I genannten Tätigkeiten</u> [engl.: „activities"] sowie <u>andere unmittelbar damit verbundene Tätigkeiten</u> durchgeführt werden, die <u>mit</u> den <u>an diesem Standort</u> [engl.: anstatt von „location" – abweichend von z.B. Ziff. 17 der Begründung – der Begriff „site"][5] <u>durchgeführten Tätigkeiten in einem technischen Zusammenhang</u> stehen <u>und</u> die <u>Auswirkungen auf</u> die <u>Emissionen und</u> die <u>Umweltverschmutzung</u> haben können.*

---

[4] Ganz offensichtlich handelt es sich bei dem Anlagenbegriff der IVU-Richtlinie um einen sehr umfassenden ähnlich dem des deutschen BImSchG. Das wird aus den im Anhang I aufgezählten Anlagenarten bzw. anlagenbezogenen Tätigkeiten deutlich sowie daraus, daß auch alle mit der jeweiligen „Haupttätigkeit" unmittelbar verbundenen und nicht ausdrücklich in Anhang I aufgeführten „Nebentätigkeiten" diejenigen technischen Unter-Einheiten (Anlagenteile), in denen sie ausgeführt werden, zu einem Bestandteil „der Anlage" machen. Allerdings umfaßt die IVU-Richtlinie alle Emissionen, nicht nur die in die Luft, und entsprechende Anlagen, greift also weiter als das BImSchG.

[5] Der gleiche deutsche Begriff „Standort" wird in der IVU-Richtlinie also zur Übersetzung von zwei verschiedenen englischen benutzt, die – wie sich aus dem jeweiligen Zusammenhang ergibt – offenbar leicht unterschiedliche Bedeutung haben. „Standort/location" scheint demnach vor allem die geographische Lage auf der Landkarte bzw. im Gelände zu bedeuten, zu der eine entsprechende Umgebung gehört. Bei der Formulierung von Genehmigungsauflagen ist die Wechselwirkung der Anlage mit dieser Umwelt in Betracht zu ziehen.

„Standort/site" dagegen scheint dem Begriff der „Anlage" übergeordnet im Sinne einer Einbettung einer Anlage in einen Verbund von weiteren technischen Anlagen. Denn die in Frage stehende Anlage bzw. die dort ausgeführten Tätigkeiten müssen offenbar dann – allerdings nur bezüglich der Wechselwirkungen unter Umweltgesichtspunkten – gemeinsam betrachtet werden, wenn sie in irgendeinem technischen Zusammenhang mit anderen in der Umgebung der Anlage ausgeführten Tätigkeiten stehen. Das setzt weitere Nachbar-Anlagen voraus, in denen diese anderen Tätigkeiten ausgeführt werden könnten und die mit der ersten Anlage in einer technisch bedingten Verbindung stehen.

Das ergibt sich auch aus Art. 2 Ziff. 9. Danach können Genehmigungen „für eine <u>oder mehrere Anlagen</u> oder [für eines oder mehrere] Anlagenteile gelten, die den selben Standort haben und vom selben Betreiber betrieben werden".

Unter „Standort/site" kann man in der IVU-Richtlinie also in etwa „Betrieb", „Betriebsstätte" oder „Werk" verstehen.

Richtlinie 96/82/EG des Rates v. 9. Dezember 1996 zur Beherrschung der Gefahren bei schweren Unfällen mit gefährlichen Stoffen (SEVESO-II-Richtlinie)

Die SEVESO-II-Richtlinie erwähnt in Ziff. 1 der Begründungen „bestimmte Industrietätigkeiten" [engl. „industrial activities"], in Ziff. 11 „bestimmte Anlagen" [engl. „certain installations"], in Ziff. 17 „Betriebe" [engl. „establishments"], in Ziff. 18 „Standort und Nähe von Betrieben" [engl. verbal ausgedrückt: „establishments sited ... or so close together"], im Anhang III, Nr. II A „Beschreibung des Standorts [engl.: „description of the site"], in Anhang IV, Nr. 1 (g) „außerhalb des Betriebsgeländes" [engl.: „off-site"].
Art. 3 definiert:

Im Sinne dieser Richtlinie bezeichnet der Ausdruck ...

1. *„Betrieb" den gesamten unter der Aufsicht eines Betreibers stehenden Bereich, in dem gefährliche Stoffe <u>in einer oder mehreren Anlagen,</u> einschließlich gemeinsamer oder verbundener Infrastrukturen und Tätigkeiten vorhanden sind.[6]*

2. *„Anlage" eine technische Einheit <u>innerhalb eines Betriebes,</u> in der gefährliche Stoffe hergestellt, verwendet, gehandhabt oder gelagert werden. Sie umfaßt alle Einrichtungen [engl. „equipment"], Bauwerke [engl. „structures"], Rohrleitungen [engl. „pipework"], Maschinen [engl. „machinery"], Werkzeuge [engl. „tools"], Privatgleisanschlüsse [engl. „private railway sidings"], Hafenbecken [engl. „docks"], Umschlageinrichtungen [engl. „unloading quays serving the installation"], Anlegebrücken [engl. „jetties"], Lager [engl. „warehouses"], oder ähnliche, auch schwimmende Konstruktionen,*

   die für den Betrieb der Anlagen erforderlich sind[7]

Art. 8 legt fest:

(1) Die Mitgliedstaaten sorgen dafür, daß die zuständige Behörde ... festlegt, bei welchen Betrieben oder Gruppen von Betrieben [engl. „groups of establishments"] aufgrund ihres Standorts [engl. „location"] und ihrer Nähe [engl. „proximity"] ... eine erhöhte Wahrscheinlichkeit ... schwerer Unfälle bestehen kann ... .[8]

---

[6] „Betrieb" [engl.: „establishment"] wird hier offenbar als annäherndes Synonym für „Standort/site" der IVU-Richtlinie benutzt.

[7] Der Anlagenbegriff der SEVESO-II-Richtlinie ist wenigstens ebenso umfangreich wie der der IVU-Richtlinie und umfaßt ebenso wie dort alle möglichen Nebenanlagen. Vor allem werden beispielhaft solche erfaßt, welche mit Lager- und Umschlagstätigkeiten in Verbindung stehen. Jedoch schließt Art. 4 (c) Umschlag und Zwischenlagern vom Geltungsbereich der Richtlinie aus, sofern das in solchen Häfen oder Verschiebebahnhöfen erfolgt, die nicht Bestandteil einer Anlage im Sinne der Richtlinie sind.
Der Unterschied beider Richtlinien ist die Fixierung der IVU-Richtlinie auf den Aspekt der Umweltverschmutzung und der SEVESO-II-Richtlinie auf schwere Unfälle, vor allem durch gefährliche Stoffe. Offenbar muß die SEVESO-II-Anlage außerdem nicht ortsfest sein wie die der IVU, darf also innerhalb des Betriebes „wandern".

[8] Die Begriffe in IVU- und SEVESO-II-Richtlinie, die im Deutschen mit „Standort" übersetzt werden, unterscheiden sich demnach voneinander. Der IVU-"Standort/location" bedeutet die geographische Lage und die Einbettung der Anlage in die Umwelt. Der IVU-"Standort/site"

Muster-Verordnung für Anlagen zum Umgang mit wassergefährdenden Stoffen (Muster -VAwS) und zugehörige Muster-Verwaltungsvorschrift (Muster-VVAwS)

Die Muster-VAwS definiert für die Anlagen des § 19 g WHG, wie bereits einleitend erwähnt, in § 2:

> *(1) Anlagen sind selbständige und ortsfest oder ortsfest benutzte Funktionseinheiten. Betrieblich verbundene unselbständige Funktionseinheiten bilden eine Anlage.*

Weiter heißt es:

> *(6) Behälter, in denen Herstellungs-, Behandlungs- oder Verwendungstätigkeiten ausgeführt werden, sind Teile einer Herstellungs-, Behandlungs- oder Verwendungsanlage. Auch andere Behälter, die im engen funktionalen Zusammenhang mit Herstellungs-, Behandlungs- oder Verwendungsanlagen stehen, sind grundsätzlich Bestandteil von Herstellungs-, Behandlungs- oder Verwendungsanlagen. Solche Behälter sind jedoch Teil einer Lageranlage, wenn sie mehreren Herstellungs-, Behandlungs- oder Verwendungsanlagen zugeordnet sind oder wenn sie mehr Stoffe enthalten können, als für eine Tagesproduktion oder Charge benötigt werden. Die Zuordnung behält Gültigkeit auch bei Betriebsunterbrechung.*
>
> *(8) Lageranlagen sind auch Flächen einschließlich ihrer Einrichtungen, die dem Lagern von wassergefährdenden Stoffen in Transportbehältern und Verpackungen dienen. Vorübergehendes Lagern in Transportbehältern oder kurzfristiges Bereitstellen oder Aufbewahren in Verbindung mit dem Transport liegen nicht vor, wenn eine Fläche regelmäßig dem Vorhalten von wassergefährdenden Stoffen dient. Abfüllanlagen sind auch Flächen einschließlich ihrer Einrichtungen, auf denen wassergefährdende Stoffe von einem Transportbehälter in einen anderen gefüllt werden. Umschlaganlagen sind auch Flächen einschließlich ihrer Einrichtungen, auf denen wassergefährdende Stoffe in Behältern oder Verpackungen von einem Transportmittel auf ein anderes umgeladen werden.*

Die Muster-VVAwS trifft in Nr. 2 zusätzliche Festlegungen:

> *Mobile Abfüll- und Umschlagstellen, die lediglich kurzzeitig oder an ständig wechselnden Orten eingesetzt werden, wie Baustellentankstellen oder Abfüllstellen im Bereich der Land- und Forstwirtschaft, gel-*

---

faßt in einem technischen Zusammenhang stehende Tätigkeiten zusammen, die in einer oder mehreren Anlagen ausgeführt werden und nähert sich damit dem „Betrieb" [engl.: „establishment"] der SEVESO-II-Richtlinie. Der SEVESO-II-Standort/location" faßt mehrere Betriebe oder sogar Gruppen von Betrieben zusammen, welche auch verschiedene Betreiber haben können und demnach nicht in einem wirtschaftlichen, geschweige denn technischen Zusammenhang stehen. Hier kommt es ausschließlich auf die räumliche Nähe an. Aber auch die SEVESO-II-Richtlinie benutzt „site" – im Deutschen einmal mit „Standort", ein anderes Mal mit „Betriebsgelände" wiedergegeben.

ten nicht als Anlagen[9] nach § 19 g WHG. Sie werden von der VAwS nicht erfaßt. Sie unterliegen jedoch dem Minimierungsgebot und dem allgemeinen Sorgfaltsgrundsatz des § 1 a WHG.

Anlagenteile sind jeweils der für die verwaltungsrechtliche Behandlung maßgebenden Anlage zuzuordnen, die den Verfahrenszweck nach § 2 Abs. 4 und 5 bestimmt.

Zu Lageranlagen gehören auch Abfülleinrichtungen, die nur der Befüllung oder Entleerung dieser Lageranlagen dienen[10].

Die Plätze, von denen aus Behälter befüllt oder entleert werden oder von denen aus bewegliche Behälter in Lageranlagen hineingestellt oder herausgenommen werden, sind Teil der Lageranlagen.

Behälter sind Teile von Abfüll- oder Umschlaganlagen, wenn sie ausschließlich einer Abfüll- oder Umschlaganlage zugeordnet sind. Die Abgrenzung ist im Einzelfall nach der Sachlage zu treffen.

Kommunizierende Behälter sind Behälter, deren Flüssigkeitsräume betriebsmäßig in ständiger Verbindung miteinander stehen. Sie gelten als ein Behälter.

Verschiedene, auch örtlich nahe beieinander angeordnete Behälter, die unterschiedlichen Abfüllstellen oder HBV-Anlagen zugeordnet sind, gehören jeweils zu getrennten Anlagen. Dies gilt auch für mehrere Behälter mit gemeinsamer Be- und Entlüftungsleitung, wenn bei allen Betriebszuständen keine unzulässigen Über- oder Unterdrücke entstehen und keine Flüssigkeiten in Be- und Entlüftungsleitungen gelangen können. Ein gemeinsamer Auffangraum bewirkt nicht, daß die in ihm aufgestellten Behälter zu einer Anlage gehören.

Bei Lageranlagen nach § 2 Abs. 8 bilden alle Transportbehälter und Verpackungen zusammen eine Anlage.

Rohrleitungen sind Teile von LAU-Anlagen oder von HBV-Anlagen, wenn sie diesen zugeordnet sind und Anlagenteile der jeweiligen Anlage verbinden; andernfalls sind sie selbständige Rohrleitungsanlagen.

6.2.3.3
Grundsätze zur Abgrenzung der Anlagen/selbständigen Funktionseinheiten eines Betriebes voneinander

EG- und Immissionsschutzrecht enthalten einen möglichst weitgespannten, umfassenden Anlagenbegriff. Die Anlage – d.h. das Gebilde, in dem entsprechende technische Tätigkeiten ausgeführt werden – und alle ihre thematisch (nicht geographisch) noch so entfernten Teile sollen vollständig erfaßt werden. Ggf. werden verschiedene Anlagen als Anlagengruppen, Betriebe oder Standorte zusammenge-

---

[9] Problem des Zeitraums, an dem sich eine solche „Nicht-Anlage" am selben Ort aufhält. Die Meinungen schwanken „von einem Werktag zum nächsten" (vorübergehendes Lagern im Zusammenhang mit dem Transport) und ½ oder 1 Jahr.

[10] Abfülleinrichtung als unselbständige Teileinheit. Es gibt auch landesrechtlich die Regelung: „Rein: Teil des Lagers, raus: eigene Abfüllanlage."

faßt und gemeinsam den Anforderungen bzgl. der jeweiligen Schutzziele unterworfen bzw. bei der Festlegung von Genehmigungsauflagen für die fragliche Anlage berücksichtigt.

Im deutschen Wasserrecht besteht das Problem, die Balance zwischen dem harten Besorgnisgrundsatz – Nullemission in Boden und Grundwasser insbesondere im nicht bestimmungsgemäßen Betrieb (z.B. bei Betriebsstörungen, Störfällen oder Unfällen) – und dem Verhältnismäßigkeitsgrundsatz zu halten. Harte Anforderungen an Anlagen und ihre einzelnen Teile als Ausfluß des Besorgnisgrundsatzes dürfen ausdrücklich nur dort angewandt werden, wo wirklich ein entsprechendes Gefährdungspotential vorliegt. Das bedingt Differenzierungs- und Abstufungsmöglichkeiten sowie einen engeren Anlagenbegriff, der direkt über den entsprechenden Risikobezug mit dem Gewässerschutz verbunden ist.

Eine wasserrechtliche Anlage stellt eine Teilmenge oder Untereinrichtung (Anlagenteil) der immissionsschutzrechtlichen „Gesamtanlage" (des „Anlagensystems") dar.[11] Würde der umfassende Anlagenbegriff des Immissionsschutz- oder EG-Rechts verwendet, entfiele die erforderliche Abstufung. Beinahe jede Anlage zum Umgang mit wassergefährdenden Stoffen käme allein schon durch die Summation der Stoffmengen in die Gefährdungsstufe D. Darunter litten auch diejenigen Anlagenteile oder Nebenanlagen, in denen lokal ein viel geringeres Gefährdungspotential vorliegt und somit die harten Maximalanforderungen unverhältnismäßig sind.

Im folgenden werden Grundsätze für das praktische Vorgehen aufgezeigt. Sie beziehen sich nur auf die materiellen Inhalte, nicht auf die behördlichen Vorkontrollen.

a) Es ist überflüssig, eine vollkommen neue wasserrechtliche Anlagendefinition zu formulieren.[12]

b) Als Betrachtungsobjekt wird der gesamte Betrieb zugrundegelegt, der in der Verantwortung eines Betreibers steht. Alle Einheiten/Einrichtungen, in denen wassergefährdende Stoffe enthalten sind, sind in die Betrachtung einzubeziehen.[13] Von der Gesamtmenge der Einheiten/Einrichtungen werden alle diejenigen abgespalten, die keinen Risikobezug zum Gewässer haben (Negativliste). Übrig bleiben die gewässerschutzrelevanten Einheiten/Einrichtungen (Positivliste).

---

[11] Fälle, in denen wasserrechtliche und immissionsschutzrechtliche Anlage umfangsmäßig übereinstimmen, seinen nicht ausgeschlossen.

[12] Man könnte allerdings vorschlagen, die juristische Unterscheidung von LA- und HBV-Anlagen, für die der Besorgnisgrundsatz gilt, aufzuheben – und damit die unterschiedliche verfahrensmäßige Behandlung und die ggf. vorhandenen unterschiedlichen Anforderungen. Allerdings würde das entweder die Streichung der Eignungsfeststellung als wasserrechtliche Vorprüfung bedeuten (gleichbedeutend mit einer Aufgabe der anlagenbezogenen Gewässeraufsicht) oder aber ihre Ausdehnung auch auf die HBV-Anlagen (wie sie bereits im Rahmen der immissionsschutzrechtlichen Genehmigungsverfahren unter der Hand erfolgt). Eine Entlastung von Bagatellfällen könnte z.B. durch die eoh-Erklärung von HBV-Anlagen der Gefährdungsstufe A oder von nicht immissionsschutzrechtlich genehmigungsbedürftiger Anlagen erfolgen.

[13] Dabei kommt es zunächst nicht darauf an, ob es sich z.B. um immissionsschutz-, arbeitsschutz- oder wasserrechtliche Anlagen handelt – pragmatischer Ansatz!

Beispiel für Negativliste: Maschine, die zwar immissionsschutzrechtlich relevant ist, aber keinen Wasserbezug hat.

c) Die Aufteilung der Einheiten/Einrichtungen ist immer auf den Einzelfall bezogen und richtet sich nach den betrieblichen Zweckmäßigkeiten und den ingenieurmäßigen Überlegungen, möglichst kleine Funktionseinheiten zu definieren. Diese Funktionseinheiten, zunächst gleichgültig ob selbständig oder nichtselbständig, müssen nur technisch so abgrenzbar sein, daß im nicht bestimmungsgemäßen Betrieb das Risiko eindeutig definierbar ist.[14] Damit wird der Grundsatz der Besorgnisproportionalität realisiert und entspricht im weitesten Sinne dem Verhältnismäßigkeitsgrundsatz. Diese Einteilung ist der Betreiberverantwortung zuzuordnen und erfolgt unter dem Vorbehalt der Behörde, wobei der Sachverständige gemäß § 22 VAwS eine Mittlerfunktion wahrnehmen soll.

d) Unabhängig von Punkt c) bleibt es dem Betreiber unbenommen, wenn er es für zweckmäßig hält, alle Einheiten/Einrichtungen bis zum maximalen Risiko durch Summation aller Teilrisiken zu gestalten.

e) Die Aufteilung der Einheiten/Einrichtungen erfolgt unabhängig von der Frage, ob es sich um LAU- oder HBV-Anlagen oder einer komplexen Kombination handelt. Ziel ist es, eine adäquate Risikominimierung zu realisieren.[15]

f) Die Aufteilung der Einheiten/Einrichtungen erfolgt immer auch unter dem Blickwinkel der Gesamtheit aller im Betrieb vorhandenen Einheiten/Einrichtungen, um die Wechselwirkungen in die Abgrenzung der Funktionseinheiten mit einbeziehen zu können.

g) Sowohl für neue als auch insbesondere für bereits bestehende ist die Aufteilung der Einheiten/Einrichtungen eines Betriebes unter Beachtung der Punkte b) bis f) vom Betreiber vorzunehmen. Dieses Konzept sollte von der Behörde formal bestätigt werden, damit der Betreiber eine eindeutige Planungssicherheit hat.

6.2.3.4
Maßgebende Menge – maßgebendes Volumen

Die maßgebende Menge an Stoffen in einer Anlage ist eine wichtige Anlagengröße, weil von ihr die jeweils zu treffenden Sicherheitsmaßnahmen mit abhängen. Für Gase schreibt die Anlagenverordnung in § 6 (3) vor, die Masse der in der Anlage vorhandenen Gase zu berücksichtigen. Grundsätzlich sollte unter streng physikalischen Gesichtspunkten ein solches (Massen)-Inventar auch bei Flüssigkeiten und Feststoffen benutzt werden.[16] Dort wird jedoch in der Regel aus rein praktischen Überlegungen heraus das Volumen (Rauminhalt) verwendet.

---

[14] So können z.B. zwei Verfahrensstufen in einem kontinuierlichen Produktionsbetrieb, die über einen Pufferbehälter verbunden sind, zu zwei verschiedenen wasserrechtlichen Anlagen gehören, wenn sie unabhängig voneinander betrieben werden und bei einer Leckage der einen Verfahrensstufe nicht auch die zweite mit betroffen ist.

[15] Dies ggf. im Widerspruch zu der Einteilung von wasserrechtlichen Anlagen durch § 19g WHG i.V.m. § 2 Muster-VAwS!

[16] Die Angabe der Massen-Inventare unterschiedlicher Stoffe ist im übrigen für die Berechnung der maßgebenden WGK der Anlage dann unumgänglich, wenn verschiedene Stoffe unterschiedlicher Einzel-WGK und vor allem unterschiedlicher Aggregatzustände in der Anlage

Wie das maßgebende Volumen zu bestimmen ist, wird in den Verwaltungsvorschriften der Länder zu ihren Anlagenverordnungen erläutert[17]. Dabei bestehen sowohl Abweichungen zwischen den Anlagenarten des § 19 g WHG als auch, obwohl alle Verwaltungsvorschriften auf der Muster-VVAwS beruhen, Abweichungen zwischen den einzelnen Bundesländern. Das wird in der Tabelle 6.4 dargestellt und in den folgenden Kapiteln erläutert.

Lageranlagen

Für Lageranlagen (L-Anlagen) haben sich zwei gegensätzliche Anschauungsweisen herausgebildet. Dabei bleiben betriebliche Absperreinrichtungen zur Unterteilung der Anlage in der Regel unabhängig von der Anschauungsweise außer Betracht.

Bei der ersten Betrachtungsweise („traditionelle" Schule) geht man davon aus, daß sich bei einer Betriebsstörung bei Ausfall aller Meß-, Steuer- und Regeleinrichtungen die Anlage bis in den letzten Winkel bzw. bis unter das Tankdach füllt und sie dann leck wird. Daraus folgt, daß das maßgebende Volumen ein Nennvolumen, und zwar grundsätzlich das **geometrische Volumen** der Anlage ist, selbst wenn der befürchtete Fall im bestimmungsgemäßen und auch im nicht bestimmungsgemäßen Betrieb dieser Anlage ausgeschlossen werden kann. Bayern z.B. schreibt in seiner Verwaltungsvorschrift:

> *6.1.1   Als maßgebend gilt die Summe der Volumina oder der Massen wassergefährdender Stoffe, die in der Anlage vorhanden sein können. Das bedeutet in der Regel*
>
> *6.1.1.1 für Lageranlagen das Hohlraumvolumen aller diesen Anlagen zugehörigen Behälter ...*

Bei der anderen Betrachtungsweise, der sich inzwischen die Mehrheit der Länder angeschlossen hat, geht man davon aus, daß aus einer Anlage nur auslaufen kann, was im bestimmungsgemäßen Betrieb in ihr enthalten ist, also das (Volumen)-**Inventar**. Berlin z.B. schreibt in seinen Ausführungsvorschriften zur Anlagenverordnung:

> *6.1.   (1) Das maßgebende Volumen einer Anlage ist der im Betrieb vorhandene Rauminhalt wassergefährdender Stoffe. ...*

Nordrhein-Westfalen läßt neben dem geometrischen Volumen auch das Inventar zu, wenn sichergestellt ist, daß sich die Anlage bei einer Betriebsstörung nicht vollständig füllen kann.

---

vorkommen. Die prozentualen Anteile der vorkommenden Stoffe sind auf die Gesamtmasse aller in der Anlage im bestimmungsgemäßen Betrieb enthaltenen Stoffe zu beziehen.

[17] In Hessen bereits in der Anlagenverordnung, in Sachsen in „Informationen zum Umgang mit wassergefährdenden Stoffen"

Tabelle 6.4 Ermittlung des maßgebenden Volumens von Anlagen gemäß § 6 (3) Muster-VAwS nach der jeweiligen Verwaltungsvorschrift des betreffenden Landes

Land	L-Anlagen		HBV-Anlagen			AU-Anlagen, Rohrleitungen			
	Inventar	geometrisches Volumen	Inventar	geometrisches Volumen	Volumen des größten abgesperrten Behälters	Volumenstrom über 10 Minuten	Volumenstrom über 10 Minuten oder mittlerer Tagesdurchsatz	L-Anlagenvolumen oder (Volumenstrom über 10 Minuten oder mittlerer Tagesdurchsatz)	Anlagenvolumen plus (Volumenstrom über 10 Minuten oder mittlerer Tagesdurchsatz)
[1. Baden-Württemberg]									
2. Bayern		x	x			x			
3. Berlin	x		wie L-Anl.						
4. Brandenburg	x		wie L-Anl.					x	
5. Bremen	x		wie L-Anl.					x	
[6. Hamburg]								x	
7. Hessen	x		wie L-Anl.						
8. Mecklenburg-Vorpommern	x		wie L-Anl.					x	
[9. Niedersachsen]								x	
10. Nordrhein-Westfalen	x	x		im kontinuierlichen Betrieb	im diskontinuierlichen Betrieb		x		
[11. Rheinland-Pfalz]									
12. Saarland	x		wie L-Anl.						
(13. Sachsen)		(x)	(wie L-Anl.)				(x)		x
14. Sachsen-Anhalt		x		im kontinuierlichen Betrieb	im diskontinuierlichen Betrieb			x	
15. Schleswig-Holstein	x		wie L-Anl.						
16. Thüringen	x		wie L-Anl.						x

Baden-Württemberg, Hamburg, Niedersachsen und Rheinland-Pfalz besitzen noch keine neue Verwaltungsvorschrift zur Anlagenverordnung auf Grundlage der Muster-VVAwS. Sachsen besitzt keine Verwaltungsvorschrift, aber Informationen zum Umgang mit wassergefährdenden Stoffen

In der Tabelle 6.4 sind die augenblicklich geltenden Länderregelungen für Lageranlagen – vor allem für Flüssigkeiten – dargestellt. Die Länder Baden-Württemberg, Hamburg, Niedersachsen und Rheinland-Pfalz besitzen noch keine neue Verwaltungsvorschrift zur Anlagenverordnung auf Grundlage der Muster-VVAwS. Sachsen wird keine VVAwS einführen und beschreitet in seinen Informationen zum Umgang mit wassergefährdenden Stoffen einen Sonderweg:

*Das maßgebliche Volumen zur Ermittlung der Gefährdungsstufe einer Anlage ist das geometrische Volumen der größten **abgesperrten** Betriebseinheit.*

Anlagen zum Herstellen, Behandeln, Verwenden

Bei Anlagen zum Herstellen, Behandeln oder Verwenden wassergefährdender Stoffe (HBV-Anlagen) ergibt sich ein unterschiedliches Bild (siehe Tabelle 6.4). Einige Länder besitzen Sonderregelungen für HBV-Anlagen, während andere auf die für Lageranlagen zurückgreifen. Auch hier gelten die Schlagworte **geometrisches Volumen** und (Volumen)-**Inventar**. Zusätzlich kommt in Nordrhein-Westfalen und Sachsen-Anhalt – wie in Sachsen bei den Lageranlagen – der **größte abgesperrte Behälter** ins Spiel. Beide Länder sehen das allerdings nur für im Batch-Betrieb diskontinuierlich arbeitende HBV-Anlagen vor.

Werksinterne Rohrleitungen, Abfüllanlagen, Umschlaganlagen

Werksinterne Rohrleitungen – d.h. solche, die den Bereich eines Werksgeländes nicht überschreiten – werden in der Regel nicht als selbständige Anlagen betrachtet. Meist gelten sie als Zubehör von anderen Anlagen für wassergefährdende Stoffe, gegenüber deren Volumen das Rohrleitungsvolumen selbst vernachlässigt werden kann. Jedoch mögen Fälle selbständiger werksinterner Rohrleitungen nicht ausgeschlossen sein.

Bei Abfüll- und Umschlaganlagen (AU-Anlagen) für wassergefährdende Stoffe und bei den werksinternen Rohrleitungsanlagen, die nicht vernachlässigt werden dürfen, wird als maßgebendes Volumen das **Maximum aus dem größten Volumenstrom über 10 Minuten oder dem mittleren Tagesdurchsatz** genommen (siehe Tabelle 1). Der Volumenstrom ist dabei in der Regel – d.h. bei den meisten Ländern – **zusätzlich** zum Volumen der Anlage (geometrisches Volumen oder Inventar wie bei Lageranlagen beschrieben) zu berücksichtigen (d.h. „Volumen plus Volumenstrom").

Drei Länder trennen zwischen solchen AU-Anlagen und Rohrleitungen, die einer Lageranlage zugeordnet sind und bei denen das Volumen dieser Lageranlage maßgebend ist, und anderen AU-Anlagen und Rohrleitungen, bei denen es nur auf das Maximum aus 10 Minuten und Tagesdurchsatz ankommt.

Sachsen berücksichtigt den mittleren Tagesdurchsatz oder den Volumenstrom über 10 Minuten, jedoch kein zusätzliches Anlagenvolumen. Bayern nimmt nur den größten Volumenstrom über 10 Minuten.

Schleswig-Holstein trifft keine besondere Aussage zu AU-Anlagen und Rohrleitungen.

Anlagenvolumen gemäß Anhang zu § 4 (1) Muster-Anlagenverordnung

Im Anhang zu § 4 (1) Muster-VAwS wird ein abweichendes Anlagenvolumen definiert:

> *Das in den Tabellen 3.1 und 3.3 zur Ermittlung der Anlagengröße zugrunde zu legende Volumen ist das Volumen der größten abgesperrten Funktionseinheit. Bei Faß- und Gebindelagern ist der Rauminhalt aller Fässer und Gebinde anzurechnen, die in einem gemeinsamen Auffangraum stehen[18]*

Diese Definitionen dienen zum Festlegen der jeweils erforderlichen F-, R- und I-Maßnahmen und unterscheiden sich von dem maßgebenden Volumen aus § 6 (3) Muster-VAwS, aus dem sich Anforderungen nach anderen Paragraphen der Muster-VAwS ergeben, durch die **Berücksichtigung der betrieblichen Absperreinrichtungen**. Ungeklärt bleibt, ob das geometrische Volumen dieser größten abgesperrten Betriebseinheit gemeint ist oder ihr (Volumen)-Inventar im bestimmungsgemäßen Betrieb. Wahrscheinlich hängt das von der jeweiligen Grundanschauung des Landes ab.

Für Faß- und Gebindeläger deckt sich das Volumen für den Anhang mit dem Volumen für Lageranlagen zu § 6 (3) Muster-VAwS. Allerdings sind auch hierbei wieder beide Möglichkeiten gegeben. So entspricht dem geometrischen Volumen die Anzahl von Gebinden, die in das Lager überhaupt nur hineingestellt werden können, wenn es vollständig belegt ist, multipliziert mit dem einzelnen Gebindeinhalt. Dem Inventar entspricht die Anzahl von Gebinden, die im bestimmungsgemäßen Betrieb in das Lager gestellt werden dürfen, ebenfalls multipliziert mit dem einzelnen Gebindeinhalt.

Beispiel zur unterschiedlichen Bewertung von Anlagen in verschiedenen Bundesländern

Auf Grund der Abweichungen in der Bestimmung des maßgebenden Volumens kann die gleiche Anlage in unterschiedlichen Bundesländern in verschiedene Gefährdungsstufen fallen. Das sei am folgendem Beispiel verdeutlicht.

> Ein Tanklager enthält eine Flüssigkeit der WGK 2. Es besteht aus elf Behältern, neun à 10 m^3 und einem à 20 m^3. Die Behälter sind durch Rohrleitungen mit entsprechenden Armaturen etc. untereinander so verbunden, daß man den Stoff zwischen ihnen umpumpen oder auf andere Weise nachlaufen lassen und entweder nur aus einem Behälter oder gleichzeitig aus mehreren entnehmen kann. Gleiches ist bzgl. des Befüllens möglich. Der zulässige Befüllungsgrad beträgt für jeden Behälter 75%. Alle elf Behälter bilden eine Anlage, weil betriebliche Absperreinrichtungen nicht berücksichtigt werden und man zwischen den Behältern eine

---

[18] Bisher haben alle Länder diese Regelung in ihre Anlagenverordnung übernommen – wenn auch z.T. mit sprachlichen Änderungen. Sie entspricht der sächsischen Anschauung vom maßgebenden Volumen einer Anlage.

flüssigkeitsgängige Verbindung herstellen kann – die in bestimmten bestimmungsgemäßen Betriebszuständen auch benutzt wird.[19]

Das geometrische Volumen der Anlage beträgt dann 110 m^3. Das zulässige Inventar bei 75% Befüllungsgrad beträgt aber nur 82,5 m^3. In Berlin, Brandenburg, Bremen, Hessen, Mecklenburg-Vorpommern, dem Saarland, Schleswig-Holstein und Thüringen fällt die Anlage in die Gefährdungsstufe C[20], in Nordrhein-Westfalen und Sachsen-Anhalt jedoch in die Gefährdungsstufe D[21]. Auch in Bayern, wo keine Aussage über die Berücksichtigung oder Nichtberücksichtigung von betrieblichen Absperreinrichtungen getroffen wird, dürfte es sich um eine einzige Anlage der Gefährdungsstufe D handeln. In Sachsen werden zwar Absperreinrichtungen berücksichtigt. Weil aber das maßgebende Volumen 20 m^3 beträgt, kommt man in diesem Beispiel ebenfalls zur Gefährdungsstufe C.

Noch krasser können die Verhältnisse bei HBV-Anlagen werden. Dort sind Differenzen in der Größenordnung von zwei Zehnerpotenzen zwischen dem geometrischen Volumen und dem tatsächlichen Inhalt im bestimmungsgemäßen Betrieb möglich – z.B. in Destillationskolonnen, die außer dem flüssigen Sumpfinhalt vor allem Gase oder Dämpfe enthalten und über entsprechende Steuerungssysteme gegen ein Überfüllen abgesichert sind. Es können Sprünge von der Gefährdungsstufe B nach D vorkommen[22].

Für die zu ergreifenden F-, R- und I-Maßnahmen werden dagegen in allen Ländern die Absperreinrichtungen berücksichtigt – grundsätzlich aber nur, wenn sie im bestimmungsgemäßen Betrieb auch geschlossen sind[23] oder ein fehlerfreies Sicherheitssystem vorhanden ist, das automatisch offene Verbindungen bei einer Betriebsstörung schließt. Ist eines von beiden gegeben, beträgt das zu berücksichtigende Volumen in dem Beispiel oder auch bei einer entsprechenden HBV-Anlage bezogen auf das geometrische Volumen 20 m^3, bezogen auf das Inventar 15 m^3 [24]. Sind die Absperreinrichtungen nicht geschlossen und auch kein fehlerfreies Sicherheitssystem vorhanden, betragen die Volumina 110 m^3 [25] bzw. 82,5 m^3.[26]

---

[19] Anders sieht es aus, wenn jeder Behälter seine eigene Befüll- und Entleerleitung hätte und kein Umpumpen etc. zwischen den Behältern möglich wäre. Dann handelt es sich bei dem Beispiel eindeutig um elf einzelne Anlagen.

[20] Das bedeutet: zulässig in der weiteren Zone (III) von Schutzgebieten, kein Anlagenkataster, Eignungsfeststellung, regelmäßige Überprüfung durch Sachverständige, Fachbetriebspflicht.

[21] Das bedeutet: unzulässig in der weiteren Zone (III) von Schutzgebieten, Anlagenkataster, Eignungsfeststellung, regelmäßige Überprüfung durch Sachverständige, Fachbetriebspflicht.

[22] Bei HBV-Anlagen ist auch die Zulässigkeit der Mitbenutzung von Abwasseranlagen nach § 21 Muster-VAwS zu berücksichtigen – bis Gefährdungsstufe C erlaubt, darüber verboten. Die formelle Eignungsfeststellung entfällt.

[23] Es heißt „abgesperrt" und nicht „absperrbar".

[24] Das bedeutet in den meisten Ländern für L-Anlagen wahlweise F1 + R1 + I2 oder F2 + R1 + I1, für HBV-Anlagen F2 + R2 + I1 + I2.

[25] Das bedeutet in den meisten Ländern für L-Anlagen wahlweise F2 + R2 + I0 oder F1 + R3 + I0, für HBV-Anlagen F2 + R2 + I1 + I2.

[26] Das bedeutet in den meisten Ländern für L-Anlagen wahlweise F1 + R1 + I2 oder F2 + R1 + I1, für HBV-Anlagen F2 + R2 + I1 + I2. Das inventarbezogene Volumen nähert sich zudem eher der bei einer Betriebsstörung unter relistischen Bedingungen maximal denkbaren Leckagemenge an.

Mit Stoffen anderer WGK oder anderen Annahmen über die Anlagengröße lassen sich beliebig viele weitere Beispiele für die Ungleichbehandlung der selben Anlage konstruieren.

Konsequenzen bezüglich des maßgebenden Volumens

Für L- und HBV-Anlagen sollte eine Vereinheitlichung vorgenommen werden – sowohl zwischen den Bundesländern, als auch innerhalb der jeweiligen Landesbestimmungen. Es sollte aber die zusätzliche Berücksichtigung des Volumenstroms bei AU-Anlagen und Rohrleitungen beibehalten werden.[27]

Es bietet sich an, jenes Volumen zu nehmen, wie es für Anlagen gemäß Anhang zu § 4 (1) Muster-VAwS definiert ist – und zwar unter der Maßgabe, daß der bestimmungsgemäße Anlageninhalt im Sinne des Volumen-Inventars gemeint ist. Einem fehlerfreien Sicherheitssystem sollten andere bautechnische und apparativ technische Maßnahmen gleichgestellt werden, durch die ohne menschlichen Eingriff verhindert wird, daß bei einer Betriebsstörung aus einer anderen Untereinheit der Anlage Stoffe in die leckgeschlagene Untereinheit nachlaufen.[28]

Die Regelung wäre gedanklich eine Anleihe an einfache oder herkömmliche Lageranlagen nach § 13 (2) Muster-VAwS, bei denen der größte Behälter zählt, vorausgesetzt, er ist anderen gegenüber abgesperrt und kommuniziert nicht mit ihnen, zumindest bei einer Betriebsstörung. Bezüglich der Bestimmung der wichtigen F-, R- und I-Maßnahmen wird sich wenig ändern. Die Regelung hat folgende Vorteile:

1. Das maßgebende Volumen der Anlage wird über spezifische Gewichte (bzw. Schüttgewichte bei Feststoffen) eng mit dem Massen-Inventar verknüpft, das sowieso erforderlich ist, um die maßgebende WGK der Anlage zu bestimmen.
2. Das maßgebende Volumen als Nennvolumen der Anlage und die unter realistischen Annahmen maximale Leckagemenge stimmen dann weitgehend überein.
3. Die Differenzierung wird flexibler als bisher und damit dem tatsächlich vorhandenen Gefährdungspotential gerechter angepaßt. Das betrifft insbesondere Anlagen in klein- und mittelständischen Betrieben, die bei der augenblicklichen Regelung rasch höhere Gefährdungsstufen erreichen, weil betriebliche Anlagenunterteilungen nicht berücksichtigt werden.
4. Der Bau von Anlagen aus kleineren Untereinheiten bzw. die Unterteilung einer Anlage in solche wird belohnt, ebenso wie der Einsatz automatischer Absperrsysteme oder anderer Möglichkeiten, um ein Nachlaufen zu verhindern.
5. Aus kleineren, bei Betriebsstörungen abgesperrten Untereinheiten tritt weniger Stoff aus, was die Anlagensicherheit insgesamt erhöht.
6. Durch geringere Gefährdungsstufen bei wirkungsvoll unterteilten Anlagen werden Betreiber und Behörden entlastet und ein Beitrag zur Deregulierung geleistet.

---

[27] Für AU-Anlagen ist das zwar bzgl. der Staffelung der F-, R- und I-Maßnahmen unerheblich, nicht aber für die Festlegung der Größe des Rückhaltevermögens in Ausfüllung der vorgeschriebenen R-Maßnahme bzw. des ganzen Auffangraums.

[28] Das kann z.B. bereits eine einfache Saugleitung sein.

7. Mit der Anlagenunterteilung und der daraus entstehenden wirkungsvollen Abtrennung der Funktionseinheiten voneinander wird das Gefährdungspotential für jede einzelne Anlage reduziert und das Vorsorgeprinzip konkret realisiert.

8. Betreiber und Behörden setzen sich bundeseinheitlich mit nur einer Volumendefinition auseinander.

6.2.3.5
Regeln zur Festlegung einer Anlage/einer selbständigen Funktionseinheit

Zur Interpretation des wasserrechtlichen Begriffs „selbständige Funktionseinheit" lassen sich eine Reihe von Regeln oder Thesen entwickeln. Mit ihrer Hilfe kann die jeweils separat zu betrachtende wasserrechtliche Anlage bestimmt werden, woraus sich dann das maßgebende Volumen, die maßgebende WGK und letztlich die Gefährdungsstufe eindeutig ergeben.

Regeln zur Festlegung der wasserrechtlichen Funktionseinheit

Ein solches Regelsystem wird in sich nicht vollkommen widerspruchsfrei sein. Dafür sind Anlagen zum Umgang mit wassergefährdenden Stoffen zu vielgestaltig, als daß man nicht stets Fälle finden könnte, in denen die eine oder andere Regel nicht anwendbar wäre. Wichtig ist nur, daß es die überwiegende Anzahl von Anlagenkonfigurationen eindeutig regeln kann.

1. Die einzelne wasserrechtliche Funktionseinheit ist das über den Stofffluß zusammenhängende Gebilde aus Einheiten, das leerläuft, wenn es an der ungünstigsten Stelle undicht wird (maximal austretendes Volumen).

2. Die einzelne wasserrechtliche Funktionseinheit ist das Gebilde aus allen denjenigen Einheiten, aus denen durch die Auswirkungen einer Betriebsstörung gleichzeitig wassergefährdende Stoffe freigesetzt werden (Dominoeffekt).

3. Wenn miteinander verbundene Einheiten im bestimmungsgemäßen Betrieb so gegeneinander abgeschottet sind, daß wassergefährdende Stoffe nicht von einer zur anderen gelangen können, bilden sie selbständige wasserrechtliche Funktionseinheiten.[29]

4. Wenn miteinander verbundene Einheiten im nicht bestimmungsgemäßen Betrieb (Betriebsstörung, Störfall etc.) durch automatisch wirkende Schutzeinrichtungen so gegeneinander abgeschottet werden, daß wassergefährdende Stoffe nicht mehr von einer zur anderen gelangen können, bilden sie selbständige wasserrechtliche Funktionseinheiten.[30]

5. Grundsätzlich gehören alle Sicherheitseinrichtungen und Schutzvorkehrungen zur betreffenden Funktionseinheit. Besitzen mehrere wasserrechtliche Funktionseinheiten gemeinsame Schutzvorkehrungen, gelten Sonderregeln (siehe Kapitel 5.2).

---

[29] Dies ggf. im Widerspruch zu § 2 (6) Muster-VAwS!
[30] Dies ggf. im Widerspruch zu § 2 (6) Muster-VAwS!

6. Die speziellen Anforderungen für Abfüllanlagen gelten sowohl für Abfüllanlagen selbst, als auch für Entleer- oder Befüllplätze bzw. -flächen als Teil von Lager- oder HBV-Anlagen.

7. Fässer und Gebinde – oder andere Transportbehälter – dürfen nur auf dafür vorgesehenen Flächen gelagert werden. Fläche und Transportbehälter zusammen bilden die wasserrechtliche Funktionseinheit.

8. Baulich durch feste Trennwände räumlich voneinander getrennte Lagerabschnitte bzw. Brandabschnitte in Faß- und Gebindelägern bilden getrennte wasserrechtliche Funktionseinheiten.

9. Werkhallen mit einer Vielzahl einzelner, kleiner, nicht untereinander verbundenen Einheiten (Werkzeugmaschinen, Fässer, Vorratstanks o. ä.) werden sinngemäß wie Fässer und Gebinde behandelt.

10. Entleeren von Lager- oder HBV-Anlagen zu Reinigungs-, Wartungs- oder ähnlichen Zwecken erfordert keine besonderen Abfüllanlagen. Die Einrichtungen und Flächen dazu gehören in der Regel zu den betreffenden Anlagen.[31]

11. Bei Verwendungsanlagen ist an Stelle der Tagesproduktion oder Charge der Tagesbedarf für die eventuelle Zuordnung von Behältern zu einer eigenständigen Lageranlage maßgeblich.[32]

12. Jede Rohrleitung gehört grundsätzlich als unselbständige Teileinheit zu einer wasserrechtlichen Funktionseinheit und umfaßt alle Schieber, Armaturen, Pumpen, Zapfsysteme usw.[33]

13. Jede Rohrleitung, die zwei wasserrechtliche Funktionseinheiten miteinander verbindet, wird grundsätzlich derjenigen zugeordnet, zu der sie hinführt. Die Schnittstelle liegt dort, wo die Rohrleitung bei Instandhaltungsarbeiten unterbrochen wird.[34] Eine Armatur etc. zählt zu derjenigen Funktionseinheit, auf deren Seite sie nach Trennung der Rohrleitung liegt. Kann eine Leitung an mehreren Stellen getrennt werden, liegt die Schnittstelle an der ersten Trennmöglichkeit hinter der Funktionseinheit, von der die Leitung fortführt.

Regeln bei gemeinsamer Nutzung von Schutzeinrichtungen durch mehrere Funktionseinheiten

Bei der Unterteilung eines Anlagensystems, z.B. einer immissionsschutzrechtlichen Gesamtanlage, in einzelne wasserrechtliche Funktionseinheiten treten immer wieder Fälle auf, bei denen Schutzeinrichtungen – z.B. Aufstellflächen oder Auffangräume als Teil der 2. Barriere – von mehreren wasserrechtlichen Funktionseinheiten gemeinsam benutzt werden.[35] Hierfür sind Sonderregeln nötig.

---

[31] Selbstverständlich kann man dazu aber auch eine Abfüllanlage benutzen, wenn schon eine vorhanden ist.

[32] Ergänzend zu § 2 (6) Muster-VAwS.

[33] Die Thesen für Rohrleitungen beziehen sich auf solche innerhalb eines Betriebes nach § 19g (1) WHG, nicht auf Fern- oder Verbindungsleitungen nach § 19a WHG.

[34] Eigentlich liegt die Schnittstelle irgendwo mitten in der Absperrarmatur oder Förderpumpe. Das ist aber nicht praktikabel.

[35] Das bekannte Tankstellenproblem – jeder Tank plus zugehörige Zapfsäulen oder bei anderer Betrachtung auch jede Zapfsäule allein eine eigene Anlage, aber die Fläche ist allen zugeordnet.

1. Einheiten/Einrichtungen in einem Anlagensystem, die Elemente der 2. Barriere (Aufstellflächen, Auffangräume o. ä.) gemeinsam nutzen, werden dadurch nicht zu einer gemeinsamen wasserrechtlichen Funktionseinheit, sondern bleiben getrennte Funktionseinheiten.
2. Die Ausgestaltung der Elemente als unselbständige Funktionseinheiten einer von mehreren wasserrechtlichen Funktionseinheiten eines Anlagensystems gemeinsam genutzten 2. Barriere richtet sich nach der gefährlichsten Funktionseinheit.[36] Die gemeinsam genutzten unselbständigen Funktionseinheiten werden dabei der gefährlichsten wasserrechtlichen Funktionseinheit zugeordnet, von der aus sie bei einer Betriebsstörung beaufschlagt werden können.
3. Von wasserrechtlichen Funktionseinheiten mitbenutzte Abwasseranlagen müssen grundsätzlich die gleichen Dichtheitsanforderungen erfüllen wie „reguläre" Auffangräume, welche sie ersetzen.[37]

Regeln für das maßgebende Volumen und die maßgebende WGK

Speziell für das maßgebende Volumen und die maßgebende WGK lassen sich folgende Regeln aufstellen.

1. Maßgebendes Volumen einer wasserrechtlichen Funktionseinheit ist grundsätzlich ihr im bestimmungsgemäßen Betrieb vorhandener Inhalt im Sinne eines Volumen-Inventars. Das maßgebende Volumen von Faß- und Gebindelägern ist grundsätzlich abhängig von der maximalen Anzahl an Gebinden, die vom Platz her hineinpaßt.
2. Gesamtmengen und Einzelmengen von Stoffen bestimmter WGK (Inventare) lassen sich durch apparativ technische Maßnahmen oder Betriebsanweisung beschränken. Dann ergeben sich das maßgebende Volumen und die maßgebende WGK einer wasserrechtlichen Funktionseinheit aus der beschränkten Menge.
3. Die maßgebende WGK einer wasserrechtlichen Funktionseinheit ist die sich nach der Mischungsregel aus den im bestimmungsgemäßen Betrieb in ihr vorhandenen Stoffen (Inventar nach im bestimmungsgemäßen Betrieb vorhandener Menge (Masse) und WGK der Einzelstoffe) ergebende.

Grundsatzregel für Zweifelsfälle

Abschließend ist für Zweifelsfälle festzuhalten:

> Die einzelne wasserrechtliche Funktionseinheit ist das, worauf sich Betreiber, Behörden und Sachverständige unter den aufgezeigten Regeln und des gesunden Menschenverstandes einigen.

---

[36] In Analogie zu § 13 (2) Muster-VAwS (größter Tank), aber außer auf das Volumen auch bezogen auf die Dichtheitsanforderungen etc.

[37] Dies im Widerspruch zur ausschließlichen Beschränkung des § 21 Muster-VAwS auf HBV-Anlagen!

6.2.4
Grundsatzanforderungen

Die Grundsatzanforderungen haben eine zentrale Bedeutung, da sie eine erste Konkretisierung des Besorgnisgrundsatzes für alle LAU- und HBV-Anlagen darstellen. „Grundsatz", „grundsätzlich" oder „in der Regel" bedeutet, daß normalerweise die betreffende Anforderung von der Anlage unbedingt erfüllt werden muß. Die Grundsatzanforderungen sind der Maßstab, solange keine Spezialregelungen festgelegt sind. Deshalb ist es wichtig, die VAwS des jeweiligen Landes zu betrachten, da sowohl die Grundsatzanforderungen als auch die Anhänge differieren können.

> ### § 3 Muster-VAwS „Grundsatzanforderungen"
> *(1) Für alle dieser Verordnung unterliegenden Anlagen gelten folgende Anforderungen, soweit in den nachfolgenden Vorschriften nichts anderes bestimmt ist.*

Ob im konkreten Fall eine Spezialregelung vorliegt, muß für jede der zahlreichen Pflichten des § 3 Muster-VAwS einzeln geprüft werden. Wenn eine einzelne Pflicht in den nachfolgenden Paragraphen oder in den Anhängen anders geregelt ist, gilt die andere Regelung (Spezialregelung). Sie bezieht sich nur auf diese einzelne Pflicht, nicht auf die Grundsatzanforderungen gemäß § 3 VAwS in ihrer Gesamtheit. In den Anhängen zu § 4 Abs. 1 VAwS sind die meisten diese Spezialregelungen für das jeweilige Land festgelegt.

„Grundsätzlich" heißt aber auch, daß in begründeten Einzelfällen ausnahmsweise darauf verzichtet werden kann. Baden-Württemberg stellt die Möglichkeit, im Einzelfall von den Grundsätzen abzuweichen, in seiner Landes-VAwS [BAW-94] klar.

> ### § 3 VAwS Baden-Württemberg
> *(2) Die Wasserbehörde kann Ausnahmen von Absatz 1 Nr. 1 Satz 3, Nr. 5 und 6 zulassen, wenn auf andere Weise sichergestellt ist, daß die Anforderungen nach § 19 g WHG erfüllt sind.*

Durch diese Formulierungen bewahrt sich die VAwS genügend Flexibilität, um besondere technische Lösungen, gerade auch bei komplexen HBV-Anlagen, nicht von vornherein auszuschließen und so z. B. die Fortentwicklung der Technik zu behindern. Allerdings ist zu bedenken, daß das Ziel des Gewässerschutzes – das Verhindern eines nachteiligen Einwirkens eines wassergefährdenden Stoffes auf ein Gewässer – dann auf andere Weise erreicht werden muß – und zwar mit der gleichen Sicherheit wie im Regelfall. Der Betreiber einer Anlage hat die Pflicht, die zuständige Wasserbehörde vollständig davon zu überzeugen, daß seine Lösung eines Problems, sofern sie die Grundsatzanforderungen nicht erfüllen sollte, dieses Ziel unter Beachtung aller Umstände dennoch erreicht.

Die im § 3 Muster-VAwS folgenden Grundsatzanforderungen enthalten sowohl konstruktionstechnische Forderungen, als auch Vorschriften an die Organisation und das Verhalten des Anlagenbetreibers.

Die Identifikation des jeweiligen Betreibers einer Anlage ist oftmals schwierig. Maßgeblich dafür ist die tatsächliche und rechtliche Verfügungsgewalt, über die Anlage die Entscheidungen selbst treffen zu können.

§ 3 Muster-VAwS „Grundsatzanforderungen"

(1)

1. *Anlagen müssen so beschaffen sein und betrieben werden, daß wassergefährdende Stoffe nicht austreten können. Sie müssen dicht, standsicher und gegen die zu erwartenden mechanischen, thermischen und chemischen Einflüsse hinreichend widerstandsfähig sein. Einwandige unterirdische Behälter sind unzulässig.*

2. *Undichtheiten aller Anlagenteile, die mit wassergefährdenden Stoffen in Berührung stehen, müssen schnell und zuverlässig erkennbar sein.*

3. *Austretende wassergefährdende Stoffe müssen schnell und zuverlässig erkannt, zurückgehalten und verwertet oder ordnungsgemäß entsorgt werden. Die Anlagen müssen mit einem dichten und beständigen Auffangraum ausgerüstet werden, sofern sie nicht doppelwandig und mit Leckanzeigegerät versehen sind.*

4. *Im Schadensfalls anfallende Stoffe, die mit ausgetretenen wassergefährdenden Stoffen verunreinigt sein können, müssen zurückgehalten und verwertet oder ordnungsgemäß entsorgt werden.*

5. *Auffangräume dürfen keine Abläufe haben.*

6. *Es ist eine Betriebsanweisung mit Überwachungs-, Instandhaltungs- und Alarmplan zu erstellen und einzuhalten.*

In den Grundsatzanforderungen spiegelt sich das **mehrgliedrige Sicherheitskonzept** (Abb. 6.3) wider, um dem Besorgnisgrundsatz Rechnung tragen zu können. Danach gilt:

Wassergefährdende Stoffe dürfen nicht austreten (Null-Emission).

Dieses setzt sich aus dem 2-Barrieren-Konzept und den ergänzenden Maßnahmen zusammen.

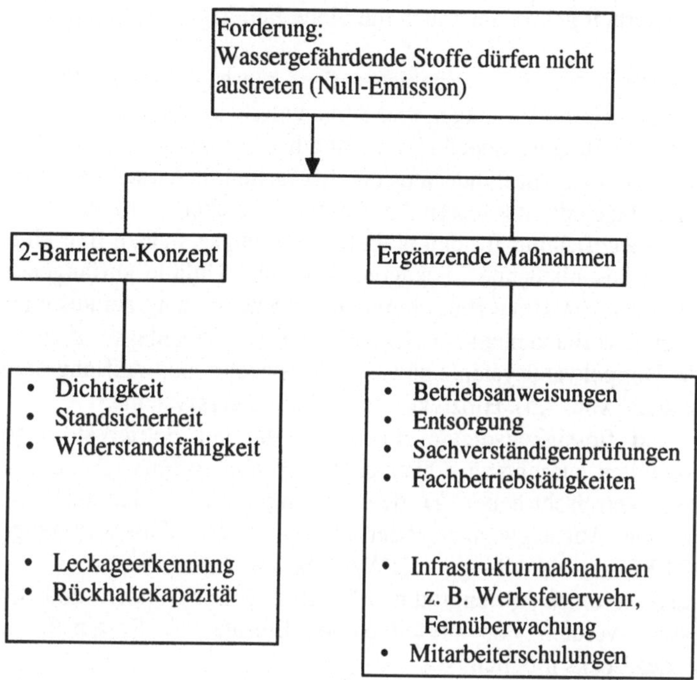

Abb. 6.3 Mehrgliedriges Sicherheitskonzept

6.2.4.1
2-Barrierenkonzept

Die Forderung, daß wassergefährdende Stoffe im bestimmungsgemäßen- und auch nicht-bestimmungsgemäßen Betrieb nicht freigesetzt werden dürfen, wendet sich in erster Linie an das technische System, d. h. die **Beschaffenheit** der Anlage. Dieses technische System wird durch das 2-Barrieren-Konzept realisiert. Im Vordergrund stehen die drei Anforderungen **Dichtigkeit**, **Standsicherheit** und **Widerstandsfähigkeit**, damit wassergefährdende Stoffe nicht austreten können (§ 3 Nr. 1) sowie die **Leckageerkennung** (§ 3 Nr. 2).

Dieses sind die technischen Anforderungen an die **1. Barriere**, der unmittelbaren Stoffumschließung.

Die **Dichtheit** ist im wesentlichen abhängig von der Bau- und Konstruktionsausführung sowie von der Materialverträglichkeit gegenüber dem Füllgut (innere Widerstandsfähigkeit). Undichtheiten soll der Betreiber schnell und zuverlässig erkennen können, um ein Austreten wassergefährdender Stoffe im Keim zu ersticken. Schnell erkennbar ist eine Undichtheit nur dann, wenn eine Anlage gut einsehbar ist oder wenn sie mit entsprechenden Leckageerkennungssystemen ausgerüstet ist. Die **Widerstandsfähigkeit** ist aber auch von äußeren Einflüssen, z. B. Sonneneinstrahlung oder Anfahren mit Fahrzeugen, abhängig. Deshalb ist von besonderer Bedeutung, wo und wie die Anlage eingebaut bzw. aufgestellt worden ist. Die **Standsicherheit** ist eine Frage des Baugrundes und der statistischen Auslegung. Zur Standsicherheit gehört aber auch die Sicherheit gegen Aufschwimmen (Auftrieb).

Bei Anlagen in Überschwemmungsgebieten liegt diese letzte Gefahr typischerweise vor. Deshalb sind die Anlagen und Anlagenteile so zu sichern, daß sie bei den höchstmöglichen Hochwasserständen nicht aufschwimmen oder ihre Lage verändern. Hierzu müssen sie mit mindestens der 1,3-fachen Sicherheit gegen den Auftrieb der leeren Anlage oder des leeren Anlagenteils gesichert werden.

Die **2. Barriere** ist letztlich nur für den nicht bestimmungsgemäßen Betrieb erforderlich, um nie auszuschließende Leckagen, Stör- und Unfälle auffangen zu können. Sie besteht aus technischen Einrichtungen zur Rückhaltung der austretenden Medien sowie evtl. vorhandenem Löschwasser und Niederschlagswasser (§ 3 Nr. 3). Hierzu sind Doppelwandsysteme sowie Ableitsysteme und Auffangräume anzuordnen (siehe auch Abb. 4.5). Hinzu kommen Erkennungssysteme.

Auffangräume sind flüssigkeitsdichte Bauwerke, die bei Betriebsstörungen auslaufende Flüssigkeiten aufnehmen – aber auch ggf. andere Flüssigkeiten, die sich mit der Leckage vermischt haben. Zu den Auffangräumen zählen auch Auffangvorrichtungen wie Auffangwannen oder -tassen. Auch Abwasseranlagen können – siehe § 21 Muster-VAwS – ggf. als Auffangvorrichtung dienen.

Für die Überwachung eines Auffangraums können z. B Lecksonden- und Sensorsysteme eingesetzt werden. Von Vorteil ist der Einsatz von Systemen, mit denen eine Ortung des Lecks möglich ist.

Doppelwandig im reinen Wortsinn sind Anlagen, die mit einer zusätzlichen Wandung versehen sind. Ebenso zählen dazu Leckschutzauskleidungen oder Innenhüllen. Zur Doppelwandigkeit gehört stets ein funktionsfähiges Leckanzeigegerät.

An diese technischen Systeme der 2. Barriere sind ebenfalls die Anforderungen an die Beschaffenheit zu stellen. Es ist selbstverständlich, daß diese Bauteile ebenfalls dicht und beständig gegen die vorkommenden Stoffe sein müssen – zumindest so lange, bis der jeweilige Schaden behoben und die ausgetretene Stoffmenge beseitigt ist. Hier kommt es sehr darauf an, wie schnell eine Leckage erkannt wird. Bei unbesetzten Anlagen wird in der Regel eine Dichtheit von 3 Monaten gefordert, in ständig besetzten Betrieben jedoch nur von 72 Stunden.

Das Verbot **einwandiger unterirdischer Behälter** als technische Systeme entspricht einer negativen Beschaffenheitsanforderung, da sie das Prinzip der doppelten Sicherheit (2-Barrieren-Konzept) nicht erfüllen. Ihre Dichtigkeit ist kaum zu kontrollieren und im Falle von Undichtigkeiten kommen Gegenmaßnahmen in der Regel zu spät. Ausnahmen werden zur Zeit für Stoffe der WGK 0 gemacht, in einigen Ländern auch für solche der WGK 1.

Auffangräume dürfen grundsätzlich keine Abläufe haben (§ 3 Nr. 5). Sie sollen Senken darstellen, in denen sich alle in der Anlage anfallenden wassergefährdenden Stoffe (Leckagemenge), Löschwasser und Niederschlagswasser sammeln und aus denen sie sich nur durch eine bewußte Handlung – z. B. Zurückpumpen in einen Tank der Anlage oder in ein Entsorgungsfahrzeug – wieder entfernen lassen. Bodenabläufe, die bei einer Betriebsstörung erst geschlossen werden müssen, versagen, werden vergessen oder im entscheidenden Moment fehlbedient. Der abflußlose Auffangraum dagegen ist absolut sicher, sofern er groß genug ist. Gemäß § 21 der Muster-VAwS können in HBV-Anlagen durch die Einbeziehung der Abwasseranlagen als Auffangraum Erleichterungen möglich sein.

Neben den Anforderungen an die Beschaffenheit ist der **Betrieb** einer Anlage (§ 3 Nr. 1) gleichbedeutend wichtig. Dazu gehört alles, was für die Gewährleistung eines einwandfreien Funktionierens einer Anlage erforderlich ist. Denn Betriebsstörungen können oft Ursache für nicht bestimmungsgemäßes Freisetzen von Stoffen sein.

6.2.4.2
Ergänzende Maßnahmen

Die zweite Säule des mehrgliedrigen Sicherheitskonzeptes sind die ergänzenden Maßnahmen. Sie erhöhen die Wirksamkeit der 1. und 2. Barriere.

Zu ihnen zählen alle Verhaltenspflichten und Überwachungsmaßnahmen, die verhindern sollen, daß Stoffe die 1. und 2. Barriere überwinden und somit in ein Gewässer eindringen können. Die ergänzenden Maßnahmen bestehen nicht aus „Hardware", sondern u.a. aus Betriebsanweisungen, Betriebstagebüchern und Mitarbeiterschulungen. Ferner ist im Schadensfall die ordnungsgemäße Entsorgung zur Verwertung oder Beseitigung sicherzustellen. Der Anlagenbetreiber hat hier kein Wahlrecht. Das Kreislaufwirtschafts-/Abfallgesetz legt dieses fest.

Der Betreiber hat eine **Betriebsanweisung** (§ 3 Nr. 6) zu erstellen. Dem Wortlaut nach fordert die VAwS eine Betriebsanweisung für sämtliche Anlagen zum Umgang mit wassergefährdenden Stoffen. Diese Regelung ist den praktischen Gegebenheiten entsprechend fraglich, da jeder Betreiber eines 3.000 l Heizöltanks darunter fällt. Dem Anlagenbetreiber bleibt derzeit nur die Möglichkeit, eine Ausnahme zu beantragen. Legt man die Vorschrift jedoch unter Berücksichtigung des Gefährdungspotentials aus, so kommt man zu differenzierten, dem Verhältnismäßigkeitsgrundsatz entsprechenden Anforderungen.

Die VAwS macht keine Angabe, bis zu welchem Zeitpunkt die Betriebsanweisung erstellt sein muß. Zweckmäßig sollte sie spätestens bei Inbetriebnahme der Anlage vorliegen. Ebenfalls ist es sinnvoll, die Betriebsanweisung regelmäßig zu aktualisieren.

Eine Betriebsanweisung, die auf alle Anlagenarten und Standorte paßt, gibt es nicht. Eine Betriebsanweisung setzt im konkreten Einzelfall die abstrakten gesetzlichen Anforderungen an das Betreiben, Instandhalten und an das Verhalten bei Betriebsstörungen für die Mitarbeiter an der Anlage in eine einfach handhabbare Form um. Betriebsanweisungen sollten in einer für den Praktiker (d.h. z.B. für den Maschinenschlosser oder den Lageristen) verständlichen Form abgefaßt sein. Sie sollten übersichtlich sein und sich auf das Wesentliche beschränken, damit bei einer Betriebsstörung keine zeitraubende Sichtung der Unterlagen notwendig wird. Das zuständige Betriebspersonal sollte in die Betriebsanweisung eingewiesen werden (Mitarbeiterschulung).

Form, Inhalt und Umfang der Betriebsanweisung bzw. -anweisungen ist in der VAwS nicht festgelegt. Aber in der VVAwS gibt es dazu Anforderungen.

Als Inhalte (Tabelle 6.5) sollten mindestens die unter § 3 Nr. 6 aufgeführten Überwachungs-, Instandhaltungs- und Alarmpläne ausgeführt sein. Hierbei sollte man aus betrieblicher Sicht darauf achten, daß für die jeweilige Anlage Betriebsanweisungen erstellt werden, die möglichst sämtliche Anforderungen aus anderen Rechtsbereichen zusammenfassend enthalten. Nur so kann insbesondere im Schadensfall effektiv vorgegangen werden.

Tabelle 6.5 Inhaltliche Gliederung für Betriebsanweisungen (Nr. 3 Muster-VVAwS)

1.	**Überwachungsplan**
1.1	Betriebliche Überwachungsmaßnahmen (§§ 19 i Abs. 2 Satz 1 und 19 k WHG)
1.2	Überprüfung durch Sachverständige (§ 22 VAwS), Terminüberwachung, Mängelbeseitigung
2.	**Instandhaltungsplan (§§ 19 g und 19 i Abs. 1 WHG)**
2.1	Wartungsmaßnahmen
2.2	Regelmäßige und besondere Instandhaltungsmaßnahmen
3.	**Alarmplan**
3.1	Meldewege
3.2	Maßnahmen im Schadensfall (§ 8 VAwS)
4.	**Sonderregelungen**
4.1	Befüllen von Anlagen (§ 19 VAwS)
4.2	Beseitigung von Niederschlagswasser und von wassergefährdenden Stoffen aus Auffangräumen und von Auffangflächen, Einleitung wassergefährdender Stoffe in Abwasseranlagen (§ 20 VAwS)
4.3	Kennzeichnung der Anlagen, Merkblätter (§ 9 VAwS)
4.4	Fachbetriebspflicht (§§ 19 i Abs. 1 und 19 l WHG, § 23 VAwS)
4.5	Sonderanfertigungen in Schutzgebieten (§ 10 VAwS, Schutzgebietsverordnung)

Die in Tabelle 6.5 aufgeführten Inhalte können auch auf mehrere Betriebsanweisungen aufgeteilt oder Teile in andere, bereits vorhandene integriert werden.

Über die Grundsatzanforderungen hinaus gehören zu den ergänzenden Maßnahmen die Sachverständigenprüfungen gemäß § 23 VAwS sowie die Fachbetriebstätigkeiten gemäß § 24 VAwS (s. Kap. 7.2). Mit diesen beiden Regelungen wird sichergestellt, daß nur qualifizierte Personen und Betriebe an den Anlagen tätig werden dürfen.

6.2.5
Anforderungen an bestimmte Anlagen

Der Paragraph 4 Muster-VAwS selber enthält keine Anforderungen an bestimmte Anlagen, sondern verweist nur auf Anhänge, die die speziellen Regelungen enthalten:

> *§ 4 Muster-VAwS „Anforderungen an bestimmte Anlagen"*
> *(1) Anforderungen für bestimmte Anlagen ergeben sich aus dem Anhang.*
> *(2) Soweit Anforderungen nach Abs. 1 nicht festgelegt sind, kann die (nach Landesrecht zuständige Behörde) für bestimmte Anlagen, die einem öffentlich-rechtlichen Verfahren unterliegen, Verwaltungsvorschriften erlassen, in denen die für diese Anlagen zu stellenden Anforderungen näher beschrieben werden. Dabei ist festzulegen*

– allgemeine Schutzmaßnahmen
– besondere Schutzmaßnahmen
– Überwachungsmaßnahmen
– Maßnahmen im Schadensfall

Dieser Anhang soll nach und nach für einzelne Anlagenkategorien erstellt und ergänzt werden.

Die Grundsatzanforderungen bedürfen weiterer, spezieller Ausführungen, da mit ihnen allein die technischen Probleme des Gewässerschutzes nicht gelöst werden. Einige von ihnen stellen zwar allgemein ein Ziel, bieten aber keinen Lösungsweg. Sowohl nach Abs. 1 als auch nach Abs. 2 sind Anhänge bzw. Verwaltungsvorschriften erlassen worden, die jedoch von Land zu Land unterschiedlich sind.

Anhänge nach Abs. 1 sind rechtlich gesehen Bestandteil der Verordnung. Sie können daher Spezialregelungen enthalten, die von den Grundsatzanforderungen des § 3 Muster-VAwS abweichen. Regelungen nach Abs. 2 vermögen dieses als bloße Verwaltungsvorschriften nicht. sie können lediglich spezifizieren.

Anhänge nach Abs. 1
Die LAWA hat für bestimmte Anlagenarten zum Umgang mit Flüssigkeiten Anforderungsmatrices erarbeitet und den Ländern zur Einführung als Anhang zur VAwS des jeweiligen Landes empfohlen. Mustermatrices sind für

– oberirdische Lageranlagen,
– Faß- und Gebindelager,
– Abfüll- und Umschlaganlagen,
– Anlagen zum Herstellen, Behandeln und Verwenden

erarbeitet worden. Die in den Matrices dargelegten Anforderungen lassen die allgemein anerkannten Regeln der Technik auf dem jeweiligen Fachgebiet unberührt, sie sind jedoch vorrangig gegenüber den Grundsatzanforderungen nach § 3 Nr. 2 und 3 der VAwS.

Für alle Anlagenarten ergeben sich die Anforderungen aus einer Kombination von Anforderungen

– an die Befestigung und Abdichtung von Bodenflächen,
– an das Rückhaltevermögen für austretende Flüssigkeiten,
– an infrastrukturelle Maßnahmen organisatorischer oder technischer Art.

Diese sehen wie folgt aus:

Anforderungen an die Befestigung und Abdichtung von Bodenflächen

F_0 = *keine Anforderungen an Befestigung und Abdichtung der Fläche.*

F_1 = *stoffundurchlässige Fläche.*

F_2 = *wie F_1, aber mit Nachweis.*

Anforderungen an das Rückhaltevermögen für austretende wassergefährdende Flüssigkeiten

R_0 =   *kein Rückhaltevermögen.*

R_1 =   *Rückhaltevermögen für das Volumen wassergefährdender Flüssigkeiten, das bis zum Wirksamwerden geeigneter Sicherheitsvorkehrungen auslaufen kann (z. B. Absperren des undichten Anlagenteils oder Abdichten des Lecks).*

R_2 =   *Rückhaltevermögen für das Volumen wassergefährdender Flüssigkeiten, das bei Betriebsstörungen freigesetzt werden kann, ohne daß Gegenmaßnahmen berücksichtigt werden.*

R_3 =   *Rückhaltevermögen ersetzt durch Doppelwandigkeit mit Leckanzeigegerät.*

Anforderungen an infrastrukturelle Maßnahmen organisatorischer oder technischer Art

I_0 =   *keine Anforderungen an die Infrastruktur.*

I_1 =   *Überwachung durch selbsttätige Störmeldeeinrichtungen in Verbindung mit ständig besetzter Betriebsstätte (z. B. Meßwarte) oder Überwachung mittels regelmäßiger Kontrollgänge; Aufzeichnung der Abweichungen vom bestimmungsgemäßen Betrieb und Veranlassung notwendiger Maßnahmen.*

I_2 =   *Alarm- und Maßnahmenplan, der wirksame Maßnahmen und Vorkehrungen zur Vermeidung von Gewässerschäden beschreibt und mit den in die Maßnahmen einbezogenen Stellen abgestimmt ist.*

Der Anhang zu § 4, Abs. 1 Muster-VAwS selbst und die Nr. 4 Muster-VAwS geben dazu weitere Erläuterungen, die im folgenden kurz zusammengefaßt werden:

Zugrunde zu legendes Volumen

Das in den Tabellen 6.6, 6.7 und 6.8 zur Ermittlung der Anlagengröße zugrunde zu legende Volumen ist das Volumen der größten abgesperrten Betriebseinheit. Bei Faß- und Gebindelagern ist der Rauminhalt aller Fässer/Gebinde anzurechnen.

Einhaltung der Anforderungen

Die Anforderungen sind auch eingehalten, wenn die jeweiligen Anforderungen einer höheren Wassergefährdungsklasse oder eines höheren Volumenbereiches erfüllt werden.

Die F-, R- und I-Maßnahmen beschreiben abschließend die jeweils entsprechend ihrem Anwendungsbereich erforderlichen standortunabhängigen Maßnahmen nach den Grundsatzanforderungen nach § 3 Abs. 2 Nr. 2 und 3 und Abs. 3 VAwS. Weitergehende, standortabhängige Anforderungen kann die Behörde gemäß § 7 VAwS festlegen.

Anforderungen an die Befestigung und Abdichtung von Bodenflächen

Bei Maßnahme „F_0 = keine Anforderung an die Fläche" werden an die Anlagen über die betrieblichen Anforderungen hinaus keine weitergehenden Anforderungen an die Aufstellfläche gestellt. Allerdings ist eine befestigte Fläche sicherzustellen.

Die Anforderungen F_1 und F_2 sind materiell identisch. Der Nachweis der Stoffundurchlässigkeit liegt bei der Anforderung F_1 in der Eigenverantwortung des Betreibers (Betreibererklärung). Bei der Anforderung F_2 ist der Nachweis gegenüber der Behörde zu führen. Der Nachweis gemäß F_2 ist bei Neuanlagen immer vor Baubeginn beizubringen.

Die Anforderungen F_1 und F_2 sind auch erfüllt, wenn die Anlagen nicht unmittelbar auf der entsprechend gesicherten Fläche aufgestellt, sondern durch bauliche Einrichtungen wie Gitterroste oder Stockwerke darüber angeordnet sind.

Anforderungen an das Rückhaltevermögen

Das Rückhaltevermögen beschreibt das Volumen, das tatsächlich als Rückhaltevolumen eingerichtet werden muß. Für die Berechnung des Rückhaltevermögens siehe Kap. 6.2.12.

Bei der Maßnahme „R_0 = kein Rückhaltevermögen" werden an die Anlagen über die betrieblichen Anforderungen hinaus keine weitergehende Anforderungen an das Rückhaltevermögen gestellt.

Die Ermittlung des Rückhaltevermögens nach R_1 erfolgt grundsätzlich im Einzelfall. Das maßgebende Volumen ergibt sich aus dem Volumenstrom beim höchstmöglichen Betriebsdruck sowie aus der Auslaufzeit. Die Auslaufzeit setzt sich aus der Reaktionszeit (Zeit, die auch bei ungünstigen Betriebsbedingungen vergeht, bis die Leckage erkannt wird) und der Schließzeit (Zeit, die vergeht, bis der Austritt wassergefährdender Stoffe zuverlässig unterbunden ist) zusammen.

Bei der Berechnung des Rückhaltevermögens R_2 ist ein fehlerfreies Sicherheitssystem nach DIN V 19250 oder einer gleichwertigen europäischen Norm zu berücksichtigen. Das bedeutet, daß nicht das Gesamtvolumen der Anlage, sondern nur das Teilvolumen zu beachten ist, das aufgrund fehlerfreier Sicherheitssysteme maximal in der Anlage freigesetzt werden kann.

Anforderungen an die infrastrukturellen Maßnahmen organisatorischer oder technischer Art

Bei der Maßnahme „I_0 = keine Anforderungen" werden an die Anlagen über die betrieblichen Anforderungen hinaus keine weitergehenden Anforderungen an die Infrastruktur gestellt. Die Anforderung nach I_2 enthalten nicht die Anforderungen nach I_1.

Nachfolgend sind für die einzelnen Anlagenarten die Anforderungen dargestellt.

Oberirdische Lageranlagen

Tabelle 6.6 Anforderungen an oberirdische Lageranlagen

Volumen der Lageranlage in m^3	WGK 0	WGK 1	WGK 2	WGK 3
$\leq$ 1	$F_0 + R_0 + I_0$	$F_0 + R_0 + I_0$	$F_0 + R_0 + I_0$	$F_1 + R_2 + I_0$
> 1 - $\leq$ 10	$F_0 + R_0 + I_0$	$F_1 + R_0 + I_1$	$F_1 + R_1 + I_1$*	$F_2 + R_2 + I_0$/ $F_1 + R_3 + I_0$
> 10 - $\leq$ 100	$F_0 + R_0 + I_0$	$F_1 + R_1 + I_1$	$F_1 + R_1 + I_2$/ $F_2 + R_1 + I_2$	$F_2 + R_2 + I_0$/ $F_1 + R_3 + I_0$
> 100	$F_1 + R_1 + I_0$	$F_1 + R_1 + I_2$/ $F_2 + R_1 + I_1$	$F_2 + R_2 + I_0$/ $F_1 + R_3 + I_0$	$F_2 + R_2 + I_0$/ $F_1 + R_3 + I_0$

* R_1 kann bis zum 31. Dezember 1999 bei GfK-Behältern bis 2 m^3 Rauminhalt zur Lagerung Heizöl EL und Dieselkraftstoff entfallen, wenn diese auf einen flüssigkeitsdichten Boden aufgestellt sind und am Aufstellungsort im Umkreis von 5 m keine Abläufe vorhanden sind.

Erläuterungen: + :   zusätzlich

/ :   wahlweise

Faß- und Gebindelager

Die Größe des nach Tabelle 6.7 erforderlichen Auffangraumes R_1 oder R_2 ist wie folgt zu staffeln:

Tabelle 6.7 Anforderungen an Faß- und Gebindelager

Gesamtrauminhalt V_{ges} in m^3	Rauminhalt des Rückhaltevermögens
$\leq$ 100	10% von V_{ges} wenigstens den Rauminhalt des größten Gefäßes
> 100 - $\leq$ 1.000	3% von V_{ges}, wenigstens jedoch 10 m^3
> 1.000	2% von V_{ges}, wenigstens jedoch 30 m^3

Abfüll- und Umschlaganlagen

Tabelle 6.8 Anforderungen an Abfüll- und Umschlaganlagen

Behälter/ Verpackungen	WGK 0	WGK 1	WGK 2	WGK 3
Befüllen und Entleeren von ortsbeweglichen Behältern	$F_0 + R_0 + I_0$	$F_1 + R_1 + I_0$	$F_2 + R_1 + I_0$	$F_2 + R_1 + I_0$
Umladen von Flüssigkeiten in Verpackungen, die den gefahrgutrechlichen Anforderungen nicht genügen oder nicht gleichwertig sind	$F_0 + R_0 + I_0$	$F_1 + R_0 + I_1$	$F_1 + R_1 + I_1$	$F_1 + R_1 + I_2$
Umladen von Flüssigkeiten in Verpackungen, die den gefahrgutrechtlichen Anforderungen genügen oder gleichwertig sind	$F_0 + R_0 + I_0$	$F_0 + R_0 + I_0$	$F_1 + R_0 + I_2$	$F_1 + R_0 + I_2$

Erläuterungen: +: zusätzlich

Beim Befüllen und Entleeren von Heizölverbraucheranlagen aus hierfür zugelassenen Straßentankwagen und Aufsetztanks unter Verwendung von selbsttätig schließenden Abfüllsicherungen und Grenzwertgebern werden an die Abfüllplätze keine besonderen Anforderungen gestellt.

Für das Laden und Löschen von Schiffen mit Rohrleitungen gilt:

1. Beim Umschlag in Druckbetrieb muß die Umschlaganlage mit einem Sicherheitssystem mit Schnellschlußeinrichtung ausgestattet sein, das selbsttätig land- und schiffsseitig den Förderstrom unterbricht und die Leitungsverbindung dazwischen öffnet, wenn und bevor die Leitungsverbindung infolge Abtreibens des Schiffes zerstört werden kann.
2. Beim Saugbetrieb muß sichergestellt sein, daß bei einem Schaden an der Saugleitung das Transportmittel nicht durch Heberwirkung leerlaufen kann.

Anlagen zum Herstellen, Behandeln und Verwenden

Tabelle 6.9 Anforderungen an Anlagen zum Herstellen, Behandeln und Verwenden wassergefährdender flüssiger Stoffe

Volumen der Anlage in m^3	WGK 0	WGK 1	WGK 2	WGK 3
$\leq$ 0,1	$F_0 + R_0 + I_0$	$F_0 + R_0 + I_0$	$F_1 + R_2 + I_0$	$F_1 + R_2 + I_0$
> 0,1 - $\leq$ 1	$F_0 + R_0 + I_0$	$F_1 + R_2 + I_1 /$ $F_0 + R_0 + I_2$	$F_1 + R_2 + I_1$	$F_1 + R_2 + I_1 /$ $F_2 + R_2 + I_0$
> 1 - $\leq$ 10	$F_1 + R_0 + I_0$	$F_1 + R_1 + I_1$	$F_1 + R_2 + I_1$	$F_2 + R_2 + I_1$
> 10 $\leq$ 100	$F_1 + R_0 + I_1$	$F_1 + R_1 + I_1$	$F_2 + R_2 + I_1 + I_2$	$F_2 + R_2 + I_1 + I_2$
> 100 - $\leq$1.000	$F_1 + R_0 + I_1$	$F_2 + R_1 + I_1 + I_2$	$F_2 + R_2 + I_1 + I_2$	$F_2 + R_2 + I_1 + I_2$
>1.000	$F_1 + R_0 + I_1 + I_2$	$F_2 + R_2 + I_1 + I_2$	$F_2 + R_2 + I_1 + I_2$	$F_2 + R_2 + I_1 + I_2$

Erläuterungen:　+:　zusätzlich

　　　　　　　　/:　wahlweise

Unterschiede zwischen den einzelnen Ländern bestehen darin, daß für einige Anlagenarten eigene Anforderungskombinationen sowie abweichende Mengeneinteilungen als Verordnungsanhang eingeführt worden sind.

Verwaltungsvorschriften nach Abs. 2

In den einzelnen Bundesländern sind für verschiedene Bereiche Regelungen erlassen worden, die den Charakter von Verordnungen, Verwaltungsvorschriften und Merkblättern haben. Sie dienen insbesondere der Verwaltung, um darauf aufbauend unter Berücksichtigung des Verwaltungsermessens die Genehmigungen zu erteilen. In der Tabelle 6.10 sind diese speziellen Regelungen ohne Anspruch auf Vollständigkeit enthalten.

Tabelle 6.10 Übersicht über die länderspezifischen Regelungen nach § 4 Abs. 2

Land	Spezielle Anlagenarten
Baden-Württemberg	• Bau und Betrieb von Behälteranlagen zur Lagerung von Heizöl • Chemischreinigungen • Auffangwannen aus Stahl bis 1.000 l Inhalt • Laden und Löschen von Schiffen mittels Rohrleitungen • Masttransformatoren und vergleichbare Freiluftanlagen von Elektrizitätsversorgungsunternehmen
Bayern	• GFK-Lagerbehälter bis 2 m³ Rauminhalt • Anlagen im Netzbereich von Elektrizitätsversorgungsunternehmen • Tankstellen • Lagern und Abfüllen von Jauche, Gülle, Festmist und Silagesickersäften • Wasserkraftwerke
Berlin	• Laden und Löschen von Schiffen mittels Rohrleitungen
Brandenburg	• Abfüllanlagen von Tankstellen • Anlagen für Jauche, Gülle, Silagesickersäften
Bremen	• Laden und Löschen von Schiffen mittels Rohrleitungen
Hamburg	• Tankstellen
Land	**Spezielle Anlagenarten**
Hessen	• Lagern von Jauche und Gülle • Lagern von Lebens- und Futtermitteln • Befüllen und Entleeren von Heizölverbraucheranlagen • Abfüllen von Jauche, Gülle und Silagesickersäften • Abfüllen und Umschlagen von Lebens- und Futtermitteln • Laden und Löschen flüssiger wassergefährdender Stoffe von Schiffen mittels Rohrleitungen • Tankstellen • Transformatoren
Mecklenburg-Vorpommern	• Anlagen für Jauche, Gülle und Silagesickersäfte • Auffangwannen aus Stahl bis 1.000 l
Niedersachsen	-
Nordrhein-Westfalen	• Elektroversorgungsunternehmen • Anlagen für Jauche, Gülle und Silagesickersäfte
Rheinland-Pfalz	-
Saarland	-
Sachsen	• Tankstellen • Anlagen für Jauche, Gülle und Silagesickersäfte • Auffangwannen aus Stahl bis 1.000 l • Laden und Löschen von Schiffen mit Rohrleitungen • Befüllen von Heizölverbrauchertankanlagen aus Straßentankwagen
Sachsen-Anhalt	-
Schleswig-Holstein	• Tankstellen • Auffangwannen aus Stahl bis 1.000 l • Laden und Löschen von Schiffen mit Rohrleitungen
Thüringen	-

6.2.6
Anlagen einfacher und herkömmlicher Art (eoh-Anlagen)

Für das Lagern, Abfüllen, Umschlagen und Befördern von flüssigen Stoffen bzw. das Lagern fester Stoffe liegen jahrzehntelange Erfahrungen mit den entsprechenden technischen Systemen vor, die sich bewährt haben. Deshalb hat sich der Gesetzgeber entschlossen, Anlagen oder Anlagenteile für die obigen Tätigkeiten als **einfach oder herkömmlich** („eoh")zu bestimmen, um für sie die behördlichen Vorkontrollen zu vereinfachen (s. Kap. 8). Es ist ausdrücklich zu betonen, daß das keinen Nachlaß bzgl. der materiellen Anforderungen an eine Anlage bedeutet, sondern lediglich eine Verwaltungsvereinfachung!

Anlagen oder Anlagenteile sind **einfacher Art**, wenn ihre Tauglichkeit aufgrund ihres Aufbaus und ihrer Beschaffenheit feststeht, ohne daß eine eingehende technische Prüfung erforderlich ist.

Sie sind **herkömmlicher Art**, wenn ihre Tauglichkeit aufgrund der in einer Vielzahl von Fällen gesammelten Erfahrung feststeht.

Ausgangspunkt für die Beschreibung einfacher oder herkömmlicher Art ist § 19 h WHG. Danach sind grundsätzlich alle Anlagen/Anlagenteile eignungsfeststellungspflichtig. Die Eignungsfeststellungspflicht bzw. die in § 19 h WHG genannten gleichwertigen behördlichen Vorkontrollen entfallen jedoch bei Anlagen einfacher oder herkömmlicher Art.

Die VAwS beschreibt Anlagen einfacher oder herkömmlicher Art:

> § 13 „Anlagen zum Lagern, Abfüllen und Umschlagen flüssiger Stoffe",
> § 14 „Anlagen zum Lagern fester Stoffe".

Für alle anderen Anlagen bestimmt

> ### § 16 Muster-VAwS „Voraussetzungen für Eignungsfestellung und Bauartzulassung"
> *Eine Eignungsfeststellung oder Bauartzulassung darf nur erteilt werden, wenn mindestens die Grundsatzanforderungen des § 3 VAwS erfüllt sind oder eine gleichwertige Sicherheit nachgewiesen wird.*

Für die LAU-Anlagen für Flüssigkeiten gilt:

> ### § 13 Muster-VAwS „Anlagen zum Lagern, Abfüllen und Umschlagen flüssiger Stoffe"
> *(1) Anlagen zum Lagern, Abfüllen und Umschlagen flüssiger Stoffe sind in der Regel einfach oder herkömmlich, wenn sie der Gefährdungsstufe A nach § 6 Abs. 3 entsprechen.*
> *(2) Andere Anlagen zum Lagern flüssiger Stoffe sind einfach oder herkömmlich*
> > *1.   hinsichtlich ihres technischen Aufbaus, wenn*
> > > *a) die Lagerbehälter doppelwandig sind oder als oberirdische einwandige Behälter in einem flüssigkeitsdichten Auffangraum stehen,*

> *b) Undichtheiten der Behälterwände durch ein Leckanzeigegerät selbsttätig angezeigt werden, ausgenommen bei oberirdischen Behältern im Auffangraum, und*
>
> *c) Auffangräume nach Buchstabe a) so bemessen sind, daß das dem Rauminhalt des Behälters entsprechende Lagervolumen zurückgehalten werden kann; dient der Auffangraum mehreren oberirdischen Behältern, so ist für seine Bemessung nur der Rauminhalt des größten Behälters maßgebend; dabei müssen aber mindestens 10% des Gesamtvolumens der Anlage zurückgehalten werden können; kommunizierende Behälter gelten als ein Behälter,*
>
> *2. hinsichtlich ihrer Einzelteile, wenn diese technischen Vorschriften oder Baubestimmungen entsprechen, die für die Beurteilung der Eigenschaft einfach oder herkömmlich eingeführt sind.*

Danach sind sämtliche **Anlagen zum Lagern, Abfüllen und Umschlagen flüssiger Stoffe** als einfach oder herkömmlich einzustufen, die der Gefährdungsstufe A nach § 6, Abs. 3 entsprechen.

Mit der Festlegung, daß alle Anlagen zum Lagern, Abfüllen und Umschlagen der Gefährdungsstufe A einfach und herkömmlich sind und somit die Anforderungen nach § 19 g WHG in jedem Fall erfüllen, wird behauptet, daß sowohl große Anlagen mit niedriger WGK, als auch kleinere Anlagen mit hoher WGK den gleichen Sicherheitsstandard haben und von behördlichen Vorkontrollen auszunehmen sind, und zwar ganz unabhängig davon, wie sie wirklich ausgestattet sind. Mit den Regelungen des § 19 h WHG, der die behördlichen Vorkontrollen regelt, ist dieses kaum zu vereinbaren [RDT-93]. Hier werden eigentlich die zwei Säulen des Sicherheitssystems für den Umgang mit wassergefährdenden Stoffen, die materiellen Anforderungen gemäß § 19 g WHG und die behördlichen Vorkontrollen gemäß § 19 h WHG für eine pragmatische Vorgehensweise des Vollzugs, sich auf wesentliche Anlagen zu konzentrieren, verwechselt.

Für andere Lageranlagen höherer Gefährdungsstufen (B bis D) zum Lagern flüssiger Stoffe werden gemäß § 13 Abs. 2 bestimmte Anforderungen an den technischen Aufbau gestellt, damit sie als eoh-Anlagen gelten.

Grundsätzlich gibt es zwei Alternativen für das technische Grundkonzept des Lagerbehälters

a) doppelwandig mit Leckanzeige,
b) einwandig im flüssigkeitsdichten Auffangraum.

Die Auffangräume sind dabei grundsätzlich so zu bemessen, daß das **Lagervolumen** (= Rauminhalt des Behälters) zurückgehalten werden kann. Ein angemessenes Freibord ist zu berücksichtigen, weil nur so davon ausgegangen werden kann, daß wassergefährdende Stoffe zuverlässig zurückgehalten werden.

Wenn im Auffangraum mehrere Behälter vorhanden sind, genügt ein geringeres Rückhaltevermögen, weil erfahrungsgemäß nicht alle Behälter gleichzeitig undicht werden. Für seine Bemessung ist der Rauminhalt des größten Behälters maßgebend; dabei dürfen aber 10% des Gesamtvolumens der Anlage (gleich Volumen aller Behälter) nicht unterschritten werden. Diese Forderung greift besonders bei Lageranlagen mit vielen Kleinbehältern (Hier enthält aber die Anhang zu § 4 Abs. 1 eine Art „Mengenrabatt" für große Faß- und Gebindeläger).

Das Vorhandensein einer zweiten Barriere ist jedoch nur eine „Zutat" für die Eigenschaft eoh. Außerdem müssen die Anlagen und ihre Teile Technischen Regeln entsprechen, die in dem jeweiligen Bundesland ausdrücklich unter der Maßgabe eingeführt worden sind, daß ihnen genügende Anlagen als eoh dienen.

Kommunizierende Behälter gelten als ein Behälter.

Auffangwannen aus Stahl mit einem Rauminhalt bis zu 1.000 Liter sind z. B. als Anlagenteil eoh, wenn sie den Anforderungen der Verwaltungsvorschrift etc. – Stahlauffangwannen – des jeweiligen Landes, in dem sie verwendet wird, entsprechen [VVS-92]. Sie können damit ohne Eignungsfeststellung oder wasserrechtliche Bauartzulassung verwendet werden.

Weil es solche Technische Regeln nicht für alle Anlagen gibt bzw. nur für bestimmte Anlagenteile, für andere jedoch noch nicht, kann man davon ausgehen, daß zur Zeit kaum eine Lageranlage der Gefährdungsstufen B bis D in toto eoh wäre und daß jede einer mehr oder weniger umfangreichen Eignungsfeststellung bedarf – soweit diese nicht durch andere Vorprüfungen ersetzt wird.

Analog gibt es eoh-Anlagen für das **Lagern fester Stoffe**.

§ 14 Muster-VAwS „Anlagen zum Lagern fester Stoffe"
(1) Anlagen zum Lagern fester Stoffe sind einfach oder herkömmlich, wenn sie der Gefährdungsstufe A nach § 6 Abs. 3 entsprechen.
(2) Andere Anlagen zum Lagern fester wassergefährdender Stoffe sind einfach oder herkömmlich, wenn die Anlagen eine gegen die gelagerten Stoffe unter allen Betriebs- und Witterungsbedingungen beständige und undurchlässige Bodenfläche haben und die Stoffe
1.   in dauernd dicht verschlossenen, gegen Beschädigung geschützten und gegen Witterungseinflüsse und das Lagergut beständigen Behältern, Verpackungen oder Abdeckungen, oder
2.   in geschlossenen Lagerräumen gelagert werden. Geschlossenen Lagerräume stehen überdachten Lagerplätze gleich, die gegen Witterungseinflüsse durch Überdachung und seitlichen Abschluß so geschützt sind, daß das Lagergut nicht austreten kann.

Die Grundstruktur ist ähnlich zum vorherigen Bereich bei den flüssigen Stoffen. Da die Gefährdung der Gewässer durch feste Stoffe deutlich geringer einzustufen ist als durch Flüssigkeiten, sind die Anforderungen entsprechend geringer. Im wesentlichen sind den Möglichkeiten der Auswaschung oder Verwehung vorzubeugen.

Anlagen zum Lagern fester Stoffe sind grundsätzlich einfach oder herkömmlich, wenn sie der Gefährdungsstufe A nach § 6, Abs. 3 entsprechen. Hier gelten die gleichen kritischen Anmerkungen wie zuvor.

Für Anlagen zum Lagern von Feststoffen höherer Gefährdungsstufen gilt allgemein, daß ein Zutritt von Wasser (in der Regel Niederschlagswasser) und anderen Flüssigkeiten nicht erfolgen darf (z. B. in bruchsicheren Behältnissen). Werden feste Stoffe in loser Schüttung oder in Säcken gelagert, so ist ein allseitiger Abschluß sicherzustellen (Überdachung, Schlagwasser). Silos z. B. sind überdachte Lagerplätze. Die Bodenfläche ist eoh, wenn sie in Straßenbauweise (Bitumen,

Beton, Verbundpflaster) hergestellt wurde. Wenn im Einzelfall ein Zu- bzw. Austritt von Wasser nicht sicher ausgeschlossen werden kann, dann ist die Fläche nicht mehr eoh und die behördlichen Vorkontrollen sind durchzuführen.

Beständigkeit und Undurchlässigkeit müssen unter allen Betriebs- und Witterungsbedingungen, d. h. jederzeit, gewährleistet sein. Bei den Betriebsbedingungen ist von der maximalen Auslastung der Anlage auszugehen; bei den Witterungsbedingungen sind auch extreme Wetterlagen, wie z. B. starke Niederschläge, zu berücksichtigen.

Dieses bedeutet, daß das Lagergut

- dauernd dicht verschlossen,
- gegen Beschädigung geschützt (bruchsicher)

sein muß.

Einige Bundesländer (z. B. Sachsen) dehnen die Bestimmungen des § 14 Muster-VAwS auf alle LAU-Anlagen für Feststoffe aus.

Auch **Rohrleitungen** können eoh sein. Bis zur Entwicklung der Muster-VAwS waren oberirdische Rohrleitungen z. B. aus Kupfer Anlagenteile einfacher oder herkömmlicher Art, soweit sie im Umgang mit Medien eingesetzt wurden, die Kupfer nicht angreifen. Auch Stahlleitungen konnten eoh sein, wenn sie mit einer Kunststoffisolierung versehen und kathodisch gegen Korrosion geschützt waren.

Die Muster-VAwS nennt das Konzept von eoh Rohrleitungen nicht ausdrücklich. Ist eine Rohrleitung jedoch ein unselbständiger Teil einer Anlage, so sind die Regelungen der gesamten Anlage maßgebend. Das bedeutet:

- Bei Rohrleitungen als Teil einer HBV-Anlage stellt sich die Frage nach eoh nicht, da die Stoffe sich im Arbeitsgang befinden und somit den behördlichen Vorkontrollen nach Wasserrecht nicht unterliegen. Gleichwohl muß der Besorgnisgrundsatz gemäß § 19 g WHG realisiert werden.
- Als Teil einer LAU-Anlage ist die Rohrleitung ebenfalls eoh, wenn die Anlage insgesamt gemäß der §§ 13 Abs. 1 oder 14 einfach oder herkömmlich ist, bzw. wenn bei Lageranlagen für Flüssigkeiten Technische Regeln für Rohrleitungen als Anlagenteile eingeführt wurden, welche bei Einhaltung die fraglichen Rohrleitungen zu eoh Rohrleitungen erklären.

Einige Bundesländer (z. B. Niedersachsen, Sachsen) ergänzen hier die Muster-VAwS. Sie erklären in ihrer VAwS Rohrleitungen für Flüssigkeiten dann für eoh, wenn sie den Anforderungen das § 12 VAwS entsprechen.

6.2.7
Allgemein anerkannte Regeln der Technik

Gemäß § 19 g Abs. 3 WHG sind bei Einbau, Aufstellung, Unterhaltung und Betrieb von Anlagen zum Umgang mit wassergefährdenden Stoffen mindestens die allgemein anerkannten Regeln der Technik einzuhalten.

> *19 g WHG „Umgang mit wassergefährdenden Stoffen"*
> *(3) Anlagen im Sinne der Absätze 1 und 2 <u>müssen mindestens entsprechend den allgemein anerkannten Regeln der Technik</u> beschaffen sein sowie eingebaut, aufgestellt, unterhalten und betrieben werden.*

Das WHG definiert allgemein anerkannte Regeln der Technik (a.a.R.d.T) nicht, sondern setzt die Kenntnis voraus, was darunter zu verstehen ist. Aufgrund des Reichsgerichtsurteils von 1910, das immer noch geltendes Recht ist, ist eine solche Definition auch nicht zwingend nötig. Es handelt sich bei ihnen um unbestimmte Rechtsbegriffe, die als Tatbestandsmerkmale auf die Vorstellungen der einschlägigen Fachkreise verweisen (siehe Kap. 3.1.3).

Allgemein anerkannte Regeln der Technik sind die auf wissenschaftlichen Grundlagen und fachlichen Erkenntnissen beruhenden Regeln, die in der praktischen Anwendung erprobt und bewährt sind und von der Mehrheit der auf dem jeweiligen Fachgebiet tätigen Fachleute als „richtig" anerkannt werden, m.a.W. die herrschende Auffassung unter den technischen Praktikern.

Allgemein anerkannte Regeln der Technik müssen nicht schriftlich fixiert sein. Allgemein anerkannt sind technische Regeln dann, wenn sie in der praktischen Anwendung erprobt sind und von den einschlägigen Fachkreisen für richtig gehalten werden – insbesondere von denjenigen, welche Anlagen planen, entwickeln, bauen, betreiben, begutachten, prüfen, genehmigen und überwachen. Die tatsächliche Anerkennung genügt. Eine schriftliche Niederlegung wie in einem technischen Regelwerk ist somit nicht unbedingt erforderlich. Bei fachlichen Regelwerken ist jedoch die Tatsache, daß sie in einem förmlichen Anerkennungsverfahren, z. B. im Rahmen technisch-wissenschaftlicher Verbände (Gelbdruckverfahren) entstanden sind, ein gewichtiger Hinweis auf das Vorliegen von a.a.R.d.T. Technische Regelwerke sind allerdings für die Anlagenbetreiber nicht unmittelbar verbindlich, weil sie nicht als Rechtsnorm wie ein Gesetz oder eine Rechtsverordnung erlassen worden sind.

Allgemein anerkannte Regeln der Technik entwickeln sich im Laufe der Zeit fort. Durch § 19 g (3) WHG wird diese Dynamik in das anlagenbezogene Wasserrecht hineingetragen. Die Konsequenz für den Betreiber ist: wenn sich die Technik fortentwickelt hat, müssen die Anlagen nachgerüstet werden.

Diese generellen Anforderungen stellen das Ausgangsniveau für das anlagenbezogene Sicherheitskonzept dar. Sie werden durch die speziellen Regelungen der VAwS incl. ihrer Anhänge präzisiert. Das Wort „mindestens" ist Ausdruck für das Abstufungskonzept, das dem Verhältnismäßigkeitsprinzip entspricht. D. h. je größer das Gefährdungspotential einer Anlage ist, desto höher die technischen und organisatorischen Anforderungen – ggf. also über die a.a.R.d.T. hinaus.

Für die Festlegung des Basisniveaus versetzt § 5 Muster-VAwS die oberste Bau- bzw. Wasserbehörde in die Lage, technische Vorschriften und Baubestimmungen als allgemein anerkannte Regeln der Technik einzuführen.

§ 5 Muster-VAwS „Allgemein anerkannte Regeln der Technik"
Als allgemein anerkannte Regeln der Technik im Sinne des § 19 g Abs. 3 WHG gelten insbesondere die technischen Vorschriften und Baubestimmungen, die die oberste Wasserbehörde oder die oberste Baurechtsbehörde durch öffentliche Bekanntmachung eingeführt hat; bei der Bekanntmachung kann die Wiedergabe des Inhalts der technischen Vorschriften und Baubestimmungen durch einen Hinweis auf ihre Fundstelle ersetzt werden. Als allgemein anerkannte Regeln der Technik gelten auch gleichwertige Baubestimmungen und technische Vorschriften anderer Mitgliedstaaten der Europäischen Gemeinschaften.

Danach werden aus dem großen Pool aller allgemein anerkannten technischen Regeln diejenigen hervorgehoben, die der zuständige Minister offiziell eingeführt hat. Das bedeutet aber nicht, man die nicht offiziell eingeführten Regeln, die nach wie vor existieren, vernachlässigen dürfe („insbesondere"!).

Technische Vorschriften und Baubestimmungen müssen nicht eingeführt sein, um die Eigenschaft von a.a.R.d.T. zu erreichen. Sind sie aber eingeführt, d. h. sind sie in einem Gesetz, einer Rechtsverordnung etc. zitiert, dann sind sie zu beachten.

Hierdurch wird der Vollzug erleichtert. Es braucht nicht mehr in jedem Einzelfall festgestellt zu werden, ob die in Frage stehende Regel in der Praxis erprobt ist und der Durchschnittsmeinung der Praktiker entspricht. Vielmehr hat die oberste Bau- bzw. Wasserbehörde die Frage durch Bekanntmachung für bestimmte Regeln positiv beantwortet.

Eingeführte und nicht eingeführte Regeln

Eine behördlich eingeführte Regel muß als allgemein anerkannt gelten. Damit wird ein Vertrauenstatbestand geschaffen. Dennoch ist eine nach § 5 Muster-VAwS eingeführte Regel der Technik nicht auf Zeit und Ewigkeit notwendig allgemein anerkannt. Diese Feststellung hat eine besondere Bedeutung für Regeln der Technik, die von der Entwicklung überholt worden sind. Betreiber und Fachbetriebe können dann den Nachweis antreten, daß zwischenzeitlich eine andersartige Verhaltens- und Konstruktionsweise die allgemeine Anerkennung der Fachwelt gefunden hat.

Amtlich eingeführte Regeln der Technik finden sich

- in der Nr. 5 der Verwaltungsvorschriften zur VAwS oder
- in den in § 5 der Landes-VAwS genannten Verkündungsblättern (Amtsblatt, Ministerialblatt).

In Nr. 5 der Verwaltungsvorschrift werden u. a. Regeln festgelegt für:

- DIN-Normen zur Beurteilung der Eigenschaft einfach oder herkömmlich
- Technische Regeln für die unmittelbare Anlagensicherheit (1. Barriere oder primäre Sicherheit), die primär dem Arbeitsschutzrecht angehören, auf die aber das Wasserrecht Bezug nimmt:
  - Technische Regeln für brennbare Flüssigkeiten (TRbF)
  - Technische Regeln für gefährliche Stoffe (TRGS)
  - Technische Regeln für Druckbehälter (TRB)
  - Technische Regeln für Rohrleitungen (TRR)
  - Technische Regeln für Dampfkessel (TRD)
- Besondere Einzelregelungen zu
  - Standsicherheit und Untergrund
  - Brandschutz
  - Korrosionsbeständigkeit, Korrosionsschutz
  - Innenbeschichtungen, Auskleidungen
  - Besichtigungsöffnungen
  - Rohrleitungen
  - Doppelwandigkeit von Behältern und Rohrleitungen
  - Abstände von Wänden und Boden
  - Domschächte, Schutzkanäle

- Leitungen zur Verbindung kommunizierender Behälter
- Auffangräume, Auffangwannen, Auffangtassen
- Dichtigkeit
- Abdichtungen
- Ausrüstungsteile, Sicherheitseinrichtungen, Schutzvorkehrungen
- Abfüll- und Umschlagvorgänge in Häfen

Mit der amtlichen Einführung gemäß § 5 Muster-VAwS wird nicht der Anspruch auf Vollständigkeit verbunden. Neben den amtlich eingeführten Regeln der Technik kann es weitere Regeln geben, die von den auf dem Gebiet von Einbau, Aufstellung, Unterhaltung und Betrieb von Anlagen zum Umgang mit wassergefährdenden Stoffen tätigen Praktikern allgemein anerkannt sind. Doch sie haben einen Nachteil. Wer die Anwendung einer nicht amtlich eingeführten Regel erreichen will, vor allem, wenn sie von einer amtlich eingeführten abweicht, muß belegen, daß diese Regel in der Fachwelt allgemeine Anerkennung findet und zumindest gleichwertig ist.

Trotz VAwS und VVAwS bleiben Punkte offen. So beauftragte die Länderarbeitsgemeinschaft Wasser (LAWA) den Deutschen Verband für Wasser und Kulturbau (DVWK) als technisch-wissenschaftlichen Verband, zu bestimmten Fragen technische Regeln zu erstellen. Sie erfüllen einschließlich eines öffentlichen Abstimmungsverfahrens (Gelbdruckverfahren) die oben geschilderten „formalen Anforderungen" an allgemein anerkannte Regeln der Technik. Um wirksam zu werden, ist gar nicht einmal unbedingt nötig, daß sie gemäß § 5 VAwS in dem jeweiligen Bundesland eingeführt werden.

Z. Zt. sind sechs Technische Regeln wassergefährdender Stoffe (TRwS) vorhanden:

- Bestehende unterirdische Rohrleitungen (TRwS 130/1996) [TRwS-96a]
- Bestimmung des Rückhaltevermögens R1 (TRwS 131/1996) [TRwS-96b]
- Ausführung und Dichtflächen (TRwS 132/1997) [TRwS-97a]
- Flachbodentanks zur Lagerung wassergefährdender Flüssigkeiten (TRwS 133/1997) [TRwS-97b]
- Abwasseranlagen als Auffangvorrichtungen (TRwS 134/1997) [TRwS-97c]
- Bestehende einwandige unterirdische Behälter (TRwS 135/1997) [TRwS-97d]

Das Einhalten amtlich eingeführter a.a.R.d.T. erleichtert bei LAU-Anlagen auf jeden Fall die Eignungsfeststellung, weil sie sich dann in den entsprechenden Punkten statt auf eine fachliche Prüfung auf ein formales „Abhaken" beschränken kann. Wenn die betreffenden Technischen Regeln ausdrücklich für die Eigenschaft eoh eingeführt wurden (siehe § 13 Abs. 2 Nr. 2), entfällt die Eignungsfeststellung für das entsprechende Teil bzw. die ganze Anlage ohnehin.

6.2.8
Gefährdungspotential und Gefährdungsstufen

Die Ermittlung des Gefährdungspotentials, das von Anlagen zum Umgang mit wassergefährdenden Stoffen ausgeht, ist nach der Feststellung der zu betrachtenden selbständigen und ortsfesten oder ortsfest benutzten Funktionseinheit als Anlage die zentrale Aufgabe, da sich daraus alle weiteren organisatorischen und technischen Anforderungen ergeben. Gemäß § 6 Muster-VAwS ist für die jeweilige Anlage eine Gefährdungsstufe zu bestimmen (Tabelle 6.11).

§ 6 Muster-VAwS „Gefährdungspotential"
(1) Die Anforderungen an Anlagen zum Umgang mit wassergefährdenden Stoffen, vor allem hinsichtlich der Anordnung, des Aufbaus, der Schutzvorkehrungen und der Überwachung, richten sich nach ihrem Gefährdungspotential.
(2) Das Gefährdungspotential hängt insbesondere ab vom Volumen der Anlage und der Gefährlichkeit der in der Anlage vorhandenen wassergefährdenden Stoffe sowie der hydrogeologischen Beschaffenheit und Schutzbedürftigkeit des Aufstellungsortes.
(3) Die Gefährdungsstufe einer Anlage bestimmt sich nach der Wassergefährdungsklasse (WGK) der in der Anlage enthaltenen Stoffe und deren Volumen oder Masse nach Maßgabe der nachstehenden Tabelle. Bei flüssigen Stoffen ist das Volumen, bei gasförmigen und festen die Masse anzusetzen. Für Anlagen mit Stoffen, deren WGK nicht sicher bestimmt ist, wird die Gefährdungsstufe nach WGK 3 ermittelt.

Tabelle 6.11 Gefährdungsstufen

Volumen in m³ bzw. Masse in t / WGK	0	1	2	3
bis 0,1	Stufe A	Stufe A	Stufe A	Stufe A
mehr als 0,1 bis 1	Stufe A	Stufe A	Stufe A	Stufe C
mehr als 1 bis 10	Stufe A	Stufe A	Stufe B	Stufe D
mehr als 10 bis 100	Stufe A	Stufe A	Stufe C	Stufe D
mehr als 100 bis 1000	Stufe A	Stufe B	Stufe D	Stufe D
mehr als 1000	Stufe A	Stufe C	Stufe D	Stufe D

Danach setzt sich das Gefährdungspotential einer Anlage aus 2 Teilen zusammen:

Teil 1: Gefährdungsstufe
Diese bestimmt sich aus der in der Anlage vorhandenen Menge eines/mehrerer wassergefährdender Stoffe, deren Gefährlichkeit mit den Wassergefährdungsklassen definiert wird.

Teil 2: Standortbedingungen
Diese ergeben sich aus der hydrogeologischen Beschaffenheit sowie

der Schutzwürdigkeit der Umgebungsnutzungen am Standort bzw. im Umfeld des Standortes.

Zur Ermittlung der Gefährdungsstufen ist die Tabelle gemäß § 6, zu benutzen. Für die Ermittlung und Bewertung der Standortbedingungen hinsichtlich der Schutzwürdigkeit sind in der Regel Einzelgutachten erforderlich. So gehen in diese Erhebungen und Bewertungen Gesichtspunkte ein wie

- Steht die Anlage auf einem Karstgrundwasserleiter oder auf einer ausgeprägten dichten Deckschicht?
- Steht die Anlage im Oberstrom einer Grundwassergewinnung oder eines ökologisch wertvollen Biotops?

Hieraus ergeben sich Aspekte, die weitere technische oder organisatorische Anforderungen an eine Anlage, über die aus der Gefährdungsstufe resultierenden Anforderungen hinausgehend, nach sich ziehen können. Im Extremfall kann es sogar bis zur Nichterrichtung einer Anlage führen.

Grundsatz:

> Je größer die Gefahr ist, die von wassergefährdenden Stoffen in einer Anlage ausgeht, desto umfangreicher müssen die Gegenmaßnahmen zur Verhinderung eines Freiwerdens dieser Stoffe ausfallen. Dieses entspricht dem Besorgnis- und Verhältnismäßigkeitsgrundsatz.

Welcher Aufwand im einzelnen betrieben werden muß, läßt sich aus § 6 Muster-VAwS nicht unmittelbar entnehmen. Hierzu bedarf es zusätzlicher Vorschriften der Muster-VAwS.

Maßgebende Faktoren
Gemäß § 6 Abs. 2 sind die vier Faktoren, die für das Gefährdungspotential entscheidend sind:

- Volumen,
- Gefährlichkeit der in der Anlage vorhandenen Stoffe,
- hydrogeologische Beschaffenheit des Aufstellungsortes,
- Schutzbedürftigkeit des Aufstellungsortes.

Die ersten beiden Faktoren sind standortunabhängig.

Das maßgebliche Volumen (s. Kap. 6.2.3) ist nicht immer einfach zu ermitteln, da es unmittelbar an die Festlegung der selbständigen und ortsfest oder ortsfest genutzten Anlage gebunden ist. Zwar haben die meisten Länder in ihrer jeweiligen Verwaltungsvorschrift zum Vollzug der VAwS festgelegt, daß das maßgebende Volumen einer Anlage der im Betrieb vorhandene Rauminhalt der wassergefährdenden Stoffe ist, wobei betriebliche Absperreinrichtungen nicht berücksichtigt werden. Andere beziehen sich auf das geometrische Anlagenvolumen. Beides ist aber nicht immer eindeutig.

Die Ermittlung der maßgeblichen WGK ist dagegen relativ einfach, da sie sowohl für den Einzelstoff als auch für Gemische eindeutig festgelegt sind. Nicht-eingestufte Stoffe sind automatisch WGK 3 bzw. in Abstimmung mit der zuständigen Behörde der WGK nach Selbsteinstufung zuzuordnen. Befinden sich in einer Anlage wassergefährdende Stoffe unterschiedlicher Wassergefährdungsklassen, ist für die Ermittlung der Gefährdungsstufe die höchste Wassergefährdungsklasse maßgebend, falls das zugehörige Volumen mehr als 3% des Gesamtvolumens der Anlage übersteigt. Ist der Prozentsatz kleiner, ist die nächstniedrigere Wassergefährdungsklasse anzusetzen.

Die Gefährlichkeit eines Stoffes wird abschließend durch die Wassergefährdungsklasse bestimmt. Im Rahmen des § 6 bleiben andere Stoffeigenschaften und -klassen unberücksichtigt, so z. B. die Brennbarkeit und die darauf aufbauenden Gefahrklassen der Verordnung über Anlagen zur Lagerung, Abfüllung und Beförderung von brennbaren Flüssigkeiten (VbF). Unterfällt eine Anlage zugleich der VbF, dann sind natürlich für die gemäß VbF erforderlichen Anforderungen entsprechend der dort geltenden Gefahrklasse mit zu berücksichtigen.

Die Aspekte der Hydrogeologie und der Schutzbedürftigkeit lassen sich bislang nicht in geeigneter Form generalisieren. Versuche zu einer systematischen Bewertung in entsprechenden Klassifikationen wurden gemacht [IWS-96, LÜH-96]. Sie haben aber bislang noch keinen offiziellen Eingang in die Verwaltungspraxis gefunden. Sie unterliegen somit der Einzelfallbeurteilung für eine Anlage. In der Regel führen sie zu Aufschlägen hinsichtlich der technischen und organisatorischen Anforderungen gegenüber dem für den Normalfall ermittelten Gefährdungspotential. Die beiden standortabhängigen Gefährdungsmerkmale hydrogeologische Beschaffenheit und Schutzbedürftigkeit des Aufstellungsortes führen also nicht stets, sondern nur unter besonderen Umständen zu veränderten Anforderungen. Als solche kommen in Betracht:

– Einzugsgebiete von Wassergewinnungsanlagen und Heilquellen,
– oberirdische Gewässer, die für die Wasserversorgung vorgesehen sind,
– Gebiete, deren geologische Beschaffenheit die Verunreinigung auch weit entfernt liegender Gewässer, die der Wasserversorgung dienen oder dafür vorgesehen sind, besorgen läßt,
– Gebiete mit reichen oder örtlich bedeutsamen Grundwasservorkommen ohne ausreichend dicke oder dichte Deckschichten,
– oberirdische Gewässer mit ihren Uferbereichen und Überschwemmungsgebieten,
– Einzugsgebiete von wasserwirtschaftlich bedeutsamen Seen.

Konsequenzen aus den Gefährdungsstufen
Je nach Zuordnung der festgelegten Anlage zu einer der 4 Gefährdungsstufen A bis D ergibt sich ein unterschiedlicher Anwendungsumfang. So sind folgende Regelungen in der VAwS eingeführt worden.

– Unzulässigkeit von Anlagen aller Gefährdungsstufen im Fassungsbereich (Zone I) und in der engeren Schutzzone (Zone II) von Trinkwasserschutzgebieten (§ 10 Abs. 1);
– Unzulässigkeit von oberirdischen Anlagen der Gefährdungsstufe D sowie unterirdischen Anlagen der Gefährdungsstufen C und D in der weiteren Schutzzone (III bzw. III A) von Trinkwasserschutzgebieten;
– Erfordernis eines Anlagenkatasters für Anlagen der Gefährdungsstufe D (§ 11 Abs. 1);

- Anlagen zum Lagern, Abfüllen und Umschlagen (LAU-Anlagen) flüssiger wassergefährdender Stoffe sind einfach und herkömmlich (eoh-Anlagen), wenn sie der Gefährdungsstufe A zuzuordnen sind (§ 13 Abs. 1);
- Anlagen zum Lagern fester wassergefährdender Stoffe (in machen Ländern alle LAU-Anlagen) sind einfach oder herkömmlich (eoh-Anlagen), wenn sie der Gefährdungsstufe A zuzuordnen sind (§ 14 Abs. 1);
- Zulässigkeit der Nutzung von Abwasseranlagen als Auffangvorrichtung bei HBV-Anlagen der Gefährdungsstufen A, B oder C (§ 21 Abs. 1);
- Pflicht des Betreibers zur Durchführung wiederkehrender Prüfungen
  - bei Inbetriebnahme und wesentlichen Änderungen
  - bei Wiederinbetriebnahme von länger als 1 Jahr stillgelegten Anlagen
  - bei Stillegungen
  - bei unterirdischen Anlagen aller Gefährdungsstufen sowie
  - bei oberirdischen Anlagen der Gefährdungsstufen C und D bzw. der Gefährdungsstufen B, C und D in Trinkwasserschutzgebieten durch Sachverständige gemäß § 22 VAwS (§ 23 Abs. 1);
- Pflicht des Betreibers zur Überprüfung bei Inbetriebnahme von oberirdischen Anlagen mit einem Gefährdungspotential der Stufe B durch Sachverständige gemäß § 22 VAwS (§ 23 Abs. 1);
- Ausschluß der Fachbetriebspflicht für Tätigkeiten an Anlagen zum Umgang mit wassergefährdenden Flüssigkeiten der Gefährdungsstufe A und B (§ 24).

Weitere Details sind in den jeweiligen Verwaltungsvorschriften der Länder zum Vollzug der VAwS sowie in weiteren Vollzugserlassen festgelegt.

6.2.9
Bestehende Anlagen

Die technischen und organisatorischen Anforderungen gelten zunächst für neu zu errichtende Anlagen. Für bestehende Anlagen (Altanlagen) gilt Bestandsschutz, es sei denn, daß im gesetzlichen Regelwerk zur Anpassung der Altanlagen an den fortschrittlicheren Stand der Technik spezielle Regelungen getroffen worden sind.

Das Ziel der VAwS ist es, die Gewässer vor Verunreinigungen zu schützen. Dieses kann nur erreicht werden, wenn auch die bestehenden Anlagen den neuen Vorschriften unterworfen werden.

§ 28 Muster-VAwS „Bestehende Anlagen"
(1) Für Anlagen, die bei Inkrafttreten dieser Verordnung bereits eingebaut oder aufgestellt waren (bestehende Anlagen), sind die Anforderungen nach § 3 Abs. 1 Nr. 6 und §§ 9, 11 und 20 innerhalb von zwei Jahren nach Inkrafttreten dieser Verordnung zu erfüllen, es sei denn, daß diese Anforderungen auch schon nach der bisherigen Rechtslage bestanden.
(2) Werden durch diese Verordnung andere als die in Absatz 1 genannten Anforderungen neu begründet, so gelten sie für bestehende Anlagen erst auf Grund einer Anordnung der Wasserbehörde. Jedoch kann auf Grund dieser Verordnung nicht verlangt werden, daß regelmäßig bestehende oder begonnene Anlagen stillgelegt oder beseitigt werden.

*(3) Anlagen, die nach der Verordnung über das Lagern wassergefähr-
denden Flüssigkeiten (VLwF) als einfach oder herkömmlich galten, bedürfen auch weiterhin keiner Eignungsfeststellung.
(4) Der Betreiber hat bestehende Anlagen, die auf Grund des § 23 erstmalig einer Prüfung bedürfen, spätestens bis zum 31. Dezember 1995
überprüfen zu lassen. Diese Prüfung gilt als Prüfung vor Inbetriebnahme
im Sinn von § 23 Abs. 1 Satz 3. Satz 1 gilt nicht, wenn in einer behördlichen Zulassung eine Ausnahme von der Prüfpflicht erteilt oder eine andere Frist für die erstmalige Prüfung bestimmt wird.*

Damit hat § 28 Muster-VAwS eine große Bedeutung für das jeweilige Unternehmen hinsichtlich des Bestandsschutzes der vorhandenen Anlagen. Soweit eine
Anlage im Sinne der Muster-VAwS zugleich eine nach Immissionsschutzrecht
genehmigungsbedürftige Anlage oder ein Teil von ihr darstellt, ergibt sich das
Ausmaß des Bestandsschutzes aus der Kombination von § 28 Muster-VAwS und
den einschlägigen Vorschriften des Bundesimmissionsschutzgesetzes.

Verfassungsrechtlich ist es legitim, daß an bestehende Anlagen grundsätzlich
dieselben Anforderungen zu stellen sind wie an Neuanlagen. Die VAwS geht mit
§ 28 davon aus, daß Anlagen zum Umgang mit wassergefährdenden Stoffen für
die Zukunft die aus der Sicht des Gewässerschutzes notwendigen Anforderungen
erfüllen müssen.

Die Abgrenzung „Altanlage"/„Neuanlage" im Sinne der Muster-VAwS richtet
sich nach der Einführung der VAwS im betreffenden Bundesland. Es handelt sich
um „bestehende Anlagen", wenn sie zum Zeitpunkt des Inkrafttretens der VAwS
bereits eingebaut oder aufgestellt sind. Der Zeitpunkt der Inbetriebnahme ist dabei
nicht von Bedeutung.

Um die Umstellung auf den neuen Standard zu erreichen, wurden eine Reihe
von Übergangsregelungen geschaffen:

1. Die neuen technischen und organisatorischen Anforderungen sind innerhalb
   von zwei Jahren nach Inkrafttreten der VAwS zu erfüllen.
2. Die Geltung der neuen Anforderungen nach anderen als der in § 28 VAwS
   genannten Vorschriften ist von einer behördlichen Anordnung abhängig; Still-
   legung oder Beseitigung von Anlagen kann grundsätzlich nicht verlangt werden.
3. Anlagen, die nach den vorher geltenden Vorschriften als eoh galten, bedürfen
   auch weiterhin keiner Eignungsfeststellung.
4. Prüfpflichtig gewordene Anlagen sind spätestens bis zum 31. Dezember 1995
   überprüfen zu lassen.
5. Sachverständigen-Organisationen bedürfen erst ab dem 1. Januar 1996 einer
   Anerkennung.

Gemäß § 28 Abs. 2 Muster-VAwS bleibt die Frage offen

– ob eine Sanierung der Altanlage erforderlich ist,
– in welchem Umfang bzw. mit welchem Aufwand und welchen Mitteln eine
  Sanierung durchzuführen ist und
– wann eine Sanierung stattzufinden hat.

Diese Entscheidungen haben die zuständigen Behörden im Einzelfall vorzunehmen. Teilweise sind in den Vollzugserlassen generelle Regelungen getroffen worden. Es ist aber zu betonen, daß gerade in den neuen Bundesländern von den Musterregelungen des § 28 stark abgewichen wird und z. T. auch weitergehende Nachrüstungsautomatismen geschaffen wurden.

Nachträgliche Anordnungen zur Sanierung bestehender Anlagen müssen die Verhältnismäßigkeit beachten. Auf keinen Fall darf ein Sanierungsziel gefordert werden, das über das von der VAwS vorgegebene Schutzniveau für vergleichbare Neuanlagen hinausgeht. Generelle Regelungen nehmen die von der Behörde im Einzelfall anzustellenden Verhältnismäßigkeitsüberlegungen allerdings vorweg. Insbesondere nehmen sie die Frage vorweg, welche wirtschaftlichen Belastungen dem Anlagenbetreiber zugemutet werden können. Der Anlagenbetreiber kann dann nicht mehr argumentieren, die beschriebene Sanierungsanforderung überfordere seine individuelle wirtschaftliche Leistungsfähigkeit.

In den Vollzugserlassen der Länder werden die Anforderungen und Übergangsgenehmigungen näher festgelegt, u. a.:

- Anlagen in Trinkwasserschutzgebieten
  Bei bestehenden Anlagen, wenn sie als Neuanlagen nicht mehr zulässig wären, sind weitergehende Anforderungen zu stellen. Die untere Wasserbehörde kann darauf verzichten, falls die vorhandenen Anlagen bereits ausreichend sicher sind.
- Auffangräume aus bindigem Boden
  Auffangräume aus bindigem Boden sind nur noch bei bestehenden Flachbodentanks zulässig, sofern der Boden des Flachbodentanks doppelwandig und lecküberwacht oder mit einer gleichwertigen Sicherheitseinrichtung ausgestattet ist. Sohle und Wälle des Auffangraums müssen dann aus einer mindestens 30 cm dicken Schicht bindigen Bodens bestehen, der so verdichtet ist und ausreichend feucht gehalten wird, daß die wassergefährdenden Flüssigkeiten höchstens 20 cm tief eindringen können.
  Die Betreiber von Flachbodentanks in Auffangräumen aus bindigem Boden, die diese Anforderungen nicht erfüllen, sind zu ermitteln und aufzufordern, die erforderlichen Anpassungen im Rahmen eines Sanierungsplanes durchzuführen. Der Sanierungsplan kann in einem öffentlich-rechtlichen Vertrag vereinbart oder durch Anordnung festgesetzt werden.
- Einwandige Behälter
  Einwandige unterirdische Behälter sind nach wasserwirtschaftlichen Notwendigkeiten doppelwandig oder mit Leckschutzauskleidung umzurüsten. Hierbei sind die Ergebnisse der Sachverständigengutachten zu berücksichtigen.
  Die zuständige Wasserbehörde ordnet den Austausch der Behälter an, wenn im Rahmen der wiederkehrenden Prüfung technische Mängel bei der Dichtheitsprüfung der Anlage auftreten. Die gleiche Anordnung ergeht, wenn zwischen den wiederkehrenden Prüfungen technische Mängel auftreten.
- Unterirdische Rohrleitungen
  Unterirdisch Rohrleitungen sind bei technischen Mängel anzupassen.
- Eignungsfestellung, Bauartzulassung
  Anlagen, die eignungsfestgestellt oder bauartzugelassen sind, müssen den Bestimmungen der VAwS nur angepaßt werden, wenn dies aus Gründen des Ge-

wässerschutzes geboten ist. Dabei kann zur Vermeidung von Härten eine vertretbare Übergangsfrist eingeräumt werden.

Bestehende Anlagen, die bereits nach bisherigen Vorschriften der Eignungsfeststellung bedurften, jedoch noch über keine Eignungsfeststellung verfügen, sind den Bestimmungen der Anlagenverordnung anzupassen.

– Abwasseranlagen als Auffangvorrichtungen

Die Betreiber bestehender HBV-Anlagen, die Abwasseranlagen als Auffangvorrichtungen nutzen, sind aufzufordern, ihre Anlagen den Anforderungen des § 21 VAwS anzupassen.

– Maßnahmen der Löschwasserrückhaltung

Maßnahmen der Löschwasserrückhaltung sind bei den Prüfungen nach § 23 VAwS oder anläßlich behördlicher Überwachungen vor allem anhand des Anlagenkatasters oder der Betriebsanweisung zu überprüfen und erforderlichenfalls anzuordnen.

Bei näherem Hinsehen stellt man fest, daß die Vollzugsbehörde kein „scharfes" Instrument bzgl. der Altanlagen hat. So besteht z. B. keine Verpflichtung der unteren Wasserbehörde zur umfassenden Erfassung der bestehenden Anlagen (Altanlagen). Die VAwS setzt vielmehr in verstärktem Maß auf die Verantwortlichkeit der Anlagenbetreiber, wobei der Betreiber die neue Rechtslage im eigenen Sinne beachten soll. Im Schadensfall greift sonst das Haftungsrecht voll durch.

Bei der Prüfung der Verhältnismäßigkeit sind zahlreiche Gesichtspunkte zu berücksichtigen.

– Wie groß ist der Unterschied zwischen dem Technologieniveau der bestehenden Anlage (Altanlage) und den neuen Anforderungen?
– In welchen Bereichen und welchem Ausmaß bleibt die Anlage hinter den Anforderungen der Muster-VAwS zurück?
– Besteht überhaupt die Möglichkeit zur Nach- bzw. Umrüstung (z. B. Platz)?
– Wie hoch sind die Investitionskosten für die Sanierungsmaßnahme?
– In welcher Größenordnung löst die Durchführung der Sanierung betriebliche Mehrkosten aus?
– Wie ist Dauer und Ausmaß der Produktionsausfälle bei der Anlagenumrüstung?
– Gibt es Produktionsausfälle in anderen Bereichen?
– Gibt es technische Besonderheiten, die eine Nach- bzw. Umrüstung nicht zulassen?
– Wie groß ist die verbleibende Nutzungsdauer der Anlage?
– Ist eine Stillegung ohnehin geplant und wann?
– Welche spezifischen Standortbedingungen liegen vor, die einer Nach- bzw. Umrüstung im Wege stehen?

Die Behörde hat dabei die relevanten Verhältnismäßigkeitsgesichtspunkte selbst zu ermitteln (Amtsermittlung). Allerdings trifft den Betreiber eine Mitwirkungspflicht.

Dieses sollte zum Vorteil des Betreibers immer genutzt werden, da der Behörde Informationen über technische Besonderheiten oder wirtschaftliche Gegebenheiten oftmals nicht zur Verfügung stehen, die sonst dem Betreiber zugute kommen können. Macht der Betreiber die Behörde nämlich nicht darauf aufmerksam, dann ist die Anordnung auch dann rechtmäßig, wenn diese Verhältnismäßigkeitsgesichtspunkte unberücksichtigt bleiben.

6.2.10
Rohrleitungen

Rohrleitungsanlagen bestehen aus Rohren, Rohrleitungsteilen und Flanschverbindungen, Armaturen, Sicherheitseinrichtungen, Meß- und Regelgeräten, Rohrhalterungen sowie Pumpen. Bei den Rohrleitungsanlagen (Abb. 6.4) wird im Wasserrecht und damit auch in den technischen Regeln nach Fern- und Verbindungsleitungen (§§ 19 a bis f WHG) und nach Rohrleitungsanlagen, die den Bereich eines Werkgeländes nicht überschreiten (§ 19 g WHG) unterschieden.

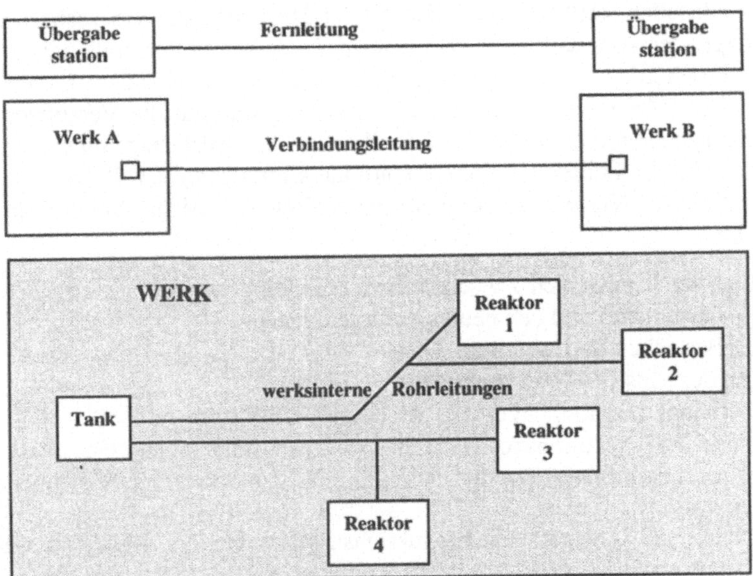

Abb. 6.4 Rohrleitungsanlagen

Unter Fernleitungen werden Rohrleitungen verstanden, die über große Entfernungen Stoffe befördern (Pipeline). Unter Verbindungsleitungen werden Rohrleitungen verstanden, die z. B. zwei durch ein öffentliches bzw. privates Grundstück getrennte Werke (geschlossenes Werksgelände) über nicht allzu große Entfernungen verbindet. Werksinterne Rohrleitungen sind Rohrleitungen, die auf einem Werksgelände die technischen Einheiten verbinden.

Abbildung 6.5 zeigt in der Übersicht die Aufteilung der Rohrleitungsanlagen auf die verschiedenen Rechtsbereiche. Im folgenden werden nur die werksinternen Rohrleitungsanlagen behandelt.

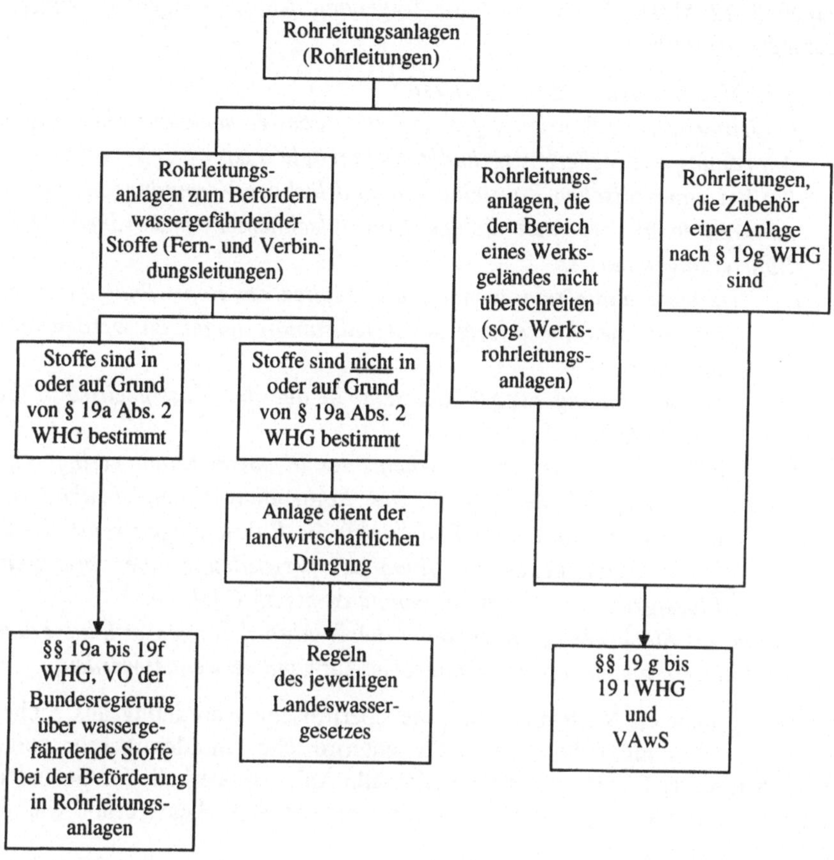

Abb. 6.5 Übersicht Rohrleitungsanlagen/Rohrleitungen

Werksinterne Rohrleitungsanlagen als feste oder flexible Leitungen zum Befördern wassergefährdender Stoffe **können selbständige Anlagen (sog. Werksrohrleitungsanlagen)** oder auch **unselbständige Teile** von Anlagen zum Umgang mit wassergefährdenden Stoffen sein.

Ist eine **Rohrleitung** ein **unselbständiger Teil** einer LAU- oder HBV-Anlage, so unterliegt sie den gleichen Bedingungen wie die gesamte Anlage (z. B. Zuleitungen zu Lagertanks), einschließlich der Eignungsfeststellung bzw. der Ausnahmen (z. B. eoh) davon.

Wenn Rohrleitungen als **selbständige Anlagen** zu betrachten sind (z. B. zentrale Rohrbrücken, die unterschiedliche Anlagen in einem Werk verbinden), dann befinden sich wassergefährdende Stoffe, die mit ihrer Hilfe befördert werden, nicht im Arbeitsgang. Wassergefährdende Stoffe in solchen Anlagen sind nicht Gegenstand des Arbeitsprozesses.

Weil es in der VAwS keine eoh-Regelungen ausdrücklich für Rohrleitungsanlagen gibt, unterliegen grundsätzlich alle selbständigen Rohrleitungsanlagen der Eignungsfeststellung.

Gemäß § 12 Muster-VAwS sind die folgenden Anforderungen an Rohrleitungsanlagen zu stellen:

> **§ 12 Muster-VAwS „Rohrleitungen"**
>
> *(1) Unterirdische Rohrleitungen sind nur zulässig, wenn eine oberirdische Anordnung aus Sicherheitsgründen nicht möglich ist.*
>
> *(2) Bei unterirdischen Rohrleitungen sind lösbare Verbindungen und Armaturen in überwachten dichten Kontrollschächten anzuordnen. Diese Rohrleitungen müssen*
>
> *1.   doppelwandig sein, wobei Undichtheiten der Rohrwände durch ein zugelassenes Leckanzeigegerät selbständig angezeigt werden müssen, oder*
>
> *2.   als Saugleitung ausgebildet sein, in der die Flüssigkeitssäule bei Undichtheiten abreißt, oder*
>
> *3.   mit einem Schutzrohr versehen oder in einem Kanal verlegt sein, wobei auslaufende Stoffe in einer Kontrolleinrichtung sichtbar werden müssen; in diesem Fall dürfen die Rohrleitungen keine brennbaren Flüssigkeiten im Sinne der Verordnung über brennbare Flüssigkeiten mit einem Flammpunkt bis 55°C führen.*
>
> *Kann aus Sicherheitsgründen keine dieser Anforderungen erfüllt werden, darf nur ein gleichwertiger technischer Aufwand verwendet werden.*

Mit dem begründeten Nachweis, daß eine oberirdische Anordnung aus Sicherheitsgründen nicht möglich ist, wird die unterirdische Anordnung sehr eingeschränkt. Mit dieser Regelung wird das Ziel, alle Anlagen oberhalb der Geländeoberkante anzuordnen, unterstrichen. Damit liegt ein ähnliches Verbot wie für einwandige unterirdische Behälter vor.

Sicherheitsgründe können vor allem auf Grund des Brand- und Explosionsschutzes sowie betrieblicher Anforderungen gegeben sein. Sicherheitsgründe sind bei Rohrleitungen für die Verbindung erdverlegter unterirdischer Behälter mit Heizölverbraucheranlagen in Gebäuden oder mit Zapfanlagen an Tankstellen als gegeben anzusehen. Was unter Sicherheitsgründen zu verstehen ist, definiert die VAwS im einzelnen nicht. Eine Abweichung/Ausnahme von dem Grundsatz, möglichst nichts unter die Erdoberfläche zu verlegen, kann nur im Einzelfall mit den Verhältnismäßigkeitsabwägungen begründet werden. So ist auch ein gleichwertiger technischer Aufbau im Einzelfall nachzuweisen. Dieses gilt auch für Stoffe der Wassergefährdungsklasse 0 sowie für feste und gasförmige wassergefährdende Stoffe, die einige Länder zulassen. **Gleichwertigkeit** liegt vor, wenn die vorgesehene Lösung die gleiche Sicherheit gegen Gewässergefährdungen wie die vier unten aufgeführten Alternativen gewährleistet. Dabei muß dieses Ziel durch Variation des technischen Aufbaus erreicht werden. Der Nachweis der Gleichwertigkeit ist vom Anlagenbetreiber zu führen.

Grundsätzlich muß der technische Aufbau einer von vier Sicherheitsalternativen entsprechen:

- **Doppelwandigkeit** der Rohrleitung und selbständige Anzeige einer Undichtheit durch ein zugelassenes Leckanzeigegerät. Der Zwischenraum enthält ein Volumen oder eine Leckanzeigeflüssigkeit.

- Ausbildung der Rohrleitung als **Saugleitung**, in der die Flüssigkeitssäule bei Undichtheiten abreißt.
  Saugleitungen sind Rohrleitungen, in denen das Medium durch die Erzeugung eines Unterdrucks befördert wird. Rückflußventile dürfen nicht vorhanden sein. Bei genügendem Gefälle gelangt die Flüssigkeit unterhalb des Lecks zu ihrem Ausgangspunkt (Behälter) zurück, oberhalb des Lecks wird sie abgesaugt.
- Rohrleitungen mit **Schutzrohr oder ihre Verlegung in einem Kanal**. Dabei müssen auslaufende Stoffe in einer Kontrolleinrichtung sichtbar werden. Diese Alternative kann als Variante der Doppelwandigkeit betrachtet werden. Weil sich zwischen Rohr und Schutzrohr oder im Kanal zusammen mit Luft ein explosionsfähiges Gemisch bilden kann, ist diese Lösungsmöglichkeit nur für brennbare Flüssigkeiten der Gefahrenklasse A III (Flammpunkt über 55°C) erlaubt.
- Flexible Rohrleitungen in Anlagen dürfen nur über Flächen eingebaut und verwendet werden, die ausreichend dicht und beständig sind.

Hinsichtlich der Zulässigkeit von unterirdischen Rohrleitungen werden weitere konkrete Anforderungen gemacht. So ist die Überwachung der Kontrollschächte durch regelmäßige Sichtkontrollen oder selbsttätig wirkende Leckagekontrollen durchzuführen.

Oberirdische Rohrleitungen, die Teil einer Anlage sind, werden bezüglich der **Auffangvorrichtung** und der **Überwachung** gemäß den für die Anlage insgesamt maßgeblichen Regelungen behandelt. Sind nach diesen Bestimmungen nur örtliche Auffangtassen, z. B. bei Pumpen und Armaturen, erforderlich, sind für die Rohrleitungen keine zusätzlichen Auffangvorrichtungen zu fordern.

Für wassergefährdende flüssige Stoffe, die brennbar sind, gelten gleichzeitig die Technischen Regeln für brennbare Flüssigkeiten (TRbF). Hinsichtlich der Gleichwertigkeit können die TRbF auch für nichtbrennbare Flüssigkeiten herangezogen werden, wenn im Wasserrecht keine eigenen Regeln vorhanden sind. Für Rohrleitungen innerhalb des Werksgeländes gelten die TRbF 131 bzw. 231, 100, 110 und 120 für Stoffe der Gefahrklasse AI, AII, AIII und B. Die TRbF 302 ist zu beachten, wenn es sich um Verbindungsleitungen zum „Befördern gefährdender Flüssigkeiten" handelt. Sie enthält die Richtlinie für Verbindungsleitungen zum Befördern gefährdender Flüssigkeiten (RVF). Danach nehmen Verbindungsleitungen eine Zwischenstellung zwischen werksinternen Rohrleitungen und Fernleitungen nach WHG ein. Die TRbF 302/RVF gilt sowohl für Verbindungsleitungen zum Transport brennbarer Flüssigkeiten im Sinne der VbF, als auch zum Transport wassergefährdender Flüssigkeiten im Sinne von § 19 a Abs. 2 WHG.

Die RVF enthält folgende Begriffsbestimmungen:

1. Verbindungsleitungen im Sinne der Richtlinie sind Rohrleitungsanlagen für gefährdende Flüssigkeiten, die den Bereich eines Werksgeländes überschreiten und Anlagen verbinden, die im engen räumlichen und betrieblichen Zusammenhang miteinander stehen.
2. Verbindungsleitungen werden in ähnlicher Weise wie Rohrleitungen innerhalb des Werksgeländes betrieben, beansprucht und aufgrund ihrer Überschaubarkeit überwacht. Sie überschreiten das Werksgelände im Regelfall nicht um mehr als 600 m. Sollten sie das Werksgelände um mehr als 600 m überschrei-

ten, ist im Einzelfall zu prüfen, inwieweit sie noch als Verbindungsleitungen anzusehen sind.

3. Die Verbindungsleitungen werden in der Regel durch die nächstliegenden Absperreinrichtungen innerhalb eines Werksgeländes begrenzt. Unabhängig davon gehören alle Einrichtungen, die für die Sicherheit der Verbindungsleitungen von Bedeutung sind, zu den Verbindungsleitungen.

Über die Anforderungen der VAwS hinaus sind in den TRbF folgende Anforderungen festgelegt:

1. Rohrleitungen müssen so beschaffen und verlegt sein, daß Flüssigkeiten aus ihnen nicht auslaufen können, Undichtheiten leicht und zuverlässig feststellbar sind und ihre Sicherheit zu keiner Zeit beeinträchtigt wird. Oberirdische Rohrleitungen müssen fest verlegt werden. Rohrleitungen in schwingungsgefährdeten Anlagen – z. B. beim Anschluß an Pumpen – müssen durch entsprechende Maßnahmen so ausgeführt sein, daß Undichtheiten durch Schwingungsbeanspruchungen nicht zu befürchten sind. Sie sind so anzuordnen, daß sie gegen nicht beabsichtigte Beschädigung gesichert sind.

2. Beim Zusammenfügen einer Rohrleitung dürfen die einzelnen Rohre nicht unzulässig beansprucht oder verformt werden. Dies gilt als erfüllt, wenn durch die Richtarbeiten, insbesondere durch das Biegen der Rohre, die Güteeigenschaften des Werkstoffes nicht beeinträchtigt und die einzelnen Rohre so zusammengefügt worden sind, daß Spannungen und Verformungen, die die Sicherheit der Rohrleitung beeinträchtigen können, ausgeschlossen sind.

3. Rohrleitungen sollen grundsätzlich oberirdisch verlegt und leicht zugänglich sein. Seit Inkrafttreten der VAwS, sind unterirdische Rohrleitungen nur zulässig, wenn eine oberirdische Anordnung aus Sicherheitsgründen nicht möglich ist.

4. Rohrleitungen müssen so verlegt sein, daß sie gegen mögliche Beschädigungen geschützt sind. Unterirdische Rohrleitungen sollen durch Abdecksteine oder eine befestigte Fahrbahn geschützt oder mit mindestens 60 cm Erddeckung verlegt sein.

5. Unterirdische Rohrleitungen müssen so verlegt sein, daß die Unversehrtheit der Isolierung nicht beeinträchtigt ist. Dies gilt in der Regel als erfüllt, wenn für die Vorbereitung der Grabensohle und zum Verfüllen der Rohrgräben oder -kanäle Sand mit einer Korngröße < 2 mm oder andere Bodenstoffe verwendet worden sind, die frei von scharfkantigen Gegenständen, Steinen, Asche, Schlacke und anderen bodenfremden und aggressiven Stoffen sind.

6. Unter Erdgleiche außerhalb von Gebäuden verlegte Rohrleitungen müssen vollständig vom Verfüllmaterial umgeben sein. Es dürfen keine Hohlräume vorhanden sein. Dies gilt auch für Rohrleitungen in Rohrkanälen. In flachen Kanälen, die oben offen sind oder mit Gitterrosten abgedeckt sind, brauchen Rohrleitungen nicht vom Verfüllmaterial umgeben zu sein.

7. Rohrleitungen müssen unter Berücksichtigung der üblicherweise auftretenden Dehnungen so verlegt sein, daß sie ihre Lage nicht verändern. Dies gilt als erfüllt, wenn:
   – temperaturbedingte Dehnungen bei der Verlegung berücksichtigt und längere Rohrleitungen mit elastischen Zwischenstücken ausgerüstet sind, soweit nicht die Rohrleitung ausreichende Dehnung ermöglicht;

- oberirdische Rohrleitungen auf Stützen in ausreichender Anzahl aufliegen, so daß ein Durchhängen vermieden wird, und sie so befestigt sind, daß gefährliche Lageveränderungen nicht eintreten können;
- unterirdische Rohrleitungen in Rohrgräben und Kanälen so verlegt sind, daß sie gleichmäßig aufliegen.

8. Unterirdische Füll- und Entleerungsleitungen sollen möglichst mit stetigem Gefälle zum Tank verlegt sein.
9. Unterirdische Rohrleitungen müssen so verlegt sein, daß ein Abstand von mindestens 1 m zu öffentlichen Versorgungsleitungen vorhanden oder die Sicherheit auf andere Weise gewährleistet ist. Zu den öffentlichen Versorgungsleitungen gehören insbesondere Gas-, Wasser- und Abwasserleitungen, elektrische Leitungen und Leitungen von Fernmeldeanlagen.
10. Armaturen müssen so angeordnet sein, daß sie gegen Beschädigung geschützt sind. Absperreinrichtungen sollen gut zugänglich und leicht zu bedienen sein.
11. Oberirdisch verlegte Rohrleitungen müssen durch Farbanstrich oder Beschriftung gekennzeichnet sein, wenn Leitungen für unterschiedliche gefährliche Stoffe verlegt sind und wenn eine eindeutige Zuordnung zum Lagertank nicht möglich ist.
12. Der Verlauf unterirdisch verlegter Rohrleitungen muß in Rohrleitungsplänen erfaßt sein. Kreuzungsstellen mit und Näherungsstellen zu anderen Energieleitungstrassen sind in den Rohrleitungsplänen zu kennzeichnen.
13. Schutzrohre für Rohrleitungen müssen ausreichend fest, flüssigkeitsdicht und gegen Korrosion beständig oder geschützt sein. Die Eignung ist nachzuweisen. Geeignet sind z.B. Kunststoffrohre aus PE-HD oder aus PVC-U.

Neben den allgemeinen Anforderungen sind in TRbF 131 bzw. TRbF 231 folgende spezielle Anforderungen an die **Verbindungsstellen** enthalten:

1. Verbindungsstellen zwischen den einzelnen Rohren und die für die Herstellung erforderlichen Mittel müssen so beschaffen sein, daß eine sichere Verbindung gewährleistet ist und die Dichtheit der Rohrleitung nicht beeinträchtigt wird.
2. Für Verbindungsarten, bei denen noch keine ausreichenden Erfahrungen vorliegen, und bei solchen Verbindungsarten, deren Ausführung zur Vermeidung von Gefährdungen einer besonderen Sachkunde und Sorgfalt bedarf, können Nachweise über die Erfüllung der Anforderungen nach Ziffer 1 verlangt werden.
3. Verbindungsstellen zwischen einzelnen Rohren werden in der Regel als Schweiß-, Hartlöt-, Muffen-, Schraub- oder Flanschverbindungen ausgeführt. Bei Schraub- und Flanschverbindungen beziehen sich die Anforderungen der Ziffer 1 auch auf die Dichtungen.
4. Bei Muffen- und Schraubverbindungen wird bezüglich der Wanddicke auf DIN 2441 und bei lichten Weiten über DN 50 auf DIN 2440 hingewiesen.
5. Steckmuffenverbindungen ohne Sicherungsquellen und Weichlötverbindungen sind nicht zulässig.

6.2.11
Abwasseranlagen als Auffangvorrichtungen

6.2.11.1
Allgemeines

Der Begriff „Abwasser" gemäß § 7 a Wasserhaushaltsgesetz (WHG) [BMU-96], der in diesem Gesetz nicht definiert ist, und der Begriff „wassergefährdende Stoffe" gemäß § 19 g WHG sind nicht deckungsgleich, da sie im WHG unterschiedlichen Kriterien zur Bestimmung ihrer Qualitäten und verschiedenen Regelungsbereichen unterworfen sind. Gleichwohl handelt es sich bei Inhaltsstoffen im Abwasser und wassergefährdenden Stoffen in Anlagen weitgehend chemisch um die selben Stoffe.

Der Bereich „Abwasser" wird hinsichtlich seiner qualitativen Bedeutung über § 7a WHG incl. der Abwasserverordnung (AbwV) [BMU-97] sowie der Rahmen-Abwasser-Verwaltungsvorschrift [BMU-96a] – solange sie noch fortgilt – und hinsichtlich seiner Behandlung in technischen Systemen zum Sammeln, Fortleiten, Behandeln über die §§ 18 a, b, c geregelt.

Der Bereich „Umgang mit wassergefährdenden Stoffen" wird hinsichtlich seiner qualitativen Bedeutung in § 19g (5) WHG incl. der danach erlassenen Allgemeinen Verwaltungsvorschrift über die nähere Bestimmung wassergefährdender Stoffe und ihre Einstufung entsprechend ihrer Gefährlichkeit (VwVwS) [VVS-96] geregelt. Die technischen Systeme zum Umgang mit wassergefährdenden Stoffen sind in den §§ 19g bis 19l WHG sowie in den Anlagenverordnungen (VAwS) der Länder geregelt. Anlagen zum Umgang mit Abwasser wird durch § 19g (6) WHG ausdrücklich vom Geltungsbereich der §§ 19 g ff. WHG ausgenommen – also auch von § 19 g (5). Abwasser ist somit kein wassergefährdender Stoff in diesem Sinne.

HBV-Anlagen sind in oft eng mit betrieblichen Abwasseranlagen verzahnt, so daß unter bestimmten Voraussetzungen der Einsatz geeigneter Abwasseranlagen als Auffangvorrichtung im bestimmungs- und nicht bestimmungsgemäßen Betrieb möglich ist. Diese Möglichkeit ist nur in begründeten Einzelfällen realisierbar. Die Unmöglichkeit, die Grundsatzanforderungen nach § 3 Abs. 1 Nr. 3 bis 5 Muster-VAwS einzuhalten, kann bei neuen Anlagen im Regelfall kaum nachgewiesen werden. Grundsätzlich ist immer davon auszugehen, daß das Ableit- und Auffangsystem von ausgetretenen Stoffen im nicht bestimmungsgemäßen Betrieb vom Ableit- und Behandlungssystem von Abwasser strikt getrennt werden kann. Die Begründung, daß die Erfüllung der Grundsatzanforderung wirtschaftlich nicht zumutbar ist, greift hier nicht.

Daher ist zunächst eine strikte Trennung zwischen den beiden Techniksystemen gegeben. Dieses spiegelt sich im gesamten Genehmigungs- und Überwachungswesen wieder. Gleichwohl bestehen in der Praxis durch die jeweiligen Anlagenkonfigurationen in einem Unternehmen unzweifelhaft technisch bedingte Berührungspunkte zwischen Anlagen zum Umgang mit wassergefährdenden Stoffen nach § 19 g (1) und (2) WHG und Abwasseranlagen nach § 18 b WHG. Die Vernetzung beider Bereiche wird durch § 21 Muster-Anlagenverordnung (Muster-VAwS) [VAS-91] sanktioniert, wonach eine Mitbenutzung von betrieblichen

Abwasseranlagen bei Anlagen zum Umgang mit wassergefährdenden Stoffen unter bestimmten Bedingungen möglich ist.

Da das WHG in den Bereichen der §§ 19g ff. und der §§ 7a bzw. 18a bis 18c unterschiedliche Schutzziele und Philosophien verfolgt, ergeben sich Unverträglichkeiten an den Nahtstellen zwischen Anlagen zum Umgang mit wassergefährdenden Stoffen und Abwasseranlagen. Dieses macht eine klare Abgrenzung und begriffliche Trennung zwischen Abwasseranlagen einschließlich der Abwasserbehandlungsanlagen einerseits und den Anlagen zum Umgang mit wassergefährdenden Stoffen andererseits notwendig.

6.2.11.2
Gegenüberstellung der Philosophien

Bei Anlagen zum Umgang mit wassergefährdenden Stoffen nach § 19 g WHG wird gefordert, daß sie technisch so beschaffen sind und betrieben werden, daß dem Besorgnisgrundsatz gemäß keine wassergefährdenden Stoffe aus ihnen in ein Gewässer entweichen können, insbesondere wenn es sich um Stoffe höherer Wassergefährdungsklassen handelt – und zwar weder im bestimmungsgemäßen Betrieb, noch im nicht bestimmungsgemäßen Betrieb (Betriebsstörung). Bei der harten Auslegung des Besorgnisgrundsatzes durch die Rechtsprechung kommt das der Forderung nach Nullemission gleich. Ist diese nicht zu erreichen, darf die Anlage so nicht errichtet oder betrieben werden [LÜH-86].

Bei Abwasseranlagen wird unterstellt, daß Schadstoffe – die in der Regel nach der Betrachtungsweise des § 19 g (5) WHG wassergefährdend wären – mit dem Abwasser in gewissem Umfang direkt oder indirekt, wenn auch so wenig wie möglich, in ein Gewässer eingeleitet werden dürfen unter der Voraussetzung, daß weder durch Konzentration noch Fracht eine unzulässige Gewässerverunreinigung entsteht. Die Obergrenzen dieser endlichen Emissionen hängen vom Stand der Technik ab. Was nach Anwendung dieser fortschrittlichen Verfahren an Schadstoffen im Abwasser verbleibt, wird als Emission toleriert.

Seit der 6. Novelle des WHG 1996 werden gemäß § 19 g (6) WHG nicht mehr nur Anlagen zum Lagern, Abfüllen und Umschlagen von Abwasser von den Bestimmungen der §§ 19 g ff. ausgenommen, sondern alle Anlagen zum Umgang mit Abwasser. Dadurch wird ein Redaktionsfehler [HOL-88], [GIE-85]) bezüglich der Abwasserbehandlungsanlagen behoben.[38] Für Abwasserbehandlungsanlagen

---

[38] Auch die neue Formulierung hinterläßt ihre begrifflichen Schwierigkeiten. Anlagen zum Verwenden von Abwasser, z.B. zu Kühl- oder Heizzwecken, sind durchaus vorstellbar und dürften in der Regel auch Abwasserbehandlungsanlagen darstellen. Wie steht es aber mit dem „Herstellen von Abwasser"? Würde man eine Anlage immer dann als „Abwasserherstellungsanlage" betrachten und vom Geltungsbereich der §§ 19g ff. WHG ausnehmen, wenn wassergefährdende Stoffe mit Wasser in Berührung kommen und somit Abwasser entsteht, hebelte man dadurch alle Bemühungen für einen angemessenen Gewässerschutz gegen diese wassergefährdenden Stoffe aus. Das wäre absurd und kann vom Gesetzgeber mit der Neuformulierung des § 19g Abs. 6 WHG nicht beabsichtigt sein. Im übrigen widerspräche es der bisherigen Praxis, nach der zur Abwasserbeseitigung nicht solche innerbetrieblichen Vorgänge gehören, die ihr zeitlich vorausgehen, wie das Entstehen von Abwasser als Rückstand in einem Betrieb. Abwasser liegt erst dann vor, wenn es sich nicht mehr im Herstellungsprozeß befin-

gelten also unzweifelhaft die Anforderungen des § 18 b WHG und bezüglich ihrer Reinigungsleistung die der AbwV bzw. Rahmen-Abwasser-Verwaltungsvorschrift.

Abwasserbehandlungsanlagen sind grundsätzlich ein Spezialfall der Behandlungsanlagen im Sinne von 19 g (1) WHG, allerdings von den Bestimmungen der §§ 19 g ff. WHG befreit. Das ist für „klassische" Kläranlagen technisch sicher gerechtfertigt. Sie werden in der Regel nicht mit Abwasser hoher Schadstoffkonzentration oder sogar mit reinen Stoffen beaufschlagt. So gehen z. B. verschiedene Richtlinien des ATV-Regelwerks davon aus, daß eine Reihe von (wassergefährdenden) Stoffen nicht als Schadstoffe in eine Abwasseranlage gelangen bzw. schließen sie von der Einleitung aus (u.a. ATV-Arbeitsblatt A 115 [ATV-94]). Diese Stoffe dürfen also in der Regel nicht mit Abwasser zusammen abgeleitet werden.

6.2.11.3
Grundzüge für die Anlagenplanung

In Anlagen zum Umgang mit wassergefährdenden Stoffen können diese Stoffe im nicht bestimmungsgemäßen Betrieb austreten. Sie können, insbesondere wenn die Störung nicht sofort erkannt und bekämpft wird, allein oder zusammen mit in der Anlage anfallenden Abwässern, Niederschlagswasser und evtl. Feuerlöschwasser über die Kanalisation einer Abwasserbehandlungsanlage zugeführt werden oder direkt in ein Gewässer gelangen. Diese Wässer sind grundsätzlich mit hohen Schadstoffkonzentrationen/-frachten belastet. Sie können die Kläranlagen – vor allem auch biologische Reinigungsstufen – derart schädigen, daß diese ihre Funktionsfähigkeit verlieren, und somit erhebliche Gewässerschäden hervorrufen.

Eine saubere Anlagenplanung sollte deshalb grundsätzlich davon ausgehen, daß das im bestimmungsmäßigen Betrieb anfallende, produktionsbedingte Abwasser, Sanitärabwasser und Regenwasser in entsprechenden Abwasseranlagen gesammelt, abgeleitet und behandelt wird. Hierzu sind die §§ 7 a, 18 a bis 18 c WHG heranzuziehen (Tabelle 6.12).

Im Falle von nicht bestimmungsgemäßen Betriebszuständen (Leckagen, Störfall, Brand) sind die anfallenden wassergefährdenden Stoffe und Löschwasser in getrennten Systemen abzuleiten und in Auffangräumen (u. a. Löschwasserrückhaltebecken) ohne Ablauf zu sammeln. Auch Reinigungswässer aus Wartungsarbeiten bei Reaktoren, Behältern etc. sind diesem System zuzuführen, weil sie in der Regel stärker kontaminiert sein können. Bei Freiluftanlagen ist außerdem das Regenwasser diesem System zuzuordnen, da nicht ausgeschlossen werden kann, daß es auch im nicht bestimmungsgemäßen Betrieb zu Niederschlag kommt. Die technischen Systeme zur Ableitung und Sammlung unterliegen den Anforderungen gemäß § 19 g WHG.

---

det und zur Beseitigung bestimmt ist. Anlagen, die dazu dienen, Abwasser zu vermeiden, z.B. durch Führung innerhalb eines Kreislaufs, gehörten auch nicht zur Abwasserbeseitigung.

Tabelle 6.12 Zuordnung der aus Anlagen kommenden Flüssigkeiten zu Regelungen des WHG

Eingehauste Anlagen		Freiluftanlagen	
§§ 7 a, 18 a bis 18 c WHG • produktionsbedingte Abwässer • Sanitärabwässer • Niederschlagswasser	§ 19 g ff. WHG • freigesetzte wassergefährdende Stoffe • Löschwasser • Flüssigkeiten aus Wartungsarbeiten	§§ 7 a, 18 a bis 18 c WHG • produktionsbedingte Abwässer • Sanitärabwässer	§ 19 g ff. WHG • freigesetzte wasser-gefährdende Stoffe • Löschwasser • Flüssigkeiten aus Wartungsarbeiten • Niederschlagswasser

6.2.11.4
Mitbenutzung von betrieblichen Abwasseranlagen durch Anlagen nach § 19 g WHG

Bei Anlagen zum Herstellen, Behandeln und Verwenden von wassergefährdenden Stoffen (HBV-Anlagen)[39] ist gemäß § 21 Muster-VAwS unter bestimmten Voraussetzungen die Mitbenutzung von betrieblichen Abwasseranlagen möglich. Hierdurch wird das grundsätzliche Gebot durchbrochen (siehe § 3 Muster-VAwS), wassergefährdende Stoffe oder andere mit ihnen kontaminierte Stoffe in den Anlagen nach 19 g WHG zurückzuhalten.

§ 21 Muster-VAwS „Abwasseranlagen als Auffangvorrichtungen"
(1) Anlagen zum Herstellen, Behandeln und Verwenden der Gefährdungsstufen A, B oder C nach § 6 Abs. 3 sind abweichend von § 3 Abs. 1 Nr. 3 bis 5 zulässig, wenn
1. die bei Leckagen oder Betriebsstörungen unvermeidbar aus der Anlage austretenden wassergefährdenden Stoffe in einer Auffangvorrichtung in der betrieblichen Kanalisation zurückgehalten werden, von wo aus sie schadlos entsorgt werden können, und
2. die bei ungestörtem Betrieb der Anlage unvermeidbar in unerheblichen Mengen in die betriebliche Kanalisation gelangenden wassergefährdenden Stoffe in eine geeignete betriebliche Abwasserbehandlungsanlage geleitet werden und nicht zu einer Überschreitung der nach § 7 a WHG an die Abwassereinleitung oder an die Indirekteinleitung zu stellenden oder die im wasserrechtlichen Bescheid festgesetzten Anforderungen führen.
(2) Auf Grund einer Bewertung der Anlage, der möglichen Betriebsstörungen, des Anfalls wassergefährdender Stoffe, der Abwasseranlagen und der Gewässerbelastungen ist in der Betriebsanweisung nach § 3 Abs. 1 Nr. 6 zu regeln, in welchem Umfang die wassergefährdenden Stoffe

---

[39] § 21 Muster-VAwS gilt ausschließlich für HBV-Anlagen. Das vorher übliche und erlaubte Mitbenutzen von Abwasseranlagen für LAU-Anlagen ist seit der 5. Novelle zum WHG strenggenommen verboten.

*getrennt erfaßt, kontrolliert und in die Abwasseranlage eingeleitet wer-
den dürfen.*

Damit wassergefährdende Stoffe in Abwasseranlagen eingeleitet werden dürfen, müssen also mehrere **Voraussetzungen** erfüllt sein:

1. Es muß sich um eine Anlage der Gefährdungsstufen A, B oder C nach § 6 Abs. 3 Muster-VAwS handeln.
2. Die Grundsatzanforderungen nach § 3 Abs. 1 Nr. 3 bis 5 Muster-VAwS sind nachweisbar nicht einzuhalten.
3. Es muß eine der beiden Fallgruppen nach § 21 Abs. 1 Nr. und 2 (Auffangen im nicht bestimmungsgemäßen bzw. Einleiten im bestimmungsgemäßen Betrieb) vorliegen.

Die erste Voraussetzung macht deutlich, daß Anlagen mit einem hohen Gefährdungspotential (Gefährdungsstufe D) von der Möglichkeit ausgenommen sind.

Werden Abwasseranlagen in das Sicherheitskonzept von Anlagen zum Umgang mit wassergefährdenden Stoffen einbezogen, muß dies bei den Genehmigungen der Abwasseranlage und den Einleitungserlaubnissen besonders berücksichtigt werden.

Eine gesonderte Löschwasserrückhalteanlage kann entfallen, wenn ein zentrales Rückhaltevolumen als Teil einer Abwasseranlage vorhanden ist und die Abwasseranlage hierfür geeignet ist.

Die **zweite Voraussetzung** (Gründe für die Unmöglichkeit der Realisierung der Grundsatzanforderungen) kann durch technische und betriebliche Probleme gegeben sein. Bei Neuanlagen sind die Grundsatzanforderungen prinzipiell immer einzuhalten. Dieses gilt sowohl für Freiluftanlagen als auch für eingehauste Anlagen. Eine Trennung von beiden Systemen „Abwassersammlung und -ableitung" und „Auffangsystem von Leckagen wassergefährdender Stoffe" ist grundsätzlich technisch möglich. (Anmerkung: Es gibt Bestrebungen, die Anwendungsmöglichkeiten zu lockern und in größerem Umfang zu realisieren.)

Die **dritte Voraussetzung** unterscheidet zwei Fälle (bestimmungs- und nicht bestimmungsgemäßer Betrieb).

Der nicht bestimmungsgemäße Betrieb bezieht sich auf den unvermeidbaren Anfall von wassergefährdenden Stoffen durch deren Austritt bei Leckagen und Betriebsstörungen. Hierbei können Auffangvorrichtungen in der betrieblichen Kanalisation, wie z. B. Ausgleichsbehälter zur Zurückhaltung der wassergefährdenden Stoffe, verwendet werden. Der Begriff „betriebliche Kanalisation" ist im Gegensatz zur öffentlichen Kanalisation zu sehen. Die ausgetretenen wassergefährdenden Stoffe dürfen nicht über die betriebliche Kanalisation hinausgelangen.

Brennbare und leichtflüchtige wassergefährdende Stoffe sind ausgeschlossen, es sei denn, die Abwasseranlagen sind gegen damit verbundene Brand- und Explosionsgefahren gesichert und die Kanalisation und die Rückhaltemöglichkeiten sind der Bauart nach hierfür geeignet. Gegenüber dem weiteren Kanalnetz müssen Rückhalteeinrichtungen im Falle des Austretens wassergefährdender Stoffe sofort getrennt werden können. Dadurch dürfen bei anderen Einleitern in den Kanal keine schädlichen Rückstauwirkungen auftreten. Der Abwasserzufluß muß unverzüglich nach dem Auftreten der Leckage oder Betriebsstörung unterbrochen werden, so daß die ausgetretenen wassergefährdenden Stoffe nur im unvermeidlichen Maße mit Abwasser vermischt werden.

Der bestimmungsgemäße Betrieb sieht die Möglichkeit nur vor, wenn der Austritt an wassergefährdenden Stoffen unerheblich ist, so z. B. bei Tropfverlusten oder Kleinstleckagen im Bereich von Pumpen oder Armaturen. Sie sind über die betriebliche Kanalisation in eine geeignete betriebliche Abwasserbehandlungsanlage zu leiten.

Eine unerhebliche Menge kann angenommen werden:

- wenn die wassergefährdenden Stoffe ohnehin auf Grund der Produktionsverfahren im Abwasser vorhanden sind und die Schadstofffracht dieser Stoffe nur geringfügig erhöht wird;
- wenn die wassergefährdenden Stoffe von den vorhandenen Abwasserbehandlungsanlagen ohne schädliche Verlagerung in andere Umweltbereiche in ausreichendem Maße zurückgehalten werden können.

§ 21 Abs. 1 Nr. 2 betrifft wassergefährdende Stoffe, die bei ungestörtem Betrieb der Anlage unvermeidbar in unerheblichen Mengen in die betriebliche Kanalisation gelangen. Dabei kann es sich auch um Kleinstleckagen im Bereich von Pumpen und Armaturen handeln.

Die betriebliche Abwasserbehandlungsanlage ist nur dann „geeignet", wenn sie in der Lage ist, das mit wassergefährdenden Stoffen verunreinigte Abwasser so zu reinigen, daß die Einleitungsbedingungen eingehalten werden können.

Für die Einleitungsbedingungen sind die Anforderungen gemäß § 7 a WHG bzw. die Indirekteinleiterverordnungen sowie im konkreten Einzelfall die wasserrechtlichen Bescheide zu beachten.

Sofern die Voraussetzungen für eine Einleitung wassergefährdender Stoffe in Abwasseranlagen gegeben sind, sind die näheren Einzelheiten in einer Betriebsanweisung festzulegen.

Es ist sicherzustellen, daß im Alarmplan der Betriebsanweisung auch alle erforderlichen Meldungen für den Austritt wassergefährdender Stoffe in Abwasseranlagen berücksichtigt sind.

Besonders ist festzulegen:

- personelle und technische Vorkehrungen zum bestmöglichen schnellen und zuverlässigen Erkennen des Austritts wassergefährdender Stoffe, z. B. Kontrollgänge, Leckagesonden,
- personelle und technische Voraussetzungen zur wenigstens teilweisen Rückhaltung ausgetretener wassergefährdender Stoffe im Bereich der Anlage, z. B. örtliche Auffangwannen, Umpumpmöglichkeiten,
- Vorgabe zur Verwertung oder Entsorgung,
- Teilmaßnahmen zur Löschwasserrückhaltung im Bereich der Anlage, z. B. bewegliche Absperreinrichtungen,
- Sicherung von Abläufen, z. B. Abdeckeinrichtungen, Schnellschlußeinrichtungen,
- Anforderungen an den Betrieb der Abwasseranlagen, Dichtheitskontrollen, Kontrolle der Zu- und Ablaufbelastung,
- Meldewege, Anzeigepflichten, Alarmübungen.

Die Mitbenutzung ist bei HBV-Anlagen der Gefährdungsstufen A, B oder C erlaubt, wenn einige der Grundsatzanforderungen von § 3 Muster-VAwS nicht erfüllbar sind und wenn:

– bei Betriebsstörungen oder Leckagen wassergefährdende Stoffe in einer Auffangeinrichtung innerhalb der betrieblichen Kanalisation aufgefangen werden oder
– im ungestörten Betrieb unerhebliche Mengen wassergefährdender Stoffe über die betriebliche Kanalisation einer betrieblichen Abwasserbehandlungsanlage zugeleitet werden und sichergestellt ist, daß im Ablauf dieser Anlage die Anforderungen zur Direkt- oder Indirekteinleitung etc. eingehalten werden.

Für Betriebsstörungen mitzubenutzende Auffangvorrichtungen innerhalb der betriebseigenen Kanalisation (**erster Fall**) sind im wesentlichen Regenrückhaltebecken im Sinne des ATV-Regelwerks (z.B. ATV-Arbeitsblatt A 139 [ATV-88]) oder bestimmte, dafür vorgesehene Strecken der Kanäle selbst.

Abwasseranlagen dieser Art unterliegen zunächst den einschlägigen ATV-Regeln und DIN-Normen. Sie werden zumindest vor Inbetriebnahme auf Dichtheit geprüft. Die Abwasseranlagen sollen außerdem während des Betriebes in ordnungsgemäßem Zustand gehalten werden, wozu das Aufrechterhalten der Dichtheit gehört. Unter Dichtheit wird im übrigen die Wasserdichtheit verstanden[40]. Gefordert wird die Korrosionsbeständigkeit gegenüber Abwasser nach DIN 1986 Teil 3 sowie, falls erforderlich, gegenüber angreifenden Böden, Wässern oder Gasen[41], nicht jedoch die Beständigkeit gegenüber allen in den eventuell vorgelagerten HBV-Anlagen vorkommenden wassergefährdenden Stoffen, wie sie nach der Muster-VAwS [VAS-91] und der Muster-VVAwS [LAWA-93] für Auffangräume nachzuweisen sind, wenn diese den Anlagen direkt zugeordnet wären.

Deshalb wurde seinerzeit im HBV-Anlagen-Katalog (z.B. [NRW-91]) definiert, daß eine Rückhalteeinrichtung, selbst wenn sie technisch und organisatorisch Teil einer betriebseigenen Abwasseranlage ist, juristisch nicht zur Abwasseranlage gehört, sondern dem Besorgnisgrundsatz wie die HBV-Anlage unterliegt. Eine ähnliche Regelung gab es im L-Anlagen-Katalog (z.B. [NS-86]). Mit der Einführung des Anhangs zu § 4 (1) Muster-VAwS und der Muster-VVAwS (bzw. der hierauf fußenden Landesvorschriften) wurden die Anforderungskataloge aufgehoben, ohne daß vergleichbar klare Bestimmungen in die Neuregelungen Eingang gefunden hätten.

Abwasseranlagen an Stelle von Auffangräumen für HBV-Anlagen müssen jedoch gemäß Nr. 21.4 Muster-VVAwS ihrer Bauart nach für die in den vorgeschalteten HBV-Anlagen vorkommenden wassergefährdenden Stoffe geeignet sein. Dazu gehören u.a.:

– ggf. automatische Kontrolleinrichtungen zum rechtzeitigen Erkennen von Leckagen im Kanalsystem,
– nachweisbare Dichtheit der Zuleitungskanäle,
– Dichtheit der Rückhalteeinrichtungen für die Belastungsdauer,

---

[40] So in den Normen DIN 19550 Allgemeine Anforderungen an Rohre und Formstücke für erdverlegte Abwasserkanäle und -leitungen oder DIN 19543 Allgemeine Anforderungen an Rohrverbindungen für Abwasserkanäle und -leitungen
[41] ebenso

– Absperrbarkeit der mit wassergefährdenden Stoffen beaufschlagten Teile der Abwasseranlage gegenüber ihren anderen Teilen, ohne daß es dort zu einem Rückstau kommt.

Zur Präzisierung wurden durch den DVWK Technische Regeln über Abwasseranlagen als Auffangvorrichtungen [TRwS-97 c] erarbeitet. Sie verlangen in Nr. 3.1, falls Leckagen ohne Vermischung mit Abwasser anfallen können, daß die Eignung der Kanäle, Becken etc. ebenso geprüft werden muß, wie es für einen Auffangraum als Teil der HBV-Anlage erforderlich wäre – und zwar bezüglich aller in den angeschlossenen HBV-Anlagen vorkommenden Stoffe. Diese Anforderung entspricht derjenigen der fortgefallenen Anforderungskataloge und geht ausdrücklich über die üblichen Normen und Regeln der Abwassertechnik hinaus.

Kanäle ohne Rückstau als bloße Zuleitung zu Auffangvorrichtungen bedürfen wenigstens alle 10 Jahre einer wiederkehrenden Prüfung auf Dichtheit (Nr. 3.3.1) durch Fachkundige. Die Auffangvorrichtungen als Teil von Abwasseranlagen, die Sicherheitseinrichtungen, Schutzvorkehrungen etc. jedoch werden denselben Prüfpflichten unterstellt, wie sie für „reguläre" Auffangvorrichtungen als Teil von HBV-Anlagen vorgeschrieben wären (Nr. 3.3.2). Dabei ist die vorgeschaltete HBV-Anlage mit der höchsten Gefährdungsstufe maßgebend. Das bedeutet Prüfungen nach § 19 i (2) WHG durch Sachverständige gem. § 22 Muster-VAwS.

Für den **zweiten Fall** präzisierte der HBV-Anlagenkatalog (z.B. [NRW-91]), daß Kondensat- und Kühlwässer, betriebsbedingte Tropf- und Leckagemengen und Reinigungswässer oder Niederschlagswässer betriebseigenen Abwasseranlagen zugeführt werden durften, wobei darauf zu achten war, daß sie nur in dafür vorgesehene Entwässerungseinrichtungen gelangen durften. Insbesondere wenn ein Betrieb Trennkanalisationen besitzt, waren dazu technische Maßnahmen nötig. In die gleiche Richtung zielten Maßnahmen zum Ableiten von Niederschlagswasser des AU-Anlagen-Kataloges (z.B. [NS-89]). Auch hier wurden vergleichbare Aussagen nicht in Muster-VAwS bzw. Muster-VVAwS übernommen.

In der Regel erfolgt die Behandlung der im bestimmungsgemäßen Betrieb unvermeidlich durch Kleinleckagen ggf. geringfügig kontaminierten Niederschlags-, Reinigungs- und sonstigen Wässer in Teilstrombehandlungs- oder Abwasservorbehandlungsanlagen. Auch Abwässer aus dem bestimmungsgemäßen Produktionsprozeß werden in solchen Behandlungsanlagen behandelt oder vorbehandelt. Die Anlagen müssen eine ausreichende Kapazität besitzen. Die Abgrenzungsproblematik solcher Anlagen gegenüber HBV-Anlagen wurde bereits angesprochen.

Der Besorgnisgrundsatz des § 19 g (1) WHG gilt für Anlagen zum Umgang mit wassergefährdenden Stoffen einschließlich ihrer Auffangräume. Er gilt auch dann, wenn an Stelle von Auffangräumen in den wasserrechtlichen Anlagen selbst Abwasseranlagen mitbenutzt werden.

Die einschlägigen Vorschriften bzw. Technischen Regelwerke für „herkömmliche" Abwasseranlagen, in denen nur Abwasser mit einem nach § 19 g-Maßstäben vergleichsweise geringem Anteil an Schadstoffen vorkommt, und damit die Anlagen selbst, entsprechen nicht den Sicherheitsanforderungen, die an Anlagen zum Umgang mit wassergefährdenden Stoffen nach § 19 g WHG bezüglich der nachprüfbaren Dichtheit zu stellen sind.

Um dem Besorgnisgrundsatz gerecht zu werden, werden deshalb höhere Anforderungen an Abwasseranlagen gestellt, sobald sie an Stelle von eigenen Auffangräumen einer wasserrechtlichen Anlage mitbenutzt werden. Durch die Muster-VAwS, die Muster-VVAwS und die Technische Regel über Abwasseranlagen als Auffangvorrichtungen [TRwS-97 c] wird das höhere technische Niveau für Anlagen zum Umgang mit wassergefährdenden Stoffen auf die technischen Systeme der Abwasseranlagen (Kanalisation, Speicherbecken, Behandlungsanlagen) übertragen.

Erst die Realisierung dieser höheren Anforderungen erlaubt die Mitbenutzung von Abwasseranlagen im Zusammenhang mit Anlagen zum Umgang mit wassergefährdenden Stoffen.[42] Dennoch muß darüberhinaus weiterhin gewährleistet werden, daß wassergefährdende Stoffe auf den Bereich einer Abwasseranlage beschränkt bleiben, der konstruktionsmäßig auf ihren Anfall ausgelegt ist.

6.2.11.5
Konzept zur Abgrenzung zwischen den Anlagen nach § 19 g WHG und reinen Abwasseranlagen sowie zur Übergabe von Stoffen zwischen ihnen

Im folgenden wird zur klaren Abgrenzung der Anlagen nach § 19 g WHG und der Abwasseranlagen sowie zur Übergabe von Stoffen zwischen ihnen ein die bereits vorhandenen Regelungen ergänzendes Konzept vorgeschlagen. Diese grundsätzlichen Formulierungen sind technisch bedingt.

1. Jeder Stoff, der im bestimmungsgemäßen Betrieb oder bei einer Betriebsstörung auf Fußböden, auf Ableitflächen oder in Auffangeinrichtungen etc. von Anlagen zum Umgang mit wassergefährdenden Stoffen nach § 19 g (1) und (2) WHG anfällt oder der sich dort sammelt, ist als wassergefährdend anzusehen, solange nicht einwandfrei festgestellt ist, daß von ihm keine Verunreinigung der Gewässer oder sonstige nachteilige Veränderungen ihrer Eigenschaften ausgehen kann[43]. Das gilt insbesondere für Flüssigkeiten einschließlich Abwasser.
   Der Nachweis erfolgt in der Regel durch geeignete Messungen oder Untersuchungen.
2. Im bestimmungsgemäßen Betrieb dürfen aus einer Anlage zum Umgang mit wassergefährdenden Stoffen im Sinne von § 19 g (1) und (2) WHG lediglich Abwässer im Sinne von § 2 (1) Abwasserabgabengesetz (AbwAG) oder was-

---

[42] Der § 21 war in der Muster-VAwS als Erleichterung für HBV-Anlagen gedacht – allerdings nur dann, wenn das Erfüllen bestimmter Grundsatzanforderungen nach § 3 – aus gewichtigen Gründen – nicht möglich ist. Das trifft z.B. zu, falls bestehende Anlagen auf die Anforderungen der Muster-VAwS nachgerüstet müssen, es aber an Platz fehlt, um einen eigenen, ausreichend großen Auffangraum zu bauen. Wahrscheinlich verschafft aber insbesondere die durch die Technische Regel erfolgte Präzisierung weniger Erleichterung als ursprünglich erhofft.

[43] Bei der Novellierung der VwVwS ist geplant, die WGK 0 – „im allgemeinen nicht wassergefährdend" – aufzugeben und bestimmte Stoffe einfach als „nicht wassergefährdend anzusehen". Aber auch bei der Leckage eines solchen Stoffes steht häufig nicht von vorn herein fest, daß es sich wirklich nur um diesen nicht wassergefährdenden Stoff handelt. Er könnte auch mit einem anderen, wassergefährdenden Stoff derart vermischt sein, daß dieses Gemisch insgesamt als wassergefährdend zu betrachten ist. Die hier getroffene Aussage bleibt also gültig, bis man sich vergewissert hat, daß es sich wirklich nur um den nicht wassergefährdenden Stoff handelt.

sergefährdende Stoffe in unerheblichen Mengen im Sinne von § 21 (1) Nr. 2 Muster-VAwS in eine betriebliche Abwasseranlage im Sinne der §§ 18 a und b WHG eingeleitet werden. Die Bestimmungen 1 und 3 bis 6 sind dabei einzuhalten.

Im nicht bestimmungsgemäßen Betrieb (d.h. bei Betriebsstörungen) anfallende wassergefährdende Stoffe, sonstige im Schadensfall anfallende Stoffe, die mit wassergefährdenden Stoffen verunreinigt werden können, und während bzw. nach Betriebsstörungen anfallende Abwässer einschließlich Löschwasser dürfen unter Beachtung von Punkt 7 grundsätzlich nicht in eine betriebliche Abwasseranlage eingeleitet werden. Sie sind in der Regel anderweitig zu entsorgen, sofern nicht eine Untersuchung im Einzelfall ergibt, daß eine Einleitung in die betriebliche Abwasseranlage bzw. Abwasserbehandlungsanlage unter Beachtung der Punkte 3 bis 5 unbedenklich ist.

3. Es ist unter Berücksichtigung der verschiedenen innerbetrieblichen Reinigungsschritte bis zum Einleiten des Abwassers in ein Gewässer oder eine öffentliche Kanalisation sicherzustellen, daß an der Einleitstelle die in der Abwasserverordnung, in Indirekteinleiterverordnungen oder Genehmigungsbescheiden etc. festgesetzten Werte bezüglich der Konzentration und Fracht für das gesamte betriebliche Abwasser eingehalten werden.

4. Durch Maßnahmen am Ort des Anfalls ist sicherzustellen, daß die Konzentration und die Fracht an Schadstoffen im Sinne des § 7 a bzw. an wassergefährdenden Stoffen im Sinne des § 19 g (5) WHG im Abwasser die in der Abwasserverordnung, in Indirekteinleiterverordnungen oder Genehmigungsbescheiden etc. festgesetzten Werte an der Anfallstelle vor der Vermischung und/oder im Ablauf einer nachgeschalteten betrieblichen Abwasserbehandlungsanlage nicht überschritten werden.

5. Abwasser und andere Stoffe, gegen welche die betriebliche Abwasseranlage nicht dicht und beständig ist, dürfen nicht in diese eingeleitet werden, sondern sind in der Anlage zum Umgang mit wassergefährdenden Stoffen zurückzuhalten und anderweitig zu entsorgen.

6. Eine Anlage zum Umgang mit wassergefährdenden Stoffen nach § 19 g (1) und (2) WHG bedarf einer technischen Einrichtung, durch die verhindert wird, daß solche Abwässer und andere Stoffe in die nachgeschaltete betriebliche Abwasseranlage gelangen, auf die diese von ihrer Beschaffenheit her nicht eingerichtet ist. Die Einrichtung muß unterstrom des Ortes des Anfalls des entsprechenden Abwasserteilstroms angeordnet sein. Die Anlage nach § 19 g (1) und (2) endet mit dieser Einrichtung. Unterstrom von ihr beginnt die Abwasseranlage nach §§ 18 a und 18 b WHG.

7. Besitzt eine Anlage nach § 19 g (1) und (2) WHG eine Einrichtung nach Nr. 6, so gelten Auffangeinrichtungen, die technisch in eine betriebliche Abwasseranlage eingebunden sind und die bei einer Betriebsstörung dazu dienen, aus der Anlage ausgetretene wassergefährdende Stoffe oder andere Stoffe aufzunehmen, die mit solchen verunreinigt sind, sowie die Zuleitungen, Kanalisationen etc. oberstrom der Einrichtung als Teil der Anlage zum Umgang mit wassergefährdenden Stoffen und unterliegen den Bestimmungen der §§ 19 g ff. WHG und der entsprechenden Landesbestimmungen.

8. Betriebliche Anlagen, in denen mit wassergefährdenden Stoffen belastetes Wasser behandelt wird, das als Brauchwasser im Kreislauf geführt wird, sind

keine Abwasserbehandlungsanlagen, sondern Anlagen zum Umgang mit wassergefährdenden Stoffen nach § 19 g (1) WHG.

9. Betriebliche Anlagen, insbesondere Teilstrombehandlungsanlagen, in denen wassergefährdende Stoffe aus Abwasser zurückgewonnen werden oder in denen sie in solcher Konzentration abgespalten werden, die geeignet wäre, eine Gewässerverunreinigung hervorzurufen, unterliegen den Bestimmungen des § 19 g (1) WHG für die Teile, in denen solche hohen Konzentrationen vorliegen.

10. Betriebliche Anlagen, in denen Abwasser mit bestimmten wassergefährdenden Stoffen behandelt wird, um andere wassergefährdende Stoffe aus ihm zu entfernen, gelten als Anlagen nach § 19 g (1) WHG, auch wenn die Reaktionsprodukte nicht wassergefährdend sind. Nr. 9 gilt sinngemäß.

Sofern diese Vorschläge erfüllt werden, kann im übrigen der Geltungsbereich des § 21 Muster-VAwS auch auf LAU-Anlagen erweitert und die überkommene Praxis z.B. bei Tankstellen legalisiert werden."

6.2.12
Löschwasserrückhaltung

Für den Fall des mit Brand und Explosionen verbundenen Störfalls sind entsprechende Einrichtungen zum Auffangen des Löschwassers vorzuhalten. Der Katastrophenfall bei Sandoz am Oberrhein 1986 hat dieses sehr deutlich gemacht. Zwar war der Brand sehr schnell unter Kontrolle gebracht. Aber angesichts fehlender Löschwasserrückhaltungseinrichtungen floß das hochkontaminierte Löschwasser in den Rhein und verursachte ein totales biologisches Sterben im Gewässer. Dieses war der Ausgangspunkt, entsprechende technische Anforderungen zu etablieren, obwohl § 3 Abs. 1 Musterbauordnung (MBO) auch schon früher verlangte, daß bauliche Anlagen sowie andere Anlagen und Einrichtungen im Sinne von § 1 Abs. 1 Satz 2 MBO so anzuordnen, zu errichten, zu ändern und zu unterhalten sind, daß die öffentliche Sicherheit oder Ordnung, insbesondere Leben oder Gesundheit, nicht gefährdet werden [MBO-93].

Nach § 17 Abs. 1 MBO müssen bauliche Anlagen so beschaffen sein, daß u. a. wirksame Löscharbeiten möglich sind. Insofern verlangt § 39 Abs. 1 MBO, daß zur Brandbekämpfung eine ausreichende (Lösch-)Wassermenge zur Verfügung stehen muß.

Da das Baurecht derartige Maßnahmen vorsieht, begnügt sich die Muster-VAwS mit dem Hinweis im § 3 Nr. 4, bei dem heftig an kontaminiertes Löschwasser gedacht wurde – aber nicht ausschließlich!

Im Brandfall fällt in aller Regel Löschwasser an, das durch wassergefährdende Stoffe oder Brandgut verunreinigt sein kann. Auf Grund des Besorgnisgrundsatzes des Wasserrechts (§ 19 g Abs. 1 WHG) ist es erforderlich, dieses Löschwasser zurückzuhalten. Der Betreiber von Anlagen zum Umgang mit wassergefährden-

---

" Benzinabscheider sind als Teil der Abwasseranlage von Tankstellen vorgeschrieben. Sie dienen zum Auffangen von Leckagen und bilden den eigentlichen Auffangraum einer Tankstelle. Sie entsprechen den allgemein anerkannten Regeln der Technik für Tankstellen. Das Ableiten von Niederschlagswasser durch sie bei gleichzeitigem Zurückhalten von ausgelaufenem Kraftstoff ist aber strenggenommen unzulässig, weil eine Tankstelle keine HBV-Anlage ist und § 21 ausschließlich für HBV-Anlagen, nicht für Abfüllanlagen gilt.

den Stoffen ist verpflichtet, bezogen auf den Brandfall, Maßnahmen zur Zurückhaltung des verunreinigten Löschwassers zu ergreifen.

Zu diesem Zweck ist eine Muster-Richtlinie [LWR-92] (LöRüRL) erarbeitet worden, die von' den Ländern in den Vollzug eingeführt worden ist. Ziel der Richtlinie ist der Schutz der Gewässer vor verunreinigtem Löschwasser, das **beim Brand eines Lagers wassergefährdender Stoffe** anfällt. Für die anderen Anlagen – AU- und HBV-Anlagen – gelten diese Regelungen nicht unmittelbar. Sie können aber als Informationsquelle herangezogen werden, wenn die erforderlichen Maßnahmen im Einzelfall festgelegt werden.

Kernpunkt der technischen Anforderungen ist es, abgestufte Anforderungen zur Begrenzung der Risiken zu definieren, um das Volumen des zurückzuhaltenden Löschwassers zu bestimmen.

In die Ermittlung des Volumens des zurückzuhaltenden Löschwassers sind die folgenden Parameter eingegangen und finden in der Richtlinie Berücksichtigung:

– Brandschutztechnische Infrastruktur (Brandmeldeanlage, Feuerlöschanlage),
– Art der Feuerwehr (öffentliche Feuerwehr und Werkfeuerwehr – dahinter steckt über Anmarschweg sowie Orts- und Sachkenntnis vor allem die Zeit bis zu einem Löschangriff; Werksfeuerwehr ist binnen 5 Minuten vor Ort),
– Fläche des Lagerabschnitts,
– Lagerguthöhe, Lagerdichte und Lagermenge,
– Art des Lagers (im Freien, im Gebäude, in ortsbeweglichen Gefäßen, in ortsbeweglichen und ortsfesten Behältern).

Eine Löschwasser-Rückhaltung für Lager wassergefährdender Stoffe ist nach der Richtlinie nicht erforderlich bei der Lagerung wassergefährdender Stoffe,

– die nicht mit Wasser gelöscht werden oder
– die selbst nicht brennen können oder aufgrund ihrer Verpackung und Lagerung nicht zur Brandausbreitung beitragen.

Die Richtlinie gilt für bauliche Anlagen, in oder auf denen wassergefährdende Stoffe

– der Wassergefährdungsklasse WGK 1 mit mehr als 100 t je Lagerabschnitt oder
– der Wassergefährdungsklasse WGK 2 mit mehr als 10 t je Lagerabschnitt oder
– der Wassergefährdungsklasse WGK 3 mit mehr als 1 t je Lagerabschnitt

gelagert werden. Für die Zusammenlagerung von Stoffen unterschiedlicher Wassergefährdungsklassen enthält die Richtlinie eine gesonderte „Einstiegs"-Bemessung. Eine Löschwasser-Rückhaltung ist nicht erforderlich, wenn wassergefährdende Stoffe unterhalb der obengenannten Schwellenwerte gelagert werden.

Keine Anwendung findet die Richtlinie

– auf die Bereitstellung zur Beförderung, wenn diese binnen 24 Stunden oder am darauffolgenden Werktag erfolgt (ist dieser Werktag ein Sonnabend, so endet die Frist mit Ablauf des nächsten Werktages),
– auf transportbedingtes Zwischenlagern und
– auf Stoffe, die sich im Produktionsgang oder im Arbeitsgang befinden.

Da die Richtlinie nur für das Lagern wassergefährdender Stoffe gilt, ist es sehr wichtig, den Begriff des „Lagerns" eindeutig zu definieren. Die LöRüRL benutzt die Definition aus § 2 Muster-VAwS.

Für bauliche Anlagen, in oder auf denen mit wassergefährdenden Stoffen umgegangen wird, die aus dem Geltungsbereich der Richtlinie nicht unterliegen, ist wegen der Vielfalt der unterschiedlichen Nutzungen dieser Anlagen (z. B. Produktion mit Zwischenlagerung oder solche Lager, die vom Geltungsbereich ausgeschlossen sind) eine allgemeine Bemessungsregel für Löschwasser-Rückhalteanlagen nicht möglich. Sofern für solche Anlagen bezogen auf den Brandfall die Zurückhaltung verunreinigten Löschwassers erforderlich ist, muß über die Anordnung und Bemessung von Löschwasser-Rückhalteanlagen im Genehmigungsverfahren im Einzelfall entschieden werden.

Konzept

> Je früher ein Brand erkannt wird, je früher eine gezielte Brandbekämpfung einsetzt und je mehr Wasser in der Anfangsphase auf den Brand angesetzt werden kann, um so kleiner kann das Volumen der Löschwasser-Rückhalteanlage bemessen sein.

Es ist das Löschwasser aufzufangen, das zur Bekämpfung eines Brandes bezogen auf einen Lagerabschnitt anfällt. Das Löschwasser, das zur Kühlung der Nachbarschaft verbraucht wird, und das Löschwasser, das verdampft, geht nicht in die Bemessung des Volumens der Löschwasser-Rückhalteanlage ein.

Zur Ermittlung der zulässigen Lagermenge, der zulässigen Fläche der Lagerabschnitte und des Volumens der Löschwasser-Rückhalteanlagen unterscheidet die Richtlinie vier Sicherheitskategorien.

Sicherheitskategorien sind Klassifizierungsstufen, die sich aus der Art der Feuerwehr, den Anforderungen an die Brandmeldung und der Ausstattung mit einer automatischen Feuerlöschanlage ergeben. Sie werden wie folgt unterschieden:

> **Sicherheitskategorie K 1:**
> – öffentliche Feuerwehr,
> – keine besonderen Anforderungen an die Brandmeldung;
> **Sicherheitskategorie K 2:**
> – öffentliche Feuerwehr,
> – besondere Anforderungen an die Brandmeldung;
> **Sicherheitskategorie K 3:**
> – Werkfeuerwehr,
> – besondere Anforderungen an die Brandmeldung;
> **Sicherheitskategorie K 4:**
> – öffentliche Feuerwehr oder Werkfeuerwehr,
> – automatische Feuerlöschanlagen einschließlich automatischer Brandmeldung.

Es werden folgende Lagerarten unterschieden:

- das Lagern von Stoffen in Verpackungen, in ortsbeweglichen Gefäßen und in ortsbeweglichen Behältern mit Fassungsvermögen bis 3.000 l und als Schüttgüter zum einen in Gebäuden und zum anderen im Freien sowie
- das Lagern von Stoffen (von nicht brennbaren Flüssigkeiten, von festen brennbaren Stoffen und von brennbaren Flüssigkeiten) in ortsfesten Behältern (Tanks, Silos) sowie in ortsbeweglichen Behältern mit Fassungsvermögen von mehr als 3.000 l.

Hinsichtlich des Lagerns in ortsbeweglichen Gefäßen und Behältern mit Fassungsvermögen bis 3.000 l ergibt sich das Erfordernis einer automatischen Feuerlöschanlage aus der Art der Lagerung (in Block- oder in Regallagern), aus der Lagerguthöhe und aus der Zugänglichkeit des Lagers für den Löschangriff. Bei einer Lagerguthöhe von mehr als 6 m ist eine automatische Feuerlöschanlage erforderlich. Die Richtlinie schließt Lagerguthöhen von mehr als 40 m aus.

Zur Aufnahme des verunreinigten Löschwassers ist eine ausreichende bemessene Löschwasser-Rückhalteanlage anzuordnen. Soweit mehreren Lagerabschnitten eine gemeinsame Löschwasser-Rückhaltung zugeordnet wird, richtet sich deren Volumen nach dem größten sich aus den Berechnungen für die einzelnen Lagerabschnitte ergebenden Rückhaltevolumen. Sofern Auffangräume für Stoffe aufgrund von anderen Rechtsvorschriften (VbF oder VAwS) als Löschwasser-Rückhalteanlagen mitbenutzt werden können, müssen deren erforderliche Volumina zu dem Löschwasser-Rückhaltevolumen hinzugerechnet werden (d. h. maximale Leckagemenge zuzüglich anfallende Löschwassermenge).

Löschwasser-Rückhalteanlagen sind so anzuordnen oder einzurichten, daß eine Überfüllung rechtzeitig erkannt werden kann.

Boden und Wände von Löschwasser-Rückhalteanlagen müssen bis zum Zeitpunkt der Entsorgung ausreichend dicht sein. Dieses gilt als erfüllt z. B. bei der Verwendung von Stahl oder von wasserundurchlässigem Beton nach DIN 1045 mit einer Dicke von 20 cm.

Ferner ist dafür Sorge zu tragen, daß verunreinigtes Löschwasser, welches abgeleitet wird, nicht zur Brandausbreitung beitragen kann.

Maßgebliche WGK
Die Wassergefährdungsklassen der gelagerten Stoffe dienen als Kriterium unterschiedlicher Anforderungen.

Beim Lagern von Stoffen unterschiedlicher Wassergefährdungsklassen bestimmt sich die zulässige Lagermenge, die zulässige Fläche des Lagerabschnitts sowie das Volumen der erforderlichen Löschwasser-Rückhalteanlage nach der jeweils höchsten Wassergefährdungsklasse der Stoffe. Ein Anteil

- von weniger als 1% von Stoffen der Wassergefährdungsklasse WGK 3 in Lagern für Stoffe der Wassergefährdungsklasse WGK 2 und
- von weniger als 5% von Stoffen der Wassergefährdungsklasse WGK 2 in Lagern für Stoffe der Wassergefährdungsklasse WGK 1

bleibt hierbei unberücksichtigt.

Bei der Ermittlung der zulässigen Lagermenge, der zulässigen Fläche des Lagerabschnitts sowie der Volumina der Löschwasser-Rückhalteanlagen wird – wie in Abb. 6.6 dargestellt – vorgegangen:

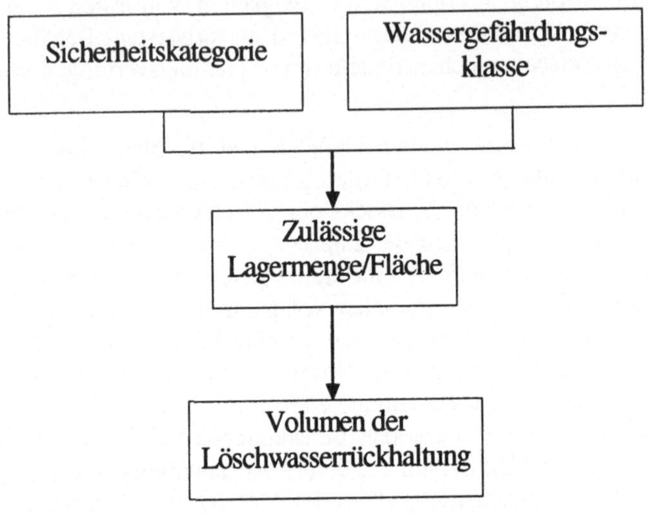

Abb. 6.6 Ermittlung des Löschwasserrückhaltevolumens

Entsprechend Tabelle 6.13 ergibt sich die zulässige Lagermenge bzw. Fläche für den Lagerabschnitt zu:

Tabelle 6.13 Zulässige Lagermenge und zulässige Fläche von Lagerabschnitten

1	2	3	4
Sicherheitskategorie	Zulässige Lagermenge sowie zulässige Fläche des Lagerabschnitts bei Lagerdichten von 0,7 bis 1,2 t/m^2 für		
	WGK 1 in t bzw. m^2	WGK 2 in t bzw. m^2	WGK 3 in t bzw. m^2
K 1	200	50	50
K 2	800	400	200
K 3	1.200	800	600
K 3 (2 Staffeln)	1.600	1.000	800
K 3 (Zug)	2.000	1.200	1.000
K 4	4.000	3.000	2.400

Bei einer Lagerdichte unter 0,7 t/m^2 sind die angegebenen Werte für die Fläche mit dem Faktor 1,3 zu multiplizieren; bei einer Lagerdichte von mehr als 1,2 t/m^2 sind die angegebenen Werte für die Fläche mit dem Faktor 0,5 zu multiplizieren.

Im Sinne einer Vereinfachung bzw. im Sinne der Praktikabilität der Anwendung gehen in die Lagermenge alle Stoffe (einschließlich ihrer Verpackung) je Lagerabschnitt unabhängig von ihrem Brandverhalten ein, es sei denn, es handelt sich um nicht brennbare Stoffe oder solche, die im Brandfall nicht mit Wasser gelöscht werden.

Bei der Bemessung des Volumens der Löschwasser-Rückhalteanlage wird nach Lagerguthöhen bis 12 m und von mehr als 12 m unterschieden. Die Bemessung der Löschwasser-Rückhalteanlagen bestimmt sich nach der tatsächlichen Fläche des Lagerabschnitts, nach den Sicherheitskategorien K 1 bis K 4 und nach der Wassergefährdungsklasse der gelagerten Stoffe. Die tatsächliche Fläche des Lagerabschnitts muß deswegen Kriterium der Bemessung der Löschwasser-Rückhalteanlage sein, da im Brandfall der Löschangriff sich ggf. auf den Lagerabschnitt insgesamt erstrecken muß. Dieses zwingt den Betreiber unter dem Aspekt der Wirtschaftlichkeit zur Separierung der wassergefährdenden Stoffe von anderen brennbaren Stoffen.

Erdgeschossig angeordnete Lager
Beim Lagern von Stoffen

- in Blocklagern mit Lagerguthöhen bis zu 4 m,
- in Blocklagern mit Lagerguthöhen bis zu 5 m bei Vorhandensein einer automatischen Feuerlöschanlage,
- in Regallagern mit Lagerguthöhen bis zu 5 m,
- in Block- und Regellagern mit Lagerguthöhen bis zu 6 m, wenn jede Lagerguteinheit von mindestens einer Seite für den Löschangriff der Feuerwehr zugänglich ist und eine Lagerguttiefe von 1,5 m je Lagerguteinheit nicht überschritten wird,
- in Regallagern mit Lagerguthöhe bis zu 40 m bei Vorhandensein einer automatischen Feuerlöschanlage

bestimmen sich für erdgeschossig angeordnete, eingeschossige Lagerabschnitte die zulässige Lagermenge und die zulässige Fläche des Lagerabschnitts nach Tabelle 6.13.

Die Bemessung der erforderlichen Löschwasser-Rückhalteanlagen für Lagerguthöhen bis 12 m bestimmt sich nach Tabelle 6.14, für Lagerguthöhen über 12 m nach Tabelle 6.15.

Tabelle 6.14 Ermittlung des Volumens der Löschwasser-Rückhalteanlage bei Lagerguthöhen bis zu 12 m

1	2	3
Fläche des Lagerabschnitts in m^2	Erforderliches Volumen der Löschwasser-Rückhalteanlage für WGK 1 in den Sicherheitskategorien K 1/K 2 in m^3	 K 3/K 4 in m^3
25	6	6
50	12	12
75	18	18
100	25	25
150	45	40
200	70	55
250	100	70
300	135	90
400	200	125
500	250	150
600	300	150
700	350	150
800	400	150
900	450	150
≥ 1.000	500	150

Beim Lagern von Stoffen der WGK 2 sind die angegebenen Werte für das Volumen mit dem Faktor 1,5 zu multiplizieren, beim Lagern von Stoffen der WGK 3 mit dem Faktor 2. Ergeben sich aus der tatsächlichen Fläche des Lagerabschnitts Zwischenwerte, so darf bei der Ermittlung des Volumens der Löschwasser-Rückhalteanlage interpoliert werden. Dies gilt auch, wenn die Fläche des Lagerabschnitts weniger als 25 m^2 beträgt.

Tabelle 6.15 Ermittlung des Volumens der Löschwasser-Rückhalteanlage bei Lagerguthöhen von mehr als 12 m

Lagerguthöhe in mm	Erforderliches Volumen der Löschwasser-Rückhalteanlage für WGK 1 in m^3
12 < h ≤ 18	175
18 < h ≤ 24	225
24 < h ≤ 32	275
32 < h ≤ 40	325

Beim Lagern von Stoffen der WGK 2 sind die angegebenen Werte für das Volumen mit dem Faktor 1,5 zu multiplizieren, beim Lagern von Stoffen der WGK 3 mit dem Faktor 2.

Für das Lagern von Stoffen in Verpackungen, in ortsbeweglichen Gefäßen und ortsbeweglichen Behältern mit Fassungsvermögen bis 3.000 l und als Schüttgüter im Freien sowie von Stoffen in ortsfesten Behältern und ortsbeweglichen Behältern mit Fassungsvermögen von mehr als 3.000 l gelten spezielle Regelungen [LWR-92].

Nicht erdgeschossig angeordnete Lager

In mehrgeschossigen Gebäuden ist in der Sicherheitskategorie K 1, mit Ausnahme des Erdgeschosses, ein Lagern wassergefährdender Stoffe nicht zulässig.

Lager der Sicherheitskategorie K 2 und K 3 sind mit automatischen Brandmeldeanlagen auszurüsten.

Für nicht erdgeschossig angeordnete oder für mehrgeschossige Lagerabschnitte ergibt sich in den Sicherheitskategorien K 2, K 3 und K 4 die zulässige Lagermenge und die zulässige Fläche des Lagerabschnitts durch Multiplikation der Werte der Tabelle 6.12 mit folgenden Abminderungsfaktoren:

- in Gebäuden mit zwei Geschossen: 0,7
- in Gebäuden mit drei Geschossen   0,6
- in Gebäuden mit mehr als drei Geschossen 0,5

VbF unterliegende Stoffe

Beim Lagern von brennbaren Flüssigkeiten, die der VbF unterliegen, bestimmen sich die zulässige Lagermenge und die zulässige Lagerfläche des Lagerabschnitts nach den Regelungen der VbF und der TRbF. Die Bemessung der erforderlichen Löschwasser-Rückhalteanlagen für diese Lager bestimmt sich nach den Tabellen 6.14 und 6.15.

7 Organisatorische Anforderungen an Anlagen zum Umgang mit wassergefährdenden Stoffen

7.1
Betreiberpflichten

Die wasserrechtlichen Anforderungen beziehen sich nicht nur auf die Phase des Einbaus und der Aufstellung, sondern auch auf die gesamte Betriebsphase (s. dazu § 19 g Abs. 1 und 2 WHG). Insoweit handelt es sich um eine Spezialvorschrift gegenüber der allgemeinen Sorgfaltspflicht des § 1 a Abs. 2 WHG.

Für den Betrieb von Anlagen zum Umgang mit wassergefährdenden Stoffen hat der Betreiber solcher Anlagen eine Reihe von Pflichten zu erfüllen:

- Überwachung von Betriebs- und Verhaltensweisen,
- Erstellen und Einhalten von Betriebsanweisungen,
- Anzeigen bei Freisetzen von wassergefährdenden Stoffen,
- Kennzeichnung von Anlagen,
- Erstellen und Führen eines Anlagenkatasters,
- Überwachung von Befüllvorgängen,
- Beauftragung von Sachverständigen und Fachbetrieben.

Im Sinne eines Qualitätssicherungssystems entsprechend EN/ISO 9000 ff sollte dieser Komplex sorgfältig strukturiert und mit Verfahrens- und Arbeitsanweisungen hinterlegt werden, wobei insbesondere die Verantwortlichkeiten für die Tätigkeiten festgelegt sein sollten.

7.1.1
Überwachung von Betriebs- und Verhaltensweisen

Da ein unkontrolliertes Freisetzen von wassergefährdenden Stoffen in die Umwelt, insbesondere in Boden und Grundwasser zu verhindern ist, hat der Betreiber eine allgemeine Sorgfaltspflicht zu erfüllen. Gemäß § 19 i WHG hat der Betreiber die Pflicht zur Selbstüberwachung der Anlagen.

§ 19 i WHG „Pflichten des Betreibers"
(1) Der Betreiber hat mit dem Einbau, der Aufstellung, Instandhaltung, Instandsetzung oder Reinigung von anlagen nach § 19 g Abs. 1 und 2 Fachbetriebe nach § 19 l zu beauftragen, wenn er selbst nicht die Voraussetzungen des § 19 l Abs. 2 erfüllt oder nicht eine öffentliche Einrichtung

ist, die über eine dem § 19 l Abs. 2 Nr. 2 gleichwertige Überwachung verfügt.

(2) Der Betreiber einer Anlage nach § 19 g Abs. 1 und 2 hat ihre Dichtheit und die Funktionsfähigkeit der Sicherheitseinrichtungen ständig zu überwachen. Die zuständige Behörde kann im Einzelfall anordnen, daß der Betreiber einen Überwachungsvertrag mit einem Fachbetrieb nach § 19 l abschließt, wenn er selbst nicht die erforderliche Sachkunde besetzt oder nicht über sachkundiges Personal verfügt. Er hat darüber hinaus nach Maßgabe des Landesrechts Anlagen durch zugelassene Sachverständige auf den ordnungsgemäßen Zustand überprüfen zu lassen, und zwar

1. vor Inbetriebnahme oder nach einer wesentlichen Änderung,

2. spätestens fünf Jahre, bei unterirdischer Lagerung in Wasser- und Quellenschutzgebieten spätestens zweieinhalb Jahre nach der letzten Überprüfung,

3. vor der Wiederinbetriebnahme einer länger als ein Jahr stillgelegten Anlage,

4. wenn die Prüfung wegen der Besorgnis einer Wassergefährdung angeordnet wird,

5. wenn die Anlage stillgelegt wird.

(3) Die zuständige Behörde kann dem Betreiber Maßnahmen zur Beobachtung der Gewässer und des Bodens auferlegen, soweit dies zur frühzeitigen Erkennung von Verunreinigungen, die von Anlagen nach § 19 g Abs. 1 und 2 ausgehen können, erforderlich ist. Sie kann fernen anordnen, daß der Betreiber einen Gewässerschutzbeauftragten zu bestellen hat; die §§ 21 b bis 21 g gelten entsprechend.

Danach hat der Betreiber der Anlage

- die Dichtheit der Anlage und
- die Funktionsfähigkeit ihrer Sicherheitseinrichtungen

ständig zu überwachen. Diese Verpflichtung ist an sich eine Selbstverständlichkeit. Der Betreiber muß zur Erfüllung dieser Pflicht nicht die Voraussetzungen eines Fachbetriebes erfüllen. Der Anlagenbetreiber kann jedoch einen Fachbetrieb mit dieser Aufgabe beauftragen. In jedem Fall bleibt die Verantwortung gegenüber der Behörde beim Anlagenbetreiber, d. h. er hat dafür einzustehen, daß diese Verpflichtung auch erfüllt wird.

Stellt die zuständige Behörde fest, daß der Betreiber der Anlage nicht die erforderliche Sachkunde besitzt oder nicht über sachkundiges Personal verfügt, kann sie anordnen, daß der Anlagenbetreiber zur Erfüllung der ihm obliegenden Verpflichtung einen Überwachungsvertrag mit einem Fachbetrieb nach § 19 l WHG abschließen muß.

Was im einzelnen Gegenstand der Selbstüberwachung ist, richtet sich nach den Umständen des Einzelfalls. Dabei bedeutet „ständig" nicht „ohne Unterbrechung". Die Selbstüberwachung kann ggf. stichprobenartig erfolgen, aber auch durch apparative Einrichtungen (z. B. Leckanzeigegerät).

Nach § 19 i Abs. 3 Satz 1 WHG kann die zuständige Behörde dem Anlagenbetreiber Maßnahmen zur Beobachtung der Gewässer und des Bodens auferlegen, soweit dies zur Früherkennung von Verunreinigungen erforderlich ist, die von Anlagen ausgehen können. Die Erkenntnisse aus der Erkundung von Altlasten legen eine solche Vorschrift nahe. Eine entsprechende Auflage wird dann in Betracht kommen, wenn nicht bereits durch besondere Schutzmaßnahmen (Redundanz) das Ziel dieser Vorschrift erreicht werden kann.

Nach § 19 i Abs. 3 Satz 2 WHG kann die zuständige Behörde den Anlagenbetreiber auch verpflichten, einen Gewässerschutzbeauftragten zu bestellen. Die Vorschrift dient der höheren Effizienz der Selbstüberwachung.

In § 8 Muster-VAwS sind darüber hinaus allgemeine Betriebs- und Verhaltensvorschriften geregelt:

> **§ 8 Muster-VAwS „Allgemeine Betriebs- und Verhaltensvorschriften – Anzeigepflicht"**
> *(1) Wer eine Anlage betreibt, hat diese bei Schadensfällen und Betriebsstörungen unverzüglich außer Betrieb zu nehmen, wenn er eine Gefährdung oder Schädigung eines Gewässers nicht auf andere Weise verhindern oder unterbinden kann; soweit erforderlich ist die Anlage zu entleeren.*

Damit wird die Verpflichtung des Betreibers festgelegt, wann er eine Anlage außer Betrieb zu nehmen und zu entleeren hat. Die Pflicht zur Außerbetriebnahme besteht, wenn

1. ein Schadensfall oder eine Betriebsstörung vorliegt und
2. eine daraus folgende Gefährdung oder Schädigung eines Gewässers nicht auf andere Weise verhindert oder unterbunden werden kann.

Ein Schadensfall liegt vor, wenn der wassergefährdende Stoff bereits aus der Anlage ausgetreten ist. Dem Schadensfall dürfte häufig eine Betriebsstörung vorausgehen.

Eine Betriebsstörung ist bereits jede Störung des bestimmungsgemäßen Betriebs einer Anlage bei der wassergefährdende Stoffe aus Anlagen austreten können.

Auf die Außerbetriebnahme kann nur verzichtet werden, wenn eine Gefährdung oder eine Schädigung des Gewässers „auf andere Weise" verhindert oder unterbunden werden kann. Als Maßnahmen, die allein oder zusammen mit anderen geeignet sind, auf andere Weise eine Gefährdung oder Schädigung zu verhindern, sind u. a. zu nennen:

– Abdichtungen von Lecks,
– Auswechseln defekter Teile,
– Umfüllen in dichte Behälter.

Die Außerbetriebnahme der Anlage reicht allein nicht immer aus, um eine Gewässergefährdung oder -schädigung zu verhindern. In diesem Fall ist die Anlage außerdem zu entleeren. Bei Undichtheiten eines Auffangraumes sind im Regelfall die darin befindlichen Behälter zu entleeren.

Die Pflicht zur Anzeige beim Austreten wassergefährdender Stoffe bei der Polizei oder Wasserbehörde ist in der Regel bereits in den Landeswassergesetzen geregelt. Die entsprechenden Passagen der Muster-VAwS finden deshalb in den Landes-VAwS keinen Niederschlag.

7.1.2
Erstellen und Einhalten von Betriebsanweisungen

Nach den Grundsatzanforderungen § 3 Abs. 1 Nr. 6 VAwS ist eine Betriebsanweisung mit Überwachungs-, Instandhaltungs- und Alarmplan zu erstellen und einzuhalten.

Gemäß § 3 Nr. 6 Muster-VAwS wird lediglich gefordert:

> *„Es ist grundsätzlich eine Betriebsanweisung mit Überwachungs-, Instandhaltungs- und Alarmplan sowie mit Sofortmaßnahmen zur Gefahrenabwehr aufzustellen und einzuhalten. "*

Die Formulierung **„eine"** Betriebsanweisung sollte nicht wörtlich genommen werden, da in der Regel aus anderen Bedürfnissen heraus bereits Betriebsanweisungen bestehen, die hierfür genutzt werden können. Wichtig ist nur, daß alle vorhandenen Anweisungen sowie eigens zu erstellende Anweisungen für Teilaspekte in **einem** Kompendium zusammenzuführen sind.

Der Überwachungsplan sollte enthalten

- genaue Bezeichnung der Anlagen, Anlagenteile und technischen Sicherheitseinrichtungen (Inventar) sowie deren Örtlichkeiten
- Anlagen, Anlagenteile, technische Schutzeinrichtungen mit:
  - Visueller Begutachtung
  - Anzeige-/Alarmgeräten
  - Fernüberwachung
- Zeitplan der regelmäßigen Inaugenscheinnahme und Funktionsprüfungen
- Termine für Fremdüberprüfungen
- Art und Umfang der Begutachtung der Auffang- und Ableitsysteme und Absperreinrichtungen
- Prüfung der Vollständigkeit und Funktionstüchtigkeit von Abwehrmaßnahmen und -materialien
- Namen der Verantwortlichen und deren Vertreter
- Dokumentation der durchgeführten Maßnahmen.

Der Instandhaltungsplan sollte enthalten

- genaue Bezeichnung der Anlage, Anlagenteile und technischen Schutzvorkehrungen sowie deren Örtlichkeiten
- Zeitplan für den Austausch von Anlagen, Anlagenteilen und technischen Schutzvorkehrungen,
- Zeitplan für die Wartung von Anlagen, Anlagenteilen und technischen Schutzvorkehrungen,
- Namen der Verantwortlichen und deren Vertreter
- Dokumentation der durchgeführten Maßnahmen

Wie ein in § 3 Nr. 6 Muster-VAwS vorgeschriebener Alarm- und Gefahrenabwehrplan aussehen soll, wird weder dort, noch in der Musterverwaltungsvorschrift

(VVAwS) weiter spezifiziert. Die VVAwS enthält lediglich den Hinweis, daß im Alarmplan Meldewege und Maßnahmen im Schadensfall angegeben sein müssen.

Zu den Meldewegen – bzw. der Anzeige – sagen die jeweiligen Landeswassergesetzen etwas, z. B. Baden-Württemberg:

> *„Wer eine Anlage nach § 19 g Abs. 1 und 2 des Wasserhaushaltsgesetzes betreibt, befüllt oder entleert, instand hält, reinigt, überwacht oder prüft, hat das Austreten von wassergefährdenden Stoffen unverzüglich der unteren Wasserbehörde oder der nächsten Polizeibehörde anzuzeigen, sofern die Stoffe in ein oberirdisches Gewässer, eine Abwasseranlage oder in den Boden eingedrungen sind oder aus sonstigen Gründen eine Verunreinigung oder Gefährdung eines Gewässers oder einer Abwasseranlage nicht auszuschließen ist. Die Verpflichtung besteht auch beim Verdacht, daß wassergefährdende Stoffe bereits aus einer solchen Anlage ausgetreten sind und eine Gefährdung entstanden ist. Die Verpflichtung besteht nicht, soweit es sich nur um unbedeutende Mengen handelt. "*

Bezüglich der Maßnahmen im Schadensfall wird auf § 8 VAwS verwiesen.

Als Informationsquelle für die Vorgehensweise beim Umgang mit wassergefährdenden Stoffen, wie Alarm- und Gefahrenabwehrpläne aufgebaut werden können, kann die 3. VwV zur Störfall-Verordnung [BMU-91] dienen. Dabei ist nach betrieblicher Alarmplanung und betrieblicher Gefahrenabwehr zu unterscheiden.

Betriebliche Alarmplanung

Die betriebliche Alarmplanung muß gewährleisten, daß nach dem Feststellen einer Gefahrensituation eine schnelle Gefahrenmeldung an die ständig zur Entgegennahme von Meldungen bereite interne oder externe Stelle erfolgen muß. Dabei sollte die Meldung möglichst folgende Inhalte enthalten:

* Person, die das Ereignis meldet (Funktion, Standort, Telefon),
* Ort und Zeitpunkt des Ereignisses,
* Art der Gefahr oder des Ereignisses,
* Anzahl eventuell Verletzter, Art der Verletzung,
* Anzahl der Personen, die sich noch im unmittelbaren Gefahrenbereich befinden können,
* Gefahren für die Umwelt (Gewässer, Kläranlage).

Im Rahmen der betrieblichen Alarmplanung ist sicherzustellen, daß von innerhalb und außerhalb des Betriebes eingehende Gefahrenmeldungen entgegengenommen und an entsprechende interne und externe Stellen weitergegeben werden können, um die für die Gefahrenabwehr zuständigen inner- und außerbetrieblichen Einsatzkräfte zu alarmieren und gegebenenfalls die Alarmierung der Beschäftigten und der Nachbarschaft sicherzustellen.

Betriebliche Alarmpläne müssen insbesondere folgende Angaben enthalten:

* Alarmadressen,
* Festlegung von Alarmfällen sowie von Meldestufen,
* nach Meldestufen differenziertes Alarmierungsschema,

- Warnung und Alarmierung Beschäftigter und Dritter, die sich auf dem Betriebsgelände aufhalten,
- Festlegung der personellen Besetzung, der Erreichbarkeiten, des Treffpunktes und der Aufgaben für spezielle Stäbe der Gefahrenabwehrkräfte,
- Sammelstellen für Beschäftigte und Dritte, die sich auf dem Werksgelände aufhalten.

Ein Beispiel für die Festlegung **der innerbetrieblichen Alarmadressen** könnte unter Angabe der Verantwortlichen mit dienstlicher und privater Telefon- und Fax-Nummer sein:

Zentrale Meldestelle für die Anlage,
Werksfeuerwehr,
Betriebsleiter,
Immissionsschutzbeauftragter,
Störfallbeauftragter,
Gewässerschutzbeauftragter,
Fachkraft für Arbeitssicherheit,
Arbeitsmedizinische Stelle,
Anlagenschutz (Wachschutz),
Ansprechstellen in Nachbaranlagen.

Ein Beispiel für die Festlegung von **außerdienstlichen Alarmadressen** könnte unter Angabe der Notruf- und Telefon- sowie Fax-Nummern während und nach Dienst sein:

Feuerwehr,
Polizei,
Medizinischer Rettungsdienst.

Bei Alarmfällen sind die Art der Gefahren hinsichtlich

- Freisetzen von Stoffen,
- Brand,
- Explosion

festzulegen.

Das nachfolgende Muster, das sich in **vier Meldestufen** gliedert, kann dabei als Grundlage für die Festlegung von Meldestufen dienen.

D1 Vorsorgliche Mitteilung
Ereignisse, bei denen zwar eine Gefahr außerhalb des Betriebes objektiv nicht besteht, die aber von der Nachbarschaft wahrzunehmen sind und bei verständiger Abwägung für gefährlich gehalten werden können, sowie Ereignisse, bei denen offensichtlich bzw. nach den bisherigen Erfahrungen eine Entwicklung zur Stufe D2 zu erwarten ist.

D2 Vorabmeldung
Ereignisse, bei denen eine Gefährdung von Gebieten außerhalb des Betriebes nicht mit Sicherheit ausgeschlossen werden kann und erste Maßnahmen nach Absprache erforderlich werden können.

D3 Vorabmeldung
Ereignisse, bei denen eine Gefährdung von Gebieten außerhalb des Betriebes bereits eingetreten oder wahrscheinlich ist und Maßnahmen der für allgemeine Gefahrenabwehr zuständigen Behörden erforderlich sind sowie für Katastrophenschutz zuständigen Behörden erforderlich werden können.

D4 Vorabmeldung
Ereignisse, bei denen eine Gefährdung von Gebieten außerhalb des Betriebes bereits eingetreten oder wahrscheinlich ist und Maßnahmen nach dem Katastrophenschutzgesetz des Landes erforderlich sind (Landeskatastrophenschutzgesetz (LKatSG), z. B. Neubekanntmachung des LKatSG von Baden-Württemberg vom 10. Mai 1987, GBl. S. 213).

Betriebliche Gefahrenabwehrplanung
Die betriebliche Gefahrenabwehrplanung beinhaltet einen anlagenbezogenen Plan, in dem die technischen und organisatorischen Vorkehrungen zur Gefahrenabwehr und insbesondere zur Begrenzung von Störungsauswirkungen beschrieben und die in einer speziellen Gefahrensituation zu ergreifenden Maßnahmen aufgeführt sind.

In der betriebliche Gefahrenabwehrplanung sind die innerbetrieblichen und außerbetrieblichen Gefahrenpotentiale zu berücksichtigen. Dabei sind insbesondere die möglichen anlagen-, verfahrens- und stoffspezifischen Gefahrensituationen, deren möglichen Entwicklungen und Auswirkungen innerhalb der Anlage sowie Auswirkungen auf die Nachbarschaft und die Umwelt zu erfassen. Besonderes Augenmerk ist dabei auf die Wechselwirkungen zwischen benachbarten Anlagen, die zu einer Erhöhung der Gefahren führen (Dominoeffekt), zu legen.

In den betrieblichen Gefahrenabwehrplänen müssen dargelegt sein:

1. allgemeine Angaben über den Betrieb und seine Umgebung,
2. betriebliche Gefahrenpotentiale,
3. auf Störfallablaufszenarien basierende Gefährdungsbereiche,
4. Sicherung von betrieblichen Gefahrenbereichen gegen unbeabsichtigtes Betreten,
5. stoffspezifische Angaben und Vorgaben, die zur Gefahrenabwehr erforderlich sind, z. B. Sicherheitsdatenblätter,
6. Festlegung von Zuständigkeiten der betrieblichen Gefahrenabwehrkräfte,
7. Angabe der mit der Begrenzung der Auswirkungen von Störfällen beauftragten Person oder Stelle,
8. Qualifikation und Mindestschichtstärken betrieblicher Kräfte zur Gefahrenabwehr sowie Qualität und Quantität der Schutzausrüstungen und der Einrichtungen zur Gefahrenabwehr
9. Einsatz von betrieblichem Personal zur Bekämpfung der Gefahren und ihrer Auswirkungen einschließlich Empfehlungen zu Sofortmaßnahmen,
10. Einsatz unter Beteiligung öffentlicher Gefahrenabwehrkräfte,
11. Maßnahmen zur Überwachung der Gefahr, deren Entwicklung und Auswirkungen,
12. Angabe der für die Beratung der Gefahrenabwehrbehörden und der Einsatzkräfte zuständigen Personen oder Stellen,

13. Anweisungen zum Verhalten im Gefahrenfall an Beschäftigte und Dritte, die sich auf dem Betriebsgelände aufhalten,
14. Angabe der Stellen, denen der betriebliche Alarm- und Gefahrenabwehrplan zugeleitet wird (Verteiler).

Je nach Gefahrenpotential der Anlage kann es erforderlich sein, daß die betrieblichen Alarm- und Gefahrenabwehrpläne in die Abläufe des Katastrophenschutzes eingebunden sein müssen. Deshalb ist es sinnvoll, mit den für den Katastrophenschutz zuständigen Behörden bereits bei der Erarbeitung und bei der Fortschreibung der betrieblichen Alarm- und Gefahrenabwehrpläne zusammenzuarbeiten. Dieses ist insbesondere wichtig für die Festlegung der außerbetrieblichen Gefährdungsbereiche.

Beispiel für eine Gliederung für einen betrieblichen Alarm- und Gefahrenabwehrplan

In der 3. Verwaltungsvorschrift zur Störfall-Verordnung vom 23.10.1995 wird ein Beispiel einer Gliederung für einen betrieblichen Alarm- und Gefahrenabwehrplan (BAGAP) angegeben. Dieses Beispiel wird nachfolgend wiedergegeben unter Berücksichtigung des Gewässerschutzes.

Allgemeines

– Deckblatt mit postalischer Anschrift, Telefon-Nummer und Telefax-Nummer
– Fortschreibungsblatt (Änderungsdienst, Nachweis über Änderungen, Verteiler)
– Angabe der inner- und außerbetrieblichen Stellen, denen der betriebliche Alarm- und Gefahrenabwehrplan zuzuleiten ist (Verteiler)
– Anwendungsbereich des betrieblichen Alarm- und Gefahrenabwehrplanes

1	**Angaben zu den Anlagen und ihrer Umgebung**
1.1	**Angaben zum Objekt (Anlage, Betrieb, Werk)**
1.1.1	Allgemeine Beschreibung

Erläuterung:
Dieser Punkt dient zur Groborientierung der externen Einsatzkräfte. Die Objektbeschreibung soll kurz und allgemeinverständlich den Zweck des Objektes („was macht die Anlage, der Betrieb, das Werk") erläutern. Sie soll zusätzlich auf gegebenenfalls bestehende über- oder untergeordnete Alarm- und Gefahrenabwehrpläne hinweisen.

1.1.2	Zufahrtsmöglichkeiten
1.1.3	Betriebszeiten mit Angaben der jeweiligen Beschäftigtenzahlen
1.1.4	Einzelpläne

Erläuterung:
Hier sind Pläne für das gesamte Werk, in denen die gefährliche(n) Anlage(n) gekennzeichnet ist (sind), gemeint. Die Pläne sind in den BAGB zu integrieren, oder es ist anzugeben, wo sie jederzeit verfügbar sind.
– Feuerwehrplan nach DIN 14095
– Energieversorgungsplan

- Rohrleitungspläne
- Abwasserkanalplan einschließlich Löschwasserrückhaltung
- Absperreinrichtungen
- Lageplan betrieblicher Alarm- und Warneinrichtungen
- Flucht- und Rettungswegpläne
- (Not-)Abfahrpläne

Es kann erforderlich sein, für Teilbereiche Einzelpläne aufzustellen. Ziel ist die schnelle Vorab-Information der Einsatzkräfte (Werkfeuerwehr oder öffentliche Feuerwehr) über das Einsatzobjekt. Für die Kennzeichnung von Sicherheitseinrichtungen und Gefahren sollen Symbole verwendet werden (DIN 14034, DIN 2425, DIN 4844 usw.).

Darüber hinaus müssen Gefahrenschwerpunkte und Sicherheitseinrichtungen eingezeichnet werden, damit die Einsatzkräfte im Gefahrfall kurzfristig umfassende Abwehrmaßnahmen treffen können.

Als Gefahrenschwerpunkte sollen u. a. aufgeführt werden:

- wassergefährdende Stoffe (Art, Menge, Einsatz- und Lagerart, mögliche gefährliche Reaktionen),
- technische Einrichtungen, von denen Gefahren ausgehen können (z. B. Hochdruckapparaturen, PCB-Betriebsmittel),
- Gefahrenbereiche aufgrund gesetzlicher Vorschriften.

Als Sicherheitseinrichtungen sollen u. a. aufgeführt werden:

- Notabschalteeinrichtungen,
- Rauch- und Wärmeabzugsanlagen,
- Notablaßeinrichtungen (Blow-down-Systeme),
- Energieversorgungsanlagen,
- Leckanzeigegeräte,
- Leckagesonden,
- Abwasseranlagen als Auffangeinrichtungen bei HBV-Anlagen,
- Überfüllsicherungen.

Der Übersichtsplan für die Energieversorgung enthält u. a. Angaben über den Verlauf und den Inhalt der Versorgungsleitungen:

- Dampf (Druck und Temperatur),
- Druckluft (Druck),
- Inertgas, z. B. Stickstoff, CO_2, (Druck),
- Heizgas (Art und Druck),
- Kühlmedien (Art und Druck),
- elektrische Energie, Mehrfacheinspeisung, Notstromversorgung (Spannung),
- Wasser (Druck und Nennweite),
- sonstige Energien.

Rohrleitungspläne
Hier sind Angaben über Rohrleitungen wie Stoff, Fließrichtung, Druck (PN), Temperatur, Nennweite (DN), Armaturen und Instrumentierung zu machen.

Abwasserkanalplan

Der Gesamtabwasserkanalplan enthält die Hauptsammelleitungen und Übergabe-stellen in den Vorfluter bzw. in das öffentliche Kanalnetz mit Absperr- und Um-leitungsmöglichkeiten.

Der Gebäudekanalplan enthält:

- Absperrvorrichtungen, z. B. Schieber, Absperrblase,
- Kanaleinläufe,
- Bodenabläufe (Gullys) mit eventuell vorhandenen Verschlußeinrichtungen,
- Art des Abwassers (behandlungsbedürftig oder nicht behandlungsbedürftig),
- Verschlußmöglichkeiten von Boden- und Straßeneinläufen, Löschwasserrück-halte-Einrichtungen mit Volumenangaben.

Bei kleineren Betrieben/Werken lassen sich Gesamtabwasserkanalplan und Ge-bäudekanalplan zusammenfassen.

Die Löschwasserrückhaltung ist mit Einrichtungen und Volumenangaben im Abwasserkanalplan darzustellen.

Bei größeren Betrieben/Werken ist ein gesonderter Plan aufzustellen.

Absperreinrichtungen

Die Absperreinrichtungen sind

- für die Stoffzufuhr im Rohrleitungsplan,
- für die Energiezufuhr im Energieversorgungsplan und
- für das Abwasser im Abwasserkanalplan

darzustellen.

Lageplan betrieblicher Alarm- und Warneinrichtungen

Der Lageplan gibt Hinweise auf die örtliche Lage und Funktion der Alarm- und Warneinrichtungen (z. B. Feuermeldeeinrichtungen, Nottelefone, Lautsprecheran-lagen, Sirenen). Die Funktion im Alarmierungssystem muß angegeben sein.

Flucht- und Rettungswegpläne

Der Flucht- und Rettungswegplan muß für jedes Gebäude aufgestellt werden. Er muß deutlich sichtbar z. B. in Treppenräumen und Fluren ausgehängt sein. Er dient den im Betrieb Anwesenden dazu, das Gebäude schnell und sicher zu verlas-sen und den Sammelort/Treffpunkt aufzusuchen. Er muß folgende Angaben ent-halten:

- Grundriß des Gebäudes/Geschosses, in dem sich der Betrachter befindet,
- deutliche Markierung des Standortes des Betrachters,
- Einzeichnung der Flucht- und Rettungswege ins Freie oder zu anderen gesi-cherten Bereichen,
- Einzeichnung von Sammelplätzen/Treffpunkten.

(Not-)Abfahrpläne

Die Notabfahrpläne enthalten Anweisungen und Verfahrensbeschreibungen zur Notabschaltung der gefährlichen Anlagen (z. B. Reaktoren). Die (Not-)Abfahr-pläne sind in der Regel im Betrieb vorzuhalten.

1.2   Gefahrenschwerpunkte
Erläuterung:
Unabhängig von der grafischen Darstellung im Feuerwehrplan, werden hier die wichtigsten gefährlichen Stoffe und gefährlichen technischen Einrichtungen aufgelistet.

1.2.1   Gefährliche Stoffe
Erläuterung:
Es müssen Art, Menge, Einsatz- und Lagerart, mögliche gefährliche Reaktionen der Gefahrstoffe sowie Hinweise zur Schadensbekämpfung angegeben werden. Es sind die entsprechenden Sicherheitsdatenblätter und gegebenenfalls betriebsinterne Stoffinformationen beizufügen oder z. B. in der Koordinierungsstelle (s. 2.3.1) bereitzuhalten.

1.2.2   Gefährliche technische Einrichtungen
Erläuterung:
Als gefährliche technische Einrichtungen werden Einrichtungen angesehen, von denen Gefahren ausgehen können, z. B. Hochdruckapparaturen, PCB-Transformatoren, radioaktive Strahler.

1.2.3   Gefahrenbereiche
Erläuterung:
Gefahrenbereiche sind insbesondere die Standorte der unter 1.2.1 und 1.2.2 genannten gefährlichen Stoffe und gefährlichen technischen Einrichtungen. Sie können im Feuerwehrplan dargestellt sein.

1.2.4   Auswirkungsbetrachtungen und Gefährdungsbereiche
Erläuterung:
Hier sind die Auswirkungsbetrachtungen darzulegen (räumlicher und zeitlicher Verlauf. Ferner sind die mit den für Katastrophenschutz und allgemeine Gefahrenabwehr zuständigen Behörden abgestimmten Gefährdungsbereiche zu dokumentieren. Die Gefährdungsbereiche sind in dem Ortsplan nach Nr. 1.3.1 grafisch darzustellen.

1.3   Angaben zur Umgebung
1.3.1   Allgemeine Beschreibung
Erläuterung:
Auszug aus dem Ortsplan (Maßstab 1:5000), Inhalt:
–   angrenzende Straßen, Eisenbahnlinien, Wasserläufe,
–   Nutzungsart des Gebietes,
–   besondere Schutzobjekte nach Nr. 1.3.2.

1.3.2   Besondere Schutzobjekte in der Nachbarschaft
1.3.3   Gefahrenquellen in der Umgebung

2   Gefahrenabwehrkräfte und -einrichtungen
2.1   Betriebliche Gefahrenabwehrkräfte
2.1.1   Einsatzkräfte
Erläuterung:
Folgende Angaben sollten gemacht werden:

- Alarmzentrale (Standort, Zeiten der Besetzung, Aufgaben, Zuständigkeiten)
- Feuerwehr (Art der Kräfte, Werkfeuerwehr, Betriebsfeuerwehr, betriebliche Einsatzkräfte, Qualifikation der Einsatzkräfte, Zeiten der Besetzung, Schichtstärke, Verfügbarkeit von Feuerwehrkräften nach fünf Minuten, Aufgaben, Zuständigkeiten, Weisungsbefugnisse)
- Sanitätsdienst (Art der Kräfte, Zeiten der Besetzung, Schichtstärke, Aufgaben, Zuständigkeiten)
- Werkschutz/Pförtnerdienst (Zeiten der Besetzung, Schichtstärke, Aufgaben, Zuständigkeiten)
- sonstige sofort zur Verfügung stehende Kräfte (Art der Kräfte, Qualifikation, Zeiten der Besetzung, Aufgaben, Zuständigkeiten)

2.1.2   Werksleitung / Betriebsleitung

Erläuterung:

Hier ist anzugeben, wie sichergestellt ist, daß jederzeit eine Person als oberste Führungskraft der Anlage/des Betriebes/Werkes zu dèn erforderlichen Entscheidungen befugt und für diese verantwortlich ist.

2.1.3   Spezielle Fachkräfte

Erläuterung:

Für spezielle Aufgaben und bei besonderen Problemstellungen können im Ereignisfall spezielle Fachkräfte hinzugezogen werden, z. B. Gewässerschutzbeauftragter, Sicherheitsingenieur und Sicherheitsfachkräfte, Störfallbeauftragter.

2.2   Außerbetriebliche Gefahrenabwehrkräfte

Erläuterung:

In Abstimmung mit den für Katastrophenschutz und allgemeine Gefahrenabwehr zuständigen Behörden sind Angaben der außerhalb des Werkes für die Gefahrenabwehr auf dem Betriebsgelände zur Verfügung stehenden Abwehrkräfte (z. B. Mannschaftsstärke, Alarmierungszeiten, Ausrüstung, Qualifikation) zu machen.

2.3   Einrichtungen und Ausrüstung

2.3.1   Koordinierungsstelle

Erläuterung:

Es werden Angaben über Funktion, Besetzung, Ort und Ausstattung der im Ereignisfall zu besetzenden Koordinierungsstelle gemacht.

2.3.2   Kommunikationsstrukturen

Erläuterung:

Es werden die im Ereignisfall zur Verfügung stehenden werksinternen Einrichtungen genannt und kurz beschrieben.

2.3.3   Mobile Einsatzmittel

Erläuterung:

Die im Werk für den Einsatz im Rahmen der Gefahrenabwehr vorhandenen Einsatzmittel werden genannt und kurz beschrieben.

2.3.4   Ausrüstungen

Erläuterung:

Die Ausrüstungsteile (z. B. persönliche Schutzausrüstungen) sollten im einzelnen in tabellarischer Form aufgelistet werden. Dabei sollten auch Angaben über den jeweiligen Standort und die Verfügbarkeit gemacht werden.

2.3.5   Hilfsmittel zur Ermittlung des Gefährdungsbereiches

Erläuterung:

Die im Werk vorhandenen Meßgeräte zur Beurteilung von Umweltbeeinträchtigungen und der meteorologischen Verhältnisse werden genannt und kurz beschrieben. Ferner werden Angaben darüber gemacht, wie ermittelte Daten in die Gefahrenabwehr integriert werden können. Als zeitgerechte Methode zur Echtzeitermittlung der Gefährdungsbereiche sind computergestützte Systeme besonders geeignet.

2.3.6   Warneinrichtungen für Beschäftigte

Erläuterung:

In Abstimmung mit den für Katastrophenschutz und allgemeine Gefahrenabwehr zuständigen Behörden sind Angaben zu den Warneinrichtungen und ihrer Funktion zu machen.

3   Alarmplan

3.1   Alarmfälle

Erläuterung:

Es werden alle Alarmfälle definiert. Dabei sind zu unterscheiden:

– Ereignisse, die Aktivitäten des Werkes gemäß dem Alarm- und Gefahrenabwehrplan erfordern und

– Ereignisse, die gemäß den für das Werk geltenden gesetzlichen Vorschriften und Vereinbarungen gegenüber den zuständigen Behörden meldepflichtig sind.

3.1.1   Werksinterne Alarmfälle

Werksinterne Alarmfälle können z. B. sein:

– Ereignisse, die Aktivitäten des Werkes gemäß dem Alarm- und Gefahrenabwehrplan erfordern,

– Personenschäden,

– Brände,

– Störungen des bestimmungsgemäßen Betriebes,

– Schäden an Hafen- und Schiffahrtsanlagen,

– Polter,

– Sturmflutwarnungen,

– Hochwassergefahren,

– sonstige Ereignisse, die den Einsatz betrieblicher Einsatzkräfte, des Rettungsdienstes oder der öffentlichen Feuerwehr erforderlich machen und

– sonstige Ereignisse, die zur Gefahrenabwehr unverzüglich Aktivitäten der verantwortlichen Führungskräfte erfordern.

3.1.2   Meldepflichtige Ereignisse

Die Ereignisse, die unverzüglich den zuständigen Behörden gemeldet werden müssen, ergeben sich aus den für den (das) jeweilige(n) Betrieb (Werk) zur Anwendung kommenden gesetzlichen Vorschriften und Vereinbarungen.

Meldepflichtige Ereignisse können z. B. sein:

- Personenschäden,
- Brände,
- Explosionen,
- Störfälle im Sinne der Störfall-Verordnung,
- sicherheitsbedeutsame Störungen des bestimmungsgemäßen Betriebes,
- Betriebsstörungen oder andere Ereignisse mit erheblichen Umweltauswirkungen,
- wassergefährdende Vorgänge,
- schwere Schadensfälle,
- Vorfälle beim Umgang mit gefährlichen Gütern,
- Schäden an Hafen- und Schiffahrtsanlagen, Polder,
- Gefahren, die erkennbar über das Werksgelände hinausgehen,
- Bombenfunde (Blindgänger),
- Bedrohung durch Dritte.

3.2 Alarmierung

Erläuterung:

Es werden der Alarmierungsablauf beschrieben und die je nach Alarmfall durchzuführenden Alarmierungen bzw. Benachrichtigungen festgelegt. Es ist eine Alarmierungsliste zu erstellen (s. Alarm- und Gefahrenabwehrplanung, Übersicht: Innerbetriebliche Alarmadressen und Außerbetriebliche Alarmadressen).

Der Alarmierungsablauf muß so organisiert werden, daß in keinem Fall unnötig Zeit vertan wird.

Insbesondere die Alarmierung der dringend benötigten Einsatzkräfte (z. B. Werkfeuerwehr, Betriebsfeuerwehr, betriebliche Einsatzkräfte, öffentliche Feuerwehr, Notarzt) muß einfach organisiert sein und weitgehend automatisch ablaufen.

Der Alarmierungsablauf ist in einem Schema darzustellen.

4 Warnungen

4.1 Warnung der Beschäftigten

Erläuterung:

Es ist anzugeben, wie die in der Anlage, dem Betrieb oder im Werk anwesenden Personen nötigenfalls über Alarmsituationen informiert und vor Gefahren gewarnt werden.

4.2 Warnung der Nachbarschaft

Erläuterung:

Die Warnung der Anlieger, insbesondere der betroffenen Bevölkerung, erfolgt durch die für Katastrophenschutz und allgemeine Gefahrenabwehr zuständigen Behörden. In Einzelfällen kann in Abstimmung mit diesen Behörden eine Warnung durch den Betreiber erfolgen.

Eine Warnung erfolgt bei akut drohenden Gefahren, z. B. durch Lautsprecherdurchsagen von Feuerwehr/Polizei und/oder über Sirenen und durch Rundfunkdurchsagen.

5   **Gefahrenabwehr**

5.1   **Gefahrenabwehr durch interne Stellen**

Erläuterung:

Die im Alarmfall von den zuständigen werksinternen Stellen durchzuführenden Aufgaben können jeweils nach folgendem Schema erarbeitet werden:

Meldung:

Es wird erklärt, wie die Stelle im Alarmfall alarmiert und informiert wird.

Aufgaben / Zuständigkeiten:

Es werden die Aufgaben der betroffenen Stelle genannt. Ferner wird auf weitere Anweisungen (z. B. Dienstanweisungen, Betriebsanweisungen) hingewiesen, die Detailanweisungen für den Alarmfall enthalten.

Es wird angegeben, wer beim Ausfall von Einsatzkräften deren Aufgaben übernimmt.

5.1.1   Alarmzentrale

5.1.2   Werkfeuerwehr

5.1.3   Werksärztlicher Dienst

5.1.4   Werkleiter vom Dienst

5.1.5   Werkschutz

5.1.6   Sicherheitsabteilung

5.1.7   Umweltschutzabteilung

5.1.8   Betroffene Anlage

5.1.9   Nachbaranlagen

5.1.10   Hilfeleistende interne Fachabteilungen

Erläuterung:

Hilfeleistende interne Fachabteilungen können z. B. folgende Stellen sein:

- Personalabteilung,
- Abteilung für die Öffentlichkeitsarbeit,
- Bauabteilung,
- Transportwesen,
- Elektroabteilung,
- Prozeßleittechnik,
- Energiezentrale.

5.1.11   Alle Mitarbeiter

Erläuterung:

Anweisungen an die Mitarbeiter über »Maßnahmen bei Unfällen, Bränden und Alarm« müssen unmittelbar an die Mitarbeiter gerichtet werden (z. B. in der Alarmordnung).

5.2   Gefahrenabwehr unter Beteiligung externer Stellen

Erläuterung:

Im Rahmen der erforderlichen Abstimmung des betrieblichen Alarm- und Gefahrenabwehrplanes zwischen dem Betreiber und den für Katastrophenschutz und allgemeine Gefahrenabwehr zuständigen Behörden sowie der Verpflichtung des Betreibers, in einem Störfall die für die Gefahrenabwehr zuständigen Behörden und die Einsatzkräfte unverzüglich, umfassend und sachkundig zu beraten, sind die abstimmungsbedürftigen Punkte zu klären.

Die getroffenen Vereinbarungen insbesondere zu

– Einweisung, Information und Beratung externer Kräfte,
– Einsatzleitung bei gemeinsamem Einsatz interner und externer Kräfte,
– Auskünfte an Presse, Rundfunk und Fernsehen, für den Einsatz erforderliche Daten über das Werk z. B. im Einsatzleitrechner der öffentlichen Feuerwehr

sind im Alarm- und Gefahrenabwehrplan festzuhalten.

6   Anweisungen für spezielle Ereignisse

Erläuterung:

Hier werden Handlungsanweisungen für Ereignisse gegeben, bei deren Eintritt besondere Maßnahmen erforderlich sind oder zur Gefahrenabwehr spezielle Informationen benötigt werden; z. B. Erläuterung getroffener Vorkehrungen. Derartige Ereignisse können z. B. sein:

– extreme Wetterlagen,
– Smog,
– Ausfall oder Überlastung der Telefonanlage,
– Bombenfund (Blindgänger),
– Bedrohung durch Dritte,
– Hilfeanforderung von außen,
– Ereignisse in besonderen Bereichen/an besonderen Anlagen.

7   Informationen der Behörden und der Medien (Presse, Rundfunk, Fernsehen) und Auskünfte an die Bevölkerung

Erläuterung:

Auskünfte an Dritte während eines Alarmfalles sollen sachgerecht sein, auf keinen Fall Mutmaßungen über Ursachen enthalten, nicht eventuellen Ermittlungen von Behörden vorgreifen und schriftlich festgehalten werden.

7.1   Information der Behörden

Erläuterung:

Die für die Gefahrenabwehr zuständigen Behörden sind unverzüglich, umfassend und sachkundig zu beraten.

7.2 **Vereinbarung über Information der Medien (Presse, Rundfunk, Fernsehen) und Auskünfte an die Bevölkerung**

Erläuterung:

Um eine unnötige Beunruhigung der Bevölkerung durch Falschmeldungen zu vermeiden, wird empfohlen, Vorsorge zu treffen, um im Ereignisfall Journalisten unverzüglich und sachlich richtig informieren zu können. Darüber hinaus ist Vorsorge zu treffen, daß Anfragen aus der Bevölkerung sachlich und ausreichend beantwortet werden können.

8 **Externe Hilfsmittel und Fachkräfte**

8.1 **Geräte und Ausrüstungen**

8.2 **Spezielle Fachkräfte**

8.3 **Telefonverzeichnis**

Erläuterung:

Telefonnummern, die im Alarmfall u. a. für Behörden und die verantwortlichen Führungskräfte des Betriebes/Werkes bedeutsam sein können, insbesondere Behörden- und Fremdfirmen-Rufnummern, sind im Alarm- und Gefahrenabwehrplan aufzuführen.

9 **Anlagen**

Erläuterung:

Insbesondere können hier

– die unter Nr. 1.1.4 genannten Pläne

– Sicherheitsdatenblätter

– Alarmierungsschemata/-listen

– Meldeformulare

und anderes integriert werden.

7.1.3
Anzeigen bei Freisetzen von wassergefährdenden Stoffen

Werden wassergefährdende Stoffe bei Störungen oder bei Un- und Störfällen (nicht bestimmungsgemäßer Betrieb) freigesetzt und können dabei in ein Gewässer (Grundwasser oder Oberflächenwasser) gelangen, so ist der Betreiber nach jeweiligem Landeswassergesetz oder VAwS verpflichtet, dieses anzuzeigen. Der Betreiber einer Anlage ist gemäß § 22 WHG (Haftung für Änderung der Beschaffenheit des Wassers) verpflichtet, dem Geschädigten (z. B. einem Wasserwerk) Schadenersatz zu leisten, wenn wassergefährdende Stoffe in ein Gewässer gelangen. Nur im Falle höherer Gewalt ist er freigestellt.

7.1.4
Kennzeichnung von Anlagen

Die Kennzeichnung dient zum einen der Information der beim Betrieb der Anlage tätigen Personen. Darüber hinaus soll die Information im Schadensfall eine schnelle Orientierung der Behörden ermöglichen.

> *§ 9 Muster-VAwS „Kennzeichnungspflicht, Merkblätter"*
> *(1) Anlagen sind mit deutlich lesbaren, dauerhaften Kennzeichnungen zu versehen, aus denen sich ergibt, mit welchen Stoffen und unter welchen Betriebsdrucken in den Anlagen umgegangen werden darf.*
> *(2) Betreiber von Anlagen haben amtlich bekanntgemachte Merkblätter „Betriebs- und Verhaltensvorschriften beim Umgang mit wassergefähr- denden Stoffen" an gut sichtbarer Stelle in der Nähe der Anlage dauer- haft anzubringen und das Bedienungspersonal über deren Inhalt zu un- terrichten.*

Mit der Information für alle Personen sind diejenigen gemeint, die in irgendeiner Weise – z. B. durch das Befüllen oder Entleeren, das Instandhalten oder Instand- setzen, durch die Überwachung oder auch als sachverständige Person – mit der Anlage zu tun haben, gleichgültig, ob betriebseigenes oder betriebsfremdes Perso- nal. Insbesondere ist das Befüllen mit werkstoffunverträglichen Stoffen zu ver- meiden (Problem der Medienbeständigkeit).

Gleichzeitig sollen alle externen Personen informiert werden, die z. B. bei Feu- erwehreinsätzen an die Anlage kommen, da sie erfahrungsgemäß immer wieder infolge mangelnder Information behindert sind. Gemäß Muster-VAwS ist für sämtliche Anlagen die Kennzeichnungspflicht eingeführt worden.

Der Umfang der Kennzeichnungspflicht hängt davon ab, was zur Erreichung eines geregelten Ablaufs erforderlich ist. Die Kennzeichnungspflicht ist Sache des Betreibers, soweit die Anlage nicht schon vom Hersteller mit der erforderlichen Kennzeichnung versehen worden ist. Die Kennzeichnung besteht aus Angaben zur Stoffart, den Stoffmengen und zu den zulässigen Betriebsdrücken.

Wenn amtliche Merkblätter veröffentlicht und eingeführt sind, so sind sie mit Betriebs- und Verhaltensvorschriften anzubringen. Damit sie den ihnen zugedach- ten Zweck erfüllen können, sind die Merkblätter

– an gut sichtbarer Stelle,
– in der Nähe der Anlage und
– in dauerhafter Weise

anzubringen. Der Betreiber hat das Bedienungspersonal über den Inhalt der Merkblätter zu unterrichten.

7.1.5
Erstellen und Führen eines Anlagen-Katasters

Das Anlagenkataster soll den Betreiber einer Anlage zum Umgang mit wasserge- fährdenden Stoffen dazu veranlassen, sich in systematischer Weise über die Ge- fährlichkeit seiner Anlage bewußt zu werden. Mögliche Schwachstellen können so besser erkannt und die notwendigen Maßnahmen zur Vermeidung von Gewässerverunreinigungen festgelegt werden. Es muß im wesentlichen eine Beschreibung der Anlage und des Gefährdungspotentials sowie eine Beschreibung der Gefahrenquellen, der Schutzvorkehrungen und der bei Betriebsstörungen zu treffenden Maßnahmen enthalten.

Gemäß § 11 Muster-VAwS ist folgendes vorgesehen:

> **§ 11 Muster-VAwS „Anlagenkataster"**
>
> *(1) Für Anlagen der Gefährdungsstufe D nach § 6 Abs. 3 hat der Betreiber stets ein Anlagenkataster zu erstellen. Bei anderen Anlagen kann die nach Landesrecht zuständige Behörde ein Anlagenkataster im Einzelfall verlangen, wenn von der Anlage erhebliche Gefahren für ein Gewässer ausgehen können.*
>
> *(2) Das Anlagenkataster muß folgende Angaben umfassen:*
>
> 1. *eine Beschreibung der Anlage, ihre wesentlichen Merkmale sowie der wassergefährdenden Stoffe nach Art und Menge, die bei bestimmungsgemäßen Betrieb in der Anlage vorhanden sein können,*
> 2. *eine Beschreibung der für den Gewässerschutz bedeutsamen Gefahrenquellen in der Anlage und der Vorkehrungen und Maßnahmen zur Vermeidung von Gewässerschäden bei Betriebsstörungen in der Anlage.*
>
> *(3) Das Anlagenkataster ist fortzuschreiben.*
>
> *(4) Der Betreiber hat das Anlagenkataster ständig gesichert bereitzuhalten und der nach Landesrecht zuständigen Behörde auf Verlangen eine Ausfertigung vorzulegen. Sie kann, insbesondere bei erheblichem Umfang des Anlagenkatasters, verlangen, daß das Anlagenkataster mit Mitteln der automatischen Datenverarbeitung erfaßt, gespeichert und übermittelt wird.*
>
> *(5) Bei offenkundig unvollständigen oder sonst mangelhaften Anlagenkatastern kann die nach Landesrecht zuständige Behörde verlangen, daß der Betreiber einen Sachverständigen im Sinne von § 22 Abs. 1 Satz 1 mit der Prüfung und, falls der Betreiber nicht dazu in der Lage ist, auch mit der Erstellung des Anlagenkatasters beauftragt.*
>
> *(6) Sind für Anlagen Genehmigungen oder Zulassungen nach anderen Rechtsvorschriften erforderlich und enthalten die entsprechenden Unterlagen die in Absatz 2 genannten Angaben vollständig, ist kein weiteres Anlagenkataster zu führen. Diese Angaben sind in einem besonderen Teil der Unterlagen zusammenzufassen. Die Absätze 2 und 5 gelten entsprechend.*

Nach Wasserrecht besteht die Verpflichtung nur für Anlagen der Gefährdungsstufe D. Dabei ist das Verhältnis zu anderen Verpflichtungen, z. B. aus der Störfallverordnung (§ 10 „Sicherheitsanalysen") zu klären, damit nicht unnötigerweise Doppelarbeit erfolgt. Auf das Kataster wird verzichtet (§ 11 Abs. 6 Satz 1), wenn nach anderen Rechtsvorschriften Genehmigungen oder Zulassungen erforderlich sind und wenn die entsprechenden Unterlagen die in § 11 Abs. 2 genannten Angaben vollständig enthalten. Voraussetzung ist allerdings, daß diese Angaben in einem besonderen wasserrechtlichen Teil zusammengefaßt sind. Das ist gerechtfertigt, weil nur auf diese Weise eine Kontrolle der rein wasserrechtlichen Belange in angemessener Zeit erfolgen kann.

In Betracht kommen auch Anlagen der Gefährdungsstufe C nach § 6 Abs. 3, bei denen unter Berücksichtigung der hydrogeologischen Beschaffenheit und der Schutzbedürftigkeit des Aufstellungsorts als standortabhängige Faktoren ein den Anlagen nach Gefährdungsstufe D vergleichbares Gefährdungspotential besteht. Dieses trifft insbesondere bei Anlagen in Schutzgebieten zu, was in der Regel über die Wasserschutzgebietsverordnungen auch vorgeschrieben wird. Gleichwohl sollte ein Betreiber auch für andere Anlagen ein derartiges Kataster führen, um seine Anlagen für sich besser im Griff zu haben.

Der Inhalt eines Anlagenkatasters sollte folgende Gesichtspunkte abdecken:

1. Allgemeine Angaben
   - Namen, Firmenbezeichnung
   - Anschrift
   - Gewässerschutzbeauftragter
2. Anlage
   - Bezeichnung der Anlage
   - Art der Anlage
   - Teilanlagen
   - wesentliche Abmessungen der Anlage
   - maßgebendes Volumen nach § 6 VAwS
3. Behördliche Vorgänge
   - Anzeigen an die untere Wasserbehörde
   - Eignungsfeststellungen
   - Genehmigungen und Erlaubnisse
   - Sanierungsbedarf, Zeit- und Maßnahmenplan
4. Lage
   - Ort der Anlage
   - Lage zu Schutzgebieten, Schutzzone
   - Lager zu oberirdischen Gewässern, Abstand
   - Grundwasserabstand, Deckschichten
5. Wassergefährdende Stoffe
   - eingesetzte wassergefährdende Stoffe
   - maßgebende Wassergefährdungsklasse
   - Stoffdatenblätter
   - Mengen in den Anlagen
6. Gefährdungspotential
   - Gefährdungsstufe nach § 6 Muster-VAwS
   - besondere Merkmale der hydrogeologischen Beschaffenheit und Schutzbedürftigkeit des Aufstellungsortes
7. Vorkehrungen und Maßnahmen
   - Schutzvorkehrungen (z. B. Auffangvorrichtungen, Leckkontrolle, Leckagesonden, Überfüllsicherungen, Grenzwertgeber),
   - Maßnahmen zur Branderkennung, -bekämpfung und Löschmittelrückhaltung
8. Schadensfall
   - Alarmpläne

– Hilfsmaßnahmen im Schadensfall
9. Überwachung
   – betriebliche Überwachung
   – Prüfung durch Sachverständige, Terminpläne
10. Instandhaltung
   – Wartungsmaßnahmen
   – regelmäßige und besondere Instandhaltungsmaßnahmen
   – Fachbetriebspflicht

Die betrieblichen Verhältnisse sind einem dauernden Wandel unterworfen. Deshalb kann ein Anlagenkataster seinen Zweck nur erfüllen um die Anlage unter Kontrolle zu halten, wenn es ständig auf dem Laufenden gehalten wird. Hierfür sollte sinnvoller Weise ein DV-gestütztes System gewählt werden. Die Fortschreibung ist unmittelbare Betreiberpflicht. Betriebliche Änderungen sind jeweils unverzüglich in das Anlagenkataster aufzunehmen.

Die untere Wasserbehörde überwacht die Erstellung und Fortschreibung der Anlagenkataster stichprobenartig. Dabei ist vor allem festzustellen, ob das Anlagenkataster vollständig ist.

Darüber hinaus ist der Betreiber verpflichtet, das Kataster ständig gesichert bereitzuhalten, um vor allem die innerhalb seines Betriebs verantwortlichen Personen in den Stand zu versetzen, insbesondere bei Betriebsstörungen, rasch und richtig zu reagieren. Das Anlagenkataster ist für die entscheidungsbefugten Personen jederzeit verfügbar zu halten. Um die Verfügbarkeit zu gewährleisten, wird eine gegenüber Bränden, Explosionen und andere Betriebsstörungen gesicherte Aufbewahrung verlangt.

7.1.6
Überwachung von Befüllvorgängen

Befüllvorgänge haben in der Vergangenheit immer wieder zu Überfüllungen und damit zu Gewässerschäden geführt. Deshalb wurden dafür im WHG selbst Regelungen geschaffen. Sie sind von erheblicher Bedeutung im Rahmen der zivilrechtlichen Haftung in Schadensfällen. Schließlich liefern sie den auch im Strafrecht (§ 324 StGB) beachtlichen Maßstab für fahrlässiges Handeln.

> *§ 19 k WHG „Besondere Pflichten beim Befüllen und Entleeren"*
> *Wer eine Anlage zum Lagern wassergefährdender Stoffe befüllt oder entleert, hat diesen Vorgang zu überwachen und sich vor Beginn der Arbeiten vom ordnungsgemäßen Zustand der dafür erforderlichen Sicherheitseinrichtungen zu überzeugen. Die zulässigen Belastungsgrenzen der Anlage und der Sicherheitseinrichtungen sind beim Befüllen oder Entleeren einzuhalten.*

Der § 20 Muster-VAwS ergänzt den § 19 k WHG und stellt weitere Anforderungen. Während der § 19 k WHG nur Lageranlagen erfaßt, gilt der § 20 Muster-VAwS auch für Abfüllanlagen.

> *§ 20 Muster-VAwS „Befüllen"*
> *(1) Behälter in Anlagen zum Lagern und Abfüllen wassergefährdender flüssiger Stoffe dürfen nur mit festen Leitungsanschlüssen und nur unter*

Verwendung einer Überfüllsicherung, die rechtzeitig vor Erreichen des zulässigen Flüssigkeitsstands den Füllvorgang selbsttätig unterbricht oder akustischen Alarm auslöst, befüllt werden. Dies gilt nicht für einzeln benutzte oberirdische Behälter mit einem Rauminhalt von nicht mehr als 1.00 l, wenn sie mit einer selbsttätig schließenden Zapfpistole befüllt werden. Gleiches gilt für das Befüllen ortsbeweglicher Behälter in Abfüllanlagen.
(2) Behälter in Anlagen zum Lagern von Heizöl EL, Dieselkraftstoff und Ottokraftstoff dürfen aus Straßentankwagen und Aufsetztanks nur unter Verwendung einer selbsttätig schließenden Abfüllsicherung befüllt werden.
(3) Abweichend von Abs. 1 Satz 1 kann die für den Vollzug des Wasserrechts zuständige oberste Landesbehörde bestimmen, daß auf feste Leitungsanschlüsse und eine Überfüllsicherung verzichtet werden kann, wenn sichergestellt wird, daß auf andere Weise ein Überfüllen ausgeschlossen ist.
(4) Abtropfende Flüssigkeiten sind aufzufangen.

Bei den allgemeinen Anforderungen an das Befüllen geht man davon aus, daß im Regelfall zwei Anforderungen an das Befüllen zu stellen sind.

1. Es kommen nur feste Leitungsanschlüsse in Frage.
2. Es ist eine Überfüllsicherung zu verwenden, die rechtzeitig vor Erreichen des zulässigen Flüssigkeitsstands den Füllvorgang selbsttätig unterbricht oder akustischen Alarm auslöst.

Überfüllsicherungen bedurften früher bei brennbaren Flüssigkeiten einer gewerberechtlichen Bauartzulassung nach § 12 Abs. 1 Nr. 3 VbF, bei nicht brennbaren dagegen eines baurechtlichen Prüfzeichens. Jetzt wird in jedem Fall zwingend das baurechtliche Ü-Zeichen verlangt.

Die Regelanforderungen gelten nicht für einzeln benutzte oberirdische Behälter mit einem Rauminhalt bis max. 1.000 l. Hier genügt eine selbsttätig schließende Zapfpistole. Das gilt auch für das Befüllen ortsbeweglicher Behälter in Abfüllanlagen.

Die grundsätzlich erforderlichen festen Leistungsanschlüsse und Überfüllsicherungen sind dann entbehrlich, wenn auf andere Weise sichergestellt wird, daß ein Überfüllen ausgeschlossen ist. Dieses gilt z. B. für 2 Fallgruppen:

1. Sofern Gründe der Gefahrenabwehr und des Immissionsschutzes nicht entgegenstehen, können größere ortsbewegliche Tanks, d. h. Behälter mit einem Rauminhalt über 1.000 l von Tankfahrzeugen über offene Dome unter Verwendung einer Schnellschlußeinrichtung nach dem Prinzip der Totmannschaltung befüllt werden.
2. Auf eine Überfüllsicherung und feste Leitungsanschlüsse kann bei der Befüllung von Behältern verzichtet werden, wenn die Befüllung diskontinuierlich aus kleinen ortsbeweglichen Behältern erfolgt und die Füllhöhe des Behälters in Höhe des zulässigen Füllgrades während des Befüllvorganges durch Augenschein deutlich sichtbar ist, so daß der Abfüllvorgang rechtzeitig vor Erreichen des zulässigen Füllgrades unterbrochen wird.

Punkt 2 ist in der Praxis vor allem für Altölsammelbehälter von größerer Bedeutung. Keine besonderen Anforderungen werden an Plätze gestellt, von denen aus Behälter befüllt oder entleert werden,

- bei privaten Heizölverbraucheranlagen,
- bei gewerblichen Heizölverbraucheranlagen, die nach Abfüllmenge und -häufigkeit mit privaten Anlagen vergleichbar sind,
- bei Saison- und Eigenverbrauchstankstellen mit einer jährlichen Abfüllmenge von bis zu 5.000 Litern,
- bei Notstromanlagen.

Bei Behältern in Anlagen zum Lagern von Heizöl El, Dieselöl und Vergaserkraftstoffen (Otto-Kraftstoffen) sind selbsttätig schließende Abfüllsicherungen nur dann zulässig, wenn das Befüllen aus Straßentankwagen oder aus Aufsetztanks erfolgt. Hierbei ist das Behältervolumen begrenzt.

Mit der Verpflichtung, abtropfende Flüssigkeiten aufzufangen, wird der Erkenntnis Rechnung getragen, daß Tropfverluste beim Herstellen und Lösen von Verbindungen nicht völlig zu vermeiden sind. Der Forderung kann durch ortsbewegliche Auffangvorrichtungen, die an den Tropfstellen zum Einsatz kommen, entsprochen werden. Aber auch die Ausbildung der Befüllflächen als Auffangraum ist eine taugliche Maßnahme.

7.1.7
Beauftragung von Sachverständigen und Fachbetrieben

Die Tätigkeit von Sachverständigen und Fachbetrieben an Anlagen zum Umgang mit wassergefährdenden Stoffen sowie die Überwachung der Anlagen durch sie stellt ein wichtiges Element in der Sicherheit der Anlagen und dem nachhaltigen Schutz von Boden und Gewässer dar. Deshalb haben sie bestimmte Qualifikationen zu erfüllen (s. Kap. 7.3 und 7.4).

Pflicht und Aufgabe des Betreibers ist es, die Einbindung von Sachverständigen bzw. Fachbetrieben rechtzeitig und regelmäßig zu veranlassen, sofern der Betrieb nicht selber über diese Qualifikation verfügt.

7.2
Überwachung von Anlagen

Gemäß § 19 i Abs. 2 WHG hat der Anlagenbetreiber Anlagen durch zugelassene Sachverständige gemäß § 22 VAwS auf den ordnungsgemäßen Zustand überprüfen zu lassen. Bei der Überprüfung sind zu unterscheiden: die Prüfanlässe, die prüfpflichtigen Anlagen und die Prüfmethoden.

Das WHG bestimmt nur die **Prüfanlässe**. Die anderen Umstände ergeben sich „nach Maßgabe des Landesrechts".

Prüfanlässe bei Anlagen zum Umgang mit wassergefährdenden Stoffen

1. vor Inbetriebnahme oder nach einer wesentlichen Änderung,
2. spätestens fünf Jahre, bei unterirdischer Lagerung in Wasser- und Quellenschutzgebieten spätestens zweieinhalb Jahre nach der letzten Überprüfung

3. vor der Wiederinbetriebnahme einer länger als ein Jahr stillgelegten Anlage,
4. wenn die Prüfung wegen der Besorgnis einer Wassergefährdung angeordnet wird,
5. wenn die Anlage stillgelegt wird.

Im § 23 Muster-VAwS werden die **prüfpflichtigen Anlagen** näher definiert:

§ 23 Muster-VAwS „Überprüfung von Anlagen"
(1) Der Betreiber hat nach Maßgabe des § 19 i Abs. 2 Satz 3 Nr. 1, 2, 3 und 5 WHG durch sachverständige Personen nach § 22 überprüfen zu lassen

1. unterirdische Anlagen und Anlagenteile,
2. oberirdische Anlagen mit einem Gefährdungspotential der Stufe C und D nach § 6 Abs. 3, in Schutzgebieten der Stufe B, C und D.
3. Anlagen, für welche Prüfungen in einer Eignungsfeststellung oder Bauartzulassung nach § 19 h Abs. 1 Satz 1 oder 2 WHG, in einer gewerberechtlichen Bauartzulassung oder in einem Bescheid über eine baurechtliche Zulassung vorgeschrieben sind; sind darin kürzere Prüffristen festgelegt, gelten diese.
Der Betreiber hat darüber hinaus nach Maßgabe des § 19 i Abs. 2 Satz 3 Nr. 1 WHG oberirdische Anlagen mit einem Gefährdungspotential der Stufe B nach § 6 Abs. 3 durch Sachverständige nach § 22 überprüfen zu lassen.
Die Fristen für die wiederkehrenden Prüfungen beginnen mit dem Abschluß der Prüfung vor Inbetriebnahme.
(2) Die nach Landesrecht zuständige Behörde kann wegen der Besorgnis einer Gewässergefährdung (§ 19 i Abs. 2 Satz 3 Nr. 4 WHG) besondere Prüfungen anordnen, kürzere Prüffristen bestimmen oder die Überprüfung für andere als in Absatz 1 genannte Anlagen vorschreiben. Sie kann im Einzelfall Anlagen nach Absatz 1 von der Prüfpflicht befreien, wenn gewährleistet ist, daß eine von der Anlage ausgehende Gewässergefährdung ebenso rechtzeitig erkannt wird wie bei Bestehen der allgemeinen Prüfpflicht.
(3) Die Prüfungen nach den Absätzen 1 und 2 entfallen, soweit die Anlage zu denselben Zeitpunkten oder innerhalb gleicher oder kürzerer Zeiträume nach anderen Rechtsvorschriften zu prüfen ist und dabei die Anforderungen dieser Verordnung und des § 19 g WHG berücksichtigt werden.
(4) Der Betreiber hat dem Sachverständigen vor der Prüfung die für die Anlage erteilten behördlichen Bescheide sowie die vom Hersteller ausgehändigten Bescheinigungen vorzulegen. Der Sachverständige hat über jede durchgeführte Prüfung der nach Landesrecht zuständigen Behörde und dem Betreiber unverzüglich einen Prüfbericht vorzulegen. Für die Prüfberichte kann die Verwendung eines amtlichen Musters vorgeschrieben werden.

In Abhängigkeit der Prüfanlässe gemäß § 19 i WHG (s.o.) ergeben sich für die Arten von Anlagen gemäß § 23 Abs. 1 Nr. 1 bis 3 Muster-VAwS die folgenden **Prüfpflichten** (Abb. 7.1):

Art der Prüfung nach § 19i Abs. 2 Satz 3 Nr. ... WHG	Art der Anlage		
	unterirdische Anlagen	oberirdische Anlagen	Anlagen, für welche Prüfungen in einer Eignungfeststellung, einer wasserechtlichen oder gewerberechtlichen Bauartzulassung oder in einem Bescheid über eine baurechtliche Zulassung vorgeschrieben sind
Nr. 1 Vor Inbetriebnahme oder nach einer wesentlichen Änderung	alle	außerhalb von Schutzgebieten: Gefährdungsstufen C und D, in Schutzgebieten: Gefährdungsstufen B, C und D	alle
Nr. 2 Wiederkehrende Prüfungen 5 Jahre	-	außerhalb von Schutzgebieten: Gefährdungsstufen C und D, in Schutzgebieten: Gefährdungsstufen B, C und D	alle
2,5 Jahre	alle	-	alle
Nr. 3 Vor der Wiederinbetriebnahme einer länger als ein Jahr stillgelegten Anlage	alle	außerhalb von Schutzgebieten: Gefährdungsstufen C und D, in Schutzgebieten: Gefährdungsstufen B, C und D	alle
Nr. 4 Wenn die Prüfung wegen der Besorgnis einer Wassergefährdung angeordnet wird	alle	alle	alle
Nr. 5 Wenn die Anlage stillgelegt wird	alle	außerhalb von Schutzgebieten: Gefährdungsstufen C und D, in Schutzgebieten: Gefährdungsstufen B, C und D	alle

Abb. 7.1 Prüfpflichten nach § 23 Abs. 1 VAwS

In Verbindung mit den Verwaltungsvorschriften zum Vollzug der VAwS in den jeweiligen Ländern sind die prüfpflichtigen Anlagen durch die Sachverständigen wie folgt zu prüfen:

1. Allgemeine Prüfung:

Sie umfaßt die Übereinstimmung der Anlage mit den Vorschriften der Verordnung, mit den eingeführten technischen Vorschriften und technischen Baubestimmungen, mit den Festsetzungen der Eignungsfeststellungen, der Bauartzulassungen oder Prüfzeichenbescheide ' sowie mit weitergehenden Anforderungen. Die Allgemeine Prüfung umfaßt die Ordnungsprüfung und die Technische Prüfung.

Durch die Ordnungsprüfung wird festgestellt, daß die erforderlichen Zulassungen, die Bescheide über die behördlichen Vorkontrollen und die Bescheinigungen von Fachbetrieben vollzählig vorliegen.

Durch die Technische Prüfung wird festgestellt, daß die Anlage mit ihren Anlagenteilen den Zulassungen, behördlichen Bescheiden und den Schutzbestimmungen des Wasserrechts entspricht.

Wesentliche Änderungen einer Anlage sind insbesondere Erneuerungs-, Instandsetzungs- und Umrüstungsmaßnahmen, durch welche eine Wassergefährdung zu besorgen ist, z. B. nachträglicher Einbau einer Lecksicherungseinrichtung (Leckschutzauskleidung, Leckanzeiger), Austausch von Behältern und Rohrleitungen.

Insbesondere ist jede Änderung der Anlage wesentlich, wenn dadurch das Gefährdungspotential der Anlage in eine höhere Gefährdungsstufe nach § 6 VAwS steigt.

2. Wiederkehrende Prüfungen

Die wiederkehrende Prüfung an prüfpflichtigen Anlagen beinhaltet den allgemeinen Prüfumfang gemäß Punkt 1 grundsätzlich, wobei eine formale Ordnungsprüfung entfällt, wenn der Betreiber in dem Zeitraum seit der letzten Überprüfung keine Änderungen vorgenommen hat.

Besonders sind folgende Punkte zu prüfen:
- Prüfung, ob im Prüfbericht der letzten Prüfung angeordnete Maßnahmen zur Mängelbeseitigung durchgeführt worden sind,
- Prüfung, ob seit der letzten Prüfung Änderungen an der Anlage vorgenommen worden sind, die eine erneute Prüfung der Übereinstimmung mit den geltenden Vorschriften erfordern, ggf. Durchführung dieser Prüfung,
- Prüfung der Anlage sowie der Auffangräume und Auffangflächen durch Besichtigung auf Dichtheit und ordnungsgemäßen Zustand,
- Prüfung der Sicherheitseinrichtungen wie Überfüllsicherungen, Grenzwertgeber, Lecküberwachungseinrichtungen, Leckagesonden durch Funktionskontrolle,
- Prüfung einwandiger Behälter und Rohrleitungen ohne Auffangraum oder Schutzkanal, soweit sie begehbar sind, durch eine innere Untersuchung nach vorheriger Reinigung; andernfalls durch eine Dichtheitsprüfung.

Enthalten Bauartzulassungen, Eignungsfeststellungen und baurechtliche Prüfzeichen oder weitergehende wasserbehördliche Anordnungen zusätzliche Anforderungen für die Prüfung, sind diese besonders zu beachten.

Der Sachverständige kann nur prüfen, was aufgrund der Anlage, insbesondere der Zugänglichkeit und der meßtechnischen Ausstattung, tatsächlich möglich ist.

'   bzw. sinngemäß der Technischen Regeln, allgemein bauaufsichtliche Zulassungen oder Prüfzeugnissen, nach denen das Ü-Zeichen oder CE-Zeichen geführt werden darf

3. Prüfung bei Stillegung der Anlage

Es ist zu prüfen,
– ob die Anlage einschließlich aller Anlagenteile entleert und gereinigt ist,
– ob Anhaltspunkte für Boden- oder Grundwasserverunreinigungen vorliegen.
Es ist nicht erforderlich, die Anlage abzubauen oder auf andere Weise unbrauchbar zu machen, falls dies nicht aus anderen Gründen, wie aus Gründen des Brand- und Explosionsschutzes oder der Standsicherheit, geboten ist. Befüllstutzen sind vorsorglich abzubauen oder gegen irrtümliche Benutzung zu sichern. Nach Durchführung der Prüfung und Beseitigung evtl. Mängel handelt es sich nicht mehr um eine prüfpflichtige Anlage nach § 19 i WHG.

In den Prüfbescheid ist folgender Hinweis aufzunehmen:
„Eine erneute Inbetriebnahme der Anlage ist nur zulässig, wenn sie zuvor von einem Sachverständigen nach § 19 i Abs. 2 Satz 3 WHG geprüft und als mängelfrei festgestellt worden ist."

4. Änderung der Prüffristen

Kürzere Prüffristen oder besondere Prüfungen können vor allem angeordnet werden, wenn aufgrund der örtlichen Situation ein besonderes Gefährdungspotential vorliegt, das durch die Gefährdungsstufe der Anlage nach § 6 nicht ausreichend erfaßt und auch nicht bereits über die besonderen Anforderungen in Schutzgebieten berücksichtigt wird. Kürzere Prüfintervalle können auch dann angeordnet werden, wenn die Korrosionsbeständigkeit nicht durch a.a.R.d.T. nachgewiesen wird.

Längere Prüffristen können z. B. gestattet werden, wenn eine sachkundige Überprüfung in regelmäßigen Zeitabständen etwa im Rahmen eines Überwachungsvertrages oder eines entsprechend qualifizierten Eigenmeßprogramms gewährleistet ist oder wenn Anlagen über die Anforderungen der VAwS hinaus mit wirksamen von einem Sachverständigen geprüften Schutzvorkehrungen (z. B. Innenbeschichtung und kathodischer Korrosionsschutz bei doppelwandigen unterirdischen Stahlbehältern) ausgestattet sind, so daß ein Undichtwerden innerhalb der verlängerten Prüffrist nicht zu besorgen ist.

Bei der Änderung von Prüffristen für Anlagen, die der Verordnung über brennbare Flüssigkeiten oder der Druckbehälterverordnung unterliegen, sind die für diese Vorschriften zuständigen Behörden zu unterrichten.

5. Prüfauftrag, Prüftermine, Prüfbericht, wasserbehördliche Maßnahmen

Der Anlagenbetreiber hat rechtzeitig einem Sachverständigen den Auftrag zur Anlagenprüfung zu erteilen und die Kosten zu tragen.

Kann der Sachverständige die Prüfung nicht innerhalb von 3 Monaten nach Auftragseingang durchführen, hat er den Auftrag abzulehnen.

Der Sachverständige hat seinen Prüfbericht unverzüglich, spätestens innerhalb von einem Monat, der unteren Wasserbehörde zuzusenden. Dabei sind die Mängel nach ihrer Bedeutung wie folgt unterschiedlich zu kennzeichnen: geringfügige Mängel, erhebliche Mängel, gefährliche Mängel. Bei erheblichen Mängeln ist eine Sanierungsfrist vorzuschlagen. Werden gefährliche Mängel festgestellt, ist die Wasserbehörde sofort, spätestens am nächsten Tag, zu informieren. Dabei ist auch ein Vorschlag zur Stillegung oder zum möglichen Weiterbetrieb der Anlage zu machen.

Schließt die Prüfung erforderliche Prüfungen nach anderen Rechtsbereichen ein, ist bei Mängeln jeweils anzugeben, welchem Rechtsbereich sie zuzuordnen sind. Mängel, die die Sicherheit der Anlage beeinträchtigen, sind besonders zu kennzeichnen.

In Fällen, in denen die Prüfung nicht vollständig durchgeführt wurde oder eine außerordentliche Prüfung notwendig wird, ist der Wasserbehörde ebenfalls ein Prüfbericht zuzusenden. Dabei sind im einzelnen der Sachverhalt zu schildern und erforderliche Maßnahmen sowie angemessene Termine vorzuschlagen.

Anordnungen der Wasserbehörde, z. B. zur Mängelbeseitigung oder Durchführung weiterer Prüfungen, sind stets förmlich unter konkreter Fristsetzung vorzunehmen. Bei erheblichen oder gefährlichen Mängeln ist eine Nachprüfung anzuordnen. Über das Veranlaßte sind andere betroffene Behörden zu unterrichten.

6. Überwachungsdatei

Die untere Wasserbehörde hat eine Überwachungsdatei über die prüfpflichtigen Anlagen aufzustellen und zu führen. Ziel der Überwachungsdatei ist, die Einhaltung der Anlagenprüfungen durch Sachverständige zu überwachen, um erforderlichenfalls rechtzeitig die Anlagenbetreiber auffordern zu können, die Überwachung in Auftrag zu geben. Die Überwachungsdatei muß deshalb nur die Merkmale enthalten, die für diese Terminüberwachung erforderlich sind. Dies sind insbesondere:
– Name des Eigentümers mit Anschrift
– Name des Betreibers mit Anschrift
– Bezeichnung der Anlage, Gefährdungsstufe
– Ort der Anlage
– Rechts- und Hochwert (Gauß-Krüger-Koordinaten) des Standorts
– Hersteller, Fabrik- oder Seriennummer der Anlage
– Baujahr und Herstellungsjahr der Anlage
– Datum der wasserrechtlichen Anzeige mit Aktenzeichen (falls nach Landesrecht eine Anzeigepflicht besteht)
– Datum der Eignungsfeststellung mit Aktenzeichen
– Datum der Inbetriebnahme der Anlage
– Zeitabstand der erforderlichen Prüfungen durch Sachverständige
– durchgeführte Prüfungen mit Datum, Prüfer und Prüfergebnis nach Art (Mängelbeschreibung oder Mängelziffer) und Bedeutung der Mängel (keine Mängel, erhebliche Mängel, gefährliche Mängel)
– Datum der nächsten erforderlichen Prüfung
– Datum der Stillegung der Anlage
– Datum und Ergebnis der Sachverständigenprüfung über die Stillegung

7. Prüfungen nach anderen Rechtsvorschriften

Eine andere Rechtsvorschrift nach § 23 Abs. 3 ist in erster Linie die Verordnung über brennbare Flüssigkeiten (VbF). In dem der unteren Wasserbehörde vorzulegenden Prüfbericht nach den anderen Rechtsvorschriften muß festgestellt sein, ob die Anlage ordnungsgemäß auch im Sinne dieser Verordnung ist.

Sachverständige nach anderen Rechtsvorschriften, die entsprechend § 23 Abs. 3 bei der Prüfung von Anlagen die Prüfung nach Wasserrecht einschließen, müssen die vorstehenden Anforderungen an wasserrechtliche Prüfungen einschließlich der Unterrichtung der nach Wasserrecht zuständigen Behörde beachten.

7.3
Fachbetriebe

Die Realisierung des Besorgnisgrundsatzes hinsichtlich eines effektiven Grundwasserschutzes erfolgt grundsätzlich über die drei Maßnahmenbereiche, nämlich

- Technik,
- Stoffe/Produkte,
- Qualitätsmanagement.

Das WHG hat diese drei Anforderungs-/Maßnahmenbereiche erstmalig bereits in der 4. Novelle zum WHG 1976 als gleichberechtigt und nebeneinander geltend festgelegt.

Nach § 19 i Abs. 2 Satz 3 WHG werden unter bestimmten Bedingungen Überwachungen durch zugelassene Sachverständige gefordert. Nach § 19 l WHG ist festgelegt, daß bestimmte Tätigkeiten (einbauen, aufstellen, instandhalten, instandsetzen, reinigen) an Anlagen zum Umgang mit wassergefährdenden Stoffen nur von hierzu besonders qualifizierten Unternehmen durchgeführt werden dürfen (sogenanntes Fachbetriebs-Konzept).

Mit der 5. Novelle zum WHG, die am 1. Januar 1987 in Kraft getreten ist, wurde u. a. auch der § 19 l WHG neu gefaßt. Absatz 1 schreibt im Interesse eines effektiven Gewässerschutzes vor, daß bestimmte Tätigkeiten an Anlagen zum Umgang mit wassergefährdenden Stoffen nur von Fachbetrieben durchgeführt werden dürfen. Auf die bis dahin vorgeschriebene behördliche Zulassung wurde verzichtet. Statt dessen bestimmt Absatz 2, unter welchen Voraussetzungen ein Betrieb als Fachbetrieb tätig sein darf.

Danach können die Fachbetriebe ihre Qualifikation über eine Bestätigung in Form eines Gütezeichens einer baurechtlich anerkannten Überwachungs- oder Gütegemeinschaft oder durch die Bescheinigung einer Technischen Überwachungsorganisation aufgrund eines Überwachungsvertrages nachweisen (Abb. 7.2). Mit dieser Regelung griff der Gesetzgeber auf bewährte Formen der Eigenkontrolle der Wirtschaft zurück. Gleichzeitig wurde darin auch ein weiterer Beitrag zur Entbürokratisierung gesehen (Privatisierung öffentlicher Aufgaben).

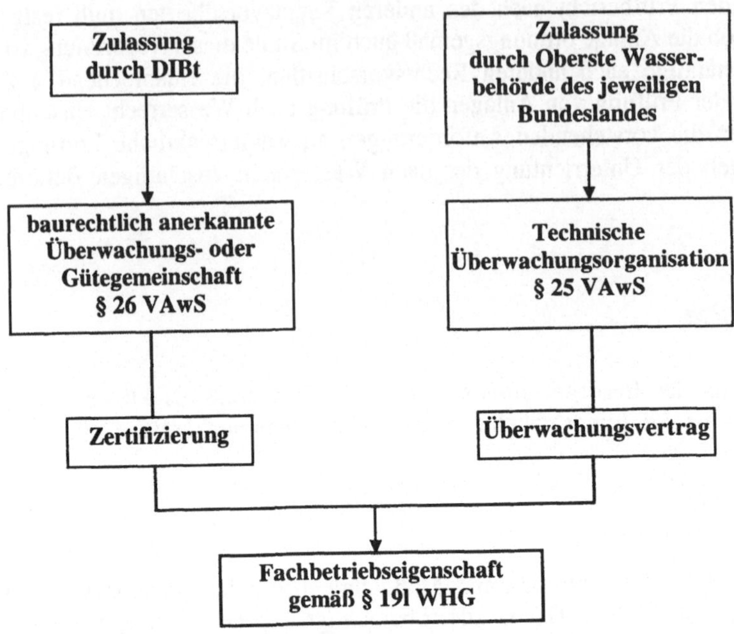

Abb. 7.2 Erlangen einer Fachbetriebseigenschaft nach § 19 l WHG

Über die baurechtliche Anerkennung der Überwachungs- oder Gütegemeinschaften entscheidet das Deutsche Institut für Bautechnik (DIBt) in Berlin. Es überprüft auch die ordnungsgemäße Einhaltung der Durchführungsbestimmungen dieser Gemeinschaften. Die Technischen Überwachungsorganisationen sind durch die Oberste Wasserbehörden der Länder zugelassen und bedürfen keiner baurechtlichen Anerkennung. In den jeweiligen Länder-VAwS sind die rechtlichen Grundlagen in den §§ 25, 26 niedergelegt.

Überwachungs- und Gütegemeinschaften

Überwachungs- und Gütegemeinschaften sind freiwillige Zusammenschlüsse von Unternehmen in privatrechtlicher Organisationsform, in der Regel eingetragene Vereine. Sie sind Kontrolleinrichtungen der Wirtschaft, die ihre Mitglieder aufgrund ihrer Satzungsautonomie nach festgelegten Regeln und Bestimmungen überwachen, um auf diese Weise eine bestimmte Qualität und Güte von Produkten und Dienstleistungen sicherzustellen. Mitglieder, die die Voraussetzungen erfüllen, erhalten die Befugnis, Güte- oder Überwachungszeichen zu führen, um somit die besondere Qualität ihrer Produkte oder Dienstleistungen zu dokumentieren.

Das Bauordnungsrecht spricht in der Musterbauordnung für die Länder der Bundesrepublik Deutschland (MBO) in § 24 von Überwachungsgemeinschaften und Überwachungszeichen. Die Begriffe „Gütegemeinschaft" und „Gütezeichen" sind in der Regel entsprechenden Organisationen mit RAL-Anerkennung vorbehalten, die ganz allgemein eine besondere Gütesicherung und Qualität von Produkten und Dienstleistungen verfolgen.

Güte- und Überwachungsgemeinschaften nach § 19 l WHG stellen entsprechende Güte- und Prüfbestimmungen sowie Verfahrensrichtlinien auf. Die Mitglieder haben sich regelmäßigen Prüfungen (Erstüberwachungsprüfungen und Regelüberwachungsprüfungen) durch entsprechende Sachverständige zu unterziehen (Fremdüberwachung). Daneben haben sich die Unternehmen nach vorgegebenen Richtlinien ständig selbst zu kontrollieren (Eigenüberwachung) und die Ergebnisse zu dokumentieren, um bei festgestellten Mängeln sofort Abhilfe treffen zu können. In den Betrieben sind sog. „betrieblich Verantwortliche" zu bestellen, die aufgrund ihrer besonderen Sachkunde und Erfahrung die Einhaltung der technischen Regeln sicherstellen müssen.

Bei Verstößen gegen zwingende Regelungen können die Vereine Ahndungsmaßnahmen (von Geldbußen bis zum Entzug des Güte- oder Überwachungszeichens) verhängen.

Die Aufgaben der Güte- und Überwachungsgemeinschaften erfordern einen funktionierenden Verwaltungsapparat (Geschäftsstelle) mit ausreichender finanzieller Ausstattung. Die Vereine haben ihre Kosten und Aufwendungen selbst zu tragen und ausschließlich aus Beiträgen und Umlagen ihrer Mitgliedsunternehmen zu finanzieren.

Nach § 19 l Abs. 2 WHG müssen Güte- und Überwachungsgemeinschaften baurechtlich anerkannt werden. Grundlage und einschlägige Bestimmung für eine baurechtliche Anerkennung ist § 24 Abs. 2 MBO. Zulassungsstelle ist das Deutsche Institut für Bautechnik (DIBt). Güte- oder Überwachungsgemeinschaften, die anerkannt werden wollen, haben ihre entsprechenden Richtlinien auszuarbeiten und ihrem Antrag beizufügen.

Baurechtlich durch das DIBt anerkannte Überwachungs- oder Gütegemeinschaften sind z. Zt.:

- Fachbetriebsgemeinschaft Maschinenbau e.V. (FGMA)
- Gütegemeinschaft Erhaltung von Bauwerken e.V. (GEB)
- Gütegemeinschaft Tankschutz e.V.
- Gütegemeinschaft Unterirdische und Oberirdische Lagerbehälter e.V.
- Überwachungsgemeinschaft Heizung, Klima, Sanitär/Technische Gebäudeausrüstung (ÜHKS)
- Überwachungsgemeinschaft Chemie (Üchem)
- Überwachungsgemeinschaft nach WHG von Fachbetrieben des Dampfkessel-, Behälter- und Rohrleitungsbaues e.V. (ÜDBR)
- Überwachungsgemeinschaft Kälte- und Klima-Technik e.V. (ÜWG)
- Überwachungsgemeinschaft Textilreinigung e.V.
- Überwachungsgemeinschaft Technische Anlagen der SHK-Handwerke e.V. (ÜWG SHK)
- Überwachungsgemeinschaft von Betreibern von Anlagen zur Erzeugung, Be- und Verarbeitung von Metallen (Metallanlagenbetreiber) e.V. (ÜMet)

Technische Überwachungsorganisationen

Die Muster-VAwS legt fest, welche Technischen Überwachungsorganisationen für die regelmäßige Überwachung von Fachbetrieben in Frage kommen.

> **§ 25 Muster-VAwS „Technische Überwachungsorganisationen"**
> *Technische Überwachungsorganisationen im Sinne von § 19 l Abs. 2 Satz 1 Nr. 2 WHG sind die nach § 22 anerkannten Organisationen jeweils für ihren Bereich.*

Gemäß § 19 l WHG ist ein eigenständiger wasserrechtlicher Begriff der Technischen Überwachungsorganisation begründet, der über den der Technischen Überwachungsvereine (TÜV) hinausgeht und der nicht von den gewerblichen Regelungen abhängt. Als rahmenrechtliche Vorschrift überläßt es § 19 l WHG den Ländern zu bestimmen, wer Technische Überwachungsorganisation ist.

Gemäß § 25 sind Technische Überwachungsorganisationen i. S. von § 19 l WHG die nach § 22 VAwS anerkannten Organisationen der Sachverständigen. Einzelpersonen sind somit keine „Organisationen". Damit wird durch die Verknüpfung auch sichergestellt, daß durchgehend möglichst dieselben Maßstäbe angelegt werden.

Nachweis der Fachbetriebseigenschaft

Wie und gegenüber wem ein Fachbetrieb einen Nachweis über seine Fachbetriebseigenschaft führen muß, ist in § 26 Muster-VAwS festgelegt.

> **§ 26 Muster-VAwS „Nachweis der Fachbetriebseigenschaft"**
> *(1) Fachbetriebe nach § 19 l WHG haben auf Verlangen gegenüber der nach Landesrecht zuständigen Behörde, in deren Bezirk sie tätig werden, die Fachbetriebseigenschaft nach § 19 l Abs. 2 WHG nachzuweisen. Der Nachweis ist geführt, wenn der Fachbetrieb*
> *1. eine Bestätigung einer baurechtlich anerkannten Überwachungs- oder Gütegemeinschaft vorlegt, wonach er zur Führung von Gütezeichen dieser Gemeinschaft für die Ausübung bestimmter Tätigkeiten berechtigt ist,*
> *oder*
> *2. eine Bestätigung einer Technischen Überwachungsorganisation über den Abschluß eines Überwachungsvertrags vorlegt.*
> *(2) Die Fachbetriebseigenschaft ist auch gegenüber dem Betreiber einer Anlage nach § 19 g Abs. 1 und 2 nachzuweisen, wenn dieser den Fachbetrieb mit fachbetriebspflichtigen Tätigkeiten beauftragt. Absatz 1 Satz 2 gilt entsprechend.*

Gemäß VAwS hat ein Fachbetrieb seine Qualifikation (Fachbetriebs-eigenschaft) sowohl gegenüber der Behörde als auch dem Betreiber nachzuweisen. Sinn und Zweck ist es, die Nicht-Fachbetriebe von für die Sicherheit der Anlagen relevanten und deshalb fachbetriebspflichtigen Tätigkeiten fernzuhalten.

Die Anforderungen und Voraussetzungen für Fachbetriebe sind sehr allgemein und knapp gefaßt. Gemäß Abs. 2 des § 19 l WHG ist Fachbetrieb, wer

1. – über die Geräte und Ausrüstungsteile sowie
   – sachkundiges Personal verfügt und
2. – berechtigt ist, **Gütezeichen einer baurechtlich anerkannten Überwachungs- oder Gütegemeinschaft zu führen** oder

– einen **Überwachungsvertrag** mit einer **Technischen Überwachungsorganisation** abgeschlossen hat, der eine mindestens zweijährige Überprüfung einschließt.

Nach dieser Definition werden zwei Dinge gesetzlich festgelegt:

– die sachlichen Voraussetzungen für einen Fachbetrieb,
– der formelle Nachweis über die Fachbetriebsqualifikation.

Wichtig ist dabei, daß nur die beiden im Gesetz genannten Alternativen zulässig sind. Alle anderen möglichen Nachweise (etwa Sachverständigen-Gutachten) sind deshalb unzulässig.

Hinsichtlich der sachlichen Qualifikation eines Fachbetriebes schreibt das Gesetz vor, daß Geräte und Ausrüstungsteile sowie das sachkundige Personal so beschaffen sein müssen, daß die Einhaltung der Anforderungen nach § 19 g Abs. 3 WHG gewährleistet wird. Nach § 19 g Abs. 3 WHG müssen Anlagen zum Umgang mit wassergefährdenden Stoffen mindestens entsprechend den allgemein anerkannten Regeln der Technik beschaffen sein sowie eingebaut, aufgestellt, unterhalten und betrieben werden. Der Gesetzgeber geht dabei davon aus, daß eine Beeinträchtigung der Gewässer nicht zu befürchten ist (Besorgnisgrundsatz), wenn bei den Arbeiten **mindestens** die anerkannten Regeln der Technik eingehalten werden.

Die Beachtung aller technischen Regeln ist bereits eine Forderung aus dem Werksvertragsrecht. Der Auftragnehmer muß ein mangelfreies Werk abliefern. Es wird jedoch ganz allgemein mit Mängeln gerechnet, deshalb gibt es die Verpflichtung, Fehler nachzubessern (Gewährleistung). Die Anforderungen im Wasserhaushaltsgesetz gehen darüber hinaus: Die Einhaltung der anerkannten Regeln der Technik ist eine Mindestanforderung. Mängel an einer Anlage dürfen insoweit gar nicht erst auftreten, um eine Gewässerverunreinigung von vornherein auszuschalten. Ein Fachbetrieb muß sich somit auch deutlich über das allgemeine Niveau vergleichbarer Betriebe abheben.

Fachbetriebspflichtige Tätigkeiten
Der Gesetzgeber hat in § 19 l Abs. 1 WHG ausdrücklich die Tätigkeiten im einzelnen genannt, die einer Fachbetriebspflicht unterliegen:

– Einbauen,
– Aufstellen,
– Instandhalten,
– Instandsetzen,
– Reinigen.

Die aufgeführten Tätigkeiten sind im Zusammenhang mit dem gesamten Spektrum der Anlagen zum Umgang mit wassergefährdenden Stoffen gemäß § 19 g WHG zu sehen, nämlich

– Anlagen zum Lagern, Abfüllen, Umschlagen (LAU-Anlagen),
– Anlagen zum Herstellen, Behandeln, Verwenden (HBV-Anlagen),
– innerbetriebliche Rohrleitungen.

Das reine Betreiben, d. h. das Ein- und Ausschalten sowie das Überwachen und Steuern, insbesondere einer Produktionsanlage, die Inbetriebnahme und ein ggf. damit verbundener Befüllungsvorgang sowie die Herstellung stellen keine fachbetriebspflichtige Tätigkeit dar. Eine unmittelbare Wassergefährdung ist damit nicht verbunden. Diese konkretisiert sich erst dann, wenn direkt an der Anlage gearbeitet wird. Deshalb besteht Fachbetriebspflicht nur für das konkrete „Handling" an der Anlage, nicht etwa für die Planung.

Ein Fachbetrieb gemäß § 19 l Abs. 2 darf seine Tätigkeiten auf bestimmte Fachbereiche beschränken. Im praktischen Ergebnis gibt es **den** Fachbetrieb nach § 19 l WHG nicht. Der Fachbetrieb muß vielmehr die Tätigkeiten, für die die Fachbetriebsqualifikation gelten soll, ausdrücklich benennen. Für die verschiedenen Anlagenarten gemäß § 19 g WHG gilt entsprechendes.

Ausnahmen von der Fachbetriebspflicht

Gemäß § 19 l Abs. 1 Satz 2 WHG können die Länder Tätigkeiten bestimmen, die nicht von Fachbetrieben ausgeführt werden müssen. Mit dieser Regelung wird eine Ermächtigungsgrundlage geschaffen, um die Fachbetriebspflicht des WHG praktikabel zu gestalten. Weil einerseits der Anwendungsbereich des WHG sehr weit zu fassen ist, andererseits ordnungsrechtlich und vom Wassergefährdungspotential her eine Eingrenzung der Fachbetriebspflicht – will sie nicht ins Leere gehen – notwendig ist, hat die LAWA einen Ausnahmekatalog nach § 19 l WHG aufgestellt, der in § 24 der jeweiligen Länder-VAwS festgelegt worden ist.

> ### § 24 Muster-VAwS „Ausnahmen von Fachbetriebspflicht"
> *Tätigkeiten, die nicht von Fachbetrieben ausgeführt werden müssen, sind:*
> 1. *alle Tätigkeiten nach § 19 l WHG an*
>   - *Anlagen zum Umgang mit festen und gasförmigen wassergefährdenden Stoffen,*
>   - *Anlagen zum Umgang mit Lebensmitteln und Genußmitteln,*
>   - *Anlagen zum Umgang mit wassergefährdenden Flüssigkeiten der Gefährdungsstufen A und B nach § 6 Abs. 3,*
>   - *Feuerungsanlagen,*
> 2. *Tätigkeiten an Anlagen oder Anlagenteilen nach § 19 g Abs. 1 und 2 WHG, die keine unmittelbare Bedeutung für die Sicherheit der Anlagen zum Umgang mit wassergefährdenden Stoffen haben.*
>   *Dazu gehören vor allem folgende Tätigkeiten:*
>   - *Herstellen von baulichen Einrichtungen für den Einbau von Anlagen, Grob- und Vormontagen von Anlagen und Anlagenteilen,*
>   - *Herstellen von Räumen oder Erdwällen für die spätere Verwendung als Auffangraum,*
>   - *Ausheben von Baugruben für alle Anlagen,*
>   - *Aufbringen von Isolierungen, Anstrichen und Beschichtungen, sofern diese nicht Schutzvorkehrungen sind,*
>   - *Einbauen, Aufstellen, Instandhalten und Instandsetzen von Elektroinstallationen einschließlich Meß-, Steuer- und Regelanlagen,*

3.   *Instandsetzen, Instandhalten und Reinigen von Anlagen und Anlagenteilen zum Umgang mit wassergefährdenden Stoffen im Zuge der Herstellungs-, Behandlungs- und Verwendungsverfahren, wenn die Tätigkeiten von eingewiesenem Personal nach Betriebsvorschriften, die den Anforderungen des Gewässerschutzes genügen, durchgeführt werden,*

4.   *Tätigkeiten, die in einer wasserrechtlichen oder gewerberechtlichen Bauartzulassung mit einem baurechtlichen Prüfzeichen oder in einer Eignungsfeststellung näher festgelegt und beschrieben sind.*

Der Spielraum, den § 19 l Abs. 1 WHG den Ländern einräumt, ist von den Ländern sehr weitreichend genutzt worden. Vier Gruppen von Tätigkeiten sind von der Fachbetriebspflicht ausgenommen worden:

1. alle Tätigkeiten an Anlagen mit geringem Gefährdungspotential,
2. Tätigkeiten an nicht unmittelbar sicherheitsrelevanten Anlagen und Anlagenteilen, ·
3. untergeordnete Tätigkeiten an Anlagen im Zusammenhang mit Herstellungs-, Behandlungs- und Verwendungsverfahren,
4. Tätigkeiten, die in Zulassungsbescheiden näher festgelegt und beschrieben sind.

In die **ersten Gruppe** fallen Tätigkeiten an Anlagen der Gefährdungsstufen A und B, an sämtliche Anlagen zum Umgang mit Lebens- und Genußmitteln sowie Feuerungsanlagen. Hinsichtlich der letzten beiden Bereiche ist das sicherlich pragmatisch und auch nachvollziehbar. Schwierigkeiten bereitet es allerdings, daß sämtliche Tätigkeiten an Anlagen zum Umgang mit allen festen und gasförmigen Stoffen ausgenommen worden sind. Unter den festen und gasförmigen Stoffen befinden sich viele Stoffe der WGK 3, die durchaus bei Freiwerden über ihre Löslichkeit in Boden und Grundwasser gelangen können. In bezug auf Anlagen der Gefährdungsstufen A und B gemäß § 6 Abs. 3 VAwS bedeutet das, daß für den häufigsten Anwendungsfall, den der Heizölverbrauchertankanlagen bis zu einem Volumen von 10 m^3, die Fachbetriebspflicht nicht erforderlich ist.

Mit der **zweiten Gruppe** werden Klarstellungen gemacht. Gleichwohl ist die Liste nicht abschließend. Andere nicht unmittelbar sicherheitsrelevante Tätigkeiten sind gleichermaßen ausgenommen. Die Meß-, Steuer- und Regelanlagen sind nicht insgesamt von der Fachbetriebspflicht freigestellt; die Ausnahme bezieht sich nur auf die Elektroinstallation dieser Anlagenteile. Nicht zu den Elektroinstallationen zählen Anlagenteile, die dem kathodischen Korrosionsschutz dienen.

In der **dritten Gruppe** wird darauf abgehoben, daß bei Tätigkeiten an HBV-Anlagen im eigenen Betrieb in der Regel genügend Sachverstand, Ausrüstungsteile und geschultes Personal zur Verfügung steht, um solche Tätigkeiten ordnungsgemäß durchführen zu können. Außerdem sind HBV-Anlagen meist Unikate, die der Betreiber selbst am besten kennt.

Mit der **vierten Gruppe** von Ausnahmeregelungen geht man davon aus, daß in den Bauartzulassungs-, Prüfzeichen-[2] oder Eignungsfeststellungsbescheiden so detaillierte Verarbeitungsrichtlinien und -hinweise enthalten sind, daß die Ausführung auch von Nichtfachbetrieben im Sinne von § 19 l WHG ordnungsgemäß ausgeführt werden kann.

Nichtfachbetrieben im Sinne von § 19 l WHG verbleibt ausschließlich die Ausführung der im Ausnahmekatalog genannten Tätigkeiten. Dies bedeutet aber nur, daß sie nicht der formellen Fachbetriebspflicht bedürfen. Selbstverständlich müssen auch diese Arbeiten unter Berücksichtigung aller Bestimmungen des Wasserhaushaltsgesetzes, d. h. mindestens entsprechend den allgemein anerkannten Regeln der Technik, ausgeführt werden. Die Bußgeldbestimmungen des Wasserhaushaltsgesetzes z. B. oder die darüber hinausgehenden Strafvorschriften des Strafgesetzbuches gelten ohne Ausnahme auch für Nichtfachbetriebe.

Tätigkeiten an Anlagen zum Lagern und Abfüllen von Jauche, Gülle und Silagesickersäften fallen nicht unter § 19 l WHG, da § 19 g Abs. 6 diese Anlagen von dem Geltungsbereich der folgenden Paragraphen ausnimmt.

Bußgeldbewährung

Die fachbetriebspflichtigen Tätigkeiten sind gemäß § 41 WHG, Abs. 1, Nr. 6c und 6e bußgeldbewährt. Danach darf ein Auftraggeber (auch Privater) als Betreiber einer Anlage nur einen zertifizierten Fachbetrieb gemäß § 19 l WHG bzw. § 26 VAwS beauftragen. Dieses gilt auch für ein Nachunternehmerverhältnis. Somit können sowohl Auftraggeber als auch Auftragnehmer gemäß § 41 WHG, Abs. 2 jeweils bis zu 100.000 DM Geldbuße herangezogen werden.

7.4
Sachverständige

Beim Umgang mit wassergefährdenden Stoffen spielen sachverständige Prüfungen und Stellungnahmen wegen der vielfältigen technischen und naturwissenschaftlichen Verknüpfungen eine große Rolle. Für die Beurteilung von sicherheitstechnischen Maßnahmen, Gefährdungspotentialen oder auch bereits eingetretenen Wasserschäden, aber auch für die amtlich vorgeschriebene regelmäßige Überprüfung von Anlagen und Einrichtungen ist ein breit gefächerter Sachverstand unumgänglich.

Das WHG sieht in § 19 i Abs. 2, Satz 3 Anlagenprüfungen nach Maßgabe des Landesrechts durch zugelassene Sachverständige vor. Solche Prüfungen dienen der technischen Sicherheitsbeurteilung und dem ordnungsgemäßen Zustand von Anlagen zum Umgang mit wassergefährdenden Stoffen.

Die Zulassung dieser Sachverständigen erfolgt gemäß § 22 der jeweiligen Länder-VAwS durch Organisationen, die nach bestimmten Anforderungen die entsprechenden Personen bestellen. Diese Organisationen werden von den Wasserbehör

---

[2] bzw. sinngemäß der Technischen Regeln, allgemein bauaufsichtliche Zulassungen oder Prüfzeugnissen, nach denen das Ü-Zeichen oder CE-Zeichen geführt werden darf

den der Länder anerkannt. Organisationen und Sachverständige sind damit automatisch in anderen Ländern anerkannt.

§ 22 Muster-VAwS „Sachverständige"

(1) Sachverständige Personen im Sinne von § 19 i Abs. 2 Satz 3 WHG sind die von anerkannten Organisationen für die Prüfung bestellten Personen. Die Organisationen werden von der nach Landesrecht zuständigen Behörde anerkannt. Auf die Anerkennung besteht kein Rechtsanspruch.

(2) Anerkennungen anderer Länder der Bundesrepublik Deutschland gelten auch im jeweiligen Bundesland. Entsprechendes gilt auch für gleichwertige Anerkennungen anderer Mitgliedstaaten der Europäischen Gemeinschaft.

(3) Organisationen können anerkannt werden, wenn sie

    1. nachweisen, daß die von ihnen für die Prüfung bestellten Personen

- *auf Grund ihrer Ausbildung, ihrer Kenntnisse und ihrer durch praktische Tätigkeit gewonnenen Erfahrungen die Gewähr dafür bieten, daß sie die Prüfungen ordnungsgemäß durchführen,*
- *zuverlässig sind,*
- *hinsichtlich der Prüftätigkeit unabhängig sind, insbesondere kein Zusammenhang zwischen der Prüftätigkeit und anderen Leistungen besteht,*

    2. Grundsätze darlegen, die bei den Prüfungen zu beachten sind,

    3. die ordnungsgemäße Durchführung der Prüfungen stichprobenweise kontrollieren,

    4. die bei den Prüfungen gewonnenen Erkenntnisse sammeln, auswerten und die Sachverständigen in einem regelmäßigen Erfahrungsaustausch darüber unterrichten,

    5. den Nachweis über das Bestehen einer Haftpflichtversicherung für die Tätigkeit ihrer Sachverständigen für Gewässerschäden mit einer Deckungssumme von mindestens fünf Millionen DM erbringen, und

    6. erklären, daß sie die Länder, in denen die Sachverständigen Prüfungen vornehmen, von jeder Haftung für die Tätigkeit ihrer Sachverständigen freistellen.

Die Voraussetzungen der Nr. 5 bis 6 gelten nicht für Organisationen der unmittelbaren Staatsverwaltung.

(4) Als Organisationen im Sinne von Absatz 3 können auch Gruppen anerkannt werden, die in selbständigen organisatorischen Einheiten eines Unternehmens zusammengefaßt und hinsichtlich ihrer Prüftätigkeit nicht weisungsgebunden sind.

(5) Die Sachverständigen sind verpflichtet, ein Prüftagebuch zu führen, aus dem sich mindestens Art, Umfang und Zeitaufwand der jeweiligen Prüfung ergeben. Das Prüftagebuch ist der nach Landesrecht zuständigen Behörde auf Verlangen vorzulegen.

(6) Die Anerkennung kann auf bestimmte Prüfbereiche beschränkt und befristet werden.

Die Sachverständigenbestellung unterliegt einem zweistufigen Verfahren. Zunächst erkennt die Oberste Wasserbehörde die Sachverständigenorganisation an, die dann ihrerseits die Sachverständigen anerkennt.

Eine Sachverständigenorganisation, die von einem Bundesland anerkannt wurde, ist in ihrer Tätigkeit nicht auf dieses Bundesland beschränkt. Sie ist in allen Bundesländern automatisch anerkannt. Darüber hinaus bedürfen Sachverständigenorganisationen aus Mitgliedsländern der Europäischen Union auch nur der Anerkennung in ihrem jeweiligen Heimatstaat (**Gleichwertigkeitsklausel**). Eine nochmalige Anerkennung in Deutschland ist somit nicht erforderlich.

Die Anforderungen an die sachverständigen Personen betreffen

1. die fachliche Qualifikation,
2. die Zuverlässigkeit,
3. die Unabhängigkeit.

Einen wichtigen Punkt stellt dabei die Unabhängigkeit der sachverständigen Person dar.

Der Verordnungsgeber läßt es gemäß § 22 Abs. 4 zu, daß Gruppen, die in selbständig organisierten Einheiten eines Unternehmens zusammengefaßt sind, als Organisationen von Sachverständigen anerkannt werden können, wenn sie hinsichtlich ihrer Prüftätigkeit nicht weisungsgebunden sind (sog. Unternehmenssachverständige). Hierbei ist der Vorschrift gemäß § 16 VbF, der Eigenüberwachung, wenn dies nach Art und Integration der Anlagen in Prozeßanlagen angezeigt ist (wie bei Firmen BASF, Bayer, Hoechst etc.), gefolgt worden. Die wasserrechtliche Eigenüberwachung ist aber wesentlich enger zu verstehen. Sie bezieht sich auf Aufgaben gemäß § 19 i WHG, während Sachverständige gemäß § 22 VAwS amtliche Kontrollen ausüben.

Gemäß § 25 Muster-VAwS können diese Gruppen automatisch Technische Überwachungsorganisationen i.S. von § 19 l Abs. 2 WHG sein. Es wäre demzufolge auch denkbar, daß ein Unternehmen die Eigenschaften sowohl des Anlagenbetreibers als auch des Fachbetriebs, der Sachverständigenorganisation (§ 22 VAwS) und der Technischen Überwachungsorganisation (§ 25 VAwS) in sich vereinigt. Hier können Interessenkollisionen auftreten. Deshalb weicht z. B. Baden-Württemberg hier von der Muster-VAwS ab und verbietet den betriebseigenen Technischen Überwachungsorganisationen die Überwachung des eigenen Betriebes bzgl. seiner Fachbetriebseigenschaft.

8 Behördliche Vorkontrollen

8.1
Allgemeines

Eine wesentliche Säule des wasserrechtlichen Sicherheitssystems für Anlagen zum Umgang mit wassergefährdenden Stoffen stellen die behördlichen Vorkontrollen dar.

Das WHG fordert für gewisse Anlagen zum Umgang mit wassergefährdenden Stoffen bestimmte behördliche Vorprüfungen. Dabei hat die 6. Novelle sich an das neue Baurecht angepaßt. Das deutsche Baurecht wiederum hat sich an das europäische angepaßt.

§ 19 h WHG „Eignungsfeststellung und Bauartzulassung"
(1) Anlagen nach § 19 g Abs. 1 und 2 oder Teile von ihnen sowie technische Schutzvorkehrungen dürfen nur verwendet werden, wenn ihre Eignung von der zuständigen Behörde festgestellt worden ist. Satz 1 gilt nicht
1. für Anlagen, Anlagenteile oder technische Schutzvorkehrungen einfacher oder herkömmlicher Art,
2. wenn wassergefährdende Stoffe
   a) vorübergehend in Transportbehältern gelagert oder kurzfristig in Verbindung mit dem Transport bereitgestellt oder aufbewahrt werden und die Behälter oder Verpackungen den Vorschriften und Anforderungen für den Transport im öffentlichen Verkehr genügen,
   b) sich im Arbeitsgang befinden,
   c) in Laboratorien in der für den Handgebrauch erforderlichen Menge bereitgehalten werden.
(2) Soweit Anlagen, Anlagenteile und technische Schutzvorkehrungen nach Absatz 1 Satz 1 serienmäßig hergestellt werden, können sie der Bauart nach zugelassen werden. Die Bauartzulassung kann inhaltlich beschränkt, befristet und unter Auflagen erteilt werden. Sie wird von der für den Herstellungsort oder Sitz des Einfuhrunternehmens zuständigen Behörde erteilt und gilt für den Geltungsbereich dieses Gesetzes.
(3) Die Eignungsfeststellung nach Absatz 1 und die Bauartzulassung nach Absatz 2 entfallen für Anlagen, Anlagenteile oder technische Schutzvorkehrungen,
1. die nach den Vorschriften des Bauproduktengesetzes vom 10. August 1992 oder anderer Rechtsvorschriften zur Umsetzung von Richtlinien der Europäischen Gemeinschaft, deren Regelungen über die Brauch-

barkeit auch Anforderungen zum Schutz der Gewässer umfassen, in den Verkehr gebracht werden dürfen und das Kennzeichen der Europäischen Gemeinschaft (CE-Kennzeichen), das sie tragen, nach diesen Vorschriften zulässige und von den Ländern zu bestimmende Klassen und Leistungsstufen aufweist,

2. *bei denen nach den bauordnungsrechtlichen Vorschriften über die Verwendung von Bauprodukten auch die Einhaltung der wasserrechtlichen Anforderungen sichergestellt wird oder*

3. *die nach immissionsschutz- oder arbeitsschutzrechtlichen Vorschriften der Bauart nach zugelassen sind oder einer Bauartzulassung bedürfen; bei der Bauartzulassung sind die wasserrechtlichen Anforderungen zu berücksichtigen.*

Grundsätzlich darf vom Standpunkt des Wasserrechts her jede Anlage zum Umgang mit wassergefährdenden Stoffen so gebaut werden, wie der Anlagenbetreiber meint, die Anforderungen des Gewässerschutzes zu erfüllen. Allerdings muß vor der Inbetriebnahme (Verwendung!) die zuständige Wasserbehörde in einem ordnungsgemäßen mitwirkungsbedürftigen Verwaltungsakt dem Anlagenbetreiber bestätigen, daß seiner Anlage bzgl. ihrer Konstruktions-, Bau- und späterer Betriebsweise aus Gewässerschutzgründen nichts im Wege steht und sie dem Besorgnisgrundsatz bzw. dem Grundsatz des bestmöglichen Schutzes bei Umschlaganlagen entspricht.

Eine Bauartzulassung kann von der zuständigen Behörde auf Antrag des Herstellers erteilt werden. Jedoch hat er kein Anrecht auf eine Erteilung. Sie kann von der Behörde auch abgelehnt werden, wenn das Schutzziel nicht erreicht wird (s. Kap. 8.1.2.1). Bei einer Bauartzulassung wird ein Prototyp mit genauer Spezifikation geprüft. Der Hersteller muß dann diesen Prototyp in der Serienfertigung exakt kopieren. Dabei sind die Bestimmungen in der Bauartzulassung (z. B. Anwendungszweck, Prüfintervalle, zeitliche Begrenzung der Bauartzulassung) genau zu befolgen.

Die Eignungsfeststellung wird dagegen für Einzelanlagen erteilt. Diese Individualanlagen können bauartzugelassene Anlagen, Anlagenteile und technische Schutzvorkehrungen enthalten. Dieses tritt in der Regel bei allen chemischen Produktionsanlagen auf.

Für Anlagen, Anlagenteile oder technische Schutzvorkehrungen, die einer Bauartzulassung nach dem Gerätesicherheitsgesetz [GSG-92] oder einen bauaufsichtlichen Verwendbarkeitsnachweis bedürfen, entfällt die Eignungsfeststellung (Ersetzungswirkung). Entscheidend hierbei ist, daß das Erfordernis dafür gegeben ist, und nicht, ob eine Bauartzulassung oder ein bauaufsichtlicher Verwendbarkeitsnachweis tatsächlich bereits erteilt worden ist. Ob das Erfordernis gegeben ist, richtet sich allein nach den arbeitsschutzrechtlichen und baurechtlichen Vorschriften. Bei der Einzelfallprüfung ist zu beachten, daß Ausnahmen bestehen können, nach denen eine Bauartzulassung oder eine allgemeine bauaufsichtliche Zulassung entbehrlich ist, so daß der Weg zu einer Eignungsfeststellung im Einzelfall eröffnet ist.

§ 19 h WHG bestimmt selbst nicht, welche Voraussetzungen erfüllt sein müssen, damit eine Eignungsfeststellung oder Bauartzulassung erteilt werden kann.

Das ergibt sich vielmehr aus § 19 g Abs. 1 bis 3 WHG, wobei § 19 g Abs. 3 WHG mit den a.a.R.d.T. die unterste Grenze der Anforderungen festlegt.

8.1.1
Eignungsfeststellung

Die Eignungsfeststellung ist ein feststellender Verwaltungsakt, mit dem die Behörde bescheinigt, daß Anlagen oder Anlagenteile sowie technische Schutzvorkehrungen den Anforderungen des § 19 g WHG und der entsprechenden Landesvorschriften genügen. Bei der Eignungsfeststellung wird geprüft, ob die Einzelteile den verschiedenen Rechtsansprüchen genügen und ob der Besorgnisgrundsatz bei der Anlage realisiert ist. Auf die Erteilung der Eignungsfeststellung besteht ein Rechtsanspruch, wenn die Voraussetzungen des § 19 g WHG etc. erfüllt sind.

Für die ebenfalls in § 19 h WHG angesprochenen Anlagen zum Herstellen, Behandeln und Verwenden wassergefährdender Stoffe besteht formal die Forderung nach wasserrechtlicher Eignungsfeststellung nicht, da es sich dabei um solche Anlagen handelt, bei denen sich die Stoffe im Arbeitsgang befinden (s. Ausnahmen). Gleichwohl gilt auch für diese Anlagen der Besorgnisgrundsatz. Materiell sind auch hier die entsprechenden Anforderungen an Ausgestaltung und Betrieb der Anlagen einzuhalten. Es bedarf nur nicht der formalen behördlichen Vorkontrolle. Die Wasserbehörde kann dennoch auch bei diesen Anlagen im Rahmen der allgemeinen Gewässeraufsicht nachträglich Auflagen erteilen und Anforderungen stellen, wenn die Vorschriften des Wasserrechts nicht eingehalten sind. So benutzten die Wasserbehörden häufig Genehmigungsverfahren nach Bundesimmissionsschutzgesetz, um wasserwirtschaftlich notwendige Anforderungen durchzusetzen.

Die **wasserrechtliche Eignungsfeststellung** erfolgt für jeden Einzelfall auf Antrag. Sie ist **grundsätzlich** gemäß § 19 h Abs. 1 Satz 1 vorgeschrieben

- **für alle** Anlagen zum Umgang mit wassergefährdenden Stoffen nach § 19 g Abs. 1 und 2 WHG – d. h. für Anlagen zum Lagern, Abfüllen, Umschlagen (LAU-Anlagen), Herstellen und Behandeln sowie für Anlagen zum Verwenden in der gewerblichen Wirtschaft und öffentlichen Einrichtungen (HBV-Anlagen; hier siehe aber Ausnahme) sowie werksinternen Rohrleitungen,
- **für alle** Teile von ihnen,
- **für alle** technischen Schutzvorkehrungen an solchen Anlagen.

In § 16 der Muster-VAwS werden die Anforderungen wie folgt festgesetzt:

> *§ 16 Muster-VAwS „Voraussetzungen für Eignungsfeststellung und Bauartzulassung"*
> *Eine Eignungsfeststellung oder Bauartzulassung darf nur erteilt werden, wenn mindestens die Grundsatzanforderungen des § 3 erfüllt sind oder eine gleichwertige Sicherheit nachgewiesen wird.*

In § 16 werden nur die Voraussetzungen definiert, unter welchen Eignungsfeststellungen oder wasserrechtliche Bauartzulassungen erteilt werden dürfen. Es mangelt der Vorschrift dabei an der notwendigen materiellen Präzisierung. Der Verweis auf die § 3 Muster-VAwS „Grundsatzanforderungen" (s. Kap. 6.2.4) – wobei § 3 seinerseits implizit auch auf weitere Teile der VAwS mit besonderen Regelungen verweist, z. B. auf § 4 Muster-VAwS „Anforderungen an bestimmte

Anlagen" (s. Kap. 6.2.4) – ist nicht ausreichend. Bereits § 19 g WHG Abs. 3 schreibt die Pflicht zur Einhaltung der Mindestanforderungen vor. Wenn darüber hinaus im Einzelfall die normierten Anforderungen nicht ausreichen, um die Besorgnis einer Gewässerverunreinigung auszuräumen bzw. den bestmöglichen Schutz davor sicherzustellen, sind weitergehende Anforderungen in Betracht zu ziehen. Insofern müßte auch ein Verweis auf die §§ 5 bis 7 erfolgen.

Der Nachweis der *gleichwertigen Sicherheit* ist Ausfluß des Verhältnismäßigkeitsgrundsatzes. Die Gleichwertigkeit ist nachgewiesen, wenn die materiellen Anforderungen des § 19 g WHG und der Landesvorschriften erfüllt sind.

Der Nachweis der Eignung ist in jedem Fall vom Antragsteller zu führen. Er hat die materielle Beweislast. Vorhandene Unklarheiten hat **er** auszuräumen.

Die wasserrechtliche Bauartzulassung ist ein „Auslaufmodell", da sie in den nächsten Jahren durch die baurechtlichen Nachweise bzw. CE-Zeichen ersetzt werden soll (s. Kap. 8.3).

Bei der Eignungsfeststellung bzw. Bauartzulassung sind folgende **Ausnahmen** zu beachten, wenn Anlagen, Anlagenteile oder technische Schutzvorkehrungen

- eine bestimmte Beschaffenheit (§ 19 h Abs. 1 Satz 2 Nr. 1) haben oder
- wenn wassergefährdende Stoffe unter bestimmten Voraussetzungen (§ 19 h Abs. 1 Satz 2 Nr. 2) sich in ihnen befinden oder
- wenn ein anderer Nachweis der Eignung statt dessen erlaubt oder gefordert (§ 19 h Abs. 2 u. 3) wird, sowie
- bei Anlagen zum Lagern und Abfüllen von Jauche, Gülle und Silagesickersäften (§ 19 g Abs. 6 WHG) sind.

1. Ausnahme: „Anlagen einfacher oder herkömmlicher Art"
(§ 19 h Abs. 1 Satz 2 Nr. 1)

Eine Anlage ist einfach, wenn sie mit geringem technischen Aufwand erstellt ist und ihre Brauchbarkeit für die gesamte Verwendungsdauer selbst bei ungewöhnlichen Betriebszuständen ohne technische Hilfsmittel überprüft werden kann.

Eine Anlage ist herkömmlich, wenn sie konventioneller Art ist und sich in der Praxis uneingeschränkt bewährt hat (entspricht in etwa dem baurechtlichen Begriff „allgemein gebräuchlich und bewährt"). Es genügt nicht, daß die Eignung nach dem Stand der Technik bloß gesichert erscheint. Die Eignung muß also bereits in einer Vielzahl von Fällen demonstriert worden sein.

Diese sog. wasserrechtlichen „eoh-Anlagen" können gleichwohl nach anderen Rechtsbereichen eine Genehmigung o. ä. erfordern.

Die Länder legen in

- ihrer VAwS,
- speziellen Verordnungen,
- speziellen Verwaltungsvorschriften oder
- besonderen Erlassen

fest, welche Anlagen, Anlagenteile oder technische Schutzvorkehrungen als eoh gelten.

2. Ausnahme: „Wassergefährdende Stoffe unter bestimmten Bedingungen"
(§ 19 h Abs. 1 Satz 2 Nr. 2)

Eine Eignungsfeststellung findet erstens nicht statt, wenn wassergefährdende Stoffe vorübergehend in Transportbehältern gelagert oder kurzfristig in Verbindung mit dem Transport bereitgestellt oder aufbewahrt werden und die Behälter oder Verpackungen den Vorschriften und Anforderungen für den Transport im öffentlichen Verkehr genügen. Für Anlagen zum kurzfristigen Bereitstellen oder Aufbewahren in Verbindung mit dem Transport (in der Regel 24 Stunden) entfällt also die Eignungsfeststellung. Das gilt nicht, wenn es regelmäßig an stets gleicher Stelle erfolgt (s. § 2 Abs. 8 Muster-VAwS).

Zweitens entfällt eine Eignungsfeststellung, wenn wassergefährdende Stoffe sich im Arbeitsgang befinden. Somit sind alle HBV-Anlagen von einer förmlichen Vorkontrolle ausgenommen, da Stoffe in Prozeßanlagen immer einem „Arbeitsgang" unterworfen sind. Gleichwohl ist der Besorgnisgrundsatz materiell zu erfüllen, denn der Grundwasserschutz ist unteilbar und überall zu realisieren. Siehe dazu auch das Urteil des Bundesverwaltungsgerichts von 1971 zum Besorgnisgrundsatz, wonach sich die Wasserbehörden davon zu überzeugen haben, daß bei jeder Anlage zum Umgang mit wassergefährdenden Stoffen kein Grund zur Sorge verbleibt (s. Kap. 2.2).

Die Praxis in den Ländern ist unterschiedlich. Einige weisen ihre Wasserbehörden an, sich „um HBV-Anlagen nicht zu kümmern", andere benutzen wasserrechtsfremde Genehmigungsverfahren, um die allfällige Besorgnis abzuklären.

In Laboratorien schließlich werden in der Regel die erforderlichen Mengen nur für den Handgebrauch bereitgehalten. Diese Mengen sind unerheblich und stellen nur Bagatellmengen dar (Abschneidegrenze). Dessen ungeachtet gelten die einschlägigen Normen für die Ausgestaltung und den Betrieb solcher Laboratorien.

3. Ausnahme: Anderer Nachweis der Eignung
(§ 19 h Abs. 2 und 3)

Viele Anlagen, Anlagenteile und technische Schutzvorkehrungen werden werksmäßig in Serie, d. h. nicht auf der Baustelle selbst, hergestellt. Bei ganzen Anlagen kommt das seltener vor.

Für solche Teile, die serienmäßig herstellbar sind, werden Bauartzulassungen auf Antrag erteilt. So wird z. B. für einen Tank oder Grenzwertgeber ein Prototyp erstellt. Für diesen wird eine Bauartzulassung beantragt. Nach Erhalt der Bauartzulassung, die alle Bestimmungen technischer Art sowie Laufzeiten, Prüffristen etc. enthält, kann dann gebaut werden. Bei Verwendung solcher Produkte ist deshalb stets **die** spezielle Bauartzulassung („Geburtsurkunde") zu beachten. Bei Abweichungen davon, ist dieses Teil der Anlage nicht mehr zugelassen und die gesamte Anlage dürfte nicht mehr betrieben werden.

Deshalb findet eine Eignungsfeststellung nicht statt, wenn

- dem Teil etc. bereits eine **wasserrechtliche Bauartzulassung** erteilt wurde (§ 19 h Abs. 2),
- für das Teil eine
  - **immissionsschutzrechtliche** oder
  - **arbeitsschutzrechtliche Bauartzulassung** vorliegt (§ 19 h Abs. 3 Nr. 3).

Wenn ein serienmäßig hergestelltes Bauteil

- nicht eoh ist,
- keine wasserrechtliche Bauartzulassung besitzt und auch
- die anderen, wasserrechtsfremden Nachweisarten nicht vorliegen und auch nicht ausdrücklich gefordert werden,

ist eine Eignungsfeststellung durchzuführen, es sei denn, es ist Bestandteil einer HBV-Anlage.

Wenn allerdings der wasserrechtliche Nachweis zwingend in der anderen Rechtsvorschrift verlangt wird, ist eine Eignungsfeststellung nicht möglich. Der Hersteller sollte sich dann tunlichst ein anderes Fabrikat suchen, das den geforderten Nachweis besitzt.

8.1.2
Bauartzulassung

8.1.2.1
Wasserrechtliche Bauartzulassung

Die wasserrechtliche Bauartzulassung ist wie die Eignungsfeststellung ein feststellender Verwaltungsakt. Anders als bei der Eignungsfeststellung geht es nicht um eine einzelne Anlage, Anlagenteile oder technische Schutzvorkehrungen, sondern um serienmäßig hergestellte Anlagen, Anlagenteile oder technische Schutzvorkehrungen. Demgemäß bescheinigt die Behörde, daß einem Prototyp entsprechende Anlagen oder Anlagenteile den Anforderungen des § 19 g WHG genügen. Die Bauartzulassung gilt nach § 19 h Abs. 1 Satz 4 WHG im gesamten Geltungsbereich des Wasserhaushaltsgesetzes. Im Unterschied zur Eignungsfeststellung besteht auf sie kein Rechtsanspruch, wie das Wort "können" in § 19 h Abs. 1 Satz 2 WHG zeigt. Jedoch folgt aus dem Gleichbehandlungsgrundsatz, daß einem Antragsteller eine Bauartzulassung zu erteilen ist, wenn in einem vergleichbaren Fall eine Bauartzulassung bereits erteilt ist und kein fortgeschrittener technischer Wissensstand oder nach der früheren Entscheidung gemachte Erfahrungen die Ablehnung des Antrages gebieten. Die Bauartzulassung wird bestimmten Herstellern oder Inverkehrbringern erteilt. Sie geht nicht auf den Rechtsnachfolger über. Die Bauartzulassung behält aber ihre Wirkung, wenn in der Person des Verwenders der Anlage ein Wechsel eintritt. Insoweit besteht kein Unterschied zur Eignungsfeststellung.

Die nachfolgenden Ausführungen zeigen das **bisherige System** auf, das für eine Übergangszeit die bereits erteilten Bauartzulassungen noch zuläßt.

Die wasserrechtliche Bauartzulassung erstreckt sich vorbehaltlich des Vorrangs der gewerberechtlichen (jetzt: arbeitsschutzrechtlichen) Bauartzulassungen oder der baurechtlichen Prüfzeichen (jetzt: bauaufsichtlichen Verwendbarkeitsnachweise) nur auf Anlagen zum Lagern, Abfüllen und Umschlagen wassergefährdender Stoffe sowie Teile solcher Anlagen und technische Schutzvorkehrungen, da die Anlagen zum Herstellen, Behandeln und Verwenden unter die Ausnahme fallen. Im Gegensatz zum Arbeitsschutzrecht (früher: Gewerberecht), wo die bauartzulassungspflichtigen Gegenstände konkret aufgeführt waren oder zum Baurecht, wo die entsprechende Konkretisierung früher in den Prüfzeichenverordnungen enthalten waren und nun in der WasBauPVO (z. B. [BAY-97]; andere Bundesländer werden entsprechende Verordnungen nach einem einheitlichen Muster einführen) enthalten sind, bestimmt das Wasserrecht die Bauartzulassungspflicht nicht konkret in Form einer abschließenden Liste. Es wird daher von Fall zu Fall auf der Basis konkreter Anträge entschieden, für welche serienmäßig hergestellten Anlagen, Anlagenteile und technischen Schutzvorkehrungen eine Bauartzulassung erteilt wird. Bisher wurden auf den nachfolgend aufgezählten Gebieten wasserrechtliche Bauartzulassungen erteilt:

1. oberirdische Stahlbehälter bis 450 l
2. Auffangvorrichtungen
3. Sammelstationen für flüssigkeitsbehaftete Späne
4. Auskleidungen für Auffangräume
5. Leckageerkennungssysteme/Leckagesonden
6. Rohrleitungen
7. Sicherheitseinrichtungen für Abfüll- und Umschlaganlagen
8. Abfüllflächen

Die wasserrechtliche Bauartzulassung wird von der für den Herstellungsort oder Sitz des Einfuhrunternehmens zuständigen Behörde (in der Regel die obersten Wasserbehörden der Länder) erteilt. Sie gilt dann gemäß § 19 h WHG für das gesamte Bundesgebiet. Vor Erteilung der wasserrechtlichen Bauartzulassung findet eine länderübergreifende Abstimmung statt, bei der ggf. bestehende Einwände gegen die Erteilung auszuräumen sind. Über die Anträge grundsätzlich auf der Basis eines Sachverständigengutachtens entschieden. Generelle Beurteilungsmaßstäbe für eine bestimmte Bauart liegen meist nicht vor. Die Praxis der Länder bei der Erteilung für die gleiche Art von Anlage, Anlagenteil oder technischer Sicherheitsvorkehrung ist durchaus unterschiedlich.

8.1.2.2
Arbeitsschutzrechtliche Bauartzulassung

Bei der Erteilung einer arbeitsschutzrechtlichen Bauartzulassung müssen grundsätzlich gemäß § 19 h Abs. 3 Nr. 3 WHG wie bei einer immissionsschutzrechtlichen Bauartzulassung die wasserrechtlichen Anforderungen an Anlagen zum Umgang mit wassergefährdenden Stoffen berücksichtigt werden. Ob eine solche Bauartzulassung ggf. gefordert wird, richtet sich ebenfalls nicht nach dem Wasser-, sondern hier nach dem Arbeitsschutzrecht.

Die arbeitsschutzrechtlichen Bauartzulassungen entsprechen den früheren gewerberechtlichen Bauartzulassungen. Mit der Überführung der Rechtsgrundlage für die Verordnung über brennbare Flüssigkeiten (VbF) [VBF-96] und ihre Schwesterverordnungen aus der Gewerbeordnung (§ 24) zum Gerätesicherheitsgesetz (§ 11) haben diese Verordnungen den Rechtsbereich gewechselt.

Die für den Gewässerschutz wichtigsten gewerbe- bzw. arbeitsschutzrechtlichen Bauartzulassungen waren die nach der VbF. Mit der Überführung von § 24 Gewerbeordnung in das Gerätesicherheitsgesetz [GSG-92], das den Arbeitsschutz zusammenfassend behandelt, ist die Verordnung über brennbare Flüssigkeiten (VbF) vollständig übernommen worden. § 12 lautete:

§ 12 VbF „Bauartzulassung"
(1) Bauartzulassungsbedürftig im Sinne dieser Verordnung sind die nachstehend genannten Einrichtungen als technische Schutzvorkehrungen:

1. *Einrichtungen, die sich beim Betrieb erhitzen oder Funken bilden und zu Zündgefahren Anlaß geben können, wenn sie in Zone O (Nummer 100.2 des Anhangs II zu dieser Verordnung) eingesetzt werden; hierzu gehören insbesondere*
   - *Tauchpumpen,*
   - *Rührwerke,*
   - *Geräte zur Meßwerterfassung (z. B. Flüssigkeitsstandsanzeige, Niveausteuerungen und -regler, Temperatur-, Druck- und Dichtemeßeinrichtungen),*
   - *Ventilatoren, die aus Zone O explosionsfähige Atmosphäre absaugen sollen,*
2. *Einrichtungen, durch die verhindert werden soll, daß eine Flamme in den Behälter schlägt (Flammendurchschlagssicherungen, flammendurchschlagssichere Anlagenteile),*
3. *Überfüllsicherungen (z. B. Abfüllsicherungen, Grenzwertgeber für Abfüllsicherungen) und selbsttätig schließende Zapfventile,*
4. *Leckanzeigegeräte,*
5. *Tanks, deren tragende Wandungen nicht ausschließlich aus Metall bestehen, mit zugehörigen Füllsystemen,*
6. *Rohre und Formstücke, deren Wandungen nicht ausschließlich aus Metall bestehen,*
7. *nichtmetallische Innenbeschichtungen und -auskleidungen von Tanks sowie Art und Weise der Anbringung,*
8. *ortsbewegliche Gefäße für brennbare Flüssigkeiten der Gefahrenklasse A I, A II und B mit einem Rauminhalt von mehr als 1 Liter, deren tragende Wandungen nicht ausschließlich aus Metall bestehen.*

Im Zuge der Angleichung des deutschen Brand- und Explosionsschutzes an das EG-Recht (Explosionsschutz-Richtlinie 94/9/EG [EGR-94], Einführung der 11. Verordnung zum Gerätesicherheitsgesetz (Explosionsschutzverordnung) [EXP-96]) wurde nach der letzten Änderung des WHG der § 12 VbF ersatzlos gestrichen. Für die Übergangszeit sind diese bauartzugelassenen Schutzvorkehrungen noch zulässig. Mit der Umsetzung der europäischen Explosionsschutzrichtlinie in nationales Recht wird der Aspekt des Explosionsschutzes aus dem Geltungsbereich der VbF herausgenommen. Die verbleibenden Schutzziele des Brand- und Umweltschutzes werden vom Wasserrecht/Baurecht mitabgedeckt. Für einen Übergangszeitraum von mehreren Jahren ist die Erteilung arbeitsschutzrechtlicher Bauartzulassungen aber noch gestattet.

Die Bauartzulassung war vom Hersteller des Zulassungsgegenstandes zu beantragen. Die bei der Beurteilung des Zulassungsgegenstandes zu stellenden Anforderungen ergaben sich aus dem Anhang II zur VbF. Solche technischen Vorschriften, die bei der Beurteilung von Anträgen auf Erlangung einer arbeitsschutzrecht-

lichen Bauartzulassung zu beachten waren, sind folgende Technische Regeln für
brennbare Flüssigkeiten (TRbF):

TRbF 401	*Richtlinie für Innenbeschichtungen von Tanks zur Lagerung brennbarer Flüssigkeiten der Gefahrklassen A I, A II und B,*
TRbF 402	*Richtlinie für Innenbeschichtungen von Tanks zur Lagerung brennbarer Flüssigkeiten der Gefahrklassen A III,*
TRbF 414	*Richtlinie für Faltbehälter zur Zwischenlagerung von Heizöl EL und Dieselkraftstoff,*
TRbF 501	*Richtlinie/Bau- und Prüfgrundsätze für Leckanzeigegeräte für Behälter,*
TRbF 502	*Richtlinie/Bau- und Prüfgrundsätze für Leckanzeigegeräte für doppelwandige Rohrleitungen,*
TRbF 503	*Richtlinie für die Überwachung der Montage von Leckanzeigegeräten,*
TRbF 510	*Richtlinie/Bau- und Prüfgrundsätze für Überfüllsicherungen,*
TRbF 513	*Richtlinie für selbsttätig schließende Zapfventile.*

In dem Verfahren zur Erteilung arbeitsschutzrechtlicher Bauartzulassungen wurde
ein Baumuster von einer selbständigen Stelle (Gutachter) geprüft. Bei positivem
Ausgang der Prüfung wurde die Bauart von einer Zulassungsstelle (z. B. einer
obersten Landesbehörde) zugelassen. Als Gutachter waren die Physikalisch-
Technische Bundesanstalt (PTB) und die Bundesanstalt für Materialforschung und
-prüfung (BAM) festgelegt. Die Einholung der Gutachten der PTB oder der BAM
ist für die Verwaltungsbehörden zwar obligatorisch, sie banden die Zulassungsbe-
hörde allerdings nicht unbedingt. Doch wurde in der Regel den Vorschlägen der
Sachverständigen gefolgt.

In Zukunft dürfen Geräte und Schutzsysteme, soweit sie unter die Explosionsschutzverordnung fallen, grundsätzlich nach einer Übergangszeit nur noch mit
CE-Konformitäts-Kennzeichnung gemäß § 5 Explosionsschutzverordnung gehandelt und verwendet werden. Sie müssen

– den nach Kategorien abgestuften Anforderungen in Anhang II Explosionsschutz-Richtlinie entsprechen und
– je nach Kategorie
  • einer EG-Baumusterprüfung (Anhang III Explosionsschutz-Richtlinie) oder
  • einer Einzelprüfung (Anhang IX Explosionsschutz-Richtlinie) unterzogen
    werden oder
  • beim Hersteller einer internen Fertigungskontrolle (Anhang VIII Explosi-
    onsschutz-Richtlinie) unterliegen.

Auf Grund dieser Entwicklung besteht in Zukunft keine Ersetzungswirkung hinsichtlich des Wasserrechts, da neben dem Aspekt des Explosionsschutzes durch
diese arbeitsschutzrechtlichen Vorprüfungen in Zukunft keine anderen Aspekte
abgedeckt werden, weder Gewässer- oder Brandschutz, noch z.B. Funktionssicherheit. *(Das wird augenblicklich bei den nach der Explosionsschutzverordnung*

akkreditierten Stellen weiter ausdiskutiert. Bis zu einer endgültigen Klärung werden daher bestimmte dieser Geräte und Schutzsysteme auf die Bauregelliste B Teil 2 (s. Kap. 8.3) gesetzt und bedürfen neben der arbeitsschutzrechtlichen Vorprüfung wieder der Eignungsfeststellung, einer wasserrechtlichen Bauartzulassung – oder aber einer baurechtlichen Vorprüfung, welche die wasserrechtlichen Belange mit abdeckt.)

Es sind demnach zu unterscheiden

- arbeitsschutzrechtliche Bauartzulassungen nach § 12 VbF alter Art bis 30.06.2003 – Gewässerschutzaspekte inbegriffen – und
- arbeitsschutzrechtliche Bauartzulassungen/EG-Baumusterprüfungen ohne Prüfung der Gewässerschutzaspekte, aber mit CE-Zeichen.

Die bislang in Verbindung mit der VbF erlassenen, einschlägigen TRbF, bei deren Erfüllung früher Bauartzulassungen nach § 12 VbF alter Art erteilt wurden, wurden gleichzeitig aber als technische Regeln bzw. zu beachtende Technische Baubestimmungen in die Bauregelliste A Teil 1 mit aufgenommen, so daß ihre materiellen Inhalte nicht ersatzlos verloren gingen. Somit können die Forderungen des Brandschutzes und damit wie bisher auch verbunden die des Gewässerschutzes bei der Erteilung von baurechtlichen Ü-Zeichen mit berücksichtigt werden. Somit können Anlagen, Anlagenteile oder technische Schutzvorkehrungen,

- die auch dem Gewässerschutz dienen,
- die den einschlägigen TRbF entsprechen und für die früher eine arbeitsschutzrechtliche Bauartzulassung erforderlich war,

mit dem baurechtlichen Ü-Zeichen gekennzeichnet werden.

Eine Eignungsfeststellung entfällt auch, wenn Anlagen, Anlagenteile und technische Schutzvorkehrungen gemäß § 19 h Abs. 3 Nr. 1 WHG

- nach Vorschriften des Bauproduktengesetzes,
- nach Vorschriften anderer Mitgliedstaaten der EG oder des Europäischen Wirtschaftsraums zur Umsetzung der EG-Bauprodukten-Richtlinie oder
- nach Vorschriften zur Umsetzung von sonstigen EG-Richtlinien, soweit diese Regelungen über die Brauchbarkeit im Sinne von Bauprodukten-Richtlinien bzw. BauPG auch die Anforderungen zum Schutz der Gewässer umfassen,

in Verkehr gebracht (d. h. gehandelt) werden. Diese Teile haben ein CE-Zeichen zu tragen, das zulässige Klassen und Leistungsstufen aufweist.

Gemäß § 19 h Abs. 3 Nr. 2 WHG entfällt die Eignungsfeststellung, wenn nach bauordnungsrechtlichen Vorschriften über die Verwendung von Bauprodukten auch die Einhaltung der wasserrechtlichen Anforderungen sichergestellt wird. Dieses erfolgt durch die Erteilung eines Ü-Zeichens, bei dessen Erteilung die wasserrechtliche Seite mit geprüft werden muß (s. WasBauPVO, z. B. [BAY-97]).

8.1.2.3
Immissionsschutzrechtliche Bauartzulassung

Ob eine immissionsschutzrechtliche Bauartzulassung gefordert wird, richtet sich ebenfalls nicht nach dem Wasser-, sondern nach dem Immissionsschutzrecht.

Bei der Erteilung einer solchen Bauartzulassung müssen gemäß § 19 h Abs. 3 Nr. 3 WHG die wasserrechtlichen Anforderungen an Anlagen zum Umgang mit wassergefährdenden Stoffen berücksichtigt werden.

Man geht grundsätzlich davon aus, daß die wasserrechtlichen Belange immer mit abgedeckt sind, wenn eine Anlage, ein Anlagenteil oder eine technische Schutzvorkehrung eine immissionsschutzrechtliche Bauartzulassung besitzt. Diese Bauartzulassung hat Vorrang vor der wasserrechtlichen Bauartzulassung (Ersetzungswirkung).

Da allerdings ganz offensichtlich vorgesehen ist, die Belange des Gewässer- und Brandschutzes gemeinsam in – entsprechende Konzentrationswirkung entfaltenden – baurechtlichen Vorprüfungen mit abzudecken, ist zu erwarten, daß dieser Passus des § 19 h Abs. 3 lediglich auf dem Papier stehen bleibt und auch die immissionsschutzrechtlichen Belange mit von baurechtlichen Prüfungen wahrgenommen werden.

8.1.2.4
Baurechtliche Zulassung

Bisherige Regelungen

Anlagen, Anlagenteile und Technische Schutzvorkehrungen müssen in der Regel die Schutzziele des Baurechts erfüllen. Hierfür waren bislang in den Landesbauordnungen die Prüfzeichenverordnungen [z. B. MV-92] vorgesehen. Sie galten nur für bestimmte serienmäßig werksgefertigte Anlagen, Anlagenteile und Technische Schutzvorkehrungen zum Lagern. Hierfür war die Gruppe 6 "Baustoffe, Bauteile und Einrichtungen für Anlagen zum Lagern wassergefährdender Flüssigkeiten" vorgesehen. Danach waren prüfzeichenpflichtig:

Gruppe 6

6.1   Auffangräume

6.2   Abdichtmittel aus Kunststoff von Auffangräumen

6.3   Ortsfeste und ortsfest verwendete Behälter

6.4   Innenbeschichtungen aus Kunststoff für ortsfest verwendete Behälter

6.5   Auskleidungen aus Kunststoff für ortsfeste und ortsfest verwendete Behälter

6.6   Leckanzeigegeräte für Behälter und Rohrleitungen

6.7   Kunststoffrohre, zugehörige Formstücke, Dichtmittel und Armaturen

6.8   Überfüllsicherungen für ortsfest verwendete Behälter

Zukünftige Regelungen

Nach den neuen Landesbauordungen, die dem § 24 Muster-Bauordnung [MBO-93] entsprechen, bedürfen jetzt Bauprodukte einer Bestätigung der Übereinstimmung mit Technischen Regeln, allgemeinen bauaufsichtlichen Zulassungen oder allgemeinen bauaufsichtlichen Prüfzeugnissen oder der Zustimmung im Einzelfall.

§ 24 Muster-Bauordnung „Übereinstimmungsnachweis"

(1) Bauprodukte bedürfen einer Bestätigung ihrer Übereinstimmung mit den technischen Regeln nach § 20 Abs. 2, den allgemeinen bauaufsichtlichen Zulassungen, den allgemeinen bauaufsichtlichen Prüfzeugnissen oder den Zustimmungen im Einzelfall; als Übereinstimmungsnachweis gilt auch eine Abweichung, die nicht wesentlich ist.

(2) Die Bestätigung der Übereinstimmung erfolgt durch

1.   Übereinstimmungserklärung des Herstellers (§ 24 a) oder

2.   Übereinstimmungszertifikat (§ 24 b).

Die Bestätigung durch Übereinstimmungszertifikat kann in der allgemeinen bauaufsichtlichen Zulassung, in der Zustimmung im Einzelfall oder in der Bauregelliste A vorgeschrieben werden, wenn dies zum Nachweis einer ordnungsgemäßen Herstellung erforderlich ist. Bauprodukte, die nicht in Serie hergestellt werden, bedürfen nur der Übereinstimmungserklärung des Herstellers nach § 24 a Abs. 1 sofern nichts anderes bestimmt ist. Die oberste Bauaufsichtsbehörde kann im Einzelfall die Verwendung von Bauprodukten ohne das erforderliche Übereinstimmungszertifikat gestatten, wenn nachgewiesen ist, daß diese Bauprodukte den technischen Regeln, Zulassungen, Prüfzeugnissen oder Zustimmungen nach Absatz 1 entsprechen.

(3) Für Bauarten gelten die Absätze 1 und 2 entsprechend.

(4) Die Übereinstimmungserklärung und die Erklärung, daß ein Übereinstimmungszertifikat erteilt ist, hat der Hersteller durch Kennzeichnung der Bauprodukte mit dem Übereinstimmungszeichen (Ü-Zeichen) unter Hinweis auf den Verwendungszweck abzugeben.

(5) Das Ü-Zeichen ist auf dem Bauprodukt oder auf seiner Verpackung oder, wenn dies nicht möglich ist, auf dem Lieferschein anzubringen.

(6) Ü-Zeichen aus anderen Ländern und aus anderen Staaten gelten auch im Land.

Dadurch wird in Zukunft das bisherige Prüfzeichen ersetzt. Vorhandene Prüfzeichen gelten als Zulassungen weiter.

In den nachfolgenden Kapiteln 8.2 und 8.3 werden die Zusammenhänge der neuen deutschen baurechtlichen Regelungen getrennt dargestellt, da sie auf der einen Seite auch im Zusammenwirkungen mit den europäischen Regelungen (CE-Zeichen) sehr komplex und auf der anderen Seite die zukünftige Basis für die materiellen Anforderungen europaweit definieren.

8.2
Anforderungen nach Baurecht

8.2.1
Bauprodukte und Bauwerke

Sowohl Eignungsfeststellung als auch Bauartzulassung entfallen vollständig gemäß § 19 h Abs. 3 WHG Nr. 1 und 2, sofern eine baurechtliche Vorprüfung etc. – nach baurechtlichen Vorschriften – gefordert wird. Der § 19 h Abs. 3 Nr. 1 und Nr. 2 verweist auf das Baurecht und der § 19 h Abs. 3 Nr. 3 spricht Arbeitsschutzrecht und Immissionsschutzrecht an.

Der Begriff „Prüfzeichen" wird durch „bauaufsichtlicher Verwendbarkeitsnachweis" ersetzt. Wesentlicher Bestandteil des neuen Baurechts sind die vom Deutschen Institut für Bautechnik (DIBt) zentral für die Länder herausgegebenen und bei Bedarf fortgeschriebenen Bauregellisten A, B und C. Zukünftig sind sie die Hauptinformationsquelle für technisch verwendbare Bauprodukte und Bauteile. Sie ersetzen weitgehend die bisher gewohnten Listen nach Prüfzeichenordnung und Veröffentlichungen der Länder. Grundlage dafür ist die EG-Bauprodukten-Richtlinie [EG-88], die den Handel mit europäischen Bauprodukten regelt. Das Bauproduktengesetz (BauPG) [BMB-92] hat die EG-Richtlinie 1992 in nationales Recht umgesetzt. Es beruht auf dem Recht der Wirtschaft und ist somit rein in Bundeskompetenz und abschließend. Einer Umsetzung durch das in Länderkompetenz fallende Bau(ordnungs)recht ist unnötig. Gleichwohl müssen die Länder aber das BauPG in ihren Bauordnungen berücksichtigen und waren deshalb gezwungen, diese an das Bundes- und damit EG-Recht anzupassen!

Die Landesbauordnungen definieren Bauprodukte und Bauarten, für die Verwendbarkeitsnachweise zu führen sind. Gemäß § 2 Abs. 1 BauPG sind Bauprodukte:

§ 2 BauPG „Begriffsbestimmungen"
(1) Bauprodukte sind
1. *Baustoffe, Bauteile und Anlagen, die hergestellt werden, um dauerhaft in bauliche Anlagen eingebaut zu werden,*
2. *aus Baustoffen und Bauteilen vorgefertigte Anlagen, die hergestellt werden, um mit dem Erdboden verbunden zu werden, wie Fertighäuser, Fertiggaragen und Silos.*

(10) Bauart ist das Zusammenfügen von Bauprodukten zu baulichen Anlagen oder Teilen von baulichen Anlagen.

Bislang waren baustellengefertigte Teile nicht prüfzeichenpflichtig. Daran wird sich auch unter dem neuen Baurecht nicht viel ändern. Was auf einer Baustelle gefertigt wird, ist kein Bau**teil** oder Bau**produkt**, sondern ein Bau**werk**. Die EG-Bauproduktenrichtlinie und die entsprechende nationale Gesetzgebung bezieht sich nur auf Bauprodukte. Das Bauwerk selbst unterliegt keinen EG-Handelsbestimmungen und ist stets baustellengefertigt. Das Bauprodukt dagegen ist in der Regel werksgefertigt, also an einer anderen Stelle als der Baustelle. Nur Bauprodukte unterliegen den EG-Handelsbestimmungen und den Bestimmungen über Vorprüfungen, mit denen das EG-Recht umgesetzt wird.

Wenn eine Anlage oder ein Anlagenteil ein Bauprodukt ist und ein CE-Zeichen trägt, steht grundsätzlich zu vermuten, daß es für seinen Einsatzzweck auch brauchbar ist. Bestehen hieran Zweifel, müssen sie im Einzelfall erhärtet werden. Allerdings muß die Vorschrift, nach der das Bauprodukt sein CE-Zeichen erworben hat, auch die Aspekte des Gewässerschutzes mit abdecken.

Das nationale Gegenstück zum CE-Zeichen der EU ist das nach den bauordnungsrechtlichen Vorschriften der Länder erteilte Ü-Zeichen. Hier werden in der Regel bei den wasserrechtlich bedeutsamen Anlagenteilen die wasserrechtlichen Aspekte in der baurechtlichen Vorprüfung mit abgedeckt (s. WasBauPVO [BAY-97]).

Das gleiche ist für die Bereiche des Immissionsschutz- und des Abwasserschutzrechts und deren Bauartzulassung vorgesehen. Allerdings wurde von der Erteilung immissionsschutzrechtlicher Bauartzulassungen unter Abdeckung der wasserwirtschaftlichen Schutzziele bisher kein Gebrauch gemacht und die arbeitsschutzrechtlichen Bauartzulassungen treten zunehmend hinter baurechtlichen Vorprüfungen zurück.

8.2.2
Struktur des Baurechts

Ausgangspunkt für das neue Baurecht ist die EG-Bauprodukten-Richtlinie [EG-88]. Ziel der EG-Bauprodukten-Richtlinie ist die Schaffung eines gemeinsamen Marktes für Bauprodukte innerhalb der EG-Mitgliedstaaten. Sie definiert die Brauchbarkeit des Bauproduktes in Abhängigkeit von der Verwendung in einem Bauwerk, das seinerseits den in der Richtlinie aufgeführten wesentlichen Anforderungen entsprechen muß. Zu den wesentlichen Anforderungen nach der Richtlinie zählt auch der Umweltschutz insofern, als daß ein Bauwerk derart entworfen und ausgeführt sein muß, daß die Hygiene und die Gesundheit der Bewohner und der Anwohner insbesondere durch Wasser- oder Bodenverunreinigung oder – vergiftung nicht gefährdet wird. Wenngleich dieses Schutzziel mit dem Schutzziel gemäß § 19 g ff. des Wasserhaushaltsgesetzes (Besorgnisgrundsatz) nicht vollständig übereinstimmt, ermöglicht es die Richtlinie doch, die Aspekte des Gewässerschutzes bei der Beurteilung der Brauchbarkeit von Bauprodukten zu berücksichtigen. Die Richtlinie wurde nach Artikel 189 EWG-Vertrag in das nationale Recht umgesetzt und das deutsche Baurecht entsprechend angepaßt.

Das **Bauproduktengesetz** (BauPG) [BMB-92] regelt

- das Inverkehrbringen und den Handel mit Bauprodukten im europäisch-internationalen Bereich,
- die internationale Kennzeichnung von Bauprodukten mit dem CE-Zeichen.

Die **Bauordnungen** der Länder auf Grundlage der Muster-Bauordnung (MBO) [MBO-93], z. B. der Bayerischen Bauordnung [BAY-94], regeln

- die nationale Kennzeichnung von Bauprodukten und Bauarten mit dem Ü-Zeichen,
- die Zulässigkeit der Verwendung von Bauprodukten in Deutschland
  - mit CE-Zeichen,
  - mit Ü-Zeichen.

Die nationale Kennzeichnung mit dem Ü-Zeichen als Nachweis einer erfolgreich bestandenen bauaufsichtlichen Vorprüfung soll schrittweise durch die CE-Kennzeichnung ersetzt werden – sobald im internationalen Bereich die entsprechenden Grundlagen geschaffen sind.

Das neue Baurecht selbst und sein Zusammenwirken mit anderen Rechtsbereichen ist relativ kompliziert!

Ein Hauptanliegen der EU ist es, mit der Regelung den freien Warenverkehr zwischen den Mitgliedstaaten zu gewährleisten. Ein Bauprodukt darf – auch international – nur gehandelt werden, wenn es brauchbar ist (§ 4 BauPG). Zur baurechtlichen Brauchbarkeit gehört (§ 5 Abs. 1 BauPG) das Erfüllen wesentlicher Anforderungen. Sie sind in Anhang I der EG-Bauprodukten-Richtlinie bzw. in § 5 Abs. 1 BauPG festgelegt:

> **§ 5 BauPG „Brauchbarkeit"**
> *(1) Ein Bauprodukt ist brauchbar, wenn es solche Merkmale aufweist, daß die bauliche Anlage, für die es verwendet werden soll, bei ordnungsgemäßer Instandhaltung dem Zweck entsprechend während einer angemessenen Zeitdauer und unter Berücksichtigung der Wirtschaftlichkeit gebrauchstauglich ist und die wesentlichen Anforderungen der mechanischen Festigkeit und Standsicherheit, des Brandschutzes, der Hygiene, Gesundheit und des Umweltschutzes, der Nutzungssicherheit, des Schallschutzes sowie der Energieeinsparung und des Wärmeschutzes erfüllt.*

Das deutsche Baurecht verlangt einen Nachweis der Brauchbarkeit. Es teilt sich bezüglich der Vorprüfung von Bauprodukten in den nationalen und den internationalen Bereich.

Der **nationale Bereich** wird durch die Muster-Bauordnung (bzw. die jeweilige, auf ihr beruhende Landesbauordnung) sowie die Bauregellisten A und C des DIBt bestimmt. Rechtsgrundlage der Bauregellisten ist derjenige Paragraph der jeweiligen Bauordnung eines Bundeslandes, der auf § 20 der Muster-Bauordnung beruht.

Der **internationale Bereich** wird durch das Bauproduktengesetz des Bundes und die Bauregelliste B abgedeckt.

Die Muster-Bauordnung (MBO) [MBO-93] stellt ebenso wie die Bauprodukten-Richtlinie analoge Anforderungen an Bauprodukte und zwar nach:

- öffentlicher Sicherheit und Ordnung (§ 3 Abs. 1 MBO),
- natürlichen Lebensgrundlagen, die die Hygiene, Gesundheit und Umweltschutz umfassen,
- Gebrauchstauglichkeit (§ 3 Abs. 2 MBO) (entspricht in etwa der „Brauchbarkeit" und der „Nutzungssicherheit"),
- Standsicherheit (§ 15 MBO),
- Schutz gegen schädliche Einflüsse durch
  - Wasser und Feuchtigkeit,
  - pflanzliche und tierische Schädlinge,
  - andere chemische, physikalische oder biologische Einflüsse,
- Brandschutz (§ 17 MBO),
- Wärmeschutz (§ 18 Abs. 1 MBO),
- Schallschutz (§ 18 Abs. 2 MBO),

- Schutz gegen Erschütterungen und Schwingungen (§ 18 Abs. 3 MBO),
- Verkehrssicherheit (§ 19 MBO).

Diese Anforderungen an fertige Bauwerke schlagen auf die Einzelteile – die Bauprodukte, aus denen sie zusammengesetzt sind – durch. Das gilt für **alle** Bauprodukte, die im § 20 MBO erwähnt werden und in Deutschland verwendet werden dürfen, also unabhängig davon, ob ein Bauprodukt den internationalen (§ 20 Abs. 1 Nr. 2 MBO) oder nur den nationalen Vorschriften unterliegt.

Außerdem kann durch Rechtsverordnungen nach § 20 Abs. 4 MBO die Berücksichtigung von Anforderungen aus anderen Rechtsbereichen – z. B. solche des Gesundheits- und Umweltschutzes oder speziell des Gewässerschutzes – vorgeschrieben werden. § 20 Abs. 4 MBO ist somit neben § 19 h Abs. 3 Nr. 2 Rechtsgrundlage für die WasBauPVO. Baurechtliche Vorprüfungen decken dann diese Bereiche mit ab.

Unter den baurechtlichen Begriff „Bauprodukt" fallen auch

- bestimmte Teile von Anlagen zum Umgang mit wassergefährdenden Stoffen,
- bestimmte technische Schutzvorkehrungen für Anlagen zum Umgang mit wassergefährdenden Stoffen,
- ggf. ganze Anlagen zum Umgang mit wassergefährdenden Stoffen.

Das trifft aber grundsätzlich nur zu, sofern sie

- in Serie und
- werksgefertigt

hergestellt worden. Was auf der Baustelle selbst gefertigt und zusammengefügt wird, ist begriffsmäßig grundsätzlich ein „Bauwerk", fällt damit nicht unter

- die EG-Bauprodukten-Richtlinie,
- das BauPG oder
- die einschlägigen Paragraphen der MBO bzw. der Länderbauordnungen

und bedarf zur Abklärung der wasserrechtlichen Belange in der Regel keiner baurechtlichen Vorprüfung, sondern immer noch der wasserrechtlichen Eignungsfeststellung.

Es gibt im nationalen Bereich folgende Arten von Bauprodukten und Bauarten:

geregelte Bauprodukte	§ 20 Abs. 1 Satz 1 Nr. 1 MBO
nicht geregelte Bauprodukte	§ 20 Abs. 3 Satz 1 MBO
sonstige Bauprodukte	§ 20 Abs. 1 Satz 2 MBO
geregelte Bauarten	§ 24 Abs. 3 i.V.m. § 24 Abs. 1 MBO
nicht geregelte Bauarten	§ 23 MBO

Geregelte Bauprodukte sind solche, die den in der Bauregelliste A bekanntgemachten technischen Regeln entsprechen oder von ihnen nicht wesentlich abweichen.

Nicht geregelte Bauprodukte sind dagegen solche, die von den in der Baureegelliste A bekanntgemachten technischen Regeln wesentlich abweichen oder für die es weder technische Baubestimmungen noch allgemein anerkannte Regeln der Technik gibt. Hierzu gehören auch die Produkte, die in der Liste C aufgeführt sind.

Sonstige Bauprodukte sind solche, für die es zwar allgemein anerkannte Regeln der Technik gibt, die jedoch nicht in die Bauregelliste A aufgenommen worden sind. Hier ist es unerheblich, ob die Bauprodukte den Regeln entsprechen oder nicht.

Geregelte und **nicht geregelte Bauarten** entsprechen in etwa den geregelten und nicht geregelten Bauprodukten.

Geregelte und nicht geregelte Bauprodukte – ausgenommen solche nach Liste C – sind zum Nachweis ihrer Übereinstimmung mit den Bezugsdokumenten mit dem bauaufsichtlichen Übereinstimmungszeichen (Ü-Zeichen) zu kennzeichnen.

Im europäischen Bereich werden die maßgeblichen Anforderungen für bestimmte Bauprodukte in den Grundlagendokumenten konkret festgelegt. Aus diesen' Anforderungen in den Grundlagendokumenten werden entsprechend technische Spezifikationen abgeleitet. Dieses sind

- harmonisierte Normen (CEN) und
- Leitlinien für die Erteilung von europäischen technischen Zulassungen.

Ferner kann die EG-Kommission auf Antrag eines Mitgliedstaates und nach Abstimmung mit den übrigen Mitgliedstaaten nationale Normen (nationale technische Spezifikationen) als mit den wesentlichen Anforderungen konform anerkennen.

Um unterschiedliche Bedingungen und Schutzniveaus zu berücksichtigen, können für jede wesentliche Anforderung in den Grundlagendokumenten oder technischen Spezifikationen Klassen oder Stufen festgelegt werden. Dann können die Mitgliedstaaten festlegen, welche dieser Klassen oder Leistungsstufen bei Bauprodukten für welche Verwendung zu wählen sind. Mit der Möglichkeit zur Klassifizierung der Bauprodukte, die in den Produktnormen ihren Niederschlag finden, soll die Festlegung unterschiedlicher Anforderungsniveaus in den Mitgliedstaaten unter vereinheitlichten Prüf- und Überwachungsbedingungen realisierbar sein.

Ein Bauprodukt ist also im Sinne des EG-Rechts handelsfähig, wenn seine Konformität mit einer

- harmonisierten Norm,
- anerkannten nationalen Norm,
- europäischen technischen Zulassung

nachgewiesen ist und es das CE-Zeichen trägt. Dabei ist der Normungsbereich den nationalen, geregelten Bauprodukten, der Bereich der technischen Zulassungen dem der ungeregelten Bauprodukte vergleichbar.

Die Konformität wird dabei ähnlich nachgewiesen wie die Übereinstimmung im nationalen Bereich, d. h. durch

- Konformitätserklärung des Herstellers oder
- Konformitätszertifikat, ggf. unter Mitwirkung von Prüf-, Überwachungs- und Zertifizierungsstellen.

Es sind auch Ausnahmen von diesen Verfahren vorgesehen, nach denen ein Bauprodukt auch ohne CE-Zeichen gehandelt werden darf, wenn sie hinsichtlich Sicherheit und Gesundheit von untergeordneter Bedeutung sind und in einer von der

EG-Kommission erstellten Liste veröffentlicht sind. Dieses entspricht der Bauregelliste C im nationalen Bereich.

Eine europäische technische Zulassung ist immer eine positive technische Beurteilung der Brauchbarkeit eines Produktes hinsichtlich der Erfüllung der wesentlichen Anforderungen und wird in der Regel auf fünf Jahre befristet.

Das Zusammenspiel der Bauregellisten A, B, C und der Bauprodukte und Bauarten im nationalen und internationalen Bereich ist in der Abb. 8.1 dargestellt. Dabei ist die Bauregelliste B für den international EG-weit harmonisierten Bereich maßgebend, während die Bauregelliste A und C den nationalen Bereich betreffen.

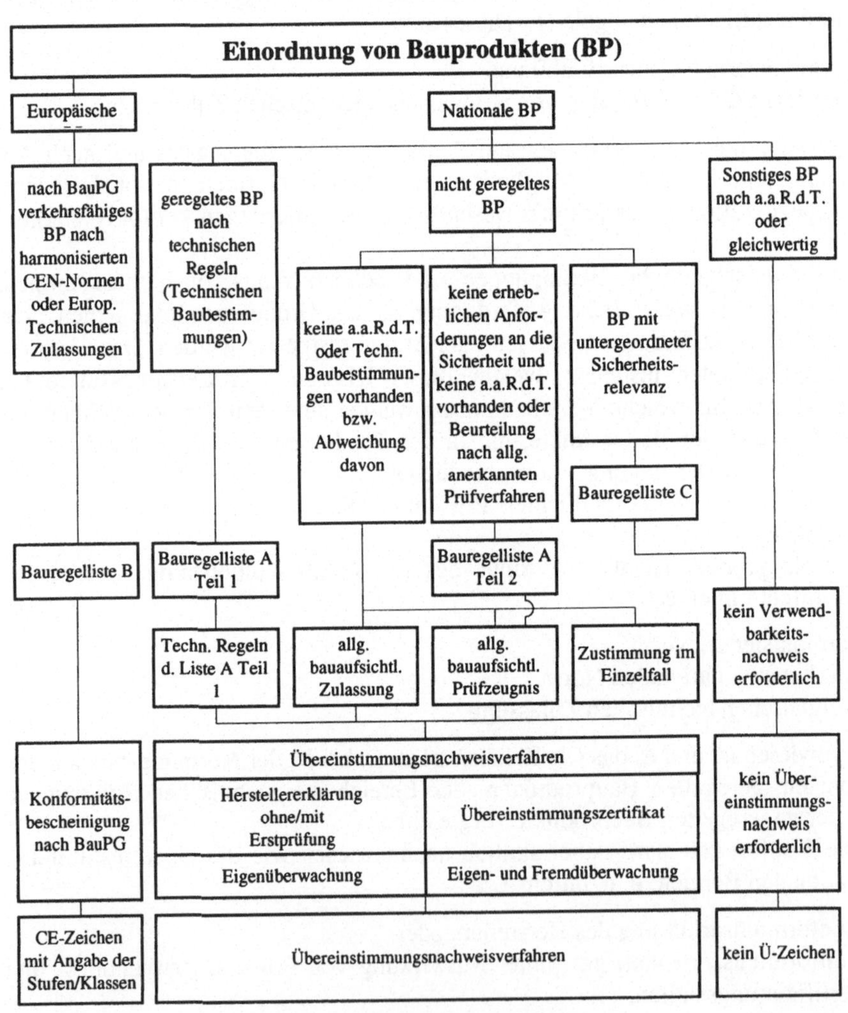

Abb. 8.1 Grundlegendes Verfahren nach der Musterbauordnung

8.2.3
Europäische technische Spezifikationen und Konformitätsverfahren

Es ist beabsichtigt, möglichst viele Bauprodukte auf die Bauregelliste B zu bringen. Hierzu sind jedoch die technischen Spezifikationen EG-weit zu harmonisieren und festzulegen. Die Erstellung **europäisch harmonisierter Normen** erfolgt im Europäischen Komitee für Normung (CEN). CEN erarbeitet harmonisierte Normen auf der Basis von Grundlagendokumenten, die die technischen Anforderungen und Schutzziele unter Berücksichtigung von Anforderungsklasssen und Leistungsstufen darstellen.

Für Bauprodukte, die nicht unwesentlich von harmonisierten Normen abweichen oder für die es keine harmonisierten Normen gibt, kann der Nachweis der Brauchbarkeit über eine **europäische technische Zulassung** geführt werden. Diese Zulassung wird von in den Mitgliedstaaten anerkannten Zulassungsstellen auf der Grundlage von harmonisierten Leitlinien erteilt, die die Grundlagendokumente berücksichtigen. Liegen solche Leitlinien nicht vor, bedarf es vor der Erteilung der Zulassung des Einvernehmens aller zuständigen Zulassungsstellen in den Mitgliedstaaten.

Basis für die Zulassungen sind Untersuchungen, Prüfungen und Bewertungen des Produkts. Es ist dabei abzuklären, ob das betreffende Bauprodukt so geartet ist, daß es als Teil von Bauwerken verwendet werden kann, welche die wesentlichen Anforderungen der Bauprodukten-Richtlinie erfüllen.

Unter bestimmten Voraussetzungen können auch **nationale technische Spezifikationen** als harmonisierte technische Spezifikationen anerkannt werden. In diesem Fall muß der Mitgliedstaat die Anerkennung bei der EG-Kommission beantragen. Bei Annahme des Antrages erfolgt eine Veröffentlichung der Fundstelle im Amtsblatt der EG.

Ein Bauprodukt, dessen Brauchbarkeit sich nach bekanntgemachten harmonisierten oder anerkannten Normen oder nach europäischen technischen Zulassungen richtet, bedarf einer Bestätigung seiner Übereinstimmung (Konformität) mit diesen Normen oder Zulassungen. Es gibt grundsätzlich zwei **Konformitätsnachweisverfahren**, nämlich

- den Nachweis durch Konformitätszertifikate einer zugelassenen Zertifizierungsstelle und
- den Nachweis durch Konformitätserklärung des Herstellers.

Welches Konformitätsnachweisverfahren für die jeweiligen Bauprodukte erforderlich ist, wird in den technischen Spezifikationen festgelegt.

Das Konformitätszeichen nach der Bauprodukten-Richtlinie ist das CE-Zeichen. Ein Produkt, das das CE-Zeichen trägt, hat die widerlegbare Vermutung für sich, daß es brauchbar ist. Es darf auf den Bauprodukten erst dann angebracht werden, wenn das Bauprodukt ein in den maßgebenden harmonisierten Normen oder europäischen technischen Zulassungen festgelegtes Konformitätsnachweisverfahren durchlaufen hat. Die Kennzeichnung der Bauprodukte erfolgt durch den Hersteller. Wenn ein Mitgliedstaat allerdings feststellt, daß ein Produkt, dessen Konformität bescheinigt wurde, den Anforderungen nicht entspricht, ist er berechtigt, alle zweckdienlichen Maßnahmen zu ergreifen, um dieses Produkt aus dem Markt zu nehmen.

In einer Übergangszeit dürfen die Mitgliedstaaten auf ihrem Gebiet das Inverkehrbringen von Bauprodukten gestatten, die noch nationalen Vorschriften und Regeln entsprechen. Das Ende der Übergangszeit ist in der Richtlinie selbst nicht angegeben. Ist in den technischen Spezifikationen nichts anderes bestimmt, können Bauprodukte weiterhin nach bereits bestehenden nationalen Vorschriften hergestellt werden.

8.2.4
Geregelte Bauprodukte

Für geregelte Bauprodukte – d. h. im nationalen Bereich – müssen technische Regeln vorhanden sein, die für die Erfüllung der Anforderungen der MBO sorgen. Diese Regeln werden durch Aufnahme in die Bauregelliste A Teil 1 unter der Bezeichnung des betreffenden Bauprodukts öffentlich bekannt gegeben. Dadurch werden die technischen Regeln zu eingeführten Technischen Baubestimmungen gemäß § 3 Abs. 3 MBO, die zu beachten sind.

Alle geregelten Bauprodukte bedürfen eines Übereinstimmungsnachweises mit den Technischen Baubestimmungen. Sie dürfen nur unwesentlich davon abweichen. Sie müssen grundsätzlich mit dem Ü-Zeichen gekennzeichnet sein, damit sie verwendet werden dürfen.

Sobald EG-weit entsprechende harmonisierte technische Spezifikationen im Sinne der EG-Bauprodukten-Richtlinie vorliegen, ist vorgesehen, nationale Bauprodukte von der Bauregelliste A Teil 1 auf die Bauregelliste B Teil 1 zu setzen.

Die geregelten nationalen Bauprodukte sind in der Bauregelliste A Teil 1 in Gruppen eingeteilt. Die Gruppeneinteilung ist der Tabelle 8.1 zu entnehmen.

Gewässerschutzrelevant ist davon nur eine Teilmenge der dort aufgeführten Bauprodukte.

Für den Gewässerschutz gemäß §§ 19 g ff. WHG bedeutsam direkt ist

Gruppe 15: Bauprodukte für Anlagen zum Lagern wassergefährdender Stoffe.

Es ist vorgesehen, den Geltungsbereich der Gruppe 15 auf alle LAU-Anlagen auszudehnen.

Bezug zum anlagenbezogenen Gewässerschutz haben auch die Gruppen

Gruppe 12: Bauprodukte der Grundstücksentwässerung,
Gruppe 13: Abwasserbehandlungsanlagen,

selbst wenn sie sich primär mit der Abwassersammlung, -fortleitung und -behandlung befassen. Obwohl § 19 g Abs. 6 WHG Abwasser als wassergefährdenden Stoff ausschließt und damit die Anlagen aus dem Geltungsbereich der §§ 19 g und ff. herausnimmt, ist ein gewisser Bezug zum anlagenbezogenen Gewässerschutz nach §§ 19 g ff. WHG über § 21 Muster-VAwS (Abwasseranlagen als Auffangvorrichtungen (s. Kap. 6.2.11)) gegeben. Unabhängig von diesen wasserrechtlichen Anforderungen sind die baurechtlichen Bestimmungen für geregelte Bauprodukte der Gruppen 12 und 13 der Bauregelliste A Teil 1 einzuhalten.

Die Bauregelliste A Teil 1 enthält eine Positivliste der geregelten Bauprodukte, der bei ihnen zu beachtenden technischen Regeln (Technischen Baubestimmungen) und der Art des vorzulegenden Übereinstimmungsnachweises (Verwendbarkeitsnachweis) mit diesen Regeln.

Tabelle 8.1 Geregelte Bauprodukte, Bauregelliste A Teil 1

1	**Bauprodukte für den Beton- und Stahlbetonbau**	
1.1	Bindemittel	
1.2	Betonzuschlag	
1.3	Betonzusatzstoffe	
1.4	Betonstähle	
1.5	Beton	
1.6	Vorgefertigte Bauteile aus Beton und Stahlbeton, Betongläser und Ziegel	
1.7	Bauprodukte für die Instandsetzung von Betonbauteilen	
2	**Bauprodukte für den Mauerwerksbau**	
2.1	Künstliche Steine für Wände, Decken, Schornsteine und Gärfutterbehälter	
2.2	Bindemittel und Zuschlag für Mauermörtel	
2.3	Werkmauermörtel und Drahtanker	
2.4	Vorgefertigte Bauteile aus Mauersteinen	
3	**Bauprodukte für den Holzbau**	
3.1	Bauholz	
3.2	Holzwerkstoffe und andere Plattenwerkstoffe	
3.3	Vorgefertigte Bauteile	
3.4	Mechanische Holzverbindungsmittel	
4	**Bauprodukte für den Metallbau**	
4.1	Baustähle	
4.2	Schmiedestücke aus Stahl	
4.3	Stahlguß	
4.4	Vergütungsstähle	
4.5	Nichtrostende Stähle	
4.6	Schweißgeeignete Feinkornbaustähle	
4.7	Aluminiumlegierungen	
4.8	Verbindungsmittel (Nieten, Schrauben, Bolzen, Muttern), Schweißzusätze, Schweißhilfsstoffe	
4.9	Korrosionsschutzstoffe und korrosionsgeschützte Bauprodukte	
4.10	Vorgefertigte Bauteile aus Metall	
5	**Dämmstoffe für den Wärme- und Schallschutz**	
6	**Türen und Tore**	
7	**Lager**	
8	**Sonderkonstruktionen**	
9	**Bauprodukte für Wand- und Deckenbekleidungen und nicht tragende innere Trennwände**	
10	**Bauprodukte für die Bauwerksabdichtung und Dachabdichtung**	
11	**Bauprodukte aus Glas**	
12	**Bauprodukte der Grundstücksentwässerung**	
12.1	Rohre, Formstücke und Dichtmittel für Leitungen und Kanäle	
12.2	Sanitärausstattungsgegenstände und Absperreinrichtungen	
13	**Abwasserbehandlungsanlagen**	
14	**Feuerungsanlagen**	
14.1	Feuerstätten und Feuerungseinrichtungen	
14.2	Schornsteine, Hausschornsteine und Abgasanlagen	
15	**Bauprodukte für Anlagen zum Lagern wassergefährdender Stoffe**	
16	**Gerüstbauteile**	

8.2.5
Nicht geregelte Bauprodukte

Bei den nicht geregelten Bauprodukten gibt es zwei Arten

1. Geregelte Bauprodukte, die von den in der Bauregelliste A Teil 1 veröffentlichten Technischen Baubestimmungen wesentlich abweichen und dadurch in den nicht geregelten Bereich übertreten.
2. Bauprodukte, für die es weder Technische Baubestimmungen noch allgemein anerkannte technische Regeln gibt.

Nicht geregelte Bauprodukte bedürfen grundsätzlich eines Übereinstimmungsnachweises mit einem der folgenden Verwendbarkeitsnachweise:

- allgemeine bauaufsichtliche Zulassung,
- allgemeines bauaufsichtliches Prüfzeugnis oder
- Zustimmung im Einzelfall.

Sie müssen grundsätzlich mit dem Ü-Zeichen gekennzeichnet sein, damit sie verwendet werden dürfen.

Sobald ein Bauprodukt von den Regeln der Bauregelliste A Teil 1 abweicht, wird es zu einem nicht geregelten Bauprodukt. Sie können als Bauprodukte 1. Art bezeichnet werden.

Beispiel:

> Eine Überfüllsicherung für Behälter zur Lagerung brennbarer Flüssigkeiten ist ein geregeltes Bauprodukt, weil die Bauregelliste A Teil 1, Gruppe 15 die TRbF 510 enthält. Wird das gleiche Bauprodukt für die Lagerung nicht brennbarer Flüssigkeiten verwendet, weicht das wesentlich von dieser technischen Regel ab und das Bauprodukt wird zu einem nicht geregelten Bauprodukt.

Nicht geregelte Bauprodukte, für die es keine allgemein anerkannte Regeln der Technik gibt, deren Leistungsvermögen aber geprüft werden muß und deren Verwendung nicht der Erfüllung erheblicher Anforderungen an die Sicherheit baulicher Anlagen dient oder für die es keine oder nicht für alle Anforderungen geltende Technischen Baubestimmungen oder allgemein anerkannte technische Regeln gibt, die aber nach allgemein anerkannten Prüfverfahren beurteilt werden, sind in der Bauregelliste A Teil 2 veröffentlicht und müssen grundsätzlich mit dem Ü-Zeichen gekennzeichnet sein, damit sie verwendet werden dürfen.

Die Bauregelliste A Teil 2 enthält eine Positivliste der betroffenen Bauprodukte mit der Angabe, daß als Verwendbarkeitsnachweis – gemäß § 21 a Abs. 1 MBO – nur ein allgemeines bauaufsichtliches Prüfzeugnis gefordert wird. Ferner ist die Art des Übereinstimmungsnachweises mit dem Prüfzeugnis festgelegt.

Probleme bereitet – Ü-Zeichen nötig oder nicht – die Unterscheidung von nicht geregelten Bauprodukten der 2. Art, die auch nicht auf der Bauregelliste A Teil 2 stehen, von sonstigen Bauprodukten, weil für beide keine Positivlisten existieren. Abhilfe hat hier für die gewässerschutzrelevanten Bauprodukte die WasBauPVO [BAY-97] geschaffen.

Bei den nicht geregelten Bauprodukten gibt es außerdem sog. **Bauprodukte von untergeordneter Bedeutung** gemäß § 20 Abs. 3 Satz MBO. Für diese gibt es weder technische Baubestimmungen noch allgemein anerkannte Regeln der Technik. Diese Bauprodukte benötigen keinen Übereinstimmungsnachweis und werden nicht mit einem Ü-Zeichen gekennzeichnet. Sie werden in der Bauregelliste C öffentlich in Form einer Positivliste bekannt gemacht.

8.2.6
Sonstige Bauprodukte

Für sonstige Bauprodukte sind technische Regeln nicht in die Bauregelliste A aufgenommen, obwohl es für sie allgemein anerkannte technische Regeln gibt. Bauaufsichtlich ist es für die Verwendbarkeit unerheblich, ob sonstige Bauprodukte von diesen allgemein anerkannten technischen Regeln abweichen oder nicht. Sonstige Bauprodukte benötigen auch keinen Übereinstimmungsnachweis mit einer technischen Regel bzw. keinen Nachweis ihrer Verwendbarkeit. Sie erhalten daher auch kein Ü-Zeichen. Gleichwohl unterliegen sonstige Bauprodukte den gleichen materiellen baurechtlichen Anforderungen (z. B. §§ 3, 15 bis 18 b MBO) wie andere Bauprodukte. Für sonstige Bauprodukte gibt es somit keine Positivliste.

Das bedeutet: Sonstige Bauprodukte mit Bedeutung für den anlagenbezogenen Gewässerschutz sind z. B. diejenigen Bauprodukte der Gruppe 15, die zwar in der Bauregelliste A Teil 1 erwähnt sind, aber in HBV-Anlagen eingebaut werden. Für diese wird gemäß § 19 h WHG keine wasserrechtliche Vorprüfung gefordert.

Sonstige Bauprodukte können außerdem solche Bauprodukte für den Einbau in LAU-Anlagen sein, die nicht in den Bauregellisten A Teil 1, Teil 2 oder C erwähnt werden.

Keine sonstigen Bauprodukte sind dagegen bestimmte Abwasser- bzw. Abwasserbehandlungsanlagen nach Gruppe 12 oder 13, die in der Bauregelliste A Teil 1 erwähnt werden, egal ob sie in HBV- oder LAU-Anlagen eingebaut werden. Ebenfalls sind alle Bauprodukte für den Einbau in LAU-Anlagen, die in den Bauregellisten A Teil 1, Teil 2 oder C erwähnt werden, keine sonstigen Bauprodukte.

8.2.7
Bauarten

Der Begriff „Bauarten" hat keine Entsprechung im europäischen Bereich und taucht deshalb weder in der Bauprodukten-Richtlinie, noch im BauPG auf. Die MBO sieht in den §§ 3 und 23 vor:

- geregelte Bauarten, für die es allgemein anerkannte technische Regeln oder Technische Baubestimmungen und
- nicht geregelte Bauarten, die von Technischen Baubestimmungen wesentlich abweichen oder für dies es allgemein anerkannte Regeln der Technik nicht gibt

Für **geregelte Bauarten** können die Länder gemäß § 3 MBO technische Regeln als Technische Baubestimmungen einführen. Diese Technischen Baubestimmungen werden allerdings nicht in die den Bauprodukten vorbehaltene Bauregelliste A Teil 1 aufgenommen. Gleichwohl sind Übereinstimmungsnachweise mit den Technischen Baubestimmungen wegen § 24 Abs. 3 in Verbindung mit § 24 Abs. 1 und 2 Nr. 1 MBO in Form einer Übereinstimmungserklärung des Herstellers erforderlich. Es erfolgt daher keine Kennzeichnung mit dem Ü-Zeichen. Statt dessen bedürfen sie einer Übereinstimmungsbescheinigung des Herstellers bzw. dessen, der die Bauart fertiggestellt hat, daß die Festlegungen der Technischen Baubestimmungen eingehalten wurden.

Für **nicht geregelte Bauarten** gemäß § 23 MBO ist ein Übereinstimmungsnachweis mit einem der folgenden Anwendbarkeitsnachweise

- allgemeine bauaufsichtliche Zulassung,
- Zustimmung im Einzelfall

erforderlich. Diese Bauarten werden ebenfalls nicht mit dem Ü-Zeichen gekennzeichnet. Statt dessen bedürfen auch sie einer Übereinstimmungsbescheinigung des Herstellers bzw. dessen, der die Bauart fertiggestellt hat, daß die Festlegungen des Anwendbarkeitsnachweises eingehalten wurden.

Im Einzelfall oder für genau begrenzte Fälle kann die oberste Bauaufsichtsbehörde jedoch festlegen, daß eine allgemeine bauaufsichtliche Zulassung oder eine

Zustimmung im Einzelfall nicht erforderlich ist. Daneben wird für bestimmte Bauarten, die nach allgemein anerkannten Prüfverfahren beurteilt werden können ein Übereinstimmungsnachweis mit dem Anwendbarkeitsnachweis eines allgemeinen bauaufsichtlichen Prüfzeugnisses gefordert. Diese Bauarten werden in die Bauregelliste A Teil 3 aufgenommen. Die Bauregelliste A Teil 3 stellt somit für Bauarten ein Gegenstück zu Teil 2 dar, in dem Bauprodukte enthalten sind. Auch dort wird der Übereinstimmungsnachweis lediglich mit einem allgemeinen bauaufsichtlichen Prüfzeugnis gefordert.

Die Bauregelliste A Teil 3 enthält eine Positivliste der nicht geregelten Bauarten, der Normen bzw. technischen Regeln, in denen die anzuwendenden Prüfverfahren beschrieben sind, die Angabe des Anwendbarkeitsnachweises in Form eines allgemeinen bauaufsichtlichen Prüfzeugnisses und die Angabe des Übereinstimmungsnachweises.

8.2.8
Nachweise der Verwendbarkeit

Für die Verwendung von Bauprodukten und Bauarten sind unterschiedliche Instrumente vorhanden, um eine Zulassung zu erreichen. Insbesondere sind die generellen Anforderungen der Bauregelliste einzuhalten. Die entsprechenden Zertifikate sind sorgfältig zu beachten, um die Genehmigung zur Errichtung und Betrieb einer Anlage zu erhalten. Verstöße dagegen sind nach WHG und Umweltstrafrecht bußgeld- bzw. strafbewährt.

Bisher verlangten die Bundesländer auf Grund der früheren Prüfzeichenverordnungen für werkmäßig hergestellte Baustoffe, Bauteile und Einrichtungen baurechtliche Prüfzeichen. Die Prüfzeichenverordnungen bestimmten für diese Bauprodukte an Hand von Positivlisten, welche Bauprodukte eines bauaufsichtlichen Prüfzeichens bedurften, bzw. welche davon freigestellt waren, z. B. durch Übereinstimmung mit bestimmten Normen.

In die Prüfzeichenverordnungen wurden u. a. Bauprodukte mit wasserwirtschaftlichem Bezug aufgenommen, und zwar

- Gruppe 1: Grundstückentwässerung,
- Gruppe 2: Abscheider und Sperren,
- Gruppe 6: Baustoffe, Bauteile und Einrichtungen für Anlagen zum Lagern wassergefährdender Flüssigkeiten (s. Kap. 8.1.2.4).

Ein Prüfzeichen wurde zeitlich befristet zentral für alle Bundesländer vom Deutschen Institut für Bautechnik erteilt. Die dazu erforderlichen Prüfungen erfolgten nach vom DIBt herausgegebenen Bau- und Prüfgrundsätzen.

Mit dem neuen Baurecht wurden die Prüfzeichenverordnungen aufgehoben. Es werden keine neuen Prüfzeichen mehr erteilt. Noch gültige Prüfzeichen gelten bis zu ihrem Ablauf als allgemeine bauaufsichtliche Zulassungen fort.

Zukünftig benötigen sowohl **geregelte**, als auch **nicht geregelte** Bauprodukte auf Grund der baurechtlichen Bestimmungen ein Ü-Zeichen, sofern sie nicht ein entsprechendes CE-Zeichen besitzen. **Sonstige Bauprodukte** oder **Bauprodukte von untergeordneter Bedeutung** benötigen dagegen kein Ü-Zeichen. Bei **Bauarten** tritt an die Stelle der Kennzeichnung mit dem Ü-Zeichen eine Herstellerbescheinigung. Zukünftig sehen die europäischen Regelungen vor, um das Ziel der

EU zu realisieren, Bauprodukte mit einem CE-Zeichen zu versehen, so daß sie grundsätzlich ohne weitere nationale Vorprüfung in jedem Mitgliedstaat gehandelt und auch verwendet werden können. Das darf durch die Mitgliedstaaten nicht behindert werden (Art. 6 Abs. 1 EG-Bauprodukten-Richtlinie [EG-88]).

Die Inhalte unterschiedlicher Begrifflichkeiten zwischen dem europäischen und dem nationalen Bereich sind weitgehend übereinstimmend, weil die Struktur der nationalen Neuregelungen sich an den Vorgaben der EG-Bauprodukten-Richtlinie orientiert hat.

europäischer Begriff	nationaler Begriff
• Brauchbarkeit	• Verwendbarkeit
• harmonisierte Normen	• technische Regel/Technische Baubestimmung
• europäische technische Zulassung	• allgemeine bauaufsichtliche Zulassung
• Nachweis der Konformität	• Nachweis der Übereinstimmung

8.2.9
Verwendbarkeit von Bauprodukten aus dem europäischen Bereich im nationalen Bereich

Das BauPG sieht vor, daß in der Bundesrepublik ein Bauprodukt gehandelt werden darf, wenn

- es gemäß § 4 Abs. 1 brauchbar ist, seine Konformität mit technischen Spezifikationen nachgewiesen ist und es das CE-Zeichen trägt;
- sich gemäß § 4 Abs. 2 seine Brauchbarkeit und Konformität aus anderen Rechtsvorschriften ergibt, die das Inverkehrbringen und Verwenden regeln und harmonisierte Normen oder erteilte europäische technische Zulassungen nichts anderes bestimmen, obwohl es nicht mit dem CE-Zeichen gekennzeichnet werden darf;
- es gemäß § 4 Abs. 3 von untergeordneter Bedeutung ist und auf der entsprechenden Liste der EG-Kommission steht, obwohl es nicht mit dem CE-Zeichen gekennzeichnet ist, der Hersteller aber die Übereinstimmung mit allgemein anerkannten Regeln der Technik erklärt, die in einem Mitgliedsstaat gelten.

In der Bundesrepublik legt das DIBt die Klassen und Leistungsstufen aus Normen, Leitlinien oder europäischen technischen Zulassungen auf Grundlage des BauPG bzw. der analogen Vorschriften anderer Mitgliedstaaten fest, welche bestimmte Bauprodukte in der Bundesrepublik erfüllen müssen (§ 20 Abs. 7 Nr. 1 MBO). In die Bauregelliste B Teil 1 werden deshalb Bauprodukte aus dem europäischen Bereich unter Angabe der vorgegebenen

- harmonisierten Normen,
- anerkannten nationalen Normen auch anderer Mitgliedstaaten oder
- Zulassungsleitlinien

aufgenommen, die in den Verkehr gebracht werden und somit das CE-Zeichen tragen dürfen.

Ferner macht das DIBt in der Bauregelliste B Teil 2 bekannt, inwieweit andere Vorschriften zur Umsetzung von EG-Richtlinien die wesentlichen Anforderungen an Bauprodukte **nicht** erfüllen (§ 20 Abs. 7 Nr. 2 MBO) und somit **trotz** eventueller CE-Kennzeichnung einer weiteren nationalen baurechtlichen Vorprüfung und des Ü-Zeichens bedürfen. Dabei handelt es sich bisher um die

- Niederspannungs-Richtlinie 73/23/EWG (umgesetzt durch die 1. Verordnung zum Gerätesicherheitsgesetz) [NSR-73],
- EMV-Richtlinie 89/336/EWG (umgesetzt durch das Gesetz über die elektromagnetische Verträglichkeit) [EMV-89],
- Maschinen-Richtlinie 89/392/EWG (umgesetzt durch das 2. Gesetz zur Änderung des Gerätesicherheitsgesetzes [MAR-89] und die 9. Verordnung zum Gerätesicherheitsgesetz),
- Gasgeräte-Richtlinie 90/396/EWG (umgesetzt durch die 7. Verordnung zum Gerätesicherheitsgesetz) [GGR-90],
- Wirkungsgrad-Richtlinie 92/42/EWG (umgesetzt durch die Heizungsanlagen-Verordnung) [WGR-92],
- Explosionsschutz-Richtlinie 94/9/EG [EGR-94] (umgesetzt durch die Explosionsschutz-Verordnung) [EXP-96] und
- Aufzugs-Richtlinie 95/16/EG [AZR-95].

Die Bauregelliste B Teil 2 enthält somit für die entsprechenden Bauprodukte diejenigen EG-Richtlinien, nach deren nationaler Umsetzung ihnen ein CE-Zeichen erteilt wurde sowie die wesentlichen Anforderungen der Bauprodukten-Richtlinie, die bei Erteilung des CE-Zeichens nicht berücksichtigt wurden. Außerdem sind die Spezifikation der noch nachzuweisenden Produktmerkmale, die Art des zusätzlich zum CE-Zeichen erforderlichen Verwendbarkeitsnachweises und die Art des Übereinstimmungsnachweises festgelegt.

8.2.10
Verwendbarkeitsnachweise für nicht geregelte Bauprodukte und Anwendbarkeitsnachweise für nicht geregelte Bauarten

Die Verwendbarkeitsnachweise für nicht geregelte Bauprodukte und Anwendbarkeitsnachweise für nicht geregelte Bauarten können erfolgen über

- eine allgemeine bauaufsichtliche Zulassung (§ 21 MBO),
- ein allgemeines bauaufsichtliches Prüfzeugnis,
- eine Zustimmung im Einzelfall (§ 22 MBO).

Eine *allgemeine bauaufsichtliche Zulassung* wird auf Antrag und nach erfolgreicher Prüfung von Probestücken oder -ausführungen durch eine sachverständige Stelle erteilt. Sie erfolgt in der Regel widerruflich auf fünf Jahre. Das Deutsche Institut für Bautechnik (DIBt) erteilt sie zentral für alle Bundesländer. Sie ist erforderlich, sofern die Bauregelliste A nichts anderes zuläßt bzw. sofern die Verwendbarkeit nicht bereits durch einen Übereinstimmungsnachweis mit einer Zustimmung im Einzelfall nachgewiesen ist.

Ein *allgemeines bauaufsichtliches Prüfzeugnis* wird analog erteilt. Für die Erteilung sind anerkannte Prüfstellen zuständig. Es ist erforderlich, sofern die Bauregelliste A dieses bei Bauprodukten oder Bauarten von geringerer Bedeutung zuläßt bzw. sofern die Verwendbarkeit nicht bereits durch einen Übereinstimmungsnachweis mit einer Zustimmung im Einzelfall nachgewiesen ist.

Die *Zustimmung im Einzelfall* ist erforderlich, wenn für ein bestimmtes nicht geregeltes Bauprodukt oder eine nicht geregelte Bauart weder eine allgemeine bauaufsichtliche Zulassung, noch ein Prüfzeugnis vorliegt. Dann kann die oberste Bauaufsichtsbehörde des betreffenden Bundeslandes dennoch die Verwendung für ein bestimmtes Vorhaben im Einzelfall zulassen.

Die Zustimmung im Einzelfall ist im übrigen auch zukünftig vorgesehen für Bauprodukte, die eigentlich mit dem CE-Zeichen gekennzeichnet werden müßten, jedoch die dafür vorgesehenen Anforderungen nicht erfüllen. Das betrifft vor allem solche Bauprodukte, die nach dem BauPG gehandelt werden dürfen und auf der Bauregelliste B Teil 1 stehen.

8.2.11
Nachweis der Übereinstimmung im nationalen Bereich

Der Hersteller erklärt die Übereinstimmung mit einer Technischen Baubestimmung oder einen Verwendbarkeitsnachweis gemäß § 24 MBO dadurch, daß er das Übereinstimmungszeichen (Ü-Zeichen) auf seinem Bauprodukt anbringt, bzw. daß er bei Bauarten eine entsprechende Bescheinigung vorlegt. Die Übereinstimmung mit einer Technischen Baubestimmung oder einem Verwendbarkeitsnachweis wie

- allgemeine bauaufsichtliche Zulassung,
- allgemeines bauaufsichtliches Prüfzeichen oder
- Zustimmung im Einzelfall

ist nachzuweisen.

Der Übereinstimmungsnachweis erfolgt durch

- eine Übereinstimmungserklärung des Herstellers allein auf Grundlage der werkseigenen Produktionskontrolle (§ 24 a Abs. 1 MBO),
- eine Übereinstimmungserklärung des Herstellers nach vorangehender Prüfung durch eine anerkannte Prüfstelle (§ 24 a Abs. 2 MBO) oder
- ein Übereinstimmungszertifikat von einer Zertifizierungsstelle (§ 24 b MBO).

Im Einzelfall kann die oberste Bauaufsichtsbehörde die Verwendung eines Bauproduktes auch ohne Übereinstimmungszertifikat zulassen (§ 24 Abs. 2 MBO).

Eine *Übereinstimmungserklärung* darf ein Hersteller nur abgeben, wenn durch werkseigene Produktionskontrolle sichergestellt ist, daß auch das hergestellte Bauprodukt wirklich

- den maßgebenden technischen Regeln (Technische Baubestimmungen),
- der allgemeinen bauaufsichtlichen Zulassung,
- dem allgemeinen bauaufsichtlichen Prüfzeugnis oder
- der Zustimmung im Einzelfall

entspricht.

Eine Übereinstimmungserklärung des Herstellers nach vorangehender Prüfung durch eine anerkannte Prüfstelle kann außerdem in

- einer Technischen Baubestimmung selbst,
- der Bauregelliste A,

- einer allgemeinen bauaufsichtlichen Zulassung,
- einem allgemeinen bauaufsichtlichen Prüfzeugnis oder
- einer Zustimmung im Einzelfall

vorgeschrieben sein. Das betreffende Bauprodukt ist durch eine vom DIBt zugelassene Prüfstelle auf Übereinstimmung mit den dort enthaltenen Bestimmungen und Anforderungen zu prüfen, sofern es zur Sicherung der ordnungsgemäßen Herstellung erforderlich ist. Erst wenn diese Prüfung die Übereinstimmung mit den maßgeblichen technischen Regeln bzw. Bestimmungen der anderen genannten Verwendbarkeitsnachweise ergibt, darf der Hersteller seine Übereinstimmungserklärung abgeben.

Ein *Übereinstimmungszertifikat* ist erforderlich, sofern

- eine allgemeine bauaufsichtliche Zulassung,
- ein allgemeines bauaufsichtliches Prüfzeichen oder
- eine Zustimmung im Einzelfall

das vorsehen. Ein Übereinstimmungszertifikat wird von einer anerkannten Zertifizierungsstelle erteilt. Sie erteilt das Übereinstimmungszertifikat, wenn das hergestellte Bauprodukt

- den maßgebenden technischen Regeln (Technische Baubestimmungen),
- der allgemeinen bauaufsichtlichen Zulassung,
- dem allgemeinen bauaufsichtlichen Prüfzeugnis oder
- der Zustimmung im Einzelfall

entspricht und

- einer werkseigenen Produktionskontrolle sowie
- einer Fremdüberwachung durch eine Überwachungsstelle

unterliegt. Dabei hat die Fremdüberwachung ebenfalls regelmäßig zu überprüfen, ob die hergestellten Bauprodukte den jeweiligen

- maßgebenden Technischen Baubestimmungen (technischen Regeln),
- allgemeinen bauaufsichtlichen Zulassungen,
- allgemeinen bauaufsichtlichen Prüfzeugnissen oder
- Zustimmungen im Einzelfall

entsprechen.

8.3
Gewässerschutzrelevante Bauprodukte

8.3.1
Allgemeines

Entsprechend der Übersicht (Abb. 8.1) für die Einteilung der Bauprodukte ergeben sich die nachfolgenden Verhältnisse für gewässerschutzrelevante Bauprodukte. Die aufgeführten Tabellen (s. Kap. 8.3.7) mit den angegebenen Bauprodukten stellen den Stand von 1998 dar. Da es sich um einen dynamischen Prozeß handelt, sind die jeweils gültigen Listen heranzuziehen, die jährlich zentral für alle Länder vom Deutschen Institut für Bautechnik in Berlin bekanntgemacht werden. Es ist vorgesehen, die Gruppe 15 der Bauregelliste A Teil 1 auf alle LAU-Anlagen auszudehnen.

8.3.2
Geregelte Bauprodukte

Geregelte Bauprodukte sind solche, die den in der Bauregelliste A Teil 1 bekanntgemachten technischen Regeln (in der Regel Normen) entsprechend oder von diesen nicht wesentlich abweichen. Die Verwendbarkeit der diesen Regeln entsprechenden Produkte gilt als nachgewiesen.

Technische Regeln für Bauprodukte, die in Anlagen zum Lagern wassergefährdender Stoffe eingesetzt werden, sind in Gruppe 15 der Bauregelliste A Teil 1 aufgeführt (Tabelle 8.1). Dabei wurden aus Kontinuitätsgründen die bisherigen Feststellungen der Prüfzeichenverordnungen übernommen. So wurden alle Normen, die früher in Anhang 1 der Prüfzeichenverordnungen aufgeführt waren, in die Bauregelliste A Teil 1 übernommen. Darüber hinaus wurden weitere technische Regeln je nach dem Stand der Regelsetzung in die Gruppe 15 übernommen.

Bei den Lagerhältern aus Stahl wurde neu eingeführt, daß Behälter, die in ihren Abmessungen von den aufgelisteten Normen abweichen, keines eigenen bauaufsichtlichen Nachweises mehr bedürfen, wenn die Standsicherheit hierfür nach den einschlägigen AD-Merkblättern nachgewiesen werden kann.

Ferner wurden auch technische Regeln für **Transportbehälter**, die zu Zwecken der Lagerung verwendet werden, in die Bauregelliste A Teil 1 aufgenommen. Dabei wurde wie bisher unterstellt, daß die Prüfungen nach verkehrsrechtlichen Vorschriften die Anforderungen an die Standsicherheit und Dichtheit bei Verwendung der Behälter als Lagerbehälter mit abdecken. Durch Aufnahmen der einschlägigen Technischen Regeln für brennbare Flüssigkeiten (z. B. TRbF 142) in die Bauregelliste A Teil 1 wird das realisiert.

Für **metallische Rohre** wurden ebenfalls technische Regeln in die Bauregelliste A Teil 1 aufgenommen. Dies sind für die Lagerung nicht brennbarer Flüssigkeiten und brennbarer Flüssigkeiten der Gefahrklasse A III die TRbF 231 und für brennbare Flüssigkeiten der Gefahrklasse A I, A II und B die TRbF 131.

Für **Innenbeschichtungen von Stahlbehältern**, für **Leckanzeigegeräte** und für **Überfüllsicherungen**, die bei der Lagerung brennbarer Flüssigkeiten verwendet werden, sind als technische Regeln TRbF 401, TRbF 402, TRbF 501, TRbF 502 und TRbF 510 in der Bauregelliste A Teil 1 angegeben. Dadurch wurde sichergestellt, daß die Innenbeschichtungen, Leckanzeigeräte und Überfüllsicherungen, die einer Bauartzulassung nach § 12 VbF bedurften, auch zukünftig den Ansprüchen genügen. Die einzige Änderung auf Grund der neuen Regelung besteht darin, daß Innenbeschichtungen, Überfüllsicherungen und Leckanzeigegeräte, die bei *der Lagerung brennbarer Flüssigkeiten* verwendet werden, neben der Kennzeichnung einer Bauartzulassung nach VbF auch mit dem bauaufsichtlichen Übereinstimmungszeichen versehen sein müssen. Für **die Lagerung nicht brennbarer Flüssigkeiten**, bei denen Innenbeschichtungen, Überfüllsicherungen und Leckanzeigegeräte verwendet werden, unterliegen diese nicht dem Geltungsbereich der VbF und der aufgeführten TRbF. Für diese Produkte sind zukünftig allgemeine bauaufsichtliche Zulassungen anstelle der bisher erforderlichen Prüfzeichen erforderlich.

Die Technischen Regeln der Gruppe 15 der Bauregelliste A Teil 1 enthalten nicht mehr die in den früheren Prüfzeichenverordnungen festgelegten untere Volumensgrenze von 450 l für bauaufsichtlich relevante Lagerbehälter. Das gleiche gilt auch für nicht geregelte Lagerbehälter. Auch für kleinere Lagerbehälter werden zukünftig allgemeine bauaufsichtliche Zulassungen erforderlich.

Weicht ein Produkt von der in der Technischen Regel unterstellten stofflichen Zusammensetzung ab oder wird der vorgesehene Verwendungszweck nicht von der Technischen Regel abgedeckt, handelt es sich um ein nicht geregeltes Produkt, das in jedem Fall einer allgemeinen bauaufsichtlichen Zulassung bedarf.

8.3.3
Nicht geregelte Bauprodukte

8.3.3.1
Allgemeine bauaufsichtliche Zulassungen oder Zustimmung im Einzelfall

Eine allgemeine bauaufsichtliche Zulassung wird für die Bauprodukte erteilt, für die früher ein bauaufsichtliches Prüfzeichen erforderlich war. Ausgenommen sind Bauprodukte, für die die Bauregelliste A Teil 1 oder Teil 2 Regelungen enthält, die eine allgemeine bauaufsichtliche Zulassung entbehrlich macht.

Allgemeine bauaufsichtliche Zulassungen werden auf der Grundlage von Gutachten eines Sachverständigenausschusses beim DIBt und nach einheitlichen Richtlinien erteilt – in der Regel Bau- und Prüfgrundsätzen, die zukünftig als Zulassungsgrundsätze bezeichnet werden. Hierfür sind die folgenden Bau- und Prüfgrundsätze (BPG) erarbeitet worden [BPG-91]:

– Bau- und Prüfgrundsätze für Beschichtungen von Beton-, Putz und Estrichflächen von Auffangwannen und Auffangräumen für wassergefährdende Flüssigkeiten (BPG Beschichtungen Auffangräume), ergänzt durch die Richtlinie „Standsicherheits- und Brauchbarkeitsnachweise für beschichtete Auffangräume aus Stahlbeton zur Lagerung wassergefährdender Flüssigkeiten",
– Bau- und Prüfgrundsätze für Kunststoffbahnen als Abdichtungsmittel von Auffangwannen und Auffangräumen für die Lagerung von wassergefährdenden Flüssigkeiten (BPG Kunststoffbahnen),
– Bau- und Prüfgrundsätze für Beschichtungsstoffe zur Herstellung von Innenbeschichtungen von Stahlbehältern zur Lagerung wassergefährdender nicht brennbarer Flüssigkeiten (BPG Innenbeschichtungen Stahlbehälter),
– Bau- und Prüfgrundsätze für Gummierungen als Auskleidung von Stahlbehältern zur Lagerung wassergefährdender nicht brennbarer Flüssigkeiten (BPG Gummierungen als Auskleidung),
– Bau- und Prüfgrundsätze für Leckanzeigegeräte für Behälter (BPG-LAGB),
– Bau- und Prüfgrundsätze für Leckanzeigegeräte für doppelwandige Rohrleitungen (BPG-LAGR),
– Bau- und Prüfgrundsätze für Überfüllsicherungen (BPG-ÜS),
– Bau- und Prüfgrundsätze für oberirdische GF-UP-Behälter und -Behälterteile,

- Bau- und Prüfgrundsätze für unterirdische GF-UP-Behälter und -Behälterteile,
- Bau- und Prüfgrundsätze für oberirdische Behälter und Behälterteile aus Thermoplasten,
- Bau- und Prüfgrundsätze für unterirdische Stahlbetonbehälter mit Leckschutzauskleidungen zur Lagerung von Heizöl und Dieselkraftstoff,
- Bau- und Prüfgrundsätze für Rohrleitungsteile für oberirdisch verlegte Rohrleitungen aus GF-UP und Thermoplasten.

8.3.3.2
Allgemeines bauaufsichtliches Prüfzeugnis

Der Verwendbarkeitsnachweis durch das allgemeine bauaufsichtliche Prüfzeugnis tritt an die Stelle der allgemeinen bauaufsichtlichen Zulassung bei nicht geregelten Bauprodukten, an die entweder

- keine erheblichen Anforderungen wegen der Sicherheit der baulichen Anlagen gestellt werden oder
- die nach allgemeinen anerkannten Prüfverfahren beurteilt werden können.

Diese Bauprodukte sind in der Bauregelliste A Teil 2 enthalten. Bei den gewässerschutzrelevanten Bauprodukten sind dies Beschichtungsstoffe für Auffangräume (mit Beton-, Putz- und Estrichflächen) zur Lagerung von Heizöl EL und Dieselkraftstoff sowie ungebrauchten Motoren- und Getriebeölen.

8.3.3.3
Zustimmung im Einzelfall

Die Zustimmung im Einzelfall wird von der jeweiligen obersten Bauaufsichtsbehörde für die Verwendung eines Bauproduktes in einer bestimmten Anlage erteilt. Allerdings sollen zukünftig Bauprodukte für Anlagen zum Lagern wassergefährdender Stoffe davon ausgenommen werden. Diese Bauprodukte sollen einer wasserrechtlichen Eignungsfeststellung anstelle einer Zustimmung im Einzelfall unterworfen werden.

8.3.3.4
Kein Verwendbarkeitsnachweis

Bauprodukte, die nur von untergeordneter Bedeutung sind, bedürfen keines Verwendbarkeitsnachweises. Solche Bauprodukte werden in der Liste C bekanntgemacht.

Sinn dieser Vorschrift ist es, das Instrumentarium des besonderen Verwendbarkeitsnachweises, das mit erheblichem Verwaltungsaufwand und nicht unerheblichen Kosten für die herstellende Industrie verbunden sein kann, auf sicherheitsrelevante Bauprodukte zu beschränken. Somit können in die Liste C keine Bauprodukte aufgenommen werden, für die allgemein anerkannte Regeln der Technik bestehen. Bauprodukte der Liste C dürfen ohne jeden Nachweis verwendet werden. Derzeit sind noch keine Bauprodukte für Anlagen zum Lagern wassergefährdender Stoffe in Liste C aufgenommen.

8.3.4
Sonstige Bauprodukte

Eine Liste der „sonstigen Bauprodukte" gibt es weder in der Muster-Bauordnung noch in den entsprechenden Vorschriften der Landesbauordnungen. Es bleibt somit offen, welche Bauprodukte den sonstigen Bauprodukten zuzurechnen sind. Aus § 20 Abs. 2 Satz 2 der Musterbauordnung ergibt sich nur, daß sonstige Bauprodukte weder zu den geregelten Bauprodukten noch zu den nicht geregelten Bauprodukten gehören, daß es aber für diese Bauprodukte allgemein anerkannte Regeln der Technik geben muß.

Der Grund für die Aufnahme der „sonstigen Bauprodukte" in die Landesbauordnungen liegt zum einen in dem Bemühen, die Bauregelliste A nicht zu umfangreich zu gestalten und zum anderen in der politischen Vorgabe, keine gegenüber dem bisherigen bauaufsichtlichen Regelungsumfang zusätzlichen Nachweisverfahren vorzuschreiben.

Zu den sonstigen Bauprodukten könnten z. B. Prozeßbehälter zählen, die in HBV-Anlagen integriert sind, sofern sie überhaupt als Bauprodukte angesehen werden. Sie werden nicht

– in der Bauregelliste A behandelt und
– haben allgemein anerkannte Regeln der Technik nach den Merkblättern der „Arbeitsgemeinschaft Druckbehälter" (AD-Merkblätter).

Sonstige Bauprodukte, die von allgemein anerkannten Regeln der Technik nicht abweichen, dürfen ohne jeglichen Verwendbarkeits- oder Übereinstimmungsnachweis verwendet werden. Dabei ist es baurechtlich irrelevant, ob diese allgemein anerkannten Regeln der Technik eingehalten werden oder nicht. Wasserrechtlich besteht aber gemäß § 19 g Abs. 3 weiterhin eine entsprechende Verpflichtung.

8.3.5
Übereinstimmungsnachweise

Für alle Bauprodukte, die nach in der Bauregelliste A aufgeführten technischen Regeln oder nach allgemeinen bauaufsichtlichen Zulassungen oder nach bauaufsichtlichen Prüfzeugnissen hergestellt sind, muß der Hersteller den Nachweis führen daß die Produkte mit den oben angegebenen technischen Regeln oder Verwendbarkeitsnachweisen übereinstimmen (Übereinstimmungsnachweis).

Bei den Übereinstimmungsnachweisen wird unterschieden zwischen

1. der Übereinstimmungserklärung durch den Hersteller oder
2. dem Übereinstimmungszertifikat durch eine anerkannte Zertifizierungsstelle.

Welcher Nachweis geführt werden muß, ist in der Bauregelliste A für Bauprodukte, die nach anerkannten Regeln oder mit allgemeinem bauaufsichtlichen Prüfzeugnis hergestellt werden, festgelegt. Bei Bauprodukten, die nach bauaufsichtlicher Zulassung oder nach Zustimmung im Einzelfall hergestellt werden, legen die entsprechenden Bescheide das fest. In der folgenden Tabelle 8.2 [KAN-97] werden Hinweise gegeben, welche Verwendbarkeitsnachweise zu führen sind.

Tabelle 8.2 Darstellung der maßgebenden Verwendbarkeitsnachweise

Abkürzungen:	abZ	- allgemeine bauaufsichtliche Zulassung
	wBz	- wasserrechtliche Bauartzulassung
	aBz	- arbeitsschutzrechtliche Bauartzulassung
	eoh	- einfach oder herkömmlich im Sinne von § 19 h Wasserhaushaltsgesetz
	wF	- wassergefährdende Flüssigkeiten
	•	- abZ grundsätzlich erforderlich
	••	- abZ grundsätzlich nur erforderlich, wenn Bauprodukt nicht in Liste C enthalten
	•••	- abZ grundsätzlich nur erforderlich, wenn keine technische Regel nach Bauregelliste A Teil 1 existiert oder bei wesentlichen Abweichungen von der technischen Regel
	••••	- abZ grundsätzlich nur erforderlich, wenn kein allgemeines bauaufsichtliches Prüfzeugnis nach Bauregelliste A Teil 2 erforderlich

1	2	3	4	5
Bauprodukt für ortsfest verwendete Anlagen zum Lagern, Abfüllen und Umschlagen von wassergefährdenden Stoffen	wasserrechtliche eoh-Regelungen vorhanden?	Technische Regeln nach Bauregelliste A Teil 1 vorhanden?	allgemeines bauaufsichtliches Prüfzeugnis nach Bauregelliste A Teil 2 erforderlich?	allgemeine bauaufsichtliche Zulassung erforderlich?
1 Auffangwannen und -vorrichtungen sowie vorgefertigte Teile für Auffangräume und -flächen				
1.1 Auffangwannen und Auffangvorrichtungen	eoh-Regelung für Stahlauffangwanne n ≤ 1000 l existieren nicht in allen Ländern. Existierende eoh-Regelungen werden später zurückgezogen	Bauregelliste A Teil 1 lfd. Nr. 15.22 soll bleiben; derzeitige Regel soll später durch bauaufsichtliche Richtlinie ersetzt werden	nein	•••
1.2 Betonformsteine und Betonplatten	eoh-Regelung für Tankstellen soll bleiben	Betonformsteine und Betonplatten für Abfüllflächen von Tankstellen sind in Liste C aufzunehmen	nein	••
1.3 Stahlbleche			nein	• (bisher geregelt durch wBz)
1.4 Kunststoffbahnen			nein	• (bisher geregelt durch wBz)
1.5 Keramikplatten in Verbindung mit Dichtschichten aus Kunststoffen	eoh-Regelungen (AGI-Richtlinie) rückgängig machen	AGI-Richtlinie S 10 Teil 3 in Bauregelliste A Teil 1 aufnehmen	nein	••

noch **Tabelle 8.2**

1	2	3	4	5
2 Abdichtungsmittel für Auffangwannen, -vorrichtungen, -räume und Flächen				
2.1 Beschichtungsstoffe			Bauregelliste A Teil 2 lfd. Nr. 2.15	••
2.2 Beschichtungssysteme			nein	• (bisher geregelt durch wBz)
2.3 Beton	eoh-Regelung für Tankstellen soll bleiben	1) DAfStB-Richtlinie „Betonbau beim Umgang mit wassergefährdenden Stoffen" in Bauregelliste A Teil 1 aufnehmen; 2) Beton für Abfüllflächen von Tankstellen in Liste C aufnehmen	nein	••• ••
2.4 Fugenbänder	eoh-Regelung für Tankstellen soll bleiben	Fugenbänder für Abfüllflächen von Tankstellen in Liste C aufnehmen	nein	••
2.5 Fugenvergußmassen	eoh-Regelung für Tankstellen soll bleiben	Fugenvergußmassen für Abfüllflächen von Tankstellen in Liste C aufnehmen	nein	••
2.6 Asphalt	eoh-Regelung für Tankstellen soll bleiben	Asphalt für Abfüllflächen von Tankstellen in Liste C aufnehmen	nein	••
3 Behälter				
3.1 Stahlbehälter, zylindrisch, unterirdisch	eoh-Regelungen rückgängig machen	Bauregelliste A Teil 1, lfd. Nrn. 15.1, 15.2, 15.7, 15.8	nein	•••
3.2 Stahlbehälter, zylindrisch, oberirdisch	eoh-Regelungen rückgängig machen	Bauregelliste A Teil 1, lfd. Nrn. 15.3, 15.4, 15.5, 15.6, 15.10, 15.11, 15.12, 15.14, 15.15	nein	•••
3.3 Stahlbehälter, rechteckig, oberirdisch	eoh-Regelungen rückgängig machen	Bauregelliste A Teil 1, lfd. Nrn. 15.13	nein	•••
3.4 metallische Behälter, verkehrsrechtlich zugelassen	eoh-Regelungen für Behälter ≤ 450 l rückgängig machen	Bauregelliste A Teil 1, lfd. Nrn. 15.16, 15.18, 15.19	nein	••• (bisher teilweise geregelt durch wBz)
3.5 Kunststoffbehälter zur Lagerung von wF und von wassergefährdenden Stoffen			nein	• (bisher geregelt durch abZ)

noch **Tabelle 8.2**

1	2	3	4	5
3.6 Bauprodukte für ortsfest verwendete Anlagen zum Lagern, Abfüllen und Umschlagen von wassergefährdenden Stoffen	wasserrechtliche eoh-Regelungen vorhanden?	Technische Regeln nach Bauregelliste A Teil 1 vorhanden?	allgemeines bauaufsichtliches Prüfzeugnis nach Bauregelliste A Teil 2 erforderlich?	•••
3.7 Stahlbehälter zur Lagerung wassergefährdender Stoffe			nein	•••
3.8 Stahlbehälter zur Lagerung von Flüssiggas		Bauregelliste A Teil 1, lfd. Nr. 15.17	nein	•••
3.9 Betonbehälter				•
4 Innenbeschichtungen und Auskleidungen für Behälter und Rohre				
4.1 Kunststoffbeschichtungen für metallische Behälter und Rohre zur Lagerung nichtbrennbarer und brennbarer wF		Bauregelliste A Teil 1, Nrn. 15.23, 15.24	nein	• (bisher geregelt durch abZ und aBz)
4.2 Kunststoffbeschichtungen für nichtmetallische Behälter und Rohre zur Lagerung nichtbrennbarer und brennbarer wF			nein	•
4.3 Auskleidungen aus Kunststoff für metallische Behälter und Rohre zur Lagerung nichtbrennbarer und brennbarer wF			nein	(bisher geregelt durch abZ und aBz)
4.4 Auskleidungen aus Kunststoff für nichtmetallische Behälter und Rohre zur Lagerung nichtbrennbarer und brennbarer wF			nein	•
4.5 metallische Auskleidungen			nein	•

noch **Tabelle 8.2**

1	2	3	4	5
5 Rohre, zugehörige Formstücke, Dichtmittel und Armaturen				
5.1 Metallische Rohre und Formstücke		Bauregelliste A Teil 1, lfd. Nrn. 15.27, 15.28	nein	••• (bisher geregelt durch wBz)
5.2 Kunststoffrohre und Formstücke			nein	• (bisher geregelt durch abZ)
5.3 Dichtmittel		Zukünftige DVWK-Richtlinie als techn. Regel in Bauregelliste A Teil 1 übernehmen	nein	•••
5.4 Armaturen		Zukünftige DVWK-Richtlinie als techn. Regel in Bauregelliste A Teil 1 übernehmen	nein	•••
6 Sicherheitseinrichtungen				
6.1 Leckanzeigegeräte für Anlagen zur Lagerung nichtbrennbarer und brennbarer wF einschließlich Leckschutzauskleidungen		a) Bauregelliste A Teil 1, lfd. Nrn. 15.25 und 15.26 b) Bauregelliste B Teil 2, lfd. Nrn. 2.3, 2.4, 2.5, 2.6	nein	••• (bisher geregelt durch abZ und aBz)
6.2 Überfüllsicherungen für Anlagen zur Lagerung nichtbrennbarer wF		a) Bauregelliste A Teil 1, lfd. Nr. 15.29 b) Bauregelliste B Teil 2, lfd. Nrn. 2.1, 2.2	nein	• (bisher geregelt durch abZ und aBz)
6.3 Leckageerkennnungssysteme		In Bauregelliste B Teil 2 aufnehmen	nein	• (bisher geregelt durch wBz)
6.4 Grenzwertgeber für Anlagen zum Lagern von Heizöl EL und Dieselkraftstoff		In Bauregelliste B Teil 2 aufzunehmen	nein	• (bisher geregelt durch aBz)
6.5 Sicherheitseinrichtungen für Anlagen zum Abfüllen und Umschlagen wF			nein	• (bisher geregelt durch wBz)
6.6 Domschächte und Domschachtkragen		DIN 6626 und 6627 in Bauregelliste A Teil 1 aufnehmen	nein	•••

8.3.6
Zugelassene gewässerschutzrelevante Bauprodukte

Folgt man der Einteilung der Bauregellisten, so ergibt sich die folgende Situation, wie sie in Tabelle 8.3 dargestellt ist.

Tabelle 8.3   Zusammenstellung der Bauprodukte und Bauarten in den Bauregellisten

Bauregel-liste	Produktart	Bauprodukte und Bauarten
A Teil 1	geregelte **Bauprodukte**	Tabelle 8.5 für Bauprodukte der Gruppe 15
A Teil 2	nicht geregelte **Bauprodukte**	Außer Beschichtungsstoffe für Auffangräume noch keine Bauprodukte festgelegt, die einen Bezug zum Gewässerschutz haben
A Teil 3	nicht geregelte **Bauarten**	Noch keine Bauarten festgelegt, die einen Bezug zum Gewässerschutz besitzen
B Teil 1	geregelte **Bauprodukte**	
B Teil 2	nicht geregelte **Bauprodukte**	Tabelle 8.4
C	nicht geregelte **Bauprodukte** von untergeordneter Bedeutung	Noch keine Bauprodukte festgelegt, die einen Bezug zum Gewässerschutz besitzen. Änderungen sind zu erwarten.

In den Tabellen 8.4 bzw. 8.5 sind die europäisch bzw. national zugelassenen Bauprodukte (Stand 1998) wiedergegeben. Das DIBt veröffentlicht diese Listen jährlich.

8.3.6.1
Bauprodukte gemäß Bauregelliste B

Das Bauproduktengesetz [BMB-92] enthält keine abschließende Liste über die Bauprodukte, für die ein Brauchbarkeitsnachweis nach dem BauPG zu führen ist und die mit dem CE-Kennzeichen versehen sind. Nach dem Gesetz ist unter „Bauprodukt" jedes Produkt zu verstehen, das hergestellt wird, um dauerhaft in Bauwerke des Hoch- oder Tiefbaus eingebaut zu werden. Anlagen und Einrichtungen zur Lagerung von umweltgefährlichen Stoffen gehören zu den Bauprodukten.

Zum gegenwärtigen Zeitpunkt ist ein Brauchbarkeitsnachweis nach dem BauPG noch nicht möglich, da nach der EG-Bauproduktenrichtlinie und damit auch nach BauPG eine Direktzertifizierung nicht zulässig ist.

Nach der EG-Richtlinie dürfen nur solche Produkte mit einem CE-Zeichen versehen werden, die

a) einer harmonisierten Norm entsprechen, deren Fundstelle im Amtsblatt der Europäischen Union veröffentlicht worden ist,

b) mit einer europäisch technischen Zulassung übereinstimmen, die nach den in der EG-Bauproduktenrichtlinie vorgegebenen Verfahren ausgestellt wurde oder

c) einer nationalen technischen Spezifikation entsprechen, bei der nach einem bestimmten Abstimmungsverfahren von der Kommission festgestellt wurde, daß die Spezifikation mit den wesentlichen Anforderungen der Richtlinie übereinstimmt.

Da weder eine harmonisierte Norm nach a) noch eine europäische technische Zulassung nach b) noch eine technische Spezifikation nach c) für Bauprodukte für LAU-Anlagen für wassergefährdende Stoffe existiert, ist die EG-Bauproduktenrichtlinie hierfür zur Zeit nicht anwendbar. Sobald sie vorhanden sind, werden die entsprechenden Produkte in die Bauregelliste B Teil 1 aufgenommen. Zur Zeit gelten noch die nationalen Vorschriften und Regeln.

Es gibt darüber hinaus Bauprodukte, die anderen Vorschriften zur Umsetzung von Richtlinien der Europäischen Gemeinschaften entsprechen, und somit berechtigt sind, das CE-Zeichen zu tragen. Bei solchen Bauprodukten ist zu prüfen, ob sie die wesentlichen Anforderungen nach § 5 Abs. 1 BauPG erfüllen. Wenn sie sie nicht erfüllen, dann werden sie gemäß § 20 Abs. 7 der Landesbauordnungen auf die Bauregelliste B Teil 2 (Tabelle 8.4) gesetzt und festgelegt, was zusätzlich an Nachweisen zu erbringen ist.

8.3.6.2
Bauprodukte gemäß Bauregelliste A

Im nationalen Bereich sind die geregelten Bauprodukte in der Bauregelliste A Teil 1 in Gruppen eingeteilt (s. Tabelle 8.1). Gewässerschutzrelevant sind davon die Gruppen 12, 13 und 15. Dabei enthält die Gruppe 15 die maßgeblichen Anlagen, Anlagenteile und technischen Schutzvorkehrungen zum Lagern, Abfüllen und Umschlagen von wassergefährdenden Stoffen.

Tabelle 8.4 Bauprodukte für ortsfest verwendete Anlagen zum Lagern, Abfüllen und Umschlagen von wassergefährdenden Stoffen (Bauregelliste B Teil 2 (– Ausgabe 98/1 –))

lfd. Nr.	Bauprodukt	Vorschriften zur Umsetzung der EG-Richtlinien							In den Vorschriften nach Spalte 3 nicht berücksichtigte wesentliche Anforderungen nach § 5 Abs. 1 Bauproduktengesetz und die hierfür noch nachzuweisenden Produktmerkmale	Zusätzlich zur CE-Kennzeichnung erforderlicher Verwendbarkeits- und Übereinstimmungsnachweis für die Anforderungen nach Spalte 4	
		73/23/EWG [1]	89/336/EWG [2]	89/392/EWG [3]	90/396/EWG [4]	92/42/EWG [5]	94/9/EG [6]	95/16/EG [7]			
1	2	3							4	5	6
2.1	Überfüllsicherungen für Behälter zum Lagern, Abfüllen und Umschlagen von brennbaren Flüssigkeiten	x	x				x		*Hygiene, Gesundheit, Umweltschutz:* Funktionssicherheit, Erkennbarkeit der Alarmanzeige, Korrosionsbeständigkeit und Störungsanzeige	Bauregelliste A Teil 1, lfd. Nr. 15.29	ÜH
2.2	Überfüllsicherungen für Behälter zum Lagern, Abfüllen und Umschlagen von nichtbrennbaren Flüssigkeiten	x	x						*Hygiene, Gesundheit, Umweltschutz:* Funktionssicherheit, Erkennbarkeit der Alarmanzeige, Korrosionsbeständigkeit und Störungsanzeige	Z	a)
2.3	Leckanzeigegeräte für Behälter zum Lagern, Abfüllen und Umschlagen von brennbaren Flüssigkeiten	x	x				x		*Festigkeit und Standsicherheit:* Standsicherheit des Überwachungsraums *Hygiene, Gesundheit, Umweltschutz:* Durchgängigkeit und Eignung des Leckanzeigemediums, Korrosionsbeständigkeit, Dichtigkeit des Überwachungsraums und Funktionssicherheit des Leckanzeigers	Bauregelliste A Teil 1, lfd. Nr. 15.25	ÜH
2.4	Leckanzeigegeräte für Behälter zum Lagern, Abfüllen und Umschlagen von nichtbrennbaren Flüssigkeiten	x	x						*Festigkeit und Standsicherheit:* Standsicherheit des Überwachungsraums *Hygiene, Gesundheit, Umweltschutz:* Durchgängigkeit und Eignung des Leckanzeigemediums, Korrosionsbeständigkeit, Dichtigkeit des Überwachungsraums und Funktionssicherheit des Leckanzeigers	Z	a)

ÜH - Übereinstimmungserklärung des Herstellers
ÜHP - Übereinstimmungserklärung des Herstellers nach vorheriger Prüfung des Bauproduktes durch eine anerkannte Prüfstelle
ÜZ - Übereinstimmungszertifikat durch eine anerkannte Zertifizierungsstelle
Z   - Allgemeines bauaufsichtliche Zulassung
P   - Allgemeines bauaufsichtliches Prüfzeugnis
a) - Erforderlicher Übereinstimmungsnachweis wird in der Zulassung geregelt

[1] In Deutschland umgesetzt durch die 1. GSGV vom 11.6.1979 (BGBL. I S. 629)
[2] In Deutschland umgesetzt durch das EMVG vom 9.11.1992 (BGBL. I. S. 1864)
[3] In Deutschland umgesetzt durch das 2. GerätesicherheitsÄndG vom 26.8.1992 (BGBL. I S. 1564) und die 9. GSGV vom 12.5.1993 (BGBL. I S. 704)
[4] In Deutschland umgesetzt durch die 7. GSGV vom 26.1.1993 (BGBL. I S. 133)
[5] In Deutschland teilweise umgesetzt durch die HeizAnlV vom 22.3.1994 (BGBL. I S. 613 ff.)
[6] In Deutschland noch nicht umgesetzt
[7] In Deutschland noch nicht umgesetzt

noch **Tabelle 8.4**

lfd. Nr.	Bauprodukt	Vorschriften zur Umsetzung der EG-Richtlinien							In den Vorschriften nach Spalte 3 nicht berücksichtigte wesentliche Anforderungen nach § 5 Abs. 1 Bauproduktengesetz und die hierfür noch nachzuweisenden Produktmerkmale	Zusätzlich zur CE-Kennzeichnung erforderlicher Verwendbarkeits- und Übereinstimmungsnachweis für die Anforderungen nach Spalte 4	
		73/23/EWG [1]	89/336/EWG [2]	89/392/EWG [3]	90/396/EWG [4]	92/42/EWG [5]	94/9/EG [6]	95/16/EG [7]			
1	2	3							4	5	6
2.5	Leckanzeigegeräte für doppelwandige Rohrleitungen für Anlagen zum Lagern, Abfüllen und Umschlagen von brennbaren Flüssigkeiten	x	x					x	*Festigkeit und Standsicherheit:* Standsicherheit des Überwachungsraums *Hygiene, Gesundheit, Umweltschutz:* Durchgängigkeit und Eignung des Leckanzeigemediums, Korrosionsbeständigkeit, Dichtigkeit des Überwachungsraums und Funktionssicherheit des Leckanzeigers	Bauregelliste A Teil 1, lfd. Nr. 15.26	ÜH
2.6	Leckanzeigegeräte für doppelwandige Rohrleitungen für Anlagen zum Lagern, Abfüllen und Umschlagen von nichtbrennbaren Flüssigkeiten	x	x						*Festigkeit und Standsicherheit:* Standsicherheit des Überwachungsraums *Hygiene, Gesundheit, Umweltschutz:* Durchgängigkeit und Eignung des Leckanzeigemediums, Korrosionsbeständigkeit, Dichtigkeit des Überwachungsraums und Funktionssicherheit des Leckanzeigers	Z	a)
2.7	Grenzwertgeber für Behälter zum Lagern von Heizöl, EL und Dieselkraftstoff	x	x						*Hygiene, Gesundheit, Umweltschutz:* Funktionssicherheit, Erkennbarkeit der Alarmanzeige, Korrosionsbeständigkeit und Störungsanzeige	Z	a)
2.8	Leckanzeigeerkennungssysteme für Anlagen zum Lagern, Abfüllen und Umschlagen von wassergefährdenden Stoffen	x	x						*Hygiene, Gesundheit, Umweltschutz:* Funktionssicherheit, Erkennbarkeit der Alarmanzeige, Korrosionsbeständigkeit und Störungsanzeige	Z	a)

ÜH   - Übereinstimmungserklärung des Herstellers
ÜHP - Übereinstimmungserklärung des Herstellers nach vorheriger Prüfung des Bauproduktes durch eine anerkannte Prüfstelle
ÜZ   - Übereinstimmungszertifikat durch eine anerkannte Zertifizierungsstelle
Z   - Allgemeines bauaufsichtliche Zulassung
P   - Allgemeines bauaufsichtliches Prüfzeugnis
a)   - Erforderlicher Übereinstimmungsnachweis wird in der Zulassung geregelt

[1] In Deutschland umgesetzt durch die 1. GSGV vom 11.6.1979 (BGBL. I S. 629)
[2] In Deutschland umgesetzt durch das EMVG vom 9.11.1992 (BGBL. I. S. 1864)
[3] In Deutschland umgesetzt durch das 2. GerätesicherheitsÄndG vom 26.8.1992 (BGBL. I S. 1564) und die 9. GSGV vom 12.5.1993 (BGBL. I S. 704)
[4] In Deutschland umgesetzt durch die 7. GSGV vom 26.1.1993 (BGBL. I S. 133)
[5] In Deutschland teilweise umgesetzt durch die HeizAnlV vom 22.3.1994 (BGBL. I S. 613 ff.)
[6] In Deutschland noch nicht umgesetzt
[7] In Deutschland noch nicht umgesetzt

Tabelle 8.5 Bauprodukte für ortsfest verwendete Anlagen zum Lagern, Abfüllen und Umschlagen wassergefährdender Stoffe (Stand 1998)

lfd. Nr.	Bauprodukt	Technische Regeln	Überein-stimmungs-nachweis	Verwendbar-keitsnachweis bei wesentl. Abweichung von den tech-nischen Regeln
1	2	3	4	5
15.1	Liegende Behälter (Tanks) aus Stahl, einwandig, für die unterirdische Lagerung wassergefährdender, brennbarer und nichtbrennbarer Flüssigkeiten	DIN 6608 Teil 1 (09.89)	ÜZ	Z
15.2	Liegende Behälter (Tanks) aus Stahl, doppelwandig, für die unterirdische Lagerung wassergefährdender, brennbarer und nichtbrennbarer Flüssigkeiten	DIN 6608 Teil 2 (09.89)	ÜZ	Z
15.3	Liegende Behälter (Tanks) aus Stahl, einwandig und doppelwandig, für die unterirdische Lagerung wassergefährdender, brennbarer und nichtbrennbarer Flüssigkeiten	DIN 6616 (09.89)	ÜZ	Z
15.4	Stehende Behälter (Tanks) aus Stahl, einwandig für die oberirdische Lagerung wassergefährdender, brennbarer und nichtbrennbarer Flüssigkeiten	DIN 6618 Teil 1 (09.89) In DIN 6618 Teil 1 nicht enthaltene Abmessungen sind in Verbindung mit AD-Merkblättern festzulegen.	ÜZ	Z
15.5	Stehende Behälter (Tanks) aus Stahl, doppelwandig, ohne Leckanzeigeflüssigkeit für die oberirdische Lagerung wassergefährdender, brennbarer und nichtbrennbarer Flüssigkeiten	DIN 6618 Teil 2 (09.89) In DIN 6618 Teil 2 nicht enthaltene Abmessungen sind in Verbindung mit AD-Merkblättern festzulegen.	ÜZ	Z
15.6	Stehende Behälter (Tanks) aus Stahl, doppelwandig, mit Leckanzeigeflüssigkeit für die oberirdische Lagerung wassergefährdender, brennbarer und nichtbrennbarer Flüssigkeiten	DIN 6618 Teil 3 (09.89)	ÜZ	Z
15.7	Stehende Behälter (Tanks) aus Stahl, einwandig, für die unterirdische Lagerung wassergefährdender, brennbarer und nichtbrennbarer Flüssigkeiten	DIN 6619 Teil 1 (09.89)	ÜZ	Z

ÜH   - Übereinstimmungsnachweis des Herstellers
ÜHP - Übereinstimmungserklärung des Herstellers nach vorheriger Prüfung des Bauprodukts durch eine anerkannte Prüfstelle
ÜZ   - Übereinstimmungszertifikat durch eine anerkannte Zertifizierungsstelle
Z   - Allgemeine bauaufsichtliche Zulassung
P   - Allgemeines bauaufsichtliches Prüfzeugnis

noch **Tabelle 8.5**

lfd. Nr.	Bauprodukt	Technische Regeln	Überein-stimmungs-nachweis	Verwendbar-keitsnachweis bei wesentl. Abweichung von den tech-nischen Regeln
1	2	3	4	5
15.8	Stehende Behälter (Tanks) aus Stahl, doppelwandig, für die unterirdische Lagerung wassergefährdender, brennbarer und nichtbrennbarer Flüssigkeiten	DIN 6619 Teil 2 (09.89)	ÜZ	Z
15.9	Stehende Behälter (Tanks) aus Stahl, einwandig, mit weniger als 1.000 Liter Volumen für die oberirdische Lagerung wassergefährdender, brennbarer und nichtbrennbarer Flüssigkeiten	DIN 6623 Teil 1 (09.89)	ÜZ	Z
15.10	Stehende Behälter (Tanks) aus Stahl, doppelwandig, mit weniger als 1.000 Liter Volumen für die oberirdische Lagerung wassergefährdender, brennbarer und nichtbrennbarer Flüssigkeiten	DIN 6623 Teil 2 (09.89)	ÜZ	Z
15.11	Liegende Behälter (Tanks) aus Stahl von 1.000 bis 5.000 Liter Volumen, einwandig, für die oberirdische Lagerung wassergefährdender, brennbarer und nichtbrennbarer Flüssigkeiten	DIN 6624 Teil 1 (09.89)	ÜZ	Z
15.12	Liegende Behälter (Tanks) aus Stahl von 1.000 bis 5.000 Liter Volumen, doppelwandig, für die oberirdische Lagerung wassergefährdender, brennbarer und nichtbrennbarer Flüssigkeiten	DIN 6624 Teil 2 (09.89)	ÜZ	Z
15.13	Standortgefertigte Behälter für die oberirdische Lagerung von wassergefährdenden brennbaren Flüssigkeiten der Gefahrklasse A III und wassergefährdenden nicht-brennbaren Flüssigkeiten	DIN 6625 Teil 1 (09.89)	ÜZ	Z
15.14	Liegende Druckbehälter 0,63 bis 25 m³	DIN 28 020 (09.92) Zusätzl. gilt: Anlage 15.2 und 15.4	ÜZ	Z
15.15	Stehende Druckbehälter 0,063 bis 100 m³	DIN 28 021 (08.92) In DIN 28 021 Zusätzl. gilt: Anlage 15.2 und 15.6	ÜZ	Z

ÜH   - Übereinstimmungsnachweis des Herstellers
ÜHP   - Übereinstimmungserklärung des Herstellers nach vorheriger Prüfung des Bauprodukts durch eine anerkannte Prüfstelle
ÜZ   - Übereinstimmungszertifikat durch eine anerkannte Zertifizierungsstelle
Z   - Allgemeine bauaufsichtliche Zulassung
P   - Allgemeines bauaufsichtliches Prüfzeugnis

noch **Tabelle 8.5**

lfd. Nr.	Bauprodukt	Technische Regeln	Überein-stimmungs-nachweis	Verwendbar-keitsnachweis bei wesentl. Abweichung von den technischen Regeln
1	2	3	4	5
15.16	Als Sammelbehälter oder Entnahmebehälter verwendete Tankcontainer aus metallischen Werkstoffen, die nach den verkehrsrechtlichen Vorschriften für die Beförderung gefährlicher Güter baumusterzugelassen sind	TRbF 142 (08.94) Zusätzlich gilt: Anlage 15.3	ÜH	Z
15.17	Als Sammel- oder Entnahmebehälter verwendete Tankcontainer aus Kunststoffen, die nach den verkehrsrechtlichen Vorschriften für die Beförderung gefährlicher Güter baumusterzugelassen sind	TRbF 142 (08.94) Zusätzlich gilt: Anlage 15.3	ÜH	Z
15.18	Als Sammel- oder Entnahmebehälter verwendete Tankcontainer aus metallischen Werkstoffen, die nicht nach den verkehrsrechtlichen Vorschriften für die Beförderung gefährlicher Güter baumusterzugelassen sind	TRbF 142 (08.94) Zusätzlich gilt: Anlage 15.1	ÜZ	Z
15.19	Als ortsfeste Lagerbehälter verwendete Tankcontainer aus metallischen Werkstoffen, die nach den verkehrsrechtlichen Vorschriften für die Beförderung gefährlicher Güter baumusterzugelassen sind	TRbF 121 (1997-06) für brennbare Flüssigkeiten der Gefahrklasse A I, A II und B TRbF 221 (1997-06) für brennbare Flüssigkeiten der Gefahrklasse A III und für nichtbrennbare Flüssigkeiten Zusätzl. gilt: Anlagen 15.2 und 15.3	ÜH	Z
15.20	Ortsfeste Druckbehälter aus Stahl für Flüssiggas für oberirdische Aufstellung	DIN 4680 Teil 1 (05.92) Zusätzlich gilt: DIN 6600 (09.89) und Anlage 15.4	ÜZ	Z
15.21	Ortsfeste Druckbehälter aus Stahl, für Flüssiggas für halboberirdische Aufstellung	DIN 4680 Teil 2 (05.92) Zusätzlich gilt: DIN 6600 (09.89) und Anlage 15.4	ÜZ	Z
15.22	Auffangwannen und -vorrichtun-gen aus Stahl mit Rauminhalten von 450 l bis 1.000 l	Anforderungen an Auffangwannen aus Stahl mit einem Rauminhalt bis 1.000 Liter (Anhang 1 der Verwaltungsvorschrift - VVAwS - zur Anlagenverordnung des Landes Mecklenburg-Vorpommern vom 5. Oktober 1993)	ÜH	Z
15.23	Innenbeschichtungen für Behälter zur Lagerung brennbarer Flüssigkeiten der Gefahrkl. AI, AII und B	TRbF 401 (12.81)	ÜZ	Z

ÜH - Übereinstimmungsnachweis des Herstellers
ÜHP - Übereinstimmungserklärung des Herstellers nach vorheriger Prüfung des Bauprodukts durch eine anerkannte Prüfstelle
ÜZ - Übereinstimmungszertifikat durch eine anerkannte Zertifizierungsstelle
Z - Allgemeine bauaufsichtliche Zulassung
P - Allgemeines bauaufsichtliches Prüfzeugnis

noch **Tabelle 8.5**

lfd. Nr.	Bauprodukt	Technische Regeln	Überein-stimmungs-nachweis	Verwendbar-keitsnachweis bei wesentl. Abweichung von den technischen Regeln
1	2	3	4	5
15.24	Innenbeschichtungen für Behälter zur Lagerung brennbarer Flüssigkeiten der Gefahrklasse A III	TRbF 402 (12.81)	ÜZ	Z
15.25	Leckanzeigegeräte für Behälter zur Lagerung brennbarer Flüssigkeiten	TRbF 501 (05.89)	ÜH	Z
15.26	Leckanzeigegeräte für doppelwandige Rohrleitungen für Anlagen zum Lagern brennbarer Flüssigkeiten	TRbF 502 (05.89)	ÜH	Z
15.27	Metallische Rohre für Rohrleitungen in Anlagen zur Lagerung wassergefährdender, brennbarer Flüssigkeiten der Gefahrklassen AI, AII, B	TRbF 131/1 (09.92) Zusätzlich gilt: Zulässige Lagerflüssigkeiten ergeben sich aus DIN 6601 (10.91)	ÜH	Z
15.28	Metallische Rohre für Rohrleitungen in Anlagen zur Lagerung wassergefährdender nichtbrennbarer und brennbarer Flüssigkeiten der Gefahrklasse A III	TRbF 231/1 (03.86) Zusätzlich gilt: Zulässige Lagerflüssigkeiten ergeben sich aus DIN 6601 (10.91)	ÜH	Z
15.29	Überfüllsicherung für Behälter zur Lagerung wassergefährdender brennbarer Flüssigkeiten	TRbF 510 (05.89)	ÜH	Z
15.30	Stehende, zylindrische Behälter mit flachem Boden und festem Dach zur oberirdischen Lagerung von Flüssigkeiten oder von gekühlten Gasen	DIN 4119-1: 1979-06 und DIN 4119-2: 1980-02, in Verbindung mit der Anpassungsrichtlinie Stahlbau (1995-07) und der Herstellungsrichtlinie (1996-03) Zusätzlich gilt: Anlage 15.2	ÜZ	Z
15.31	Keramikplatten als vorgefertigte Teile für Auffangräume und -flächen mit Dichtschichten	AGI-Arbeitsblatt S 10 Teil 3: 1991-11 Zusätzlich gilt: Anlage 15.7	ÜZ	Z
15.32	Beton als Abdichtungsmittel für Auffangräume und Flächen außer für Abfüllflächen von Tankstellen	DafStb-Richtlinie Betonbau beim Umgang mit wassergefährdenden Stoffen, Teil 2 (1996-09) Zusätzliche gilt: Anlage 15.8	ÜZ	Z
15.33	Domschächte aus Stahl	DIN 6626: 1989-09	ÜHP	Z
15.34	Domschachtkragen aus Stahl für gemauerte Domschächte	DIN 6627: 1989-09	ÜHP	Z
15.35	Erdgedeckte Druckbehälter aus Stahl für Flüssiggas	DIN 4681-1: 1988-01 Zusätzlich gilt: DIN 6600: 1989-09	ÜZ	Z
15.36	Erdgedeckte Druckbehälter aus Stahl mit Außenmantel für Flüssiggas	DIN 4681-2: 1984-06 Zusätzlich gilt: DIN 6600: 1989-09	ÜZ	Z

ÜH   - Übereinstimmungsnachweis des Herstellers
ÜHP - Übereinstimmungserklärung des Herstellers nach vorheriger Prüfung des Bauprodukts durch eine anerkannte Prüfstelle
ÜZ   - Übereinstimmungszertifikat durch eine anerkannte Zertifizierungsstelle
Z   - Allgemeine bauaufsichtliche Zulassung
P   - Allgemeines bauaufsichtliches Prüfzeugnis

8.4
Vorgehensweise bei der wasserrechtlichen Eignungsfeststellung unter Berücksichtigung des Baurechts

Bei der Durchführung einer wasserrechtlichen Eignungsfeststellung gemäß § 19 h WHG für LAU-Anlagen ergibt sich folgender Ablauf. Für HBV-Anlagen gelten sinngemäß die gleichen materiellen Anforderungen, obwohl keine förmliche behördliche Vorkontrolle erforderlich ist. Die folgende Checkliste gilt für Anlagen, Anlagenteile oder technische Schutzvorkehrungen, soweit es sich dabei baurechtlich um Bauprodukte, nicht um Bauarten handelt. Der Check ist jeweils getrennt für alle relevanten Teile einer Anlage durchzuführen, um am Ende die Gesamtanlage als geeignet feststellen zu können. Die Abbildung 8.2 setzt die Checkliste in ein Fließdiagramm um. Dabei ist zu beachten, daß dieser Ablauf stets für ganze Anlagen, alle Anlagenteile und alle technischen Schutzvorkehrungen getrennt zu durchlaufen ist.

1. Sind die Anlage, Anlagenteile oder technischen Schutzvorkehrungen einfach oder herkömmlich?

   Wenn ja, ist lt. § 19h Abs. 1 Nr. 1 WHG keine Eignungsfeststellung erforderlich. Die eventuell bestehende Pflicht zu Vorprüfungen nach anderen Rechtsbereichen bleibt dadurch unberührt.

   Wenn nein, sollte als erstes der internationale Bereich baurechtlicher Vorprüfungen abgeklärt werden.

2. Haben die Anlage, Anlagenteile oder technischen Schutzvorkehrungen ein CE-Zeichen?

   Wenn ja, ist zu prüfen, ob sie es als Bauprodukte in Umsetzung der Bauproduktenrichtlinie erhalten haben. Ist das der Fall, ist zu prüfen, ob das spezielle Bauprodukt die in der Bauregelliste B Teil 1 vorgeschriebenen Klassen bzw. Leistungsstufen für die beabsichtigte Verwendung aufweist. Wird das bejaht, ist lt. § 19h Abs. 3 Nr. 1 WHG keine Eignungsfeststellung erforderlich.

   Falls nein, ist die Verwendung dieses speziellen Bauproduktes in Deutschland für den beabsichtigten Zweck verboten. Es ist ein anderes zu wählen!

3. Sofern die Anlage, Anlagenteile oder technischen Schutzvorkehrungen ein CE-Zeichen primär zur Umsetzung anderer EG-Richtlinien erhalten haben, ist zu prüfen, ob bei der Erteilung des CE-Zeichens der Gewässerschutz berücksichtigt wurde.

   Falls ja, sind wie bei den CE-Zeichen gem. Bauproduktenrichtlinie die Klassen bzw. Leistungsstufen lt. Bauregelliste B Teil 1 abzuprüfen.

   Falls nein, muß in der Bauregelliste B Teil 2 zur Ergänzung des CE-Zeichens das nationale Ü-Zeichen vorgeschrieben ist. Ist das nicht der Fall, ist keine Eignungsfeststellung erforderlich, andernfalls ist mit der Klärung der nationalen Vorprüfungen fortzufahren.

4. Falls die Anlage, Anlagenteile oder technischen Schutzvorkehrungen kein CE-Zeichen aufweisen, ist nachzusehen, ob sie von der EG-Kommission auf die Liste der Bauprodukte untergeordneter Bedeutung gesetzt wurden und ob der

Hersteller die Übereinstimmung mit allgemein anerkannten technischen Regeln in einem Mitgliedsstaat erklärt hat.

Falls ja, dürfen sie nach baurechtlichen Bestimmungen gehandelt werden und es ist keine Eignungsfeststellung erforderlich. Andernfalls ist mit der Klärung der nationalen Vorprüfungen fortzufahren.

5. Zuerst ist festzustellen, ob für die Anlage, Anlagenteile oder technischen Schutzvorkehrungen eine wasserrechtliche Bauartzulassung (alter Art) vorliegt.

Falls ja, ist lt. § 19h Abs. 2 WHG keine Eignungsfeststellung erforderlich. Die eventuell bestehende Pflicht zu Vorprüfungen nach anderen Rechtsbereichen bleibt dadurch unberührt.

Andernfalls ist zu prüfen, ob eine Bauartzulassung alter Art nach dem ehemaligen § 12 VbF vorliegt. Dann entfällt die Eignungsfeststellung ebenfalls. Es sei darauf hingewiesen, daß ggf. dennoch ein Ü-Zeichen erforderlich ist und in dem entsprechenden baurechtlichen Verfahren erworben werden muß, falls das entsprechende Bauteil nicht bereits auf der Bauregelliste A Teil 1 steht und das Ü-Zeichen bereits besitzt.

6. Als Einstieg in die baurechtlichen nationalen Prüfungen ist zu klären, ob die Anlage, Anlagenteile oder technischen Schutzvorkehrungen auf der Bauregelliste C stehen.

Falls ja, ist kein Ü-Zeichen erforderlich. Der Weg zur Eignungsfeststellung ist frei.

Andernfalls wird geprüft, ob sie in der WasBauPVO aufgeführt werden. Falls nicht, handelt es sich um Sonstige Bauprodukte, bei denen die wasserrechtlichen Anforderungen nicht nach § 19g Abs. 3 Nr. 2 WHG abgeklärt wurden. Es ist kein Ü-Zeichen erforderlich. Der Weg zur Eignungsfeststellung ist frei.

7. Stehen die Anlage, Anlagenteile oder technischen Schutzvorkehrungen als Bauprodukte auf der Bauregelliste A Teil 1?

Falls ja, handelt es sich grundsätzlich um geregelte Bauprodukte, bei denen im Prinzip ein Übereinstimmungsnachweis mit der entsprechenden Technischen Baubestimmung der Bauregelliste erforderlich wird. Sofern das Bauprodukt dieser Baubestimmung entspricht und ihr gemäß verwendet wird, ist zu prüfen, ob auch wirklich ein Ü-Zeichen oder ersatzweise ein Prüfzeichen alter Art vorhanden ist.

Ist das der Fall, ist eine Eignungsfeststellung nicht nötig. Andernfalls ist die Zustimmung der Obersten Bauaufsichtsbehörde im Einzelfall zu suchen. Dann ist kein Ü-Zeichen nötig. In der Regel dürfte sich die Oberste Bauaufsichtsbehörde mit der Obersten Wasserbehörde so abstimmen, daß auch keine Eignungsfeststellung mehr erforderlich ist. Der Weg dorthin ist aber nicht verstellt.

Verweigert die Oberste Bauaufsichtsbehörde ihre Zustimmung, ist die Verwendung dieses speziellen Bauprodukts für den beabsichtigten Zweck verboten und es ist ein anderes zu wählen.

8. Falls die Anlage, Anlagenteile oder technischen Schutzvorkehrungen als Bauprodukte zwar auf der WasBauPVO, nicht aber auf der Bauregelliste A Teil 1 stehen, handelt es sich um nicht geregelte Bauprodukte, bei denen grundsätzlich ein Übereinstimmungsnachweis mit einer allgemeinen bauaufsichtlichen Zulassung nötig ist.

Seht das Bauprodukt auf der Bauregelliste A Teil 2, genügt statt dessen ein Übereinstimmungsnachweis mit einem allgemeinen bauaufsichtlichen Prüfzeugnis. Andernfalls ist die Übereinstimmung mit einer allgemeinen bauaufsichtlichen Zulassung nachzuweisen. In beiden Fällen ist dann zu prüfen, ob auch wirklich ein Ü-Zeichen oder ersatzweise ein Prüfzeichen alter Art vorhanden ist bzw. die Zustimmung im Einzelfall erteilt wird.

9. Sofern die Anlage, Anlagenteile oder technischen Schutzvorkehrungen zwar als geregelte Bauprodukte auf der Bauregelliste A Teil 1 stehen, aber von den erwähnten Baubestimmungen abweichen bzw. anders verwendet werden, hängt es von Festsetzungen der Bauregelliste A Teil 1 ab, ob die Übereinstimmung mit einer allgemeinen bauaufsichtlichen Zulassung oder mit einem allgemeinen bauaufsichtlichen Prüfzeugnis nachzuweisen ist.

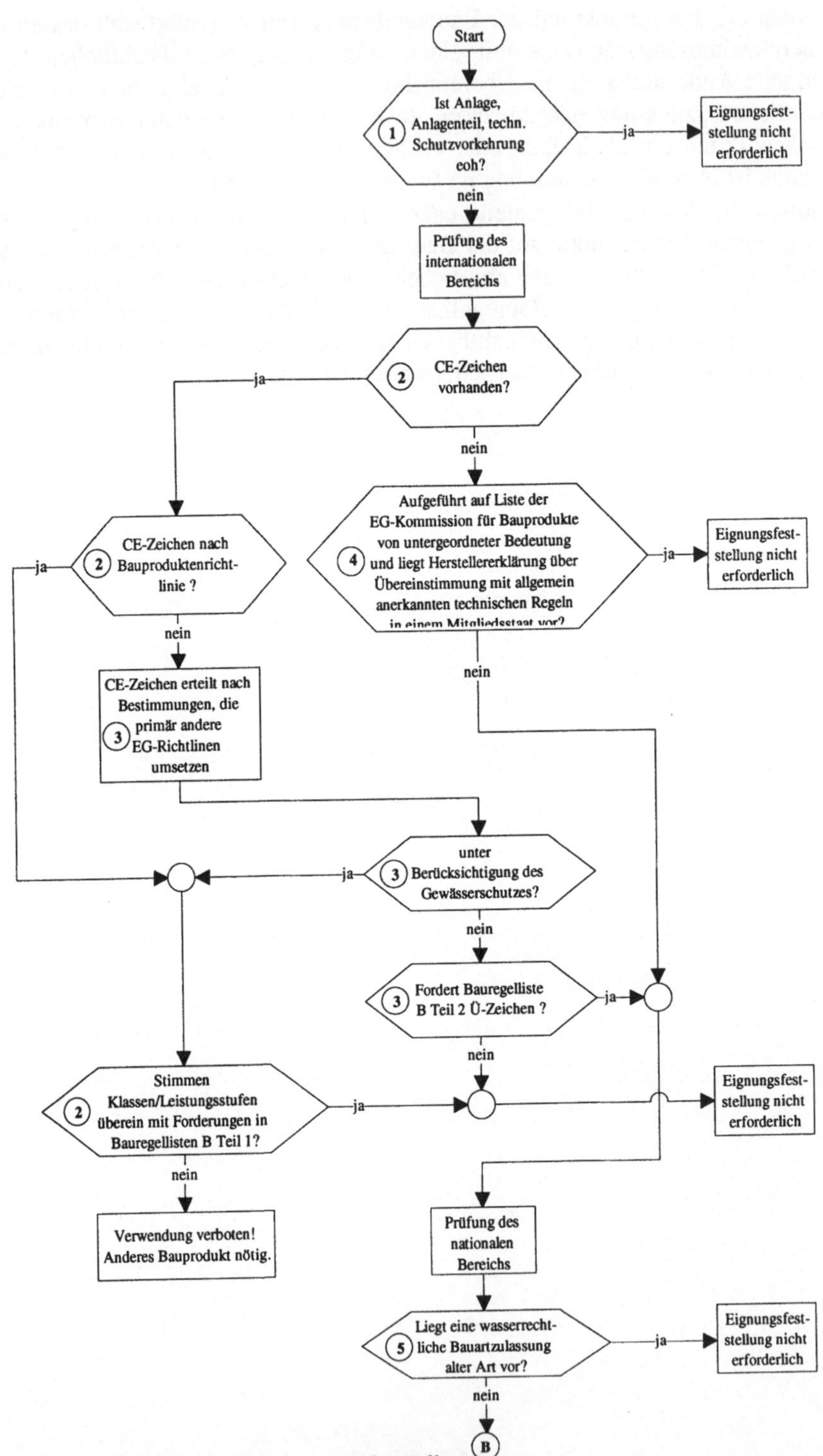

Abb. 8.2 Ablaufschema zur Eignungsfeststellung (Ziffern 1 bis 9 entsprechen denen der Checkliste)

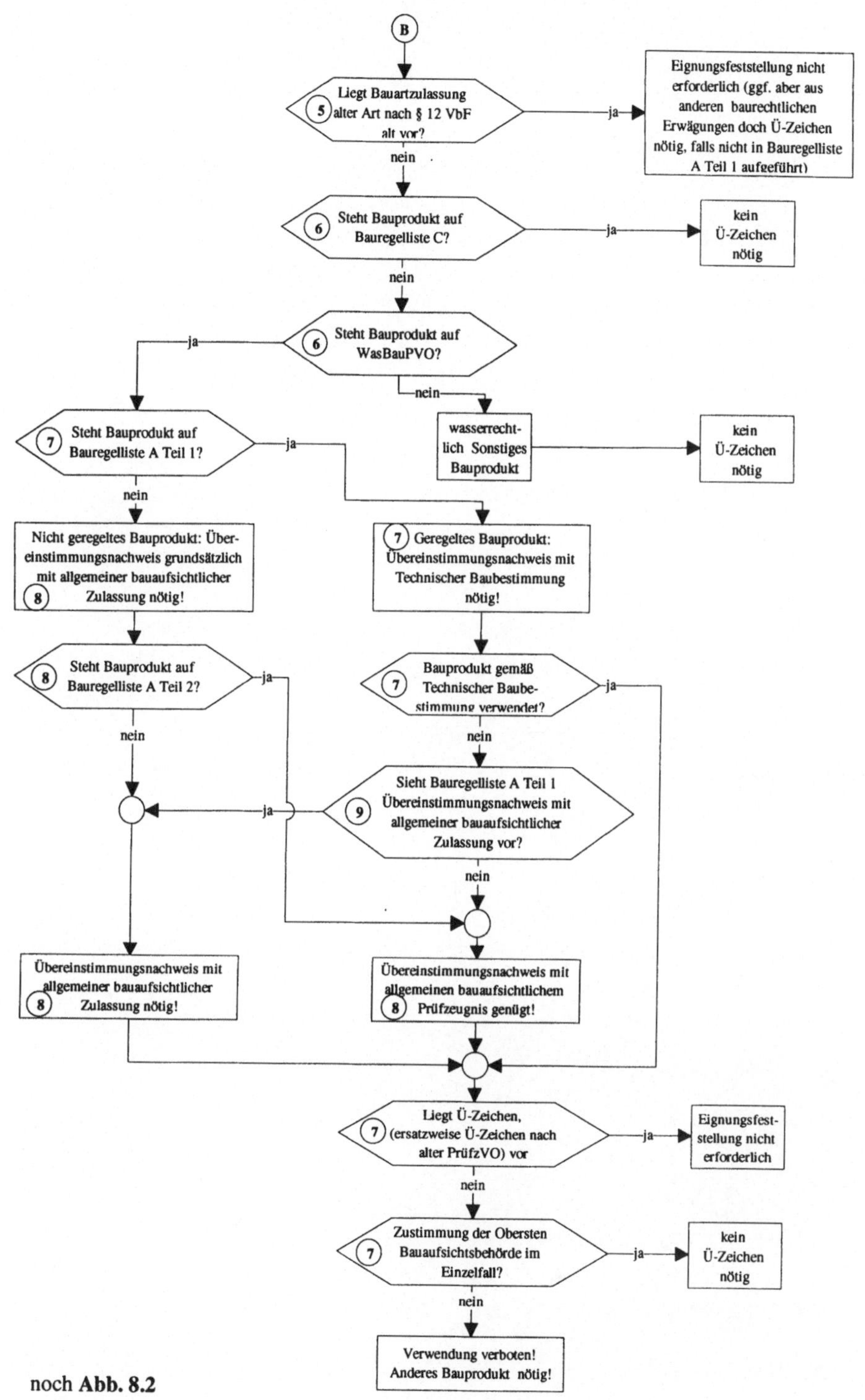
B
Liegt Bauartzulassung alter Art nach § 12 VbF alt vor?
5
ja
nein
Eignungsfeststellung nicht erforderlich (ggf. aber aus anderen baurechtlichen Erwägungen doch Ü-Zeichen nötig, falls nicht in Bauregelliste A Teil 1 aufgeführt)
Steht Bauprodukt auf Bauregelliste C?
6
ja
kein Ü-Zeichen nötig
nein
Steht Bauprodukt auf WasBauPVO?
6
ja
nein
Steht Bauprodukt auf Bauregelliste A Teil 1?
7
ja
wasserrecht- lich Sonstiges Bauprodukt
kein Ü-Zeichen nötig
nein
Nicht geregeltes Bauprodukt: Über- einstimmungsnachweis grundsätzlich mit allgemeiner bauaufsichtlicher Zulassung nötig!
8
Geregeltes Bauprodukt: Übereinstimmungsnachweis mit Technischer Baubestimmung nötig!
7
Steht Bauprodukt auf Bauregelliste A Teil 2?
8
ja
nein
Bauprodukt gemäß Technischer Baube- stimmung verwendet?
7
ja
nein
Sieht Bauregelliste A Teil 1 Übereinstimmungsnachweis mit allgemeiner bauaufsichtlicher Zulassung vor?
9
ja
nein
Übereinstimmungsnachweis mit allgemeiner bauaufsichtlicher Zulassung nötig!
8
Übereinstimmungsnachweis mit allgemeinen bauaufsichtlichem Prüfzeugnis genügt!
8
Liegt Ü-Zeichen, (ersatzweise Ü-Zeichen nach alter PrüfzVO) vor?
7
ja
Eignungsfest- stellung nicht erforderlich
nein
Zustimmung der Obersten Bauaufsichtsbehörde im Einzelfall?
7
ja
kein Ü-Zeichen nötig
nein
Verwendung verboten! Anderes Bauprodukt nötig!

noch **Abb. 8.2**

9 Beispiele

In den folgenden Kapiteln werden exemplarisch einige Anlagen dargestellt, die den technischen und organisatorischen Anforderungen insbesondere des Wasserrechts entsprechen. Das Spektrum ist so vielfältig und reicht von dem einfachen Öltank im Keller als Lageranlage bis zu hochkomplexen LAU-/HBV-Anlagen der Chemischen Großindustrie. Die Beispiele sollen Hinweise geben, wie im individuellen Einzelfall eine Anlage zum Umgang mit wassergefährdenden Stoffen zu gestalten ist.

9.1
Lageranlagen

Mit den folgenden Beispielen 1 bis 7 werden einfache Lageranlagen dargestellt, wie sie bei der Heizung von Gebäuden installiert werden. Die Beispiele sind dem Merkblatt des Ministeriums für Umwelt, Naturschutz und Raumordnung des Landes Brandenburg [MUB-97] entnommen.

Beispiel 1

Heizöl wird in einem sogenannten Haushaltstank (Kunststofftank mit integrierter Auffangwanne) mit 1.000 l Rauminhalt im Keller eines Wohnhauses gelagert. Die Befüllung des Behälters erfolgt von einem Tankwagen mittels einer Handpumpe in 10 l-Heizölkannen, in denen das Heizöl zu verschiedenen Öleinzelöfen in einem Wohnhaus transportiert wird. Das Heizöl wird von Hand in die Vorratsbehälter der Öleinzelöfen gefüllt, die ein Volumen von ca. 10 l aufweisen.

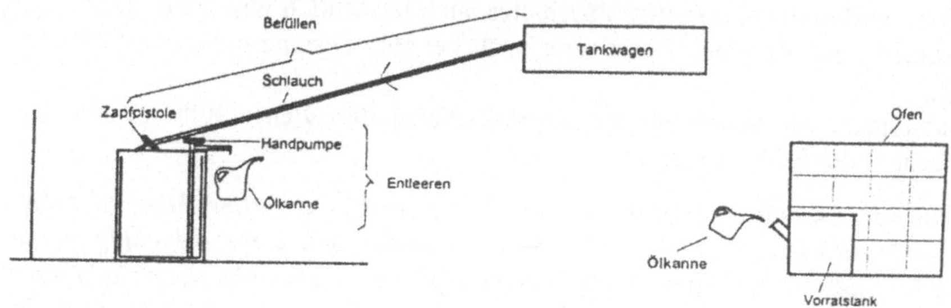

Abb. 9.1 Beispiel 1

Bestimmung der Anlagen

In dem Haushaltstanks wird Heizöl als Brennstoff vorgehalten. Es handelt sich um eine Anlage zum Lagern eines wassergefährdenden Stoffes der Wassergefährdungsklasse (WGK) 2. Alle Teile des Haushaltstanks, die für die Funktion des Behälters erforderlich sind, d. h. in diesem Beispiel der Behälter selbst sowie die Füllstandsanzeige, sind Anlagenteile, die zusammen eine Funktionseinheit bilden. Die integrierte Auffangwanne ist eine technische Schutzvorkehrung.

Der Platz von dem aus der Haushaltstank befüllt wird, d. h. die Fläche auf der sich der Tankwagen bei der Befüllung des Haushaltstanks befindet, einschließlich der Fläche auf der der Befüllschlauch vom Tankwagen bis zum Haushaltstank verlegt ist, ist Teil der Lageranlage. Dabei ist es unerheblich, ob sich dieser Befüllplatz im öffentlichen Bereich (Straße) oder auf dem Grundstück des Anlagenbetreibers befindet. Um als Anlagenteil zu gelten, muß dieser Platz auch nicht über eine besondere bauliche Ausgestaltung oder spezielle Einrichtungen verfügen.

An den Platz, von dem aus der Haushaltstank befüllt wird, werden jedoch keine besonderen Anforderungen gestellt.

Hinweis: Ein Abfüllen auf der grünen Wiese bleibt damit nur den in der VVAwS genannten Ausnahmefällen sowie den mobilen Anlagen, die nicht unter die Anlagendefinition in § 19g WHG fallen, vorbehalten.

Der Platz, an dem die Ölkannen befüllt werden bzw. der Haushaltstank entleert wird, ist gleichfalls Teil der Lageranlage. An diesen Entleerplatz werden aber die materiellen Anforderungen für Abfüllanlagen gestellt.

Die Handpumpe und der Schlauch zur Befüllung von Ölkannen sind ebenfalls Teile der Lageranlage, sie sind Anlagenteile, die nur der Entleerung der Lageranlage dienen.

Die Öleinzelöfen sind jeweils HBV-Anlagen, konkret zum Verwenden von Heizöl als Brennstoff. Die Vorratsbehälter der Öfen stehen im engen funktionellen Zusammenhang mit den Öfen und sind daher Bestandteil der Öfen. Es sind folglich ebenso viele HBV-Anlagen wie Öfen vorhanden.

Die Vorratsbehälter gelten nicht als Lageranlagen, da sie nicht mehr Heizöl als einen Tagesbedarf enthalten können. Um die Begriffe der VAwS zu verwenden, kann auch von einer „Tagesproduktion Wärme" gesprochen werden. Es ist unerheblich, ob das Heizöl im Vorratsbehälter auch tatsächlich innerhalb eines Tages verbraucht wird, da diese Zuordnung auch bei Betriebsunterbrechung Gültigkeit behält.

Der Plätze, von denen aus die Vorratsbehälter der Öfen befüllt werden, sind Anlagenteil der HBV-Anlagen.

Hinweis: Für diese Zuordnung der Plätze, von denen HBV-Anlagen befüllt oder entleert werden, zu den HBV-Anlagen findet sich keine Regelung in der VAwS und der VVAwS. Bei diesem Beispiel ist dies auch nicht weiter schädlich, bei anderen HBV-Anlagen wiegt dieser Sachverhalt jedoch schwerer, z. B. bei Chemischreinigungsmaschinen, die in der Regel aus Kanistern befüllt werden. Wenn bei diesen Anlagen der Befüllplatz nicht Teil der HBV-Anlage wäre, müßte der Befüllplatz als Abfüllanlage behandelt werden, um ihn den Anforderungen der

§§ 19g ff. zu unterwerfen. Dies würde voraussichtlich eine Eignungsfeststellung nach sich ziehen.

Anlagen zum Verwenden wassergefährdender Stoffe im privaten Bereich sind von den Bestimmungen der §§ 19g ff WHG ausgenommen. Es werden daher keine allgemeinen oder besonderen Anforderungen an die Ölöfen gestellt.

Die Definition einer Schnittstelle zwischen der Lageranlage und den HBV-Anlagen ist in diesem Beispiel nicht erforderlich, da es keine betrieblich verbindenden Anlagenteile gibt.

Bestimmung der Gefährdungsstufe

Die Gefährdungsstufe der Lageranlage wird bestimmt von der Wassergefährdungsklasse des Heizöls, WGK 2 und dem Volumen der Anlage, 1.000 l. Nach der Tabelle in § 6 VAwS ergibt sich damit die Gefährdungsstufe A.

Die Gefährdungsstufe der Ölöfen muß nicht bestimmt werden, da sie aufgrund ihres privaten Charakters in diesem Beispiel von den Bestimmungen der §§ 19g WHG ausgenommen ist.

Hinweis: Würden sich die Ölöfen im Bereich der gewerblichen Wirtschaft oder öffentlicher Einrichtungen befinden, wären sie nicht von den Bestimmungen der §§ 19g ff WHG ausgenommen. In diesem Fall wäre für die Bestimmung der Gefährdungsstufe das Volumen des Vorratsbehälters, 10 l, maßgebend. Die Gefährdungsstufe der Ölöfen wäre dann ebenfalls A.

Beispiel 2

Wie Beispiel 1, im Unterschied dazu erfolgt die Lagerung in drei baugleichen nebeneinander aufgestellten Haushaltstanks

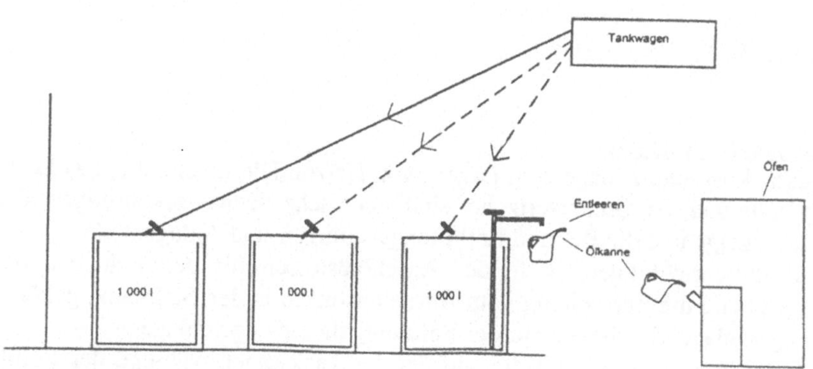

Abb. 9.2 Beispiel 2

Bestimmung der Anlagen

Dieses Beispiel unterscheidet sich von Beispiel 1 dadurch, daß es sich hier um drei Anlagen zum Lagern handelt.

Hinweis: Die Tatsache, daß der Tankwagen während des Befüllens der Haushaltstanks nicht den Standort wechselt, kann nicht bewirken, daß sich dadurch eine eigenständige Abfüllanlage ergibt. Das Gleiche gilt, wenn die Haushaltstanks so angeordnet sind, daß die Ölkannen immer auf der gleichen Fläche befüllt werden. Es erfolgt lediglich ein „Überlappen" der Plätze, von denen aus die Lageranlagen befüllt werden.

Ferner sind so viele HBV-Anlagen wie Öleinzelöfen vorhanden (siehe Beispiel 1).

Bestimmung der Gefährdungsstufe
Analog zu Beispiel 1 ergibt sich für jede der Lageranlagen und jede HBV-Anlage die Gefährdungsstufe A.

Beispiel 3
Heizöl wird in einem kellergeschweißten Stahltank nach DIN 66.. mit Innenhülle und Leckanzeigegerät, Rauminhalt 6.000 l, gelagert. Der Behälter wird von einem Tankwagen mit festem Schlauchanschluß und unter Verwendung einer Abfüllsicherung befüllt. Die Entleerung des Behälters erfolgt mittels Saugleitung (Einstrangsystem) zu dem Brenner einer Zentralheizung.

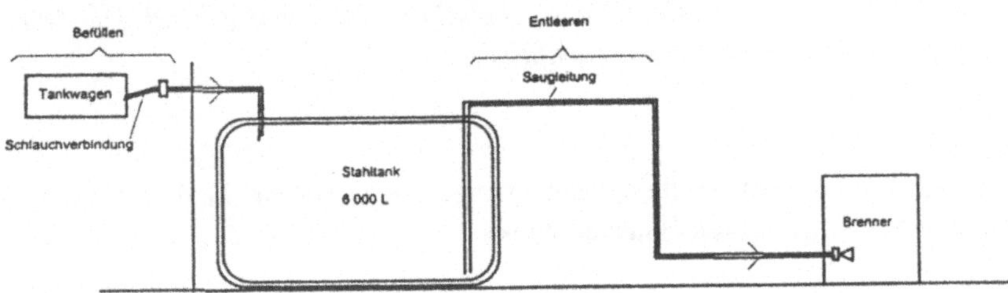

Abb. 9.3 Beispiel 3

Bestimmung der Anlagen
Der Stahltank ist eine Anlage zum Lagern von Heizöl. Die Innenhülle, das Leckanzeigegeräte und der Grenzwertgeber sind technische Schutzvorkehrungen. Die Füllstandsanzeige und die Be- und Entlüftungsleitungen sind Anlagenteile.

Die Befülleinrichtungen, d. h. der Anschlußstutzen für den Schlauch des Tankwagens und die Rohrleitung vom Anschlußstutzen in den Stahltank, gehören zu der Lageranlage. Sie dienen nur der Befüllung dieser Lageranlage.

Der Befüllplatz, d. h. die Fläche, auf der der Tankwagen während der Befüllung des Tanks steht, einschließlich der Fläche, auf der der Befüllschlauch des Tankwagens verlegt ist, ist Teil der Lageranlage.

Die Zentralheizung einschließlich des Brenners bildet eine HBV-Anlage, in der das Heizöl als Brennstoff verwendet wird.

Die Saugleitung, die den Stahltank mit dem Brenner verbindet, ist keine selbständige Anlage, sondern ein Anlagenteil, das eine Lageranlage mit einer HBV-Anlage verbindet. Die VAwS und die VVAwS enthalten keine eindeutigen Kriterien für eine Zuordnung.

Sinnvoll erscheint, die Rohrleitung als Abfülleinrichtung anzusehen, die der Entleerung der Lageranlage dient. Die Saugleitung wäre also als Teil der Lageranlage anzusehen. Besser erscheint es, die o. g. Zuordnungsregel zu verwenden.

Die Schnittstelle zwischen Lageranlage und HBV-Anlage liegt irgendwo im Bereich der Pumpe. Da die Pumpe bei Ölheizungen im allgemeinen in die Brenneranlage integriert ist, erscheint es sinnvoll, als Schnittstelle die lösbare Verbindung anzusehen, die nach der Absperrarmatur der Rohrleitung in Fließrichtung vor der Pumpe eingebaut ist. Die Absperrarmatur wäre noch Bestandteil der Rohrleitung, die Pumpe mit dem Rohrstück zum Brenner Bestandteil der HBV-Anlage. Diese Zuordnung ist praxisgerecht, da bei Wartungsarbeiten oder beim Austausch eines Brenners die Unterbrechung der Rohrleitung an dieser lösbaren Verbindung erfolgt.

Bestimmung der Gefährdungsstufe
Die Gefährdungsstufe der Lageranlage wird von der WGK 2 und dem Volumen des Stahltanks, 6.000 l, bestimmt. Diese Lageranlage fällt somit in die Gefährdungsstufe B.

Die Gefährdungsstufe der HBV-Anlage wird von dem in der Pumpe und dem in dem Rohrleitungsstück bis zum Brenner befindlichem Volumen an Heizöl bestimmt. Da dies eine sehr kleine Menge ist, erhält man für die HBV-Anlage die Gefährdungsstufe A.

Beispiel 4
Wie Beispiel 3, im Unterschied dazu erfolgt die Entleerung des Behälters jedoch zu mehreren Öleinzelöfen, die durch eine zentrale Ölversorgungseinrichtung mit dem Brennstoff versorgt werden. Dabei führt eine Saugleitung zu einem, im Keller angeordneten, Druckpumpenaggregat mit Öldruckbehälter. Vom Öldruckbehälter führen Versorgungsleitungen zu den angeschlossenen Öleinzelöfen.

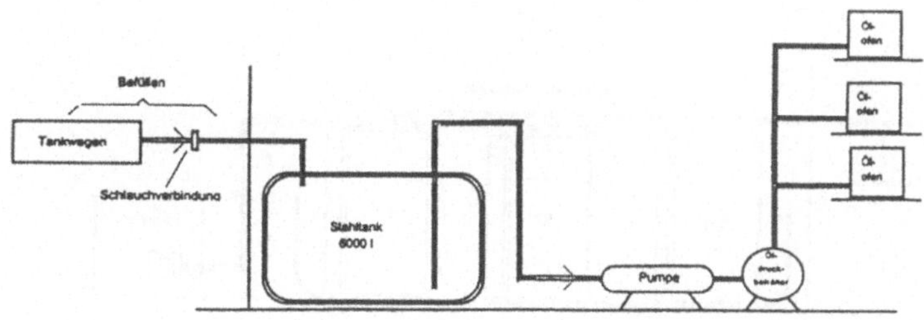

Abb. 9.4 Beispiel 4

Bestimmung der Anlagen
Wie in Beispiel 3 stellt der Stahltank mit dem Befüllplatz und der Befülleitung eine Lageranlage dar. Das Stück Saugleitung bis zu dem Druckpumpenaggregat ist entsprechend der vorhergehenden Erläuterung bis einschließlich des Absperrventils vor dem Druckpumpenaggregat Teil der Lageranlage.

Die Ölöfen, die von der zentralen Ölversorgungseinrichtung mit Brennstoff versorgt werden, sind jeweils HBV-Anlagen.

Problematisch erscheint zunächst die Zuordnung der Pumpe, des Ölbetriebsbehälters und der Rohrleitungen zu den Ölöfen. Der Ölbetriebsbehälter ist jedoch mehreren HBV-Anlagen zugeordnet, danach wäre er als Teil der Lageranlage anzusehen. In Analogie zu der vorhergehenden Beispielserläuterung können dann auch die Rohrleitungen vom Ölbetriebsbehälter bis zu den Ölöfen der Lageranlage zugeordnet werden, da sie alle der Entleerung des Stahltanks dienen. Schnittpunkt wäre auch hier die lösbare Verbindung in den Rohrleitungen vor den Ölöfen. Die Pumpe ist in diesem Beispiel der Lageranlage zugeordnet.

Bestimmung der Gefährdungsstufe

Die Gefährdungsstufe der Lageranlage entspricht der in den vorhergehenden Beispielen. Das Volumen in den Rohrleitungen und dem Ölbetriebsbehälter muß nicht besonders berücksichtigt werden, da das sich in diesen Anlagenteilen befindliche Heizöl grundsätzlich nur eine Teilmenge des Heizöls im Stahltank ist.

Die Gefährdungsstufe der Ölöfen wird durch das Volumen des Rohrleitungsstückes zwischen der lösbaren Verbindung und dem Brenner bestimmt. Für die Öfen ergibt sich daher regelmäßig die Gefährdungsstufe A.

Beispiel 5

Heizöl wird in drei einwandigen, in einem gemeinsamen Auffangraum aufgestellten Batteriebehälter aus Polyethylen mit jeweils 2.000 l Rauminhalt, gelagert. Die Behälter sind durch oben liegende Befüll- und Entleerleitungen so miteinander verbunden, daß das Heizöl von einem Behälter in den anderen fließen kann (kommunizierende Verbindung). Die Befüllung der Behälter erfolgt von einem Tankwagen über eine Befülleitung mit festem Schlauchanschluß und unter Verwendung einer Abfüllsicherung. Die Entleerung erfolgt über eine Saugleitung zum Brenner einer Zentralheizung.

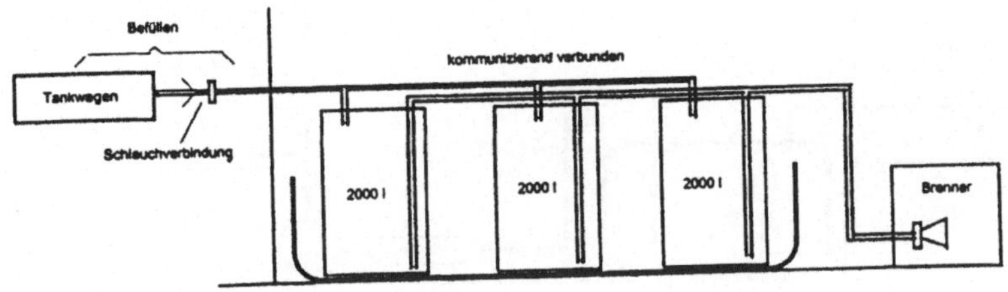

Abb. 9.5 Beispiel 5

Bestimmung der Anlagen

Die drei Behälter sind ohne die oben liegende Befüll- und Entleerleitung nicht funktionsfähig, sie sind daher als unselbständige Funktionseinheit anzusehen.

Durch die betriebliche Verbindung mittels der Befüll- und Entleerleitung werden sie erst zu einer Anlage.

Es ist nun zu klären, ob es sich dabei um eine Anlage mit drei Behältern oder um eine Anlage mit einem Behälter handelt. Die Befüll- und Entleerleitung verfügt nicht über ein System von Ventilen, das verhindern könnte, daß Heizöl von einem Behälter in den anderen fließen kann. Die Flüssigkeitsräume stehen folglich betriebsmäßig in ständiger Verbindung, sind also kommunizierende. Die VVAwS verlangt nicht, daß die Flüssigkeit selbst in ständiger Verbindung steht, es reicht aus, wenn die Flüssigkeitsräume in ständiger Verbindung stehen. Es handelt sich daher um eine Lageranlage mit einem Behälter.

Die Zuordnung des Befüllplatzes und der Rohrleitung sowie die Abgrenzung der HBV-Anlage erfolgt analog zu Beispiel 3.

Bestimmung der Gefährdungsstufe

Die Gefährdungsstufe der Lageranlage wird bestimmt von dem Volumen aller drei Behälter, 6.000 l und der WGK 2. Es ergibt sich für die Lageranlage die Gefährdungsstufe B.

Beispiel 6

Heizöl wird in drei einwandigen Batteriebehältern aus glasfaserverstärktem Kunststoff (GfK) mit jeweils 2.000 l Rauminhalt gelagert. Die Behälter sind mit einem oben liegenden, nicht kommunizierenden Befüll- und Entleersystem ausgestattet. Die Befüllung und Entleerung erfolgt wie in Beispiel 5.

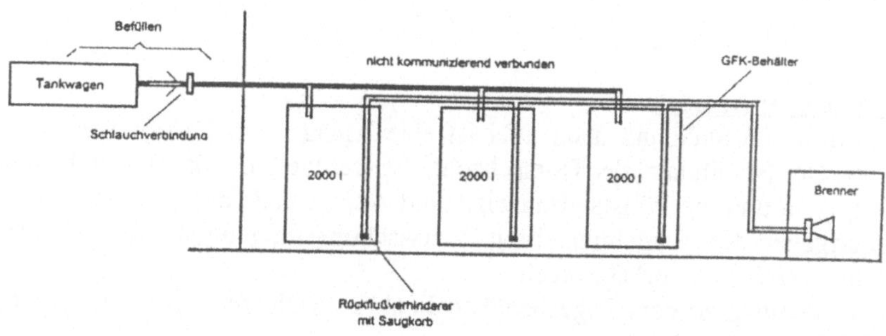

Abb. 9.6 Beispiel 6

Bestimmung der Anlagen

Dieses Beispiel unterscheidet sich von Beispiel 5 dadurch, daß ein nicht kommunizierendes Befüll- und Entleersystem eingesetzt wird. Es handelt sich bei den drei Behältern also nicht um einen Behälter, sondern um drei Behälter. Daraus folgt aber nicht, daß es sich auch um drei Anlagen zum Lagern handelt. Im Gegensatz zu Beispiel 14 sind die Behälter unselbständige Funktionseinheiten, die durch das Befüll- und Entleersystem betrieblich verbunden sind und dadurch zu einer Anlage werden. In diesem Fall gilt als maßgebendes Volumen der gemeinsame Inhalt aller drei Behälter, 6.000 l. Es ergibt sich damit wie in Beispiel 5 die Gefährdungsstufe B.

Beispiel 7
Ein kommunales Rechenzentrum lagert in einem doppelwandigen unterirdischen Stahltank nach DIN 66.. mit Leckanzeigegerät 25.000 l Dieselkraftstoff zur Versorgung einer Notstromanlage. Die Befüllung des Behälters erfolgt durch Tankwagen mit festem Schlauchanschluß und unter Verwendung einer Abfüllsicherung. Die Entleerung erfolgt über eine Saugleitung zu einem im Gebäude aufgestellten Tagesbehälter mit 1.000 l Rauminhalt, von dem aus das Notstromaggregat unmittelbar versorgt wird. Der Tagesbehälter ist in einer Auffangwanne aufgestellt. Das Notstromaggregat saugt den Kraftstoff aus dem Tagesbehälter an.

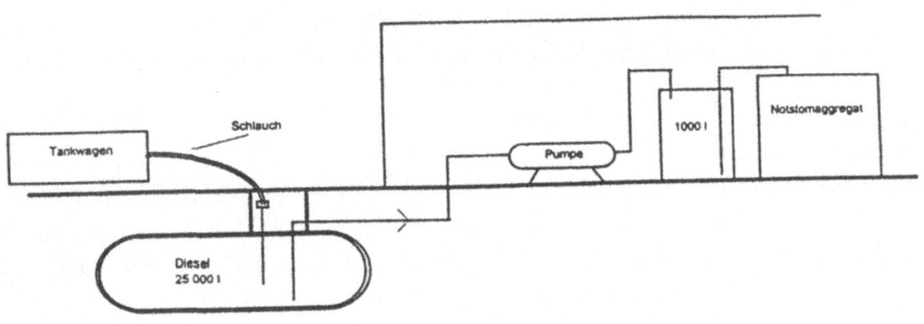

Abb. 7 Beispiel 7

<u>Bestimmung der Anlagen</u>
Der unterirdische Stahltank nach DIN ist eine Anlage zum Lagern von Dieselkraftstoff. Der Befüllplatz, der Domschacht, die Befülleitung, die Be- und Entlüftungsleitungen und die Füllstandsanzeige sind Anlagenteile der Lageranlage. Der Grenzwertgeber, der Doppelmantel mit Überwachungsraum und Leckanzeigegerät sind technische Schutzvorkehrungen.

Die Saugleitung zu dem Tagesbehälter dient der Entleerung des Tanks und ist daher Teil der Lageranlage.

Das Notstromaggregat ist eine Anlage zum Verwenden. Da es sich in einem kommunalen Rechenzentrum befindet, ist es eine Anlage zum Verwenden im Bereich öffentlicher Einrichtungen. Es ist damit von den Anforderungen der §§ 19g ff. WHG nicht ausgenommen.

Der Tagesbehälter steht in engem funktionalem Zusammenhang mit dem Notstromaggregat und ist daher grundsätzlich Teil der HBV-Anlage. Dies gilt jedoch nur dann, wenn der Inhalt des Tagesbehälters nicht größer als ein Tagesbedarf zur Erzeugung von elektrischer Energie ist. Ist die Anlage größer als ein Tagesbedarf, wäre der Tagesbehälter Teil der Lageranlage. Dies würde auch gelten, wenn der Inhalt einen Tagesbedarf nicht übersteigt, aber der Tagesbehälter mehreren Notstromaggregaten zugeordnet wäre.

Geht man davon aus, daß der Tagesbehälter Teil der HBV-Anlage ist, liegt die Schnittstelle zwischen Lager- und HBV-Anlage an der lösbaren Verbindung nach der letzten Absperrarmatur vor der Pumpe, die in den Tagesbehälter fördert. Die Absperrarmatur gehört noch zur Lageranlage. Die Pumpe ist Teil der HBV-Anlage. Das Gleiche gilt für die Rohrleitung zwischen dem Tagesbehälter und dem Notstromaggregat einschließlich der in diesem Stück eingebauten Ventile, Armaturen und Pumpe.

Übersteigt der Inhalt des Tagesbehälters einen Tagesbedarf, so liegt die Schnittstelle zwischen Tagesbehälter und Notstromaggregat. In Analogie zu den Heizungsanlagen wäre dann die Schnittstelle die lösbare Verbindung nach der letzten Absperrarmatur vor der Pumpe des Notstromaggregates.

Bestimmung der Gefährdungsstufe

Sofern der Tagesbehälter Teil der HBV-Anlage ist, ergibt sich die Gefährdungsstufe für die Lageranlage aus dem Inhalt des Tanks, 25.000 l und der WGK 2 des Dieselkraftstoffes, also Gefährdungsstufe C.

Die Gefährdungsstufe der HBV-Anlage wird vom Volumen des Tagesbehälters, 1.000 l, bestimmt. Danach ergibt sich für die HBV-Anlage die Gefährdungsstufe A.

Hinweis: Ist der Tagesbehälter als Teil der Lageranlage anzusehen, ist zu definieren, ob das Volumen des Tagesbehälters zu dem Volumen des Lagertanks zu addieren ist oder Bestandteil des Lagervolumens ist. Im Grenzbereich kann sich eine Auswirkung auf die Gefährdungsstufe ergeben. In der Regel sollte keine Addition erfolgen.

9.2
Tankstellen

Vorbemerkung

Bei Tankstellen ist davon auszugehen, daß eine Tankstelle ein Anlagensystem verschiedener Lager- und Abfüllanlagen ist. Im Sinne der Definition der selbständigen Funktionseinheit (s. Kap. 6.2.3) hat ein Anlagensystem „Tankstelle" so viele Auffüllanlagen, wie gleichzeitig Abfüllvorgänge stattfinden können. Die Beispiele 8 bis 15 sind [MUB-97] entnommen.

Zur Abfüllanlage gehört dann der Abfüllplatz und die Einrichtungen zum Abfüllen, d. h. Rohrleitung ab Schnittstelle, die Pumpe, die Rohrleitung und Armaturen in der Säule, der Zapfschlauch und die Zapfpistole.

Bei Tankstellen hat die Abgrenzung der einzelnen Abfüllanlagen eine untergeordnete Bedeutung, da die materiellen Anforderungen und die Pflicht zur Sachverständigenprüfung unabhängig von der Gefährdungsstufe geregelt sind.

Beispiel 8

Dieselkraftstoff wird von einem landwirtschaftlichen Betrieb in vier Rollreifenfässern mit jeweils 400 l Rauminhalt, die in der Auffangwanne liegen, gelagert. Da es sich um Unterschied zu Beispiel 1 um Behälter handelt, die weder gefahrgutrechtlich zulässig sind, noch über ein Prüfzeichen oder eine Bauartzulassung verfügen, ist die Lagerung in einem Auffangraum erforderlich. Die Fässer werden ortsfest genutzt und bei Bedarf von einem Tankwagen mittels Zapfpistole gefüllt. Die Entleerung erfolgt mit einer Handpumpe in 10 l-Ölkannen, aus denen die landwirtschaftlichen Fahrzeuge betankt werden.

(Hinweis: Dieses Beispiel steht hinsichtlich der Zulässigkeit der Befüllung mit einer Zapfpistole in Zusammenhang mit den Beispielen 1 und 2)

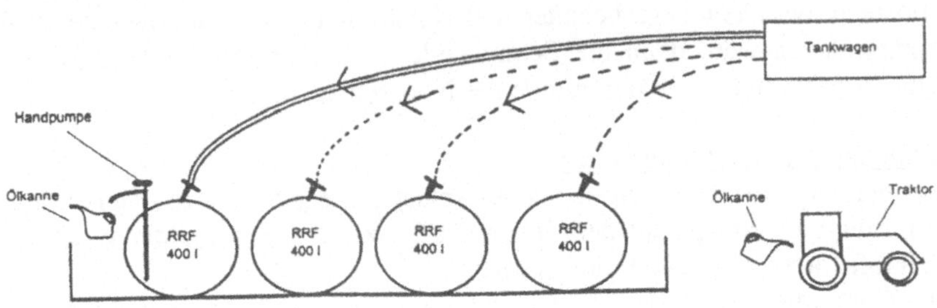

Abb. 9.8 Beispiel 8

Bestimmung der Anlagen

Da es sich um ortsbewegliche Behälter handelt, ist die ortsfeste Nutzung von der Wasserbehörde nicht kontrollierbar. Man kann auch annehmen, daß die leeren Behälter gegen volle Behälter ausgetauscht werden bzw. die Behälter im Auffangraum so bewegt werden, daß der jeweils genutzte Behälter vorn steht. Dann bilden alle Behälter zusammen eine Anlage.

Der Befüllplatz, d. h. der Standplatz des Tankwagens beim Befüllen einschließlich der Fläche auf der der Befüllschlauch verlegt ist, ist Bestandteil der Lageranlage.

Der Entleerplatz ist ebenfalls Teil der Lageranlage. Die Pumpe, der Abfüllschlauch und das Zapfventil am Schlauchende sind Einrichtungen zum Abfüllen, die **nur** der Entleerung der Lageranlage dienen.

Die Fläche, auf der die landwirtschaftlichen Fahrzeuge aus den Ölkannen betankt werden, ist eine Abfüllanlage. Abfüllanlagen sind auch Flächen einschließlich ihrer Einrichtungen, auf denen wassergefährdende Stoffe von einem Transportbehälter in einen anderen gefüllt werden. Daß in diesem Beispiel keine besonderen Einrichtungen zum Abfüllen vorhanden sind, schadet nicht, da die VAwS diese Einrichtungen für die Definition nicht voraussetzt.

Bestimmung der Gefährdungsstufe

Die Gefährdungsstufe der Lageranlage wird vom Inhalt der Rollreifenfässer bestimmt. Es handelt sich um eine Lageranlage der Gefährdungsstufe B.

Die Gefährdungsstufe der Abfüllanlage ermittelt sich entweder nach dem Rauminhalt, de sich beim größten Volumenstrom über einen Zeitraum von 10 Minuten ergibt oder dem mittleren Tagesdurchschnitt. Dabei ist der größte Wert maßgebend. Der 10-Minuten-Ansatz ergibt maximal 10 l, entsprechend dem Inhalt der Ölkanne. Der mittlere Tagesdurchschnitt liegt bei einer solchen Betankungsform voraussichtlich unter 100 l, wenn man bedenkt, daß höhere Durchsätze im Frühling und Herbst durch wesentlich geringere Durchsätze im Winter kompensiert werden. Es ergibt sich nach beiden Ansätzen maximal die Gefährdungsstufe A.

Beispiel 9

Dieselkraftstoff wird von einem Tiefbauunternehmen in einem oberirdischen doppelwandigen Stahltank nach DIN 66.. mit Leckanzeigegerät und einem Rauminhalt von 10.000 l gelagert. Die Befüllung erfolgt von einer Zapfsäule, an der Baufahrzeuge des Unternehmens betankt werden. Die Abgabemenge beträgt maximal 100 l/min.

Der Abfüllplatz zur Betankung der Baufahrzeuge ist flüssigkeitsundurchlässig ausgebildet und an einen Leichtflüssigkeitsabscheider mit selbsttätig wirksamen Abschluß angeschlossen. Die Befüllung des Behälters erfolgt ebenfalls von diesem Platz aus. Die im Falle eines Unfalls beim Befüllen des Behälters und der Baufahrzeuge austretenden Kraftstoffmenge kann im Zulauf zum Ölabscheider sowie in diesem selbst aufgefangen werden.

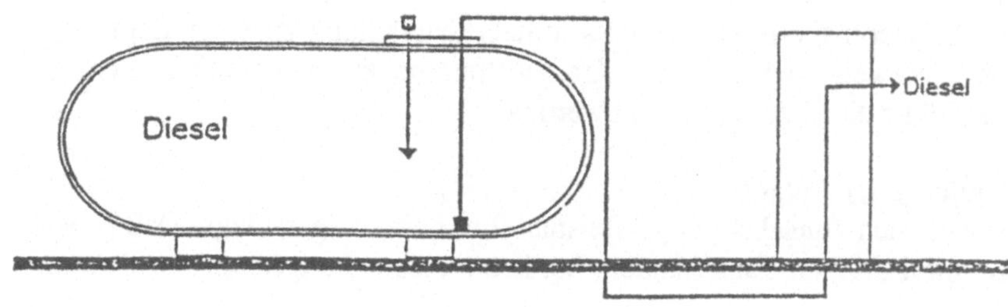

Abb. 9.9 Beispiel 9

<u>Bestimmung der Anlagen</u>

Der Stahltank stellt eine Lageranlage dar. Diese Bestimmung erfolgt in Analogie zu den Ölheizungsbeispielen, da es für die Abgrenzung nicht maßgebend sein kann, ob ein Stoff verbrannt oder verkauft wird. Der Befüllplatz für den Stahltank wird daher auch der Lageranlage als Anlagenteil zugeordnet. Die Saugleitung zur Zapfsäule ist ebenfalls Teil der Lageranlage bis zu einer noch zu bestimmenden Schnittstelle. Die Saugleitung wird von mir analog zu den Ölheizungsbeispielen als Abfülleinrichtung gesehen, die nur der Entleerung der Lageranlage dient.

Die Fläche, auf der die Baufahrzeuge betankt werden, kann im Unterschied zu Beispiel 8 nicht als Abfüllanlage erklärt werden, da hier kein Abfüllen von einem Transportbehälter in einen anderen stattfindet, sondern ein Abfüllen von einem ortsfesten Behälter in Transportbehälter (Fahrzeugtanks) gegeben ist.

Dennoch handelt es sich entsprechend den Vorbemerkungen um eine Anlage zum Abfüllen, da nicht **nur** ein Entleeren der Lageranlage gegeben ist. Die Zapfsäule hat primär den Verfahrenszweck des Betankens der Baufahrzeuge.

Die Schnittstelle zwischen der Lageranlage und der Abfüllanlage ist dort zu sehen, wo die beiden Anlagen bei Instandhaltungsarbeiten betriebsmäßig getrennt werden, d. h. an einem Flansch im Zapfsäulengehäuse. Die Pumpe der Zapfsäule gehört zur Abfüllanlage.

Der Kanal und der Leichtflüssigkeitsabscheider, die als Auffangraum genutzt werden, sind nicht als Anlagenteile anzusehen, sondern sie gelten als technische Schutzvorkehrungen.

Bestimmung der Gefährdungsstufe

Die Gefährdungsstufe der Lageranlage wird vom Volumen des Stahltanks, 10.000 l, bestimmt, d. h. bei WGK 2 erhält man die Gefährdungsstufe B.

Die Gefährdungsstufe der Abfüllanlage wird zum einen nach dem 10-Minuten-Ansatz bestimmt, danach ergibt sich bei einem angenommenen Volumenstrom von 100 l/min die Gefährdungsstufe A. Nach dem mittleren Tagesdurchschnitt, der auf Angaben des Betreibers beruht und schwer nachprüfbar ist, wird sich voraussichtlich ein Volumen zwischen 100 l/d und 1.000 l/d ergeben. Auch danach erhielte man die Gefährdungsstufe A.

Beispiel 10

Im Unterschied zu Beispiel 9 erfolgt die Lagerung des Dieselkraftstoffes in einem unterirdischen Tank gleicher Bauart.

Die Entleerung erfolgt ebenfalls mittels Saugleitung zu einer Zapfsäule. Die Leitung verzweigt sich nach der Kraftstoffpumpe, es kann somit an zwei Stellen der Zapfsäule gleichzeitig getankt werden.

Bestimmung der Anlagen

Es handelt sich zunächst wie in Beispiel 9 um eine Lageranlage. Daß es sich um einen unterirdischen Tank handelt, hat keine Auswirkungen auf die Bestimmung der Anlagen.

Die Ermittlung der Zahl der Abfüllanlagen kann wieder zu zwei unterschiedlichen Ergebnissen führen. Nach dem Kriterium, betrieblich miteinander verbunden Funktionseinheiten bilden eine Anlage, könnte man aufgrund der gemeinsamen Pumpe zu dem Ergebnis kommen, daß es sich um eine Abfüllanlage handelt. Diese Vorgehensweise würde jedoch bei späteren Beispielen zu widersprüchlichen Aussagen führen. Nach der oben aufgestellten Regel (Ein Anlagensystem hat sie viele Abfüllanlagen, wieviel Abfüllvorgänge gleichzeitig stattfinden können) ergeben sich zwei Abfüllanlagen, da zwei Fahrzeuge gleichzeitig betankt werden können.

Bestimmung der Gefährdungsstufe

Die Gefährdungsstufe der Lageranlage entspricht Beispiel 9, Stufe B.

Die Gefährdungsstufe der Abfüllanlage ermittelt sich hinsichtlich des 10-Minuten-Ansatzes für jede Zapfeinheit.

Beispiel 11

Otto- und Dieselkraftstoff werden in einem unterirdischen doppelwandigen Zweikammer-Stahltank nach DIN 66.. mit Leckanzeigegerät gelagert. Jede Kammer enthält 10.000 l Kraftstoff. Die Befüllung des Behälters erfolgt über getrennte Domschächte nach DIN 66.. von einem Tankwagen mit festem Schlauchanschluß und unter Verwendung einer Abfüllsicherung. Die Entleerung der Kammern erfolgt über Saugleitung zu einer Zapfsäule. An einer Seite der Säule kann Otto-, an der anderen Seite Dieselkraftstoff getankt werden. Die Abgabemenge beträgt maximal 60 l/min. Der Standplatz für den Tankwagen befindet sich nicht im Bereich der Fahrzeugbetankungsfläche, ist jedoch wie diese entsprechend dem Anforderungskatalog für Tankstellen befestigt und wie diese an einem Leichtflüssigkeitsabscheider mit selbsttätig wirksamem Anschluß angeschlossen. Leckagen können im Kanalsystem, das zu dem Abscheider führt, aufgefangen werden.

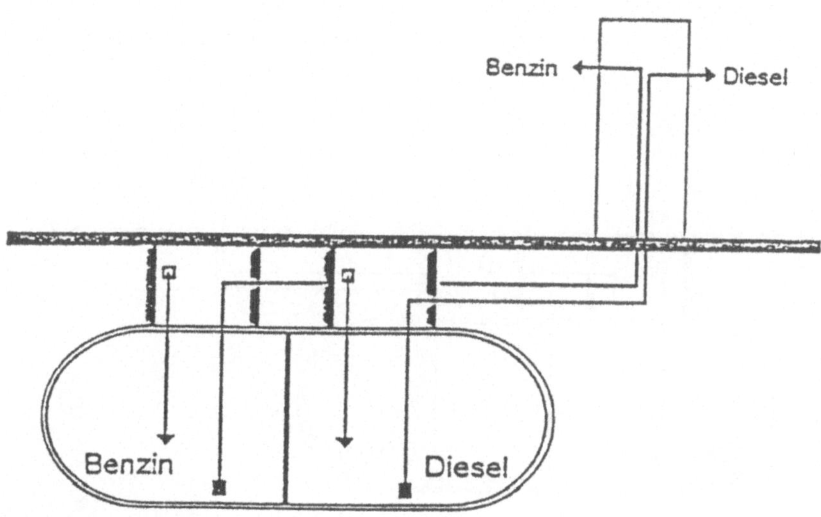

Abb. 9.10 Beispiel 11

Bestimmung der Anlagen

Der Zweikammertank ist als eine Anlage zum Lagern mit zwei Kammern anzusehen.

Für die Sichtweise, daß es sich um eine Anlage handelt, spricht die Einwandigkeit der Trennwand. Die Trennwand ist eine betriebliche Verbindung, ohne die keine der Kammern ihren Zweck erfüllen könnte. Dabei ist es unerheblich, daß die TRbF einen Zweikammertank als zwei Tanks ansieht.

Die Lageranlage verfügt über einen Befüllplatz als Anlagenteil.

Es sind zwei Abfüllanlagen, da zwei Fahrzeuge gleichzeitig betankt werden können.

Bestimmung der Gefährdungsstufe

Es ist eine Lageranlage der Gefährdungsstufe B und eine Lageranlage der Gefährdungsstufe D (Ottokraftstoff in WGK 3) vorhanden.

Unter Zugrundelegung der Ausführungen zu Beispiel 9 sind die Abfüllanlagen sehr wahrscheinlich der Gefährdungsstufe A (Dieselkraftstoff) und C (Ottokraftstoff) zuzuordnen.

Da in der Praxis Dieselkraftstoff häufig auch mit 120 l/min und höheren Durchflußmengen abgegeben wird, es denkbar, daß die Gefährdungsstufe der Dieselseite B wird.

Beispiel 12
Im Unterschied zu Beispiel 11 kann an jeder Seite der Zapfsäule sowohl Otto- als auch Dieselkraftstoff getankt werden.

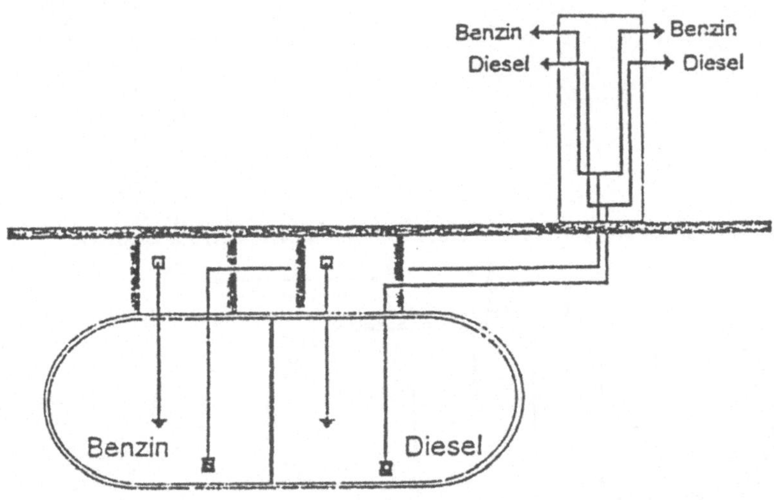

Abb. 9.11 Beispiel 12

Durch die oben aufgestellte Regel ändert sich auch bei komplizierten Aufbau nichts an der Bestimmung der Anzahl der Abfüllanlagen. Im Unterschied zu Beispiel 11 handelt es sich um zwei Abfüllanlagen der Gefährdungsstufe C.

Beispiel 13
Otto- und Dieselkraftstoff werden in zwei verschiedenen unterirdischen doppelwandigen Stahltanks nach DIN 66.. mit Leckanzeigegerät und Domschacht nach DIN 66.. gelagert. Der Rauminhalt der Behälter beträgt jeweils 20.000 l. Beide Behälter sind über Saugleitungen an eine Zapfsäule angeschlossen. Die Befüllung der Behälter und Fahrzeuge sowie die Gestaltung der Abfüllplätze entsprechen Beispiel 11.

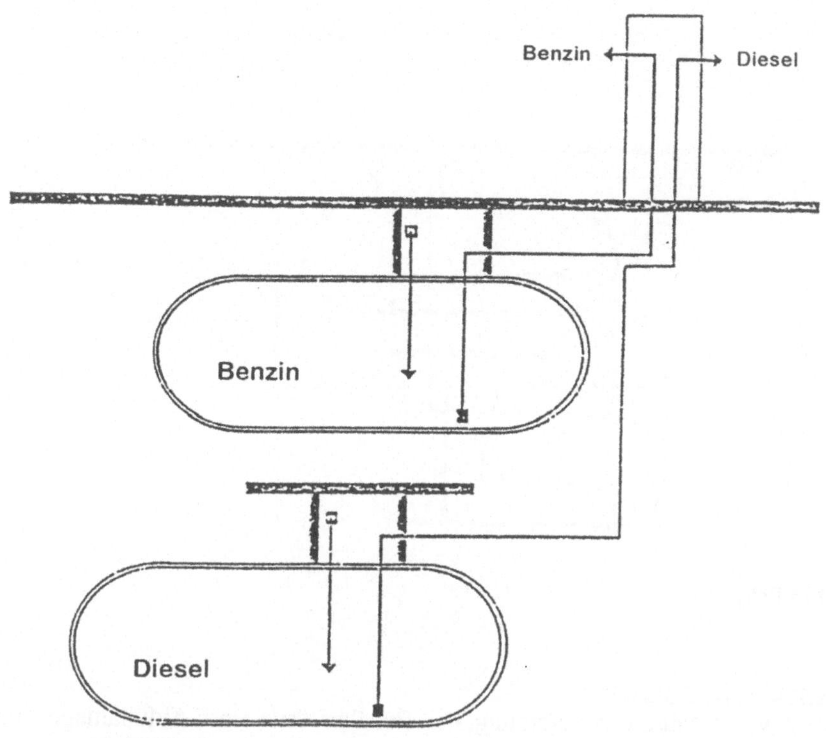

Abb. 9.12 Beispiel 13

Bestimmung der Anlagen
Im Gegensatz zu Beispiel 6 haben die Behälter keine gemeinsamen Befüll- und
Entnahmeleitungen. Deshalb bildet jeder Behälter eine Anlage.
   Dieses Anlagensystem umfaßt zwei Lager- und zwei Abfüllanlagen.

Bestimmung der Gefährdungsstufe
Die Lageranlagen weisen die Gefährdungsstufen C (Dieselkraftstoff) und D
(Vergaserkraftstoff) auf.
   Die Gefährdungsstufe der Abfüllanlagen entspricht Beispiel 11.

Beispiel 14
Wie Beispiel 13, im Unterschied dazu erfolgt die Befüllung der Lagerbehälter von
einem zentralen Fernbefüllschacht aus.

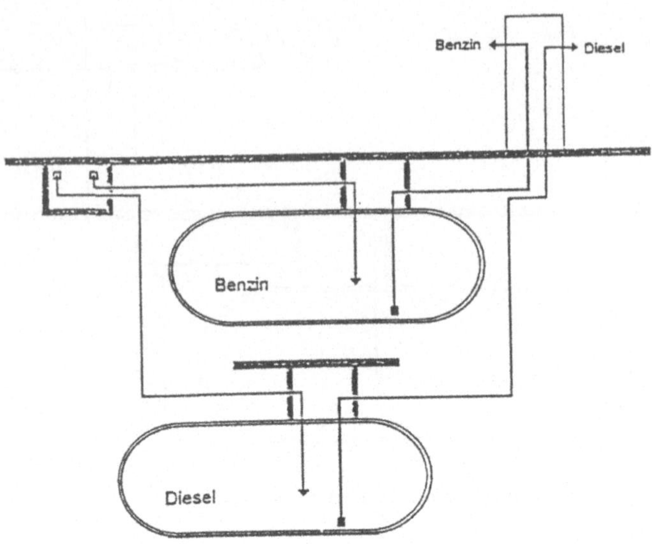

Abb. 9.13 Beispiel 14

<u>Bestimmung der Anlagen</u>
Die VVAwS enthält die Bestimmung, daß Behälter Teile einer Abfüllanlage sind, wenn sie einer Abfüllanlage zugeordnet sind. Da die beiden Behälter über einen Fernbefüllschacht befüllt werden, stellt sich die Frage, ob die genannte Bestimmung hier angewendet werden kann. Dies ist aber nicht der Fall. Es handelt sich hier um zwei Befüllplätze für die Lageranlagen, die sich zu 100% überlappen. Der Fernbefüllschacht ist Anlagenteil von zwei Lageranlagen.

Dafür spricht auch, wie bereits in der Erläuterung zu Beispiel 9 ausgeführt, daß die genannte VVAwS auf Vorlagebehälter abzielt.

Hinsichtlich Art und Zahl der Anlagen entspricht Beispiel 14 dem Beispiel 13.

<u>Bestimmung der Gefährdungsstufe</u>
Wie Beispiel 13.

Beispiel 15
Wie Beispiel 13, im Unterschied dazu erfolgt die Befüllung der beiden Lagerbehälter von einem zentralen Fernbefüllschacht aus und die Entleerung der Behälter erfolgt über Saugleitungen zu zwei verschiedenen Zapfsäulen. An den Zapfsäulen kann an beiden Seiten gleichzeitig getankt werden, wobei jeweils jede Kraftstoffsorten angeboten werden.

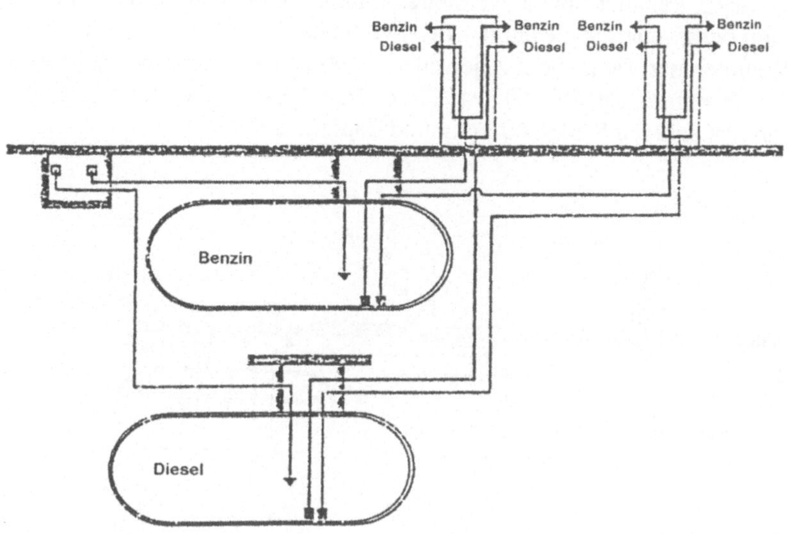

Abb. 9.14 Beispiel 15

Bestimmung der Anlagen

Unter Zugrundelegung der Argumentation in den vorhergehenden Beispielen handelt es sich um ein System von zwei Lageranlagen und vier Abfüllanlagen.

Bestimmung der Gefährdungsstufe

In Hinsicht auf den 10-Minuten-Ansatz erfolgt die Bestimmung der Gefährdungsstufe analog zu den vorhergehenden Beispielen. Allerdings kommt dieses Beispiel einer öffentlichen Tankstelle schon sehr nahe. Dies bedeutet, daß der mittlere Tagesdurchsatz vermutlich 1.000 l übersteigt und sich daher die Gefährdungsstufe D ergibt.

Beispiel 16

Bei diesem Beispiel handelt es sich um eine Tankstelle, die in ihrem Aufbau Bild 2 zu TRbF 212 entspricht. Die Tankstelle verfügt über drei Zapfsäulen. Zwei der Säulen, zur Abgabe von verbleitem und unverbleitem Ottokraftstoff, sind auf einer Insel aufgestellt, die dritte, zur Abgabe von Dieselkraftstoff, abseits davon. Bei den beiden Säulen auf der Insel kann an beiden Seiten der Säulen Ottokraftstoff abgegeben werden, bei der abseitigen Dieselsäule nur an einer Seite Dieselkraftstoff.

Es sind drei unterirdische doppelwandige Behälter vorhanden, von denen einer unterteilt ist. Eine Tankkammer des Zweikammertanks enthält Dieselkraftstoff und ist über eine Saugleitung mit der abseitigen Zapfsäule verbunden. Die zweite Kammer enthält bleifreien Ottokraftstoff und ist mit einer passiven Heberleitung mit der Saugleitung des zweiten Tanks verbunden, die ebenfalls bleifreien Ottokraftstoff enthält. Die Saugleitung des zweiten Tanks führt zu einer Säule auf der

Insel. Der dritte Behälter enthält verbleiten Ottokraftstoff und ist mit einer Saugleitung mit der zweiten Säule auf der Insel verbunden.

Das Volumen der Tanks beträgt jeweils 50.000 l, wobei der Zweikammertank 25.000 l je Kammer enthält. An der Dieselsäule können 200 l/min abgegeben werden, an den anderen Säulen 60 l/min und Zapfeinheit.

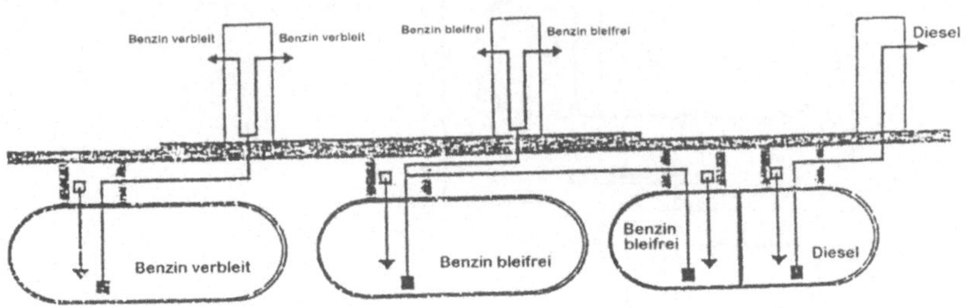

Abb. 9.15 Beispiel 16

Bestimmung der Anlagen

Ausnahmsweise werden zunächst die Abfüllanlagen bestimmt. Bei den beiden Säulen auf der Insel handelt es sich um jeweils zwei Abfüllanlagen, da an beiden Seiten einer jeden Säule gleichzeitig getankt werden kann. Bei der abseitigen Dieselsäule handelt es sich um eine Abfüllanlage. Insgesamt sind folglich 5 Abfüllanlagen vorhanden.

Der Behälter mit verbleitem Ottokraftstoff stellt eine Lageranlage dar. Der Zweikammertank ist betrieblich mit dem Behälter für bleifreien Ottokraftstoff verbunden und bildet gemäß VAwS mit diesem zusammen eine Lageranlage. Die Kammer für Dieselkraftstoff bildet eine separate Anlage. Dies entspricht der Vorgehensweise im Beispiel 11.

Insgesamt erhält man zwei Lageranlagen.

Bestimmung der Gefährdungsstufe

Die Gefährdungsstufe der Abfüllanlage ermittelt sich analog zu Beispiel 15.

Die Gefährdungsstufe der Lageranlage mit verbleitem Kraftstoff ergibt sich aus dem Tankvolumen, 50.000 l, und der WGK 3. Man erhält die Gefährdungsstufe D.

Die Gefährdungsstufe der zweiten Lageranlage ist ebenfalls D, wobei hier jedoch ein Volumen von 75.000 l Ottokraftstoff und 25.000 l Dieselkraftstoff angesetzt wird.

9.3
Unterschiedliche HBV-Anlagen

Die nachfolgenden Beispiel 17 - 22 sind [MUB-97] entnommen. Das Beispiel 23 ist [GAL-96] entnommen.

Beispiel 17

In einem Tanklager sind zwei Einzeltanks aufgestellt. Beide Tanks besitzen ein Füllvolumen von je 100 m^3. Im Tank B 3112 ist die Lagerung von Schwefelsäure (WGK 1) und im Tank B 3113 von Formaldehyd (WGK 2) vorgesehen. Die Tanks sind zur Verhinderung des Überfüllens mit bauaufsichtlich zugelassenen Überfüllsicherungen ausgerüstet.

Die Aufstellung beider Behälter erfolgt ein einem gemeinsamen Auffangraum, der so dimensioniert ist, daß das Volumen des größten Behälters (100 m^3) sowie 30 cm Löschschaum zurückgehalten werden können. Die Befüllung der Lagerbehälter erfolgt von einem zentralen Befüllplatz aus, der mehrere Anlagen versorgt und nicht Gegenstand dieser Betrachtung ist. Die Entleerung verläuft über Saugleitungen zu einer HBV-Anlage.

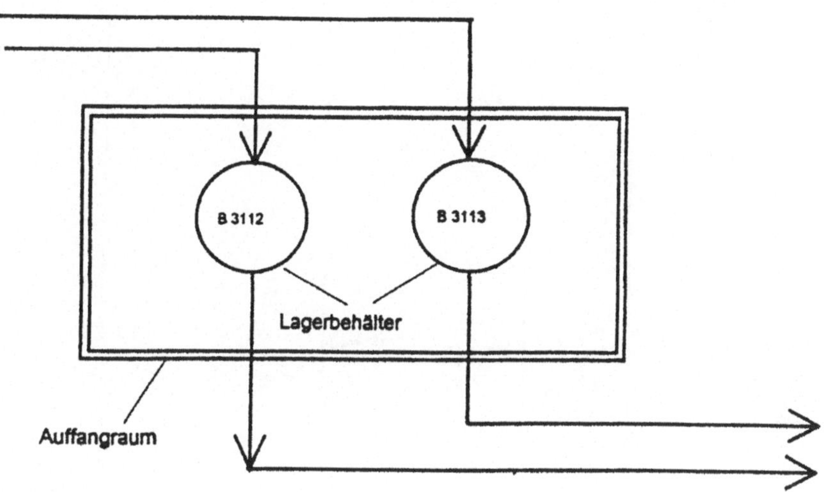

Abb. 9.16 Beispiel 17

<u>Bestimmung der Anlagen</u>

Es handelt sich um zwei Lageranlagen, da beide Behälter selbständige und ortsfeste Funktionseinheiten gemäß VAwS darstellen. Die gemeinsame Aufstellung beider Behälter in einem Auffangraum führt nicht in jedem Fall zu der Wertung des Vorliegens **einer** Lageranlage. Befüll- und Entleerleitungen sind, wie auch der Platz zur Befüllung der Behälter, Teile der Lageranlagen.

<u>Bestimmung der Gefährdungsstufe</u>

Für den Behälter B 3112 (100 m^3, WGK 1) ergibt sich die Gefährdungsstufe A.

Für den Behälter B 3113 (100 m^3, WGK 2) ergibt sich die Gefährdungsstufe C.

Beispiel 18

Ein Annahmetanklager dient der Entladung, Zwischenlagerung und Weiterverteilung von Entsorgungsprodukten (Altöl). Die Anlieferung erfolgt per Straßenfahrzeug. Die Aufnahme der Entsorgungsprodukte soll in 6 stehende, zylindrische einer gemeinsamen Behältertasse aufgestellt. Jeder Doppelbehälter ist so geteilt, daß der untere Behälter ein Fassungsvermögen von 35 m^3 und der obere Behälter ein Fassungsvermögen von 25 m^3 garantiert.

Das Tanklager hat 2 Entladestellen. Nach Probenahme vom angelieferten Produkt aus dem Fahrzeugtank erfolgt die Zuordnung zu der entsprechenden Entladestelle. Der Entladestelle 1 sind die Behälter Pos. T-1/1 bis T-4/2 und der Entladestelle 2 die Behälter Pos. T-5/1 bis T-6/2 zugeordnet.

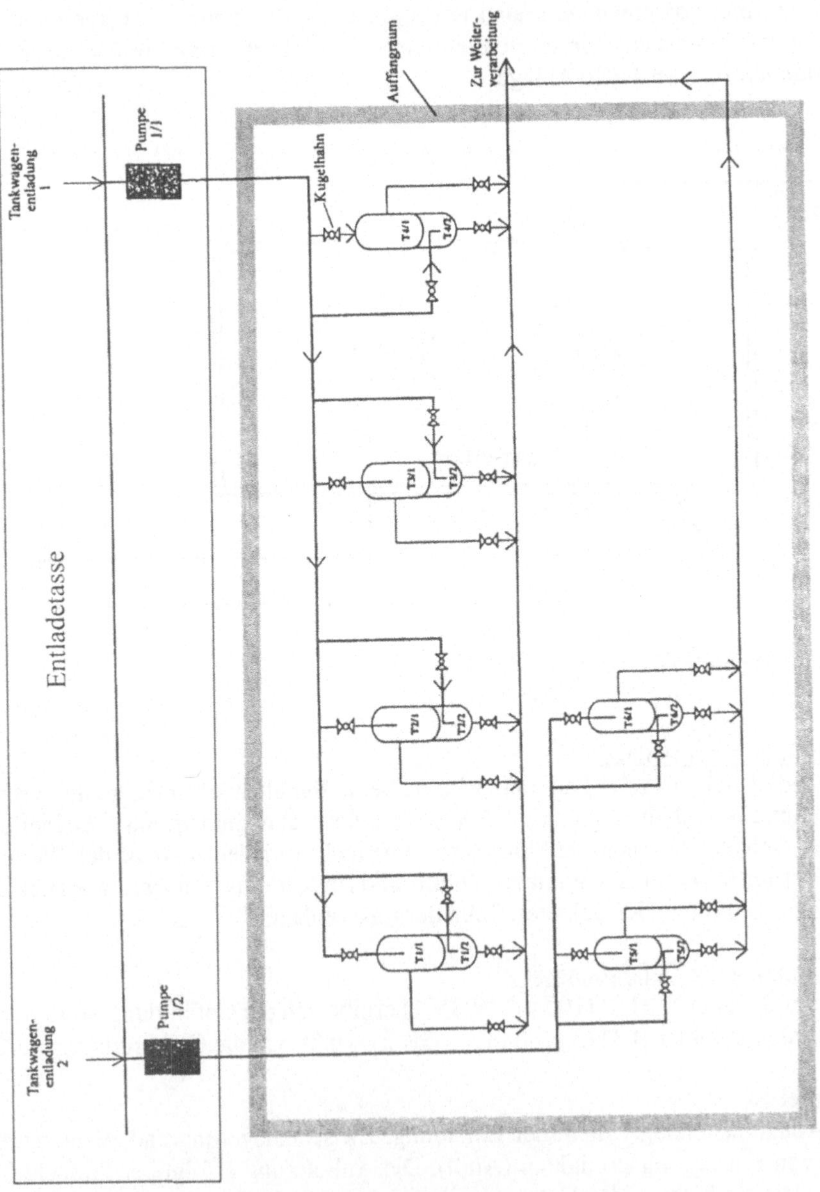

Abb. 9.17 Beispiel 18

Zum Entladen stehen zwei Exzenterschneckenpumpen mit einer Leistung von 30 m^3/h zur Verfügung. Das Entladen der Entsorgungsprodukte erfolgt nach Probenahme durch Freischalten des Produktweges zu **einem** ausgewählten Behälter Pos. T-1 ... T-4 bzw. T-5 ... T-6, d. h. Öffnen aller notwendigen Armaturen (Kugelhähne) im Förderweg. Nach Beendigung der Entladung schaltet die Entladepumpe Pos. P-1/1 bzw. Pos. P-1/2 über Trockenlaufschutz ab. Das Produkt, welches sich nach Beendigung des Entladevorganges zwischen Druckseite der Pumpe Pos. P-1/1 (P-1/2) und dem Behälter befindet, wird mittels Spülstickstoff in den ausgewählten Behälter gedrückt. Danach werden die Behältereingangsarmatur und der Spülstickstoffanschluß geschlossen. Die Entladepumpen Pos. P-1/(1 und P-1/2 sind in der Entladetasse aufgestellt.

<u>Bestimmung der Anlage</u>

Es besteht die Möglichkeit, die 6 Behälter als 6 oder nur 2 Lageranlagen zu betrachten (die gekammerten Tanks stellen jeweils einen Behälter dar). Für 6 Anlagen spricht die Tatsache, daß die Behälter über Schieber freigeschaltet werden können, wodurch die einzelnen Behälter zu selbständigen Funktionseinheiten werden, die technisch getrennt von benachbarten Behältern sind. Es kann im Gegensatz zum Beispiel 6 auch immer nur ein Behälter gleichzeitig befüllt werden.

In Analogie zu Beispiel 6 kann man auch zu der Meinung gelangen, daß die Behälter unselbständige Funktionseinheiten sind, die durch das Befüllsystem betrieblich verbunden sind und dadurch zu einer Anlage werden. Insofern wären auch 2 Lageranlagen denkbar (die Behälter T-1/1 bis T-4/2 und die Behälter T-5/1 bis T-6/2). Die Plätze zur Tankwagenentleerung bzw. Lagerbehälterbefüllung sind wiederum Teile der Lageranlage.

Schwieriger erscheint die Zuordnung der Pumpen 1/1 und 1/2. Da eine Trennung hier wenig sinnvoll ist, sind sie unter Bezugnahme auf die VVAwS der Lageranlage, als der für die verwaltungsrechtlich Behandlung maßgebenden Anlage, die den Verfahrenszweck bestimmt, zuzuordnen.

Sämtliche Rohrleitungen sind Teile der Lageranlagen.

<u>Bestimmung der Gefährdungsstufe</u>

Die Gefährdungsstufe ergeben sich wie folgt:

1. im Falle von 6 Einzelanlagen jeweils 60 m^3 - WGK 3 = 6 Anlagen der Gefährdungsstufe D
2. im Falle von 2 Lageranlagen
   a) 240 m^3 - WGK 3 = Gefährdungsstufe D
   b) 120 m^3 - WGK 3 = Gefährdungsstufe D

Im vorliegenden Fall ergeben sich bei beiden Wertungen gleiche Gefährdungsstufen, so daß sich eine weitergehende Diskussion erübrigt.

In den Fällen, in denen unterschiedliche Gefährdungsstufen entstehen, ist, sofern nicht zweifelsfrei die Selbständigkeit der Einzelbehälter nachgewiesen werden kann, die höhere Gefährdungsstufe infolge der Zusammenlegung unselbständiger Funktionseinheiten anzusetzen.

Das Volumen in den Rohrleitungen muß nicht besonders berücksichtigt werden, da das in diesen Anlagen befindliche Altöl grundsätzlich nur eine Teilmenge des Altöls in den Lagerbehältern ist.

Beispiel 19

Ein metallverarbeitender Betrieb lagert in einem bauartzugelassenen Regalcontainer insgesamt 4.000 l Bohr-, Schneid- und Maschinenöle in 200 l-Fässern. Die Fässer werden von einem Lkw angeliefert, unmittelbar vor dem Regalcontainer entladen und mit Hilfe eines Gabelstaplers in das Regal gestellt. Bei Bedarf werden die Fässer mit einem Gabelstapler zu den Produktionshallen transportiert und dort in die Maschinen umgefüllt.

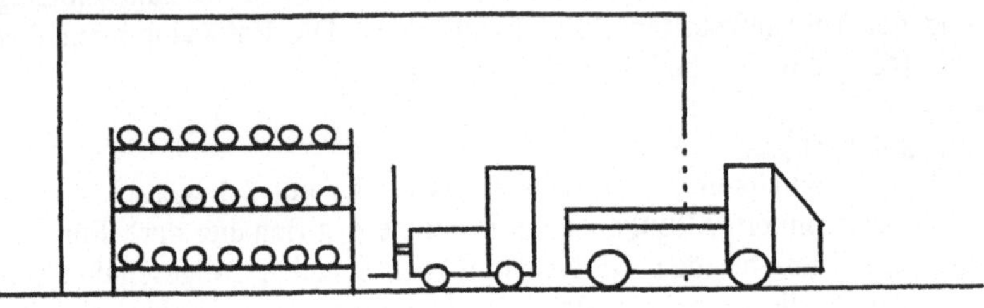

Abb. 9.18 Beispiel 19

Bestimmung der Anlagen

Bei dem Regalcontainer handelt es sich um eine Lageranlage. Dies folgt aus der 1 VAwS, demzufolge sind Lageranlagen auch Flächen einschließlich ihrer Einrichtungen, die dem Lagern von wassergefährdenden Stoffen in Transportbehältern oder Verpackungen dienen. Nach VVAwS bilden bei dieser Art von Lageranlagen alle Transportbehälter und Verpackungen gemeinsam eine Anlage.

Der Platz, von dem aus die Fässer in den Regalcontainer hineingestellt bzw. herausgenommen werden, ist Teil der Lageranlage.

Der Transport der Fässer vom Regalcontainer zu den Produktionshallen unterliegt nicht den Bestimmungen der §§ 19 ff. WHG, da diese nur das Befördern wassergefährdender Stoffe in Rohrleitungen regeln. Der innerbetriebliche Transport hat jedoch unter Beachtung des Sorgfaltsgrundsatzes in § 1a WHG zu erfolgen.

Bestimmung der Gefährdungsstufe

Das maßgebliche Volumen für die Bestimmung der Gefährdungsstufe ist nicht der Inhalt der Einzelbehälter sondern das gesamte Volumen der Fässer, d. h. 4.000 l.

Die Stoffe sind maximal in die Wassergefährdungsklasse 2 eingestuft, daraus folgt die Gefährdungsstufe B für den Regalcontainer.

Beispiel 20

Wie Beispiel 19, im Unterschied dazu werden die Fässer jedoch an einer Rampe am Wareneingang des Betriebes mit einem Gabelstapler entladen und sofort mit diesem zu einem 50 m entfernten Regalcontainer transportiert und in diesen eingestellt.

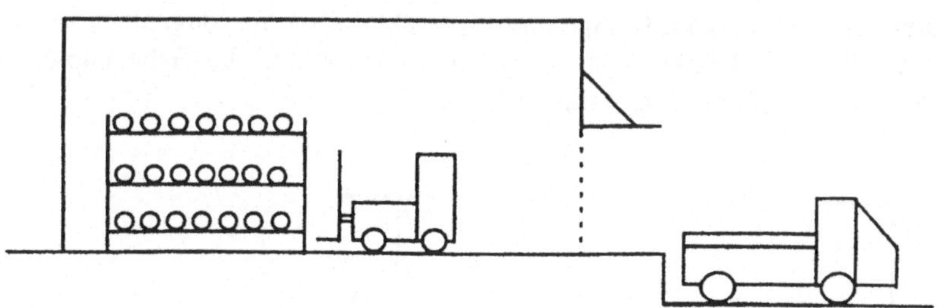

Abb. 9.19 Beispiel 20

<u>Bestimmung der Anlagen</u>
Wie in Beispiel 19 handelt es sich um eine Lageranlage. Der Einstellplatz vor dem Regalcontainer ist Teil dieser Lageranlage.

Der innerbetriebliche Transport von der Rampe zum Regalcontainer sowie vom Regalcontainer zu den Produktionshallen unterliegt nicht den Bestimmungen der §§ 19g ff. WHG.

Die Laderampe stellt eine Umschlaganlage dar. Gemäß VAwS sind Umschlaganlagen auch Flächen einschließlich ihrer Einrichtungen, auf denen wassergefährdende Stoffe in Behältern oder Verpackungen von einem Transportmittel auf ein anderes umgeladen werden.

<u>Bestimmung der Gefährdungsstufe</u>
Die Gefährdungsstufe der Lageranlage ermittelt sich wie in Beispiel 19.

Nach VAwS wird das maßgebende Volumen bei Abfüll-, Umschlag- und Rohrleitungsanlagen nach dem 10-Minuten-Ansatz oder dem mittleren Tagesdurchsatz bestimmt. Bei Umschlaganlagen dieser Art ist nur der mittlere Tagesdurchsatz sinnvoll anwendbar.

Eine konkrete Angabe zum mittleren Tagesdurchsatz kann nur durch den Anlagenbetreiber erfolgen. Deshalb wurde auf die Bestimmung der Gefährdungsstufe für die Umschlaganlage verzichtet.

Ab Gefährdungsstufe B wird für die Umschlaganlage eine Eignungsfeststellung erforderlich, da § 13 VAwS nur Umschlaganlagen einfacher oder herkömmlicher Art der Gefährdungsstufe A kennt.

Beispiel 21

Wie Beispiel 20, im Unterschied dazu werden die Fässer erst im Laufe des Tages zu dem 50 m entfernten Regalcontainer transportiert. An der Rampe werden auch andere wassergefährdende Stoffe angeliefert, die in andere Lager gebracht werden. Es sind daher täglich Behälter an der Rampe anzutreffen, wenngleich es ständig andere Behälter sind.

Dieses Beispiel unterscheidet sich von Beispiel 20 dadurch, daß an der Rampe auch eine Lagerung stattfindet. Ein vorübergehendes Lagern oder kurzfristiges Bereitstellen in Verbindung mit dem Transport kann nicht angenommen werden, da die Fläche regelmäßig dem Vorhalten von wassergefährdenden Stoffen dient.

Dies bedeutet, daß die Rampe ihren Charakter als Umschlaganlage verliert. Der Platz auf dem die Lastkraftwagen entladen werden und die Gabelstapler beladen werden, ist ein Teil der Lageranlage.

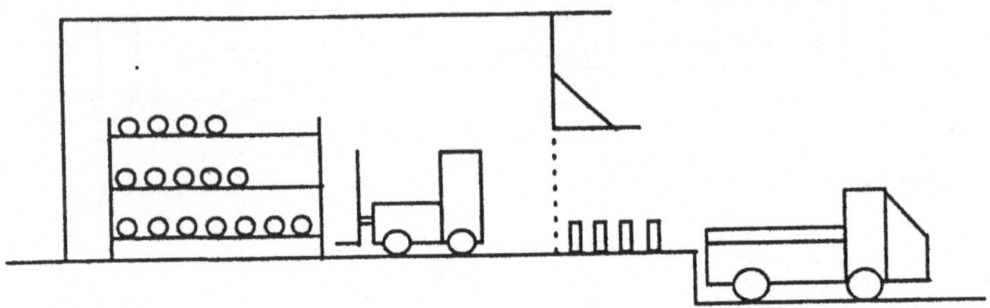

Abb. 9.20 Beispiel 21

<u>Bestimmung der Gefährdungsstufe</u>
Hinsichtlich des Regalcontainers ergibt sich kein Unterschied zu den Beispielen 19 und 20.

Die „Lageranlage Rampe" würde sich hinsichtlich des Gefährdungspotentials wahrscheinlich von der „Umschlaganlage Rampe" unterscheiden. Bei sehr hohem Tagesdurchsatz ist nicht auszuschließen, daß die Betrachtung als Umschlaganlage eine höhere Gefährdungsstufe zur Folge hätte.

Beispiel 22

In dem Lager für brennbare Flüssigkeiten (VfB-Lager) einer Lackfabrik, das sich in einer Lagergarage befindet, werden Lacklösemittel in verschiedenen Gebinden (Kanister mit 20 l Inhalt, Fässer mit 60 bis 200 l Inhalt und Container mit 1.000 l Inhalt) gelagert. Die Lagermenge beträgt insgesamt maximal 10.000 l. Die Gebinde werden mit einem Lkw angeliefert und mit einem Gabelstapler in die Lagergarage gebracht. Bei Bedarf werden vollständige Gebinde per Hand, mittels Faßkarre oder Gabelstapler in die Produktionsräume transportiert oder die größeren Gebinde werden im VbF-Lager in kleinere Transportbehälter mit der jeweils benötigten Menge umgefüllt, die in der beschriebenen Weise in die Produktionsräume transportiert werden.

<u>Bestimmung der Anlagen</u>
Das VbF-Lager in der Garage ist eine Lageranlage. Die Begründung dafür erfolgt analog zu den vorhergehenden Beispielen mit dem Regalcontainer.

Der Platz, auf dem die Lkw mit dem Gabelstapler entladen werden, ist keine eigenständige Umschlaganlage, sondern Teil der Lageranlage.

Problematisch erweist sich in diesem Beispiel, daß innerhalb der Lageranlage auch Transportbehälter umgefüllt werden.

Nach VAwS sind Abfüllanlagen auch Flächen einschließlich ihrer Einrichtungen, auf denen wassergefährdende Stoffe von einem Transportbehälter in einen anderen gefüllt werden. Man erhielte demnach eine Abfüllanlage, die räumlich mit einer Lageranlage überlappt. Dies hätte unter Umständen zur Folge, daß die

Lageranlage zwar einfacher oder herkömmlicher Art ist, die Abfüllanlage jedoch einer Eignungsfeststellung bedarf. Dies erscheint nicht besonders sinnvoll.

Unter Heranziehen der VVAwS kann man sagen, daß der Abfüllplatz in der Garage zur Lageranlage gehört, da zu Lageranlagen auch die Abfülleinrichtungen gehören, die nur zur Befüllung oder Entleerung dieser Lageranlagen, d. h. hier sinngemäß der Transportbehälter, dienen. Dabei ist das Vorhandensein von Abfülleinrichtungen notwendig. Wenn das Abfüllen durch bloßes Umschütten von einem Behälter in einen anderen, d. h. ohne Verwendung von Zapfarmaturen oder Pumpen, erfolgt, muß wenigstens eine Möglichkeit zum Auffangen von Leckagen vorhanden sein (z. B. Aufkantung, Tropfschalen oder Gefälle zu einem Schöpfloch). Dies ist jedoch in der Regel der Fall.

<u>Bestimmung der Gefährdungsstufe</u>
Die Gefährdungsstufe der Lageranlage wird aus dem Volumen von 10.000 Liter und der WGK ermittelt. Bei der WGK 3 ergibt sich Stufe D.

Für die Abfüllanlage ergibt sich nach dem 10-Minuten-Ansatz, mehr als 100 bis 1.000 l, maximal die Gefährdungsstufe C. Der mittlere Tagesdurchschnitt könnte auch die Gefährdungsstufe D zur Folge haben. In beiden Fällen ist eine Eignungsfeststellung erforderlich.

Beispiele aus Galvanisierbetrieben
Galvanisierbetriebe [GAL-96] betreiben in einem Raum eine der folgenden Galvanikbädersysteme (Abb. 9.21-9.26) mit unterschiedlichem Inhalt verschiedener Salzlösungen (WGK 1 bis 3). Die Badflüssigkeit wird monatlich vollständig ausgetauscht. Die Befüllung der Bäder erfolgt durch Verdünnung konzentrierter Lösungen oder Auflösen von festen Salzen mit Wasser. Die Lösungen und Salze werden in einem separaten Lager aufbewahrt und bei Bedarf mit Hubwagen zu den Bädern transportiert. Die Entleerung erfolgt über Bodenabläufe der Bäder oder durch Abpumpen in leere Transportbehälter, die anschließend mit Hubwagen zu einem Abfallsammellager transportiert werden.

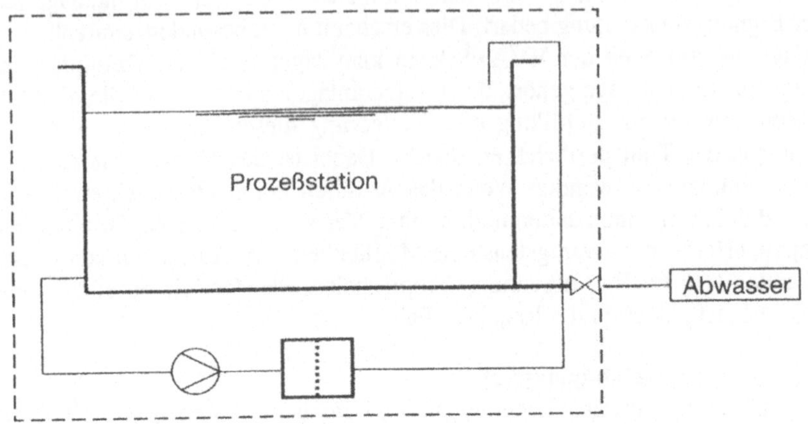

Abb. 9.21 Einzelprozeßstation mit Zusatzeinrichtung wie z. B. Filter, Kühlung Wärmeaustauscher usw. (1 HBV-Anlage)

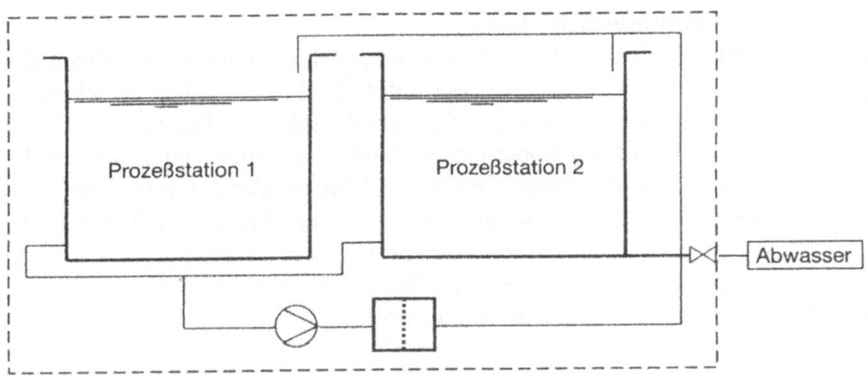

Abb. 9.22 Zwei Prozeßstationen, über die Saugleitung der Pumpe kommunizierend miteinander verbunden, mit Zusatzeinrichtungen wie z. B. Filter, Kühlung; Wärmeaustauscher usw. (1 HBV-Anlage)

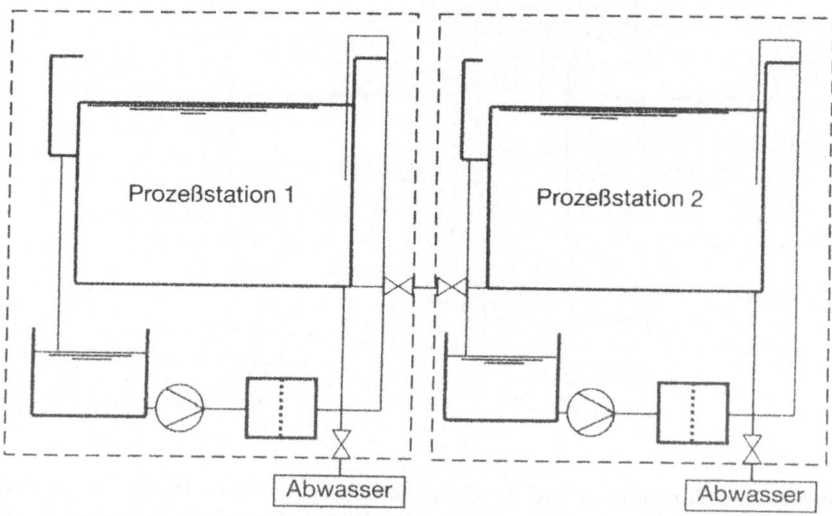

Abb. 9.23 Zwei Prozeßstationen mit gemeinsamer Pumpenvorlage, über die Druckleitung der Pumpe miteinander verbunden, mit Zusatzeinrichtungen wie z.B. Vorlagebehälter, Filter usw. (1 HBV-Anlage)

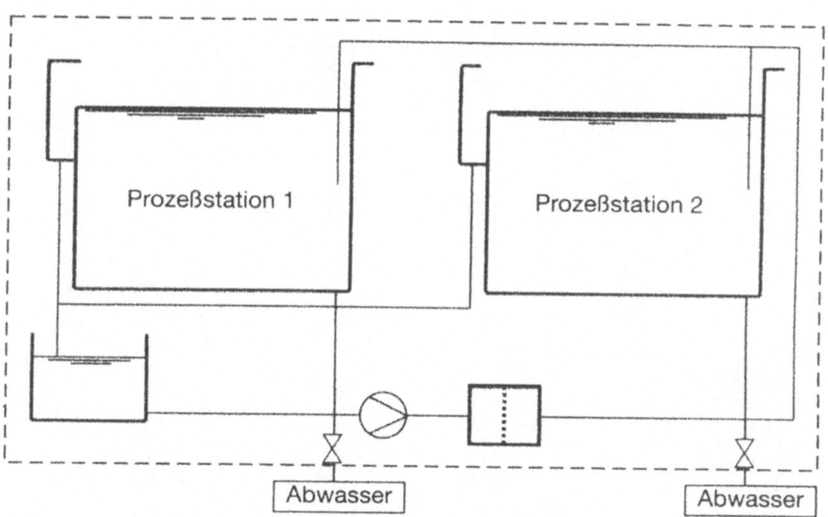

Abb. 9.24 Zwei Prozeßstationen mit jeweils eigenen Pumpenvorlagen, Pumpen und Zusatzeinrichtungen wie z. B. Vorlagebehälter, Filter usw. (2 HBV-Anlagen)

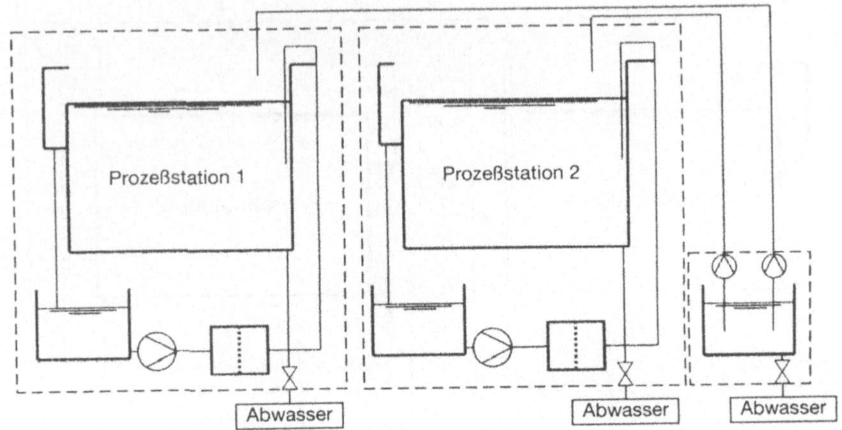

Abb. 9.25 Zwei Prozeßstationen mit jeweils eigenen Pumpenvorlagen, Pumpen, Zusatzeinrichtungen sowie einer Dosierstation mit getrennten Pumpen für jede Prozeßstation (3 HBV-Anlagen)

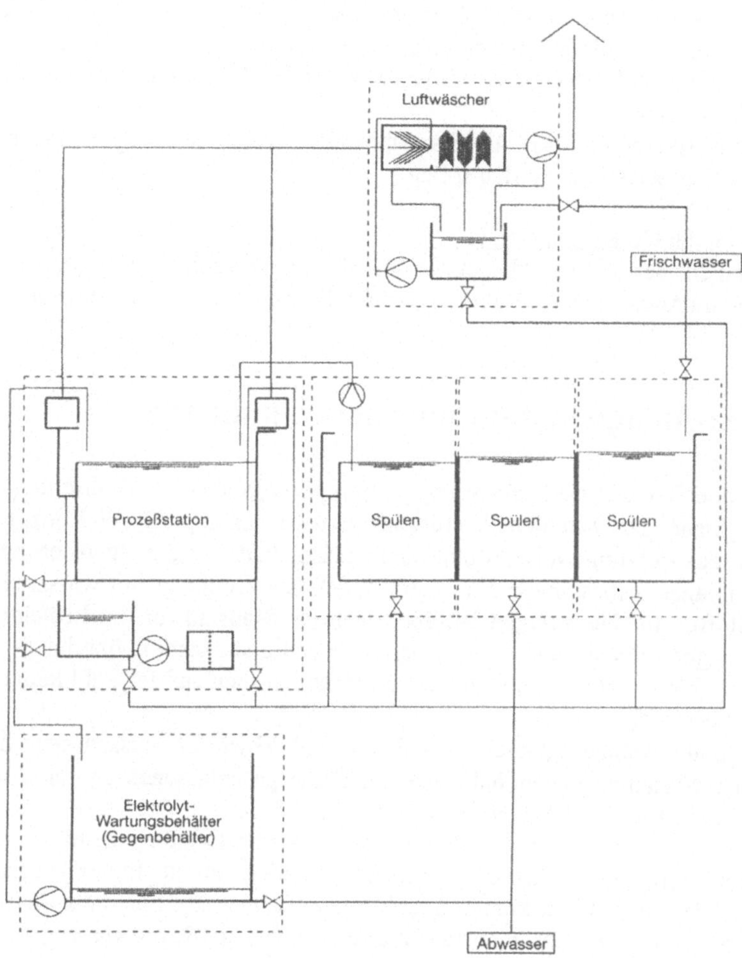

Abb. 9.26 Eine Prozeßstation mit Pumpenvorlage, Pumpe und Zusatzeinrichtung und eine dreistufige Spülstation, ein Elektrolytwartungsbehälter und eine Luftwaschanlage (6 HBV-Anlagen)

Bestimmung der Anlagen

Jede der gestrichelt umrandeten Konfigurationen ist eine Anlage zum Verwenden wassergefährdender Stoffe. Diese Betrachtung entspricht der Vorgehensweise bei den Ölheizungsbeispielen, bei denen die enge räumliche Aufstellung mehrere ortsfeste Lageranlagen ebenfalls nicht zu einer Anlage führt.

Eine Definition der Bäder als Lageranlage nach VAwS scheidet aus, da diese Vorschrift nur für die Behälter gilt, die in engem funktionalen Zusammenhang mit HBV-Anlagen stehen. Die Bäder selbst stellen jedoch die HBV-Anlagen dar, sie stehen nicht in einem engen funktionalen Zusammenhang mit einer HBV-Anlage.

Die Plätze, von denen aus die Bäder befüllt und entleert werden, sind Anlagenteile der HBV-Anlagen. In der VAwS und der VVAwS findet sich zwar keine besondere Regelung für HBV-Anlagen, die Bestimmung für die Zuordnung der Befüll- und Entleerplätze bei Lageranlagen in der VVAwS kann aber hier analog angewendet werden.

Das Rohsalzlager und das Abfallsammellager sind Lageranlagen, die jedoch hier nicht näher behandelt werden sollen.

<u>Bestimmung der Gefährdungsstufe</u>
Das Volumen der Galvanikbäder entspricht der jeweiligen Funktionseinheit (gestrichelt umrandet). Die Gefährdungsstufen können von A bis D reichen.

9.4
Komplex-Anlage in der Chemischen Industrie

Das folgende Beispiel stellt die Anlagenkonzeption von DOW Deutschland Inc. im Werk Stade dar. Mit den Ausführungen wird das sog. DOW-Konzept beschrieben, das richtungsweisend und damit beispielhaft für die Realisierung von Komplexanlagen insbesondere unter dem Aspekt des Umgangs mit wassergefährdenden Stoffen für Neuanlagen ist, aber auch als Maßstab für die Ertüchtigung von Altanlagen dienen kann, soweit es am jeweiligen Standort überhaupt technisch umsetzbar ist. Die folgenden Darstellungen beruhen auf der Publikation von E. Gauch [GAU-97].

Die in einer Anlage gehandhabten Stoffe und Abwässer müssen stets in geschlossenen Systemen gehandhabt werden. Diese geschlossenen Systeme repräsentieren dabei **eine erste Barriere**.

Gewässerbelastungen können, abgesehen von den bestimmungsgemäß eingeleiteten Abwässern, grundsätzlich verursacht werden durch unvorhergesehene Leckagen oder auch durch kontaminierte Feuerlöschwasser. Für diese Leckagen und Feuerlöschwasser, aber auch für Oberflächenwasser (Regenwasser), das sich bei einer Betriebsstörung mit Leckagen vermischen kann, ist eine wirkungsvolle **zweite Barriere** vorzusehen.

Bei der Ausgestaltung von technischen Systemen muß berücksichtigt werden, daß nicht nur dem Gewässerschutz Rechnung getragen wird, sondern auch die Belange des Immissions-, Brand-, Explosions- und Arbeitsschutzes Beachtung finden. Bedingt durch das Wirkungsspektrum der Stoffe greifen diese Aspekte zwangsläufig alle ineinander.

Weiter ist zu berücksichtigen, daß der umweltgerechte und sichere Betrieb von Anlagen nicht nur durch die Etablierung perfekter technischer Einrichtungen gewährleistet wird, sondern ganz wesentlich, wenn nicht sogar überwiegend, die betriebliche Organisation, das Management, die Mitarbeiter und ihre Sensibilisierung und Motivation zu Fragen des Umweltschutzes und der Anlagensicherheit die bedeutende Rolle spielen.

Zu den organisatorischen Elementen gehören insbesondere alle Aktivitäten zum dauerhaften Funktionserhalt **beider Barrieren**. Durch interne und externe Überwachungsmaßnahmen sowie auch durch vorausschauende Instandhaltungsmaßnahmen wird dieses gewährleistest. Gerade das Zusammenwirken dieser mehrschichtigen Maßnahmen erzeugt ein Höchstmaß an Sicherheit für alle Schutzgüter und den hier zu behandelnden Gewässerschutz (Tabellen 9.1 und 9.2).

Tabelle 9.1 Maßnahmen zum Grundwasser- und Gewässerschutz Technische Einrichtungen

1. Barriere	2. Barriere
– Verwendung von korrosionsbeständigen Materialien – Hochwirksame Dichtungen – Verminderung der Anzahl von Dichtelementen – Druckentlastung- u. Auffangsysteme – Gasspürgeräte – Stationäre Löscheinrichtungen – Keine unterirdischen Installationen stoffumschließ. Systeme – Abwasser- u. Kühlwasserführungen nur in geschlossenen Systemen – Redundanz kritischer Einrichtungen – Prozeß-Rechnersteuerungen – Versorgungseinrichtungen	– Homogene Gründung – Hochdichte offene Drainage- und Kanalsysteme – Betonflächen mit Gefälle – Berücksichtigung der Brandpotentiale – Keine Installation von Wannen unter Behältnissen mit brennbaren Stoffen – Gefließte oder ausgekleidete Flächen im Bereich aggressiver Stoffe – Glatte, gehärtete Betonoberflächen bei Bedarf – Verminderung der Anzahl von Fugen – Detektionseinrichtungen in Pumpensümpfen

Tabelle 9.2 Maßnahmen zum Grundwasser- und Gewässerschutz Organisation

1. Barriere	2. Barriere
– Hochformalisierte Planungsabläufe – Wandstärkenüberwachung – Schweißnahtprüfungen – Überwachungsprogramm für Einrichtungen in der Herstellungs- und Errichtungsphase – Sofortige Beseitigung entstehender Dichtungsleckagen – Schulung, Training, Bewußtseinsbildung, Sensibilisierung der Mitarbeiter zu umwelt- und sicherheitstechnischen Themen	– Fugenüberwachung – Betonüberwachung – Frei- bzw. Leerhalten von Rückhalteräumen – Grundwasserbeobachtung – Schulung, Training, Bewußtseinsbildung, Sensibilisierung der Mitarbeiter zu umwelt- und sicherheitstechnischen Themen

Bei der hier dargestellten Anlage (Abb. 9.27) handelt es sich um eine „Offene Freianlage", d. h. sie ist nicht eingehaust. Wie jede Anlagenkonfiguration hat jede Vor- und Nacheile. Bei der offenen Freianlage sind es im wesentlichen:

Vorteile	Nachteile
Geringerer Errichtungsaufwand	Wetterfeste Ausstattung der Prozeßanlagenteile gegen Nässe und Temperatur
Geringere Explosionsschutzprobleme	Höherer Abwasseranfall durch zusätzliches Regenwasser
Geringere Arbeitsschutzprobleme	Eventuell Vermischung von Regenwasser mit Leckagen und Feuerlöschmedien
Bessere Möglichkeiten zum Löschen von Bränden	
Bessere Zugänglichkeit	

Die Anordnung und der Aufbau von Anlagen- und Apparatesystemen hat Auswirkungen auf die Sicherheits- und Gefahrenabwehrmaßnahmen. Als ein sicheres Konzept erscheint dabei, Anlagen in gestreckter Bauweise entlang einer zentralen Rohrbrücke zu errichten.

Für die Schutzbereiche, die im Zusammenhang mit dem Gewässerschutz stehen, ergeben sich dabei folgende Aspekte:

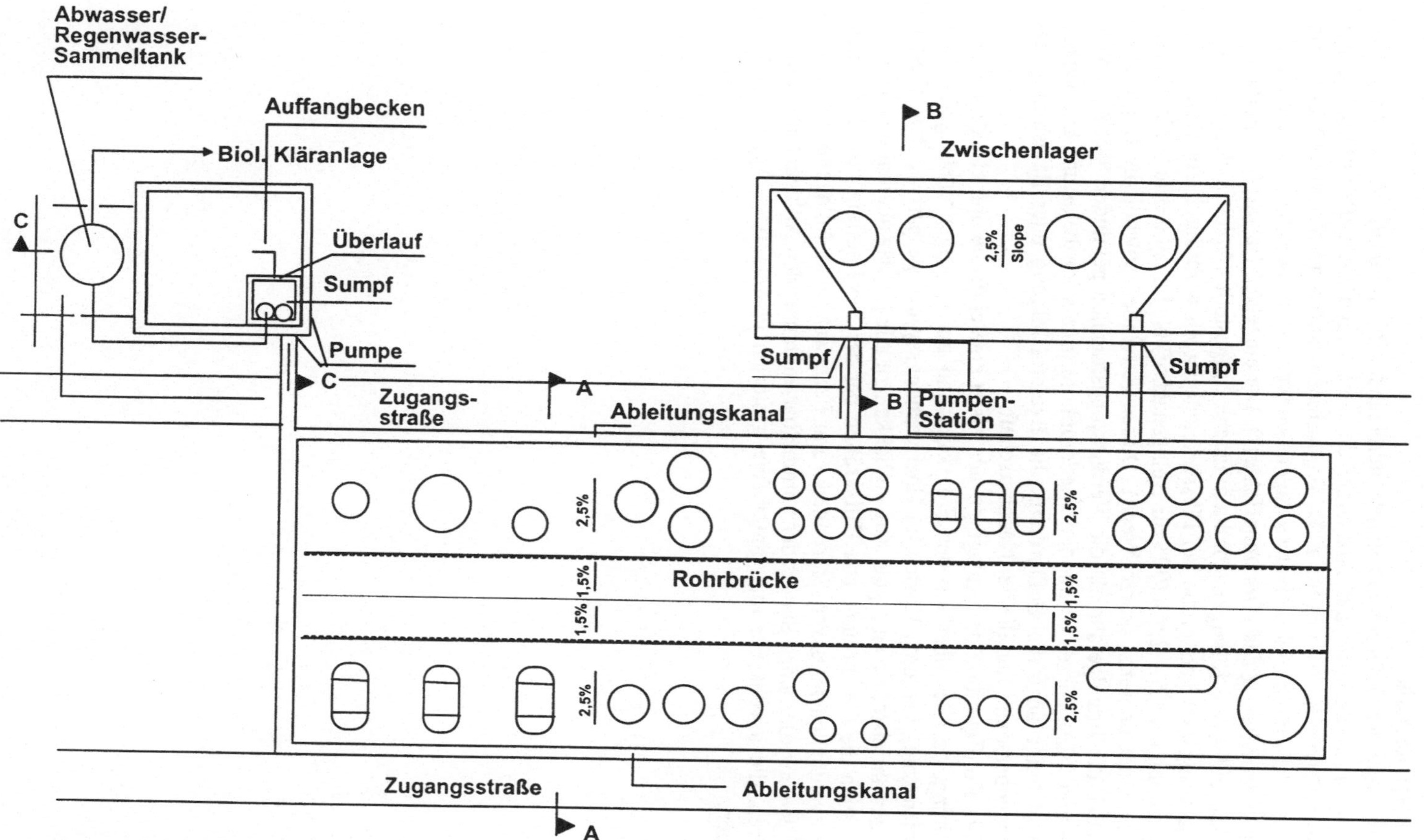

Abb. 9.27 Konzept für eine offene Freianlage

Sicherheitstechnik

Abgrenzung der Gefahrenpotentiale untereinander durch lineares Auseinanderziehen der Prozeßschritte auf Abstände, die eine gegenseitige Beeinflussung bei schwerwiegenden Störungen, z. B. Explosionen, aufgrund der Freisetzung von Gasen oder durch Flüssigkeitsleckagen weitgehend ausschließen (Vermeidung oder Verminderung des „Dominoeffektes"). Die einzelnen Behälter, Apparate etc. werden auf einer flüssigkeitsdichten Fläche aufgestellt (Ableitfläche). Die Lachenbildung und Lachgröße bei Flüssigkeitsleckagen wird durch ein Gefälle der Flächen mit ca. 1,5 – 2,5% (90° zur Anlagenachse) bis hin zum offenen Drainagegraben stark begrenzt (kurze Wege). Dieses vermindert sowohl die Explosions- als auch die Brandgefahr, da die Verdunstungsfrachten gemindert werden (Abb. 9.28 und 9.29). Dieses vermindert wiederum die Immissionsbelastung und verringert in Folge auch die Gefährdung, die Beeinträchtigung oder Belästigung des Anlagenpersonals und die der Nachbarschaft.

Die Konfiguration der Anlage gewährleistet eine einfache und effektive Überwachung, da alles oberhalb der Erde steht und gut in Augenschein genommen werden kann, wodurch Kosten im Überwachungssystem gespart werden. Weiterhin gewährleistet sie eine gute Zugänglichkeit zu allen Anlagenteilen und vermindert auch die Gefährdung von Hilfskräften bei der Bekämpfung von Störungen. Bei eventuellen massiven Störungen kann Feuerwehr und Anlagenpersonal sich auf den erforderlichen Schutz der unmittelbar angrenzenden Anlagenteile konzentrieren, die jeweils vor und hinter dem gestörten Prozeß- oder Apparatesystem liegen.

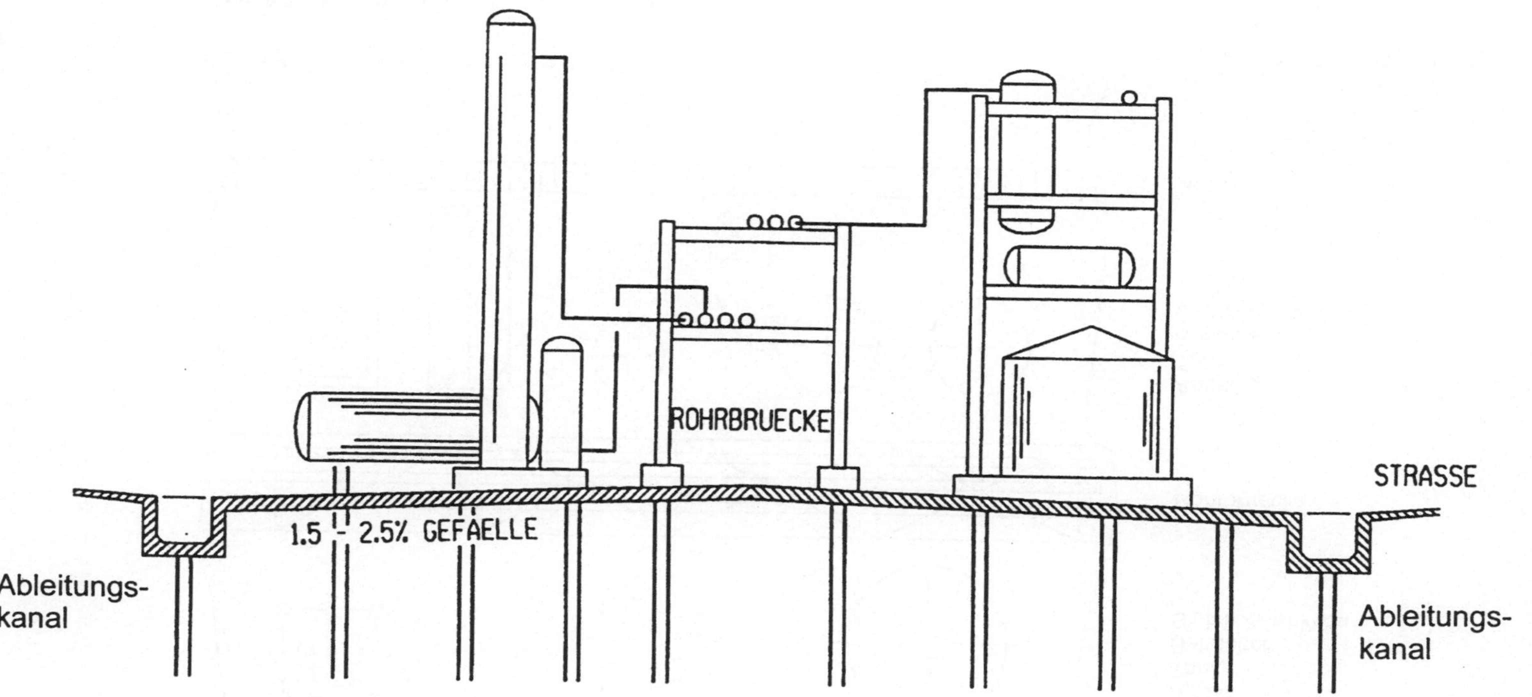

Abb. 9.28 Anlagenquerschnitt A-A

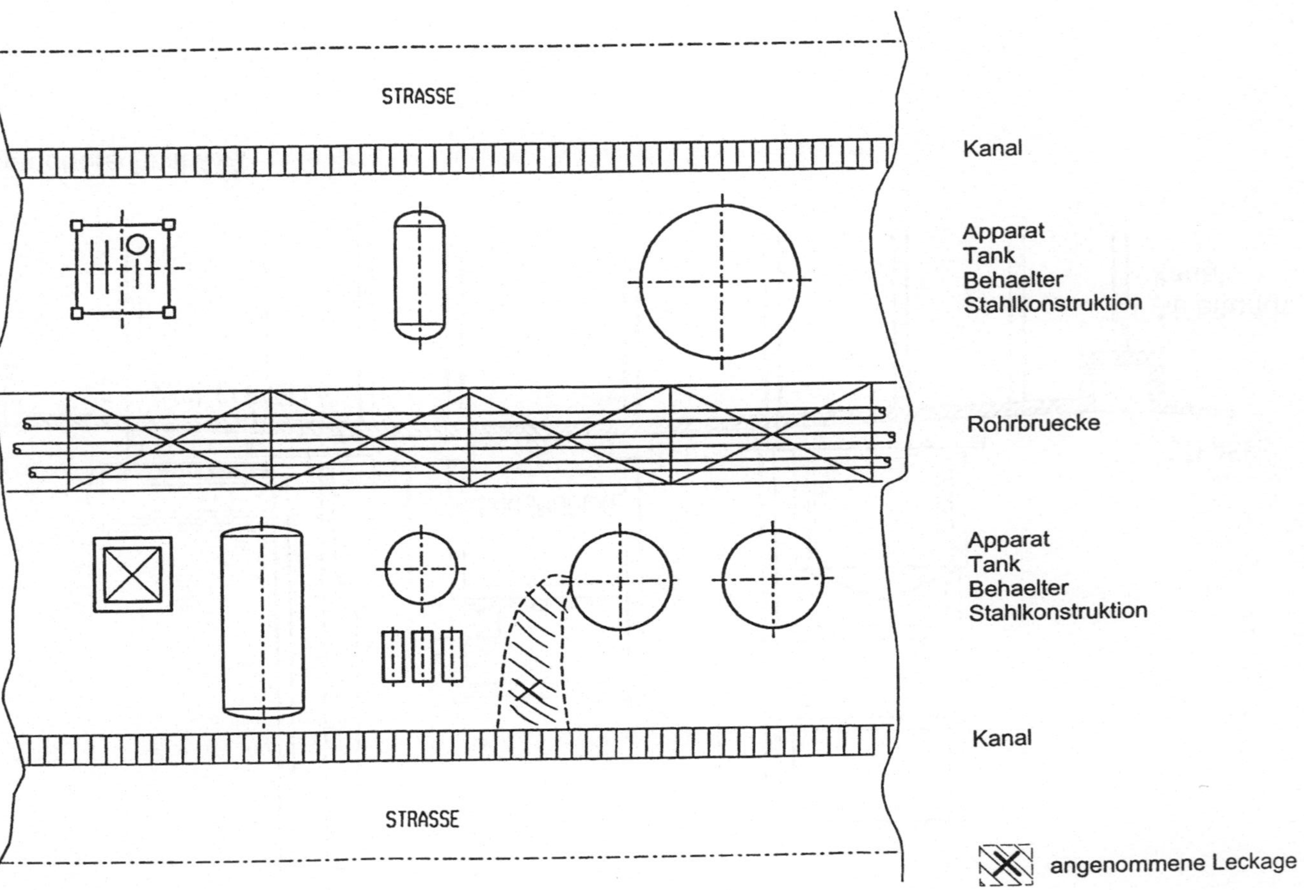

Abb. 9.29 Abgrenzung der Gefahrenpotentiale

Brandschutz

Für die Detektion brandfördernder Stoffe werden in der Regel an kritischen bzw. relevanten Stellen in der Anlage, Gasdetektoren zur Erkennung brennbarer Gase und Flüssigkeiten eingesetzt.

Festinstallierte Brandschutzeinrichtungen wie Sprinkler-, Sprühflutanlagen oder Feuerlöschkanonen werden gezielt auf die einzelnen Prozeßteile ausgerichtet und durch Fernbedienung oder per Hand ausgelöst. Löschwassermengen können damit minimiert und effektiv eingesetzt werden, was dem Gewässerschutz zugute kommt.

Das gebrauchte Feuerlöschmedium, das auch mit den zu löschenden brennbaren und wassergefährdenden Stoffen vermischt ist, so wie die Leckageflüssigkeiten selbst, werden mittels geneigter Ableitflächen (Abb. 9.28 und 9.29) auf sehr kurzem Wege, senkrecht zur Anlagenachse, in die Ableitungs-Ringleitung herausgeführt. Ein „Unterfeuern" anderer Anlagen- oder Prozeßteile, verbunden mit eventuell weiteren gefährlichen Freisetzungen, wird damit wirksam verhindert.

Ein äußerst wichtiges Element in der Gestaltung der Anlagenkonfiguration stellt das System der Wasserführung dar. In Abbildung 9.30 ist das System für das Werk Stade dargestellt.

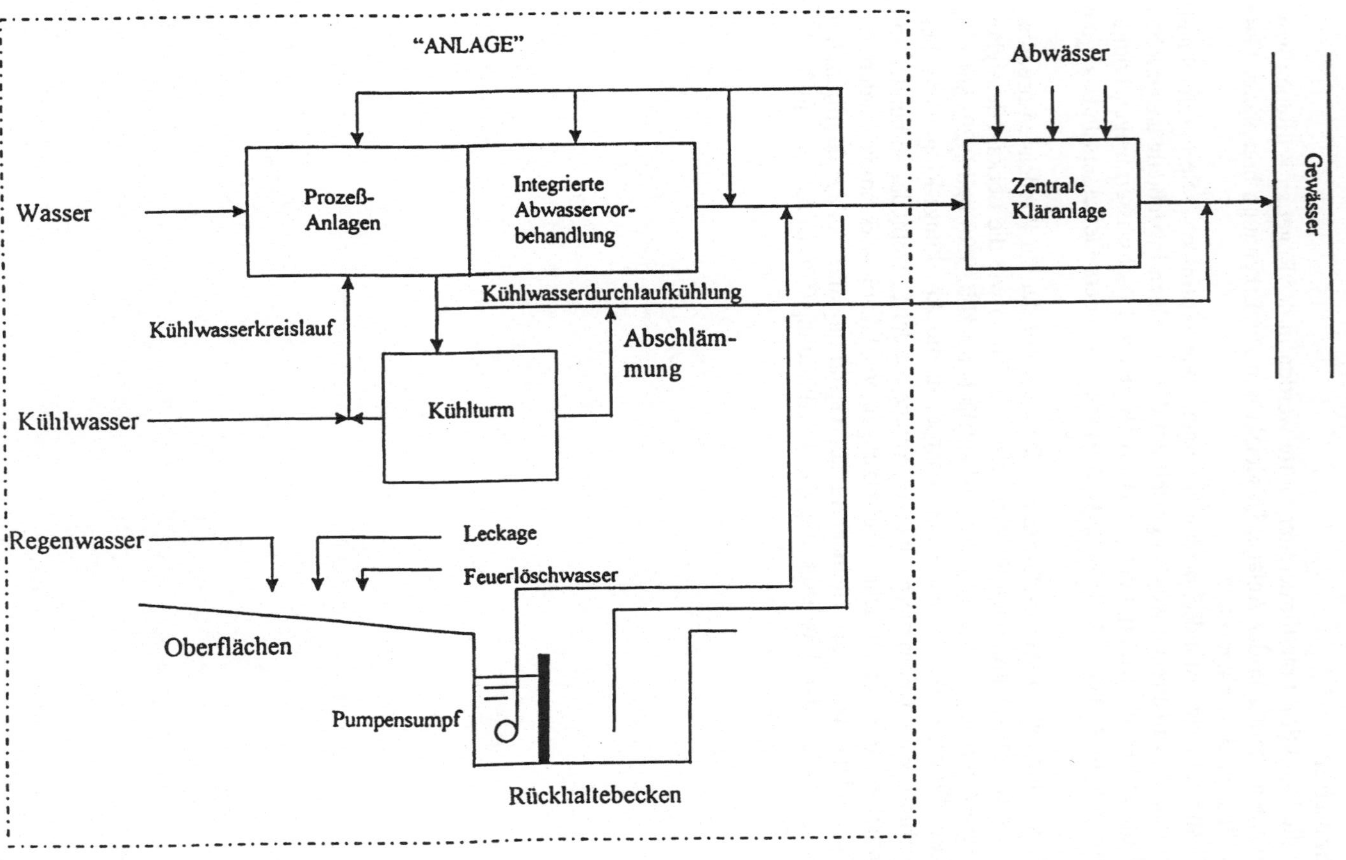

Abb. 9.30 Systeme der Wasserführung zum Grundwasser- und Gewässerschutz

Bestimmungsgemäßer Betrieb

Chemikalien, Stoffe, Produkte
Sämtliche in Anlagen vorkommende Stoffe mit einem Gefährdungspotential werden in Apparaten, Behältern, Rohrleitungen, Armaturen (1. Barriere) eingeschlossen. Die Dichtheit der Systeme und ihre dauerhafte Unversehrtheit wird durch die vorgeschriebenen Planungskriterien, vorbeugende Instandhaltungs- sowie durch externe und interne Überwachungsmaßnahmen gewährleistet.

Die Systeme werden dabei auf Temperatur, Druck, Korrosion und, sofern erforderlich, auch auf Abrasionsbeständigkeit ausgelegt.

Je nach Stoffklassifizierung sind gemäß TA-Luft technisch ausgereifte Dichtungssysteme bei Pumpen, Gebläsen, Armaturen, Flanschen sowie auch dichtungslose Elemente vorzusehen, um Schleichleckagen in erster Linie aus toxikologischen und damit Arbeitsschutzgründen zu minimieren oder gänzlich zu vermeiden. Durch diese Vorgaben werden automatisch auch die Belange des Gewässerschutzes mitberücksichtigt.

Abwässer
Prozeßabwässer werden ähnlich wie alle übrigen Stoffströme in geschlossenen Systemen gehandhabt. Sie sollten vor ihrer Endreinigung nicht unnötig und unter Inanspruchnahme der „Oberflächensysteme" (2. Barriere), aus der 1. Barriere, den stoffumschließenden Systemen, herausgeführt werden. Sie würden sonst automatisch und auch unkontrolliert mit anderen Wässern vermischt werden, die bestimmungsgemäß oder auch nicht bestimmungsgemäß anfallen.

Das Abwasserbehandlungssystem, bestehend aus Vorbehandlung in einer der Prozeßanlage zugeordneten Teilstrombehandlungsanlage, hydraulischer Zwischenpufferung incl. Kontrolle und zentraler Nachbehandlung, wird so ausgestaltet, daß auch nicht bestimmungsgemäß anfallende Wässer, z. B. aus dem Bereich der Anlagenoberflächen mitaufgenommen und zwischengestapelt werden können.

Potentiell kontaminiertes Oberflächenwasser
Als potentiell kontaminiertes Oberflächenwässer gelten alle Wässer, die unmittelbar auf der Anlagenprozeßfläche (Ableitfläche) anfallen. Ihre wesentliche Herkunft resultiert aus Regenwasser, evtl. aber auch aus Spülwässern.

Ihre Kontamination beim Anfall auf diesen Oberflächen ist in der Regel unwahrscheinlich, aber nicht auszuschließen.

Da Regenwässer als bestimmungsgemäße Wässer anfallen, darf der Rückhalteraum nicht für diese unkontaminierten Wässer als Stapelraum genutzt werden. Sie sind bei Anfall sofort aus dem Rückhalteraum zu verpumpen.

Unkontaminiertes Oberflächenwasser
Bei als unkontaminiert geltenden Oberflächenwässern handelt es sich meist um Regenwässer, die bspw. auf Dachoberflächen oder normalen Werkstraßen anfallen.

Diese Wässer sollten daher bei Prozeßanlagen oder auch in Werkskomplexen getrennt und unabhängig von Abwasserführungs-, Ableit- und Reinigungssystemen gehalten werden.

Kühlwasser

Kühlwässer sollten in geschlossenen Rohrleitungssystemen geführt werden. Hiermit wird erreicht, daß evtl. auftretende Kontaminationen aus Kreislaufkühlsystemen als „innere" Leckagen in Wärmeüberträgern identifiziert werden können.

Nichtbestimmungsgemäßer Betrieb

Stoff-Leckagen

Während bei der Handhabe von Stoffen, Abwässern und Kühlwässern die 1. Barriere von zentraler Bedeutung ist, steht bei Regenwässern, Leckagen und den Feuerlöschmedien die Ausgestaltung der 2. Barriere im Vordergrund. Denn ein wichtiger Ansatz im Bereich Gewässerschutz ist, daß störbedingte Freisetzungen von Flüssigkeiten nicht über die Anlagengrenze hinausgeleitet, sondern vor Ort zurückgehalten werden.

Dabei ist es zunächst völlig unerheblich, um welche Stoffmengen, welche Brennbarkeitsklassen (VbF), welche Wassergefährdungsklassen (WGK) und um welche Gefährdungspotentiale im Sinne der VAwS es dabei geht, solange grundsätzlich gewährleistet wird, daß

1. der Brand- und Explosionsschutz berücksichtigt wird,
2. das Risiko unbeabsichtigter Stoff-Freisetzungen über die 2. Barriere hinaus vermieden wird durch technisch ausgereifte Ableitsysteme mit ausreichenden Rückhaltevolumina für jede Art von Flüssigkeitsleckagen und Feuerlöschmedien sowie
3. eine den jeweiligen Beanspruchungen angepaßte Oberflächenversiegelung zur Verfügung steht. (Bei Flachbodentanken ist darauf zu achten, daß über defekte Tankböden keine Leckageflüssigkeiten in die Tankfundamente eindringen oder hineindiffundieren können).

Ein weitere nicht zu unterschätzender Aspekt dabei ist die Tatsache, daß die 2. Barriere mit ihren Oberflächen-, Drainage- und Rückhaltesystemen tief in die Infrastruktur einer Anlage eingreift, die nach erfolgter Errichtung nicht mehr oder nur sehr schwer und wenn, dann nur mit enormen Kostenaufwand geändert werden kann.

Das bedeutet, wenn diese Systeme alleine am Aspekt der Wassergefährdung, z. B. an der Gefährdungsklasse A, ausgerichtet werden, nachträglich bei Prozeßumstellungen mit einer möglichen Einführung einer höheren Gefährdungsstufe die Infrastruktur nicht mehr an die notwendigen Anforderungen angepaßt werden kann.

Ein Betreiber, der seine Einrichtungen langfristig nutzen will und sich dieser Problematik bewußt ist, wird dieses Risiko der engen technischen Auslegung an Gefährdungsstufen nicht eingehen. Er wird zwangsläufig auf solche vorgeschlagene und auf Hypothese beruhenden Rechenmethoden wie z. B. die Bestimmung des Rückhaltevolumens nach DVWK-Richtlinie verzichten, die ihm zwar formale, aber keine materiellen Sicherheiten bieten.

Die anfängliche Ausrichtung bei Neuplanungen an kritischere Wassergefährdungsklassen bedeutet meist einen etwas höheren Kostenaufwand. Er ist in der Regel im Ergebnis und im Vergleich zu anderen Lösungen nicht unverhältnismäßig. Er bietet über die gesamte Lebensdauer einer Anlage eine hohe Flexibilität und Sicherheit im Falle von notwendigen Anpassungen, Veränderungen oder Umrüstungen. Das Konzept ist darüber hinaus überschaubar, organisatorisch weitgehend problemlos, bietet eine hohe Sicherheitsmarge und ermöglicht formal einen reduzierten Konzessionsaufwand.

Feuerlöschmedien

Bei der unbeabsichtigten Freisetzung von brennbaren und damit immer auch wassergefährdenden Stoffen aus der ersten Barriere gesteht je nach Dampfdruck und Flammpunkt meist unmittelbare Brandgefahr, häufig auch Explosionsgefahr. Durch Zugabe von Wasser oder Schaum aus festinstallierten oder auch mobilen Systemen kann die Gefahr der freigesetzten Stoffe sowohl in der Atmosphäre als auch am Boden wesentlich vermindert werden. Die Verminderung der Gefahr am Boden ist insbesondere dann gegeben, wenn sich die Stoffe mit Wasser vermischen oder wenn es sich um schwere und nicht mit Wasser mischbare Flüssigkeiten handelt, die sehr schnell durch einen „Wasserfilm" vom Luftsauerstoff getrennt werden und damit verlöschen.

Die Feuerlöschmedien sind nach Freisetzung zunächst wie wassergefährdende Flüssigkeiten zu behandeln, da sie wassergefährdende Stoffkontaminationen enthalten können. Das ist soweit problemlos, da sie per Gravitation den gleichen Weg über schräge Betonflächen, offene Kanalsysteme, einem zentralen Pumpensumpf und Rückhaltebecken nehmen, wie die Leckageflüssigkeiten selbst.

Um das Volumen der aufzufangenden Feuerlöschwassermengen zu begrenzen, ist es hinsichtlich der Größe der Rückhalteräume überlegenswert, Wassergefährdungs- und Brandpotentiale zu trennen. Dieses kann erfolgen durch das Auffangen nur allein wassergefährdender Stoffe unmittelbar im Bereich wesentlicher Stoffinventare innerhalb der Prozeß-Anlage. Dazu sind eng begrenzte „Eindeichungen" größerer Behälter und Tanke, die keiner Brandgefahr ausgesetzt sind, zu realisieren. Die Auffangräume lassen sich hierdurch je nach Lage, unter Umständen nach Größe, Ausstattung und Kosten optimieren.

Auch die Flüchtigkeit eines Stoffes kann und sollte in diese Überlegungen mit einbezogen werden, da die Größe der Leckage- bzw. der benetzten Oberflächen in Tanktassen oder in nach Feuerlöschkriterien dimensionierten Rückhaltebecken sehr unterschiedlich ausfallen kann. Die Flächen von Auffangräumen sind bei flüchtigen Stoffen grundsätzlich klein zu halten, um Emissionsfrachten zu verkleinern und Immissionsbelastungen zu unterdrücken, damit der Schutz der Mitarbeiter und der Nachbarschaft gewährleistet ist.

Konstruktions- und Dimensionierungskriterien

1. Barriere

Die Konstruktion und Dimensionierung von stoffumschließenden Behältnissen wie Apparate, Behälter, Rohrleitungen, Armaturen etc. unterliegt nur zu einem sehr geringen Teil den Gewässerschutzaspekten. Sie decken in erster Linie Sicherheits- und Arbeitsschutzaspekte ab, die anderen Gesetzesanforderungen als denen des Wasserrechts, genügen müssen, die aber zwangsläufig auf dem Gewässerschutz dienen. Besonderes Gewicht wird im Zusammenhang mit dem Gewässerschutz in der Regel auf die Korrosions- und Materialbeständigkeit der Werkstoffe gelegt, die sorgfältig ausgesucht und nachgewiesen werden. Das gezielte Öffnen von Apparatesystemen, Rohrleitungen etc. sollte aus Sicherheitsgründen nur im entleerten Zustand erfolgen. Die 2. Barriere darf bspw. bei Revisionsarbeiten nicht dazu benutzt werden, die Systeme der 1. Barriere wiederkehrend zu entleeren. Dieses darf nur bei außerordentlichen Notfällen und bei technischer Nichtmachbarkeit erfolgen, um Gefahren und Umweltbelastungen zu vermeiden. Für das Entleeren und Freispülen von Apparaten und Rohrleitungen sind entsprechende technische Einrichtungen vorzusehen, die alleine der ersten Barriere zuzurechnen sind.

2. Barriere

Die gesamte offene Freianlage ist auf einer geneigten Betonfläche aufgestellt (Abb. 1 und 2), um ein schnelles Ablaufen von Flüssigkeiten zu gewährleisten. Diese Flüssigkeiten werden von einem um die gesamte offene Freianlage verlaufenden Ableitungskanal aufgefangen, der in einem abflußlosen Auffangraum einbindet. Dieser Ableitungskanal hat somit keine Verbindung zum Ab- und Regenwasserableitungssystem. Damit wird die 2. Barriere zu einem absolut geschlossenen System.

Im Bereich von Prozeß-Anlagen erhalten die Ableitflächen aus Beton, mit Scheitelpunkt unter der zentralen Rohrbrücke, ein Gefälle von ca. 2,5% zu dem anlagenumschließenden Ableitungskanalsystem (Abb. 9.27 und 9.28). Das bedeutet, daß bei Beendigung der Inanspruchnahme (Regenende, Verschließen der Flüssigkeitsquelle), diese sofort wieder „trockenfallen". Dieser Vorgang kann noch verbessert werden, indem der Beton mit einer sehr glatten Oberfläche ausgestattet wird. Durch diese Maßnahme wird erreicht, daß ein Eindringen oder sogar eine Durchdringung des Betons mit einer wassergefährdenden Flüssigkeit sicher vermieden wird. Andere Materialien wie Metalle oder Kunststoffe auf diesen Flächen bieten in der Regel keine höhere Gewähr für dauerhafte Dichtigkeit aufgrund ihrer komplexen Beanspruchungen, wie z. B. mechanische Einwirkungen, Temperatur, UV-Licht, unterschiedliches Ausdehnungsverhalten, Spannungs-Korrosion etc. mit zum Teil schwieriger oder kaum zu realisierender Überprüfbarkeit.

Die zwar nicht perfekte dauerhafte Dichtigkeit von Beton wird dadurch kompensiert, daß das System 'Beton und System der Betonplatte' (Neigung der Fläche) eingeführt wurde und das im Schadensfall bei Eindringen von Flüssigkeiten in den Beton Teilflächen ersetzt werden können. Wird darüber hinaus in Teilbereichen der Anlage mit betonaggressiven Medien umgegangen (z. B. Säuren und Laugen), können diese Bereiche eingegrenzt und mit resistenten Materialien beschichtet werden.

Das heißt, nicht das physikalische Dichtigkeitsverhalten von Materialien allein betrachtet, das es in der so häufig gewünschten Perfektion nicht gibt, ist von Bedeutung, sondern ein schlüssiges Konzept.

Die Betonflächen, als armierte Betonplatten, sind statisch unabhängig von den übrigen Betonfundamenten (Abb. 2) zu halten. Die üblich anzuwendende Betonqualität sollte dem Beton B 35 entsprechen. Eine anzustrebende maximale Rißbildungsbreite liegt im Bereich von 0,1 bis 0,2 mm, wobei zu berücksichtigen ist, daß zwischen dem unteren und dem oberen Wert sich die Stahlmengen im Beton annähernd verdoppeln. Die einzelnen Armierungsstähle können bei der unteren

Rißbreitenbeschränkung so eng zusammenliegen, daß eine gesicherte Verdichtung des Betons während der Schüttung schwierig werden kann und die Gefahr der Lunkerbildung entsteht.

Ableitungskanalsystem

Die anlagenumschließenden Ableitungskanäle, die zu einem zentralen Anlage-Rückhaltebecken führen, sind hydraulisch mit ihrem Querschnitt und Gefälle so auszulegen, daß Starkregenereignisse oder maximale Sprühflutwassermengen ohne Stau abgeleitet werden können. Sie sind damit automatisch in der Lage, auch nennenswerte Leckagearten aufzunehmen und abzuleiten.

Das Dichtigkeitsverhalten der Kanäle zum Untergrund hin ist sehr hoch anzusetzen, da davon ausgegangen werden muß, daß sie im Sohlebereich permanent benetzt sind. Die in der Regel zwar äußerst schwachen Kontaminationsgrade dieser Wässer könnten, bedingt durch permanente Diffusion, trotzdem zu Boden- oder Grundwasserbelastungen führen. Die Verwendung von Dichtungsmaterialien wie Kunststoffe oder Keramikmaterial ist angezeigt, da die Nachteile für diese Materialien, wie sie sich bei der Beanspruchung im Bereich von Betonoberflächen ergeben, hier nicht bestehen.

Pumpensümpfe

In Pumpensümpfen bestimmungsgemäß anfallende Wässer aus dem Ableitungs-kanalsystem werden von hier aus zum Abwasser-Sammeltank verpumpt (Abb. 9.27). Bezüglich der Dichtheit der Pumpensümpfe gilt das Gleiche wie für die Ableitungskanäle.

Die Größe bzw. das Volumen des Pumpensumpfes als auch die Pumpleistung der im Pumpensumpf hängenden Pumpen bestimmen sich aus den maximalen Durchflußraten bzw. den anzustrebenden Schaltintervallen. Die Pumpen sind so auszulegen, daß sie den bestimmungsgemäßen Betrieb beherrschen. Das ist üblicherweise das Starkregenereignis bzw. der Bemessungsregen. Es empfiehlt sich die Pumpensümpfe so auszustatten, daß sie von Flugstaub und Sanden gereinigt werden können.

Auffangraum

Auffangräume bleiben im bestimmungsgemäßen Betrieb ungenutzt. Wässer und Leckagen aus dem Störbetrieb müssen den Auffangraum als sichere Senke per Gravitation erreichen.

Beschichtungen des Betons dieser Becken haben sich in der Praxis häufig als nicht sehr günstig herausgestellt, insbesondere dann, wenn die Auffangräume teilweise im Grundwasser stehen. Die Dichtheit der Becken besitzt aufgrund der seltenen Beaufschlagung keine extrem hohe Priorität, da eine chemische Leckage spätestens nach 48 bis 72 Stunden wieder beseitigt sein muß, also auch nur über diesen Zeitraum auf den Beton einwirken kann und keine Gefahr der Durchdringung besteht. Im Falle einer Beaufschlagung ist der Beton jedoch nachträglich bezüglich einer Kontamination zu überprüfen. Die Möglichkeit einer oberflächennahen Abtragung von kontaminiertem Beton sowie Wiederaufbringung einer neuen Schicht sollte berücksichtigt werden, d. h. der Beton muß im oberflächennahen Bereich frei von Armierungsstählen sein. Dieses wiederum verbietet eine überzogene Rißbreiten-beschränkung.

Bei der Bemessung von Auffangräumen ist zu berücksichtigen, daß das Volumen des Auffangraums so groß ist, daß es das maximal aufzunehmende Volumen bis zur Unterkante der eingebundenen Kanäle speichern kann. Damit wird sichergestellt, daß bei voller Beaufschlagung kein Rückstau brandfördernder Stoffe in das Kanalsystem hinein erfolgt. Sollten nur wassergefährdende Stoffe in einer Anlage vorhanden sein, kann der Rückstau akzeptiert werden, da hiermit an der Gesamthöhe des Rückhaltebeckens gespart werden kann. Bei der Anwendung von Feuerlöschschäumen braucht im Rückhaltebecken kein zusätzliches Freibord vorgesehen werden, da das Rückhaltevolumen für brennbare Stoffe bis Unterkante des einmündenden Kanals berechnet wird, und sich damit automatisch ein ausreichendes Freibord einstellt.

Gesamtvolumen

Die Ermittlung des **Gesamt-Rückhaltevolumens** ergibt sich aus der Addition der Einzelmengen für die **Leckageflüssigkeit + Feuerlöschwasser** (wenn zutreffend) **+ Bemessungsregen**.

Leckageflüssigkeit

Volumen des größten einzeln absperrbaren Volumens (z. B. größter Behälter + 10% oder 10% aller Einzelbehälter), das innerhalb der „kanalumschlossenen" Anlage vorkommt, unabhängig von der Wassergefährdungsklasse (VAwS), Brennbarkeitseinstufung nach Gefahrenklasse (VbF) oder beidem zugleich.

Feuerlöschmedium

Volumen aus dem größten einzeln auslösbaren Sprinkler- oder Sprühflutwassersystem für die Dauer einer halben Stunde.

Bei Gefahr von Strahlungswärme bei Bränden auf unmittelbar benachbarte Einrichtungen ist es empfehlenswert, die Löschwassermenge von mindestens einer Feuerlöschwasserkanone oder die eines Hydranten für Kühlzwecke hinzuzuaddieren.

Bei der Bestimmung des Gesamt-Rückhaltevolumens allein für Feuerlöschwasser sind nur die Löschwassermengen und die zugehörigen zu löschenden, brennbaren Stoffmengen zusammenzuaddieren. Bei der Bestimmung des Auffangvolumens der größten einzeln absperrbaren Menge an allein wassergefährdenden und nicht brennbaren Stoffen, ist kein Feuerlöschwasser hinzuzuaddieren. Bei „Gemischanlagen" nach Wassergefährdungs- und Brennbarkeitskriterien zu unterscheidende Stoffinventare innerhalb einer Anlage, ist durch Einzelbetrachtungen die jeweils größere Menge zu ermitteln und vorzusehen. Von einem gleichzeitigen Versagen von Einrichtungen an verschiedenen Stellen (Leckage eines wassergefährdenden Stoffes und einem Brand an einer anderen Stelle in der gleichen Anlage) ist nicht auszugehen.

Regenwasser

Ein Auffangvolumen für Regenwasser im Auffangraum vorzusehen, erscheint wegen der Vermischung von Leckagegewässer mit Regenwasser im „Regenfall" sinnvoll. Eine zu empfehlende Bemessungsgrundlage ist das Heranziehen des 15-minütigen Starkregenereignisses (Bemessungsregen, für Norddeutschland ca. 110 Liter/sec:ha). Das Vorsehen noch größerer Reserveräume erscheint unverhältnismäßig, da das Zusammentreffen von Leckagen, Brand und längeren Starkrege-nereignissen äußerst unwahrscheinlich ist.

Überwachungsaufgaben und -inhalte

1. Barriere
Die notwendigen Überwachungsaufgaben im Bereich der 1. Barriere resultieren aus den unterschiedlichen Rechtsvorschriften. Betreiber, die ihrer Verantwortung gerecht werden wollen, sind angehalten, neben den externen Überprüfungen Maßnahmen und Programme zu ergreifen, die ihnen ein hohes Maß an Sicherheit gewährleisten. Dazu zählen u. a.:

- Erfüllung rechtlicher Vorgaben zur wiederkehrenden Überprüfung von Einrichtungen nach vorgegebenen Fristen,
- Überwachungsprogramm für zu liefernde Einrichtungen in der Herstellungsphase in den Werkstätten der Lieferanten,
- Sorgfältige Eingangskontrolle von angelieferten Einrichtungen und Materialien,
- Überwachungs- bzw. Inspektionsprogramm bei Errichtung und Betrieb der Anlage,
- Sorgfältige Schweißnahtprüfungen,
- Eventuelle Wandstärke-Meßprogramme,
- Berücksichtigung von Erkenntnissen aus eigenen und fremden Schadensfällen, verursacht durch Mißstände bei Planungsaktivitäten sowie bei der Errichtung und Betrieb von Anlagen,
- Sofortige Beseitigung eventueller Dichtungsleckagen in der Entstehungsphase.

2. Barriere

- Betonflächenüberwachung (Rissebildung, Veränderung der Oberflächenqualität),
- Fugenüberwachung sowie regelmäßiger Austausch von versprödetem Fugenmaterial,
- Stetes Freihalten der Auffangräume von Regenwasser und evtl. sonstiger Wässer,
- Pflegen der Warneinrichtungen in den Pumpensümpfen,
- Freihalten der Kanäle, Pumpensümpfe, Rückhaltebecken von Sand und Schlämmen,
- Grundwasserbeobachtungen (Niveau und Qualität).

10   Literatur

[ATV-88] ATV (Abwassertechnische Vereinigung e.V.) ed.:
Richtlinien für die Herstellung von Entwässerungskanälen und -leitungen. ATV-Arbeitsblatt A 139, Ausgabe 10/88

[ATV-94] ATV (Abwassertechnische Vereinigung e.V.) ed.:
Einleiten von nicht häuslichem Abwasser in eine öffentliche Abwasseranlage. ATV-Arbeitsblatt A 115, Ausgabe 10/94

[AZR-95] Richtlinie 95/16/EG des Europäischen Parlaments und des Rates vom 29.06.95 über Aufzüge (Aufzugsrichtlinie) in Verbindung mit Richtlinie 84/529/EWG des Rates vom 17.09.84 über elektrisch, hydraulisch oder ölmotorisch betriebene Aufzüge. In Deutschland bislang noch nicht umgesetzt.

[BAY-94] Bayerische Bauordnung (BayBO) vom 18.04.1994, GVBl. S. 251

[BAY-97] Verordnung zur Feststellung der wasserrechtlichen Eignung von Bauprodukten durch Nachweise nach der Bayerischen Bauordnung (WasBauPVO), 7. Nov. 1997, Bay. Gesetz- und Verordnungsblatt Nr. 26/1997

[BMB-92] Gesetz über das Inverkehrbringen von und den freien Warenverkehr mit Bauprodukten zur Umsetzung der Richtlinie 89/106/EWG des Rates v. 21.12.1988 zur Angleichung der Rechts- und Verwaltungsvorschriften der Mitgliedstaaten über Bauprodukte (Bauproduktengesetz – BauPG) v. 10.8.1992, BGBl. I, S. 1495, zul. geändert durch Gesetz zur Ausführung des Abkommens vom 2. Mai 192 über den Europäischen Wirtschaftsraum (EWR-Ausführungsgesetz) v. 27.4.1993, BGBl. I, S. 512

[BMU-80] Verordnung über Anlagen zur Lagerung, Abfüllung und Beförderung brennbarer Flüssigkeiten zu Lande (Verordnung über brennbare Flüssigkeiten – VbF) v. 27.2.1980, BGBl. I, S. 229, zul. geändert durch Verordnung zur Änderung von Verordnungen nach § 11 Gerätesicherheitsgesetz v. 22.6.1995, BGBl. I, S. 836

[BMU-86] Bekanntmachung der Neufassung des Wasserhaushaltsgesetzes v. 23.09.1986 und Gesetz zur Ordnung des Wasserhaushalts (Wasserhaushaltsgesetz – WHG), BGBl. I, S. 1529

[BMU-91] Bekanntmachung der Neufassung der Zwölften Verordnung zur Durchführung des Bundes-Immissionsschutzgesetzes (Störfall-Verordnung) v. 20.9.1991, BGBl. I, S. 1891, geändert durch VO v. 26.10.1993, BGBl. I, S. 1782

[BMU-92] Bundesministerium für Umwelt, Naturschutz und Reaktorsicherheit (Hrsg.):
Konferenz der Vereinten Nationen für Umwelt und Entwicklung im Juni 1992 in Rio de Janeiro. – Agenda 21, Bonn, 1992

[BMU-96] Gesetz zur Ordnung des Wasserhaushalts (Wasserhaushaltsgesetz – WHG) in der Fassung d. Bekanntmachung v. 12.11.1996, BGBl. I, S. 1695.

[BMU-96a] Allgemeine Rahmen-Verwaltungsvorschrift über Mindestanforderungen an das Einleiten von Abwasser in Gewässer – Rahmen-AbwasserVwV – in der Fassung d. Bekanntmachung v. 31.7.1996, BAnz. Nr. 164 a, ber. BAnz. S. 10686.

[BMU-97] Verordnung über Anforderungen an das Einleiten von Abwasser in Gewässer (Abwasserverordnung – AbwV), Art. 1 der Verordnung über Anforderungen an das Einleiten von Abwasser in Gewässer und zur Anpassung der Anlage des Abwasserabgabengesetzes v. 21.3.1997, BGBl. I, S.566. Abwasseranlagen als Auffangvorrichtungen – Technische Regel wassergefährdende Stoffe (TRwS). Regeln zur Wasserwirtschaft 134/1997.

[BOD-98] Gesetz zum Schutz vor schädlichen Bodenveränderungen und zur Sanierung von Altlasten (Bundes-Bodenschutzgesetz – BBodSG), 17.03.1998, BGBl I S. 502

[BPG-91] Bau- und Prüfgrundsätze für den Gewässerschutz, Teil 1 bis 3. Deutsches Institut für Bautechnik, Berlin, 1991

[BR-90] Bekanntmachung der Neufassung des Bundes-Immissionsschutzgesetzes v. 14.05.1990 und Gesetz zum Schutz vor schädlichen Umwelteinwirkungen durch Luftverunreinigung, Geräusche, Erschütterungen und ähnliche Vorgänge (Bundes-Immissionsschutzgesetz – BImSchG), BGBl. I. S. 880, geändert durch 2. Gesetz zur Änderung des Gerätesicherheitsgesetzes v. 26.08.1992, BGBl. I. S. 1564

[BRD-49] Grundgesetz der Bundesrepublik Deutschland v. 23.5.1949, BGBl. I, S. 1, zul. geändert durch Gesetz zur Änderung des Grundgesetzes v. 3.11.1995, BGBl. I, S. 1492

[BRD-90] Gesetz zum Schutz vor schädlichen Umwelteinwirkungen durch Luftverunreinigungen, Geräusche, Erschütterungen und ähnliche Vorgänge (Bundes-Immissionsschutzgesetz – BImSchG) i. d. Fassung v. 14.5.1990, BGBl. I, S. 880, zul. geändert durch Gesetz zur Änderung des Bundes-Immissionsschutzgesetzes v. 19.7.1995, BGBl. I. S. 930

[BVG-66] BVerwG, DVBl. 1966, S. 496 f.

[BVG-70] BVerwG, NIW 1970, S. 1890 f; a.A. OVG, Berlin, DVBl. 1968, S. 722 f.

[BVG-71] BVerwG, NIW 1971, S. 396; OVG Münster, ZfW 1963, S. 375 f.

[BVG-74] BVerwG, ZfW 1974, S. 296, 301

[BVG-81] BVerwG, ZfW 1981, S. 87 f.

[CHE-94] Gesetz zum Schutz vor gefährlichen Stoffen (Chemikaliengesetz – ChemG) in der Fassung vom 25.07.1994, BGBL I, S. 1703, zuletzt geändert durch Artikel 6 des Gesetzes zur Vermeidung, Verwertung und Beseitigung von Abfällen vom 27.09.1994, BGBL. I, S. 2705

[DBT-86] Deutscher Bundestag:
Leitlinien der Bundesregierung zur Umweltvorsorge durch Vermeidung und stufenweise Verminderung von Schadstoffen (Leitlinien Umweltvorsorge), Drucksage 10/6028 vom 19.09.86

[DIE-98] Diesel, Ernst; Lühr, Hans-Peter:
Lagerung und Transport wassergefährdender Stoffe, Loseblattsammlung. E. Schmidt Verlag, 1998

[DJT-94] Deutscher Juristentag:
Verhandlungen des 60. Deutschen Juristentages, Münster, 1994

[EG-57] Vertrag zur Gründung der Europäischen Wirtschaftsgemeinschaft vom 25.03.1957, zuletzt geändert durch die Einheitliche Europäische Akte v. 28.02.1986, BGBL. II, S. 1104

[EG-67] EG-Richtlinie vom 27. Juni 1967 zur Angleichung der Rechts- und Verwaltungsvorschriften für die Einstufung, Verpackung und Kennzeichnung gefährlicher Stoffe. Abl. EG Nr. L 196/1

[EG-76] EG-Richtlinie vom 4. Mai 1976 betreffend die Verschmutzung infolge bestimmter gefährlicher Stoffe in die Gewässer der Gemeinschaft (76/464/EWG)

[EG-79] EG-Richtlinie vom 17. Dezember 1979 über den Schutz des Grundwassers gegen Verschmutzung durch bestimmte Stoffe (80/68/EWG)

[EG-88] Richtlinie des Rates zur Angleichung der Rechts- und Verwaltungsvorschriften der Mitgliedstaaten über Bauprodukte (89/106/EWG) v. 21.12.1988, ABl. EG Nr. L 40/12, zul. geändert durch 95/467/EWG v. 10.11.1995, ABl. EG Nr. L 268/29

[EG-91] EG-Seminar „Grundwasser":
Den Haag, 1991

[EG-96] „European Community Water Policy":
Commission of the European Communities, COM (96), 59 final, 1996

[EGR-94] Richtlinie 94/9/EG des Europäischen Parlaments und des Rates zur Angleichung der Rechtsvorschriften der Mitgliedstaaten für Geräte und Schutzsysteme zur bestimmungsgemäßen Verwendung in explosionsgefährdeten Bereichen, vom 23. März 1994, Amtsblatt der EG, Nr. L 100/1 vom 19.4.94

[EIN-90] EINECS (European Inventory of Existing Chemical Substances), Amtsblatt der Europäischen Gemeinschaft C 146 A vom 15.06.1990

[EMV-89] Richtlinie 89/336/EWG des Rates vom 03.05.89 über die elektromagnetische Verträglichkeit (EMV-Richtlinie), geändert durch Richtlinie 91/263/EWG des Rates vom 29.04.91, geändert durch Richtlinie 92/31/EWG des Rates vom 28.04.92, geändert durch Richtlinie 93/68/EWG des Rates vom 22.07.93, geändert durch Richtlinie 93/97/EWG des Rates vom 29.10.93.
In Deutschland umgesetzt durch das Gesetz über die elektromagnetische Verträglichkeit von Geräten (EMVG) vom 09.11.1992 (BGBl. I S. 1864) sowie das erste Gesetz zur Änderung des Gesetzes über die elektromagnetische Verträglichkeit von Geräten (1. EMVGÄndG) vom 30.08.1995 (BGBl. I S. 1114 bzw. 1118).

[EXP-96] Zweite Verordnung zum Gerätesicherheitsgesetz und zur Änderung von Verordnungen zum Gerätesicherheitsgesetz 12. Dezember 1996, BGBl. 1996, Teil I Nr. 65, 19. Dezember 1996

[EXR-94] Richtlinie 94/9/EG des Europäischen Parlaments und des Rates vom 23. März 1994 zur Angleichung der Rechtsvorschriften der Mitgliedstaaten für Geräte und Schutzsysteme zur bestimmungsgemäßen Verwendung in explosionsgefährdeten Bereichen. In Deutschland bislang noch nicht umgesetzt.

[GAL-96] Leitfaden für Hersteller und Betreiber von Anlagen für die chemische und elektrochemische Oberflächenbehandlung. Lenkungsgruppe Umwelt, AGG Arbeitsgemeinschaft der Deutschen Galvanotechnik, 1996

[GAU-97] E. Gauch
Konzepte technischer Anlagen zur Realisierung eines sicheren Grundwasserschutzes. Vortrag auf Kongreß Wasser Berlin '97, 1997

[GGR-90] Richtlinie 90/396/EWG des Rates vom 29.06.90 für Gasverbrauchseinrichtungen (Gasgeräterichtlinie), geändert durch Richtlinie 93/68/EWG des Rates vom 22.07.93. In Deutschland umgesetzt in der 7. Verordnung zum Gerätesicherheitsgesetz (Gasverbrauchseinrichtungsverordnung vom 26.01.1993 – BGBl. I S. 133).

[GGVS-95] Verordnung über innerstaatliche und grenzüberschreitende Beförderung gefährlicher Güter auf Straßen (Gefahrgutverordnung Straße – GGVS) in der Fassung vom 18.07.1995, BGBL. I, S. 1025, Anlagen A und B

[GIE-85] Gieseke, P.; Wiedemann, W.; Czychowski, M.:
Wasserhaushaltsgesetz, Kommentar, 5. Aufl. München: Verlag C.H. Beck, 1985.

[GSG-92] Gesetz über technische Arbeitsmittel (Gerätesicherheitsgesetz) in der Fassung vom 23.10.1992, BGBl. I, S. 1793, zuletzt geändert durch Allgemeines Magnetschwebebahngesetz (AMbG) v. 19.07.1996, BGBl. I, S. 1019

[GSV-94] Verordnung zum Schutz vor gefährlichen Stoffen (Gefahrstoffverordnung – GefStoffV) in der Fassung vom 26.10.1993, berichtigt S. 2049, zuletzt geändert durch 2. Verordnung zur Änderung der Verordnung zum Schutz vor gefährlichen Stoffen vom 19.09.1994, BGBL. I, S. 2557

[HAHN-96] Hahn, Jürgen:
Die neue "Verwaltungsvorschrift wassergefährdender Stoffe (VwVwS)", UTA 1/96 und UTA Sonderheft Hannover Messe '96

[HOL-88] Holtmeier, E.-L.:
   in Zeitschrift für Wasserrecht (1988), S. 218

[IVU-96] Richtlinie 96/61/EG des Rates über die integrierte Vermeidung und Verminderung der Umweltverschmutzung vom 24. Sept. 1996, Amtsblatt der EG, Nr. L 257/26 vom 10.10.96

[IWS-91] H.-P. Lühr, B. Hefer, R. W. Scholz:
   Das Donator-Akzeptor-Modell (DAM). IWS-Schriftenreihe Band 13, E. Schmidt Verlag, 1991

[IWS-96] Beschreibung des stofflichen Transferverhaltens im Untergrund im Hinblick auf das Schutzgut Grundwasser. Forschungsbericht im Auftrag von SenSUT Berlin, 1996 (unveröffentlicht)

[KAN-97] W. Kanning:
   Neue Aufgabe des DIBt auf dem Gebiet der Anlagen zum Lagern, Abfüllen und Umschlagen wassergefährdender Stoffe. Mitteilungen des DIBt, 4/1997

[KRI-92] Krieger, S.:
   Normkonkretisierung im Recht der wassergefährdenden Stoffe. Wasserrecht und Wasserwirtschaft, Bd. 27, E. Schmidt Verlag, 1992

[KWS-96] Katalog wassergefährdender Stoffe

[LAN-90] Landmann, R. von; Rohmer, G.:
   "Gewerbeordnung und ergänzende Vorschriften", 14. Auflage, München, 1990

[LAWA-93] Länderarbeitsgemeinschaft Wasser LAWA:
   Muster-Verwaltungsvorschrift zum Vollzug der Verordnung über Anlagen zum Umgang mit wassergefährdenden Stoffen, Manuskript, Stand 24.8.1993.

[LAWA-94] LAWA-Empfehlungen:
   Empfehlungen und Behandlung von Grundwasserschäden, 1994

[LTwS-79] Richtlinie zur Bewertung wassergefährdender Stoffe
   Bewertung der Eigenschaften von Stoffen bzw. Stoffgemischen im Hinblick auf technische Maßnahmen zur Abwendung der Gefährdung des Wassers durch Unfälle beim Lagern, Abfüllen, Umschlagen und Befördern. Vom Sept. 1979 (LTwS Nr. 10), herausgegeben vom Umweltbundesamt

[LÜH-86] Lühr, H.-P.; Staupe, J.:
   Der Besorgnisgrundsatz beim Grundwasserschutz. Wasser und Boden 12/1986

[LÜH-87] Lühr, H.-P.:
   Umwelt und Technologie – Chance für die Zukunft. McGraw Hill, Hamburg 1987

[LÜH-89] Lühr, H.-P.:
   Technische und planerische Anforderungen beim Umgang mit wassergefährdenden Stoffen, in: Wasser Berlin '89, Kongreßvorträge. Berlin, E. Schmidt Verlag, 1990

[LÜH-96] H.-P. Lühr et al.:
   Abschätzung des Transferverhaltens von Stoffen im ungesättigten und gesättigten Untergrund. IWS-Schriftenreihe Band 27, E. Schmidt Verlag, 1996

[LWR-92] Muster einer Richtlinie zur Bemessung von Löschwasser-Rückhalteanlagen beim Lagern wassergefährdender Stoffe (LöRüRL). Fassung August 1992, Mitteilungen IfBt 5/1992

[MAE-87] Merkblatt für Anträge zur Einstufung wassergefährdender Stoffe i.S. des § 19g WHG, GMBL 1987, S. 99

[MAR-89] Richtlinie 89/392/EWG des Rates vom 14.06.89 für Maschinen (Maschinenrichtlinie), geändert durch Richtlinie 91/368/EWG des Rates vom 20.06.91, geändert durch Richtlinie 93/44/EWG des Rates vom 14.06.93, geändert durch Richtlinie 93/68/EWG des Rates vom 22.07.93. In Deutschland umgesetzt durch das Zweite Gesetz zur Änderung des Gerätesicherheitsgesetzes vom 26.08.1992 (BGBl. I S. 1564) und die 9. Verordnung zum Gerätesicherheitsgesetz vom 12.05.1993 (BGBl. I S. 704).

[MBO-93] Musterbauordnung für die Länder der Bundesrepublik Deutschland.
(Fassung Dezember 1993)

[MUB-97] Merkblatt zur Erläuterung des Anlagenbegriffs im Sinne von § 19g WHG sowie zur Ermittlung der Gefährdungsstufe nach § 6 VAwS. Ministerium für Umwelt, Naturschutz und Raumordnung, Land Brandenburg, 1997

[MV-92] Prüfzeichenverordnung Mecklenburg-Vorpommern

[MV-94] Landesbauordnung Mecklenburg-Vorpommern (LBauO M-V) v. 26.4.1994, GVOBl. M-V, S. 518, ber. S. 635

[NRW-91] Katalog der an Anlagen zum Herstellen, Behandeln und Verwenden wassergefährdender Stoffe zu stellenden Anforderungen; z.B. veröffentlicht in Nordrhein-Westfalen als: Katalog der an Anlagen zum Herstellen, Behandeln und Verwenden wassergefährdender Stoffe zu stellenden Anforderungen (Anforderungskatalog für HBV-Anlagen), Rd. Erl. des Ministeriums für Umwelt, Raumordnung und Landwirtschaft v. 18.1.1991 – IV B 8 – 9232 – 3, nordrhein-westf. MBl., S. 231.

[NS-86] Katalog der im Rahmen der Eignungsfeststellungen an Anlagen zum Lagern wassergefährdender flüssiger Stoffe zu stellenden Anforderungen; z.B. veröffentlicht in Niedersachsen als: Eignungsfeststellung von Anlagen zum Lagern wassergefährdender flüssiger Stoffe – Technische Regeln Anlagenverordnung Nr. 1 (TR-VAWS 1), gem. Rd. Erl. des ML und MW. v. 27.6.1986, niedersächs. MBl., S. 728.

[NS-89] Katalog der an Anlagen zum Abfüllen und Umschlagen wassergefährdender flüssiger Stoffe zu stellenden Anforderungen; z.B. veröffentlicht in Niedersachsen als: Eignungsfeststellung von Anlagen zum Abfüllen und Umschlagen wassergefährdender flüssiger Stoffe – Technische Regeln Anlagenverordnung Nr. 2 (TR-VAWS 2), gem. Rd. Erl. des MU und MW v. 7.8.1989; niedersächs. MBl., S. 937.

[NSR-73] Richtlinie 73/23/EWG des Rates vom 19.02.73 betreffend elektrische Betriebsmittel zur Verwendung innerhalb bestimmter Spannungsgrenzen (Niederspannungsrichtlinie), geändert durch Richtlinie 93/68/EWG des Rates vom 22.07.93.

[RDT-91] Rottgardt, D.; Lühr, H.-P.:
Ein Barrierenkonzept für die Ausgestaltung von Anlagen zum Umgang mit wassergefährdenden Stoffen. Wasserwirtschaft-Wassertechnik WWT, Z/91

[RDT-93] D. Rottgardt et al.:
Anforderungen an den Umgang mit wassergefährdenden Stoffen. IWS-Schriftenreihe Band 16, E. Schmidt Verlag, 1993

[SAL-95] J. Salzwedel:
Das Bewirtschaftungskonzept als Grundlage zur Gefährdungsabschätzung und Sanierung. IWS-Schriftenreihe Band 23, E. Schmidt Verlag, 1995

[SDB-96] Loseblattsammlung Stoffdatenblätter, KBwS

[SRU-80] Sachverständigenrat für Umweltfragen (Hrsg.):
Sondergutachten Umweltprobleme der Nordsee,Stuttgart, 1980

[SRU-94] Sachverständigenrat für Umweltfragen (Hrsg.):
Umweltgutachten 1994: Für eine dauerhafte umweltgerechte Entwicklung, Stuttgart, 1994

[SRU-95] Sachverständigenrat für Umweltfragen (Hrsg.):
Sondergutachten Altlasten II, Stuttgart, 1995

[STO-72] Bericht der Bundesregierung Deutschland über die Umwelt des Menschen:
BMI, 1971

[SZ-87] Sieder, F.; Zeitler, H.:
Wasserhaushaltsgesetz, Kommentar, Loseblattsammlung. München: Beck'sche Verlagsbuchhandlung, 1987 ff.

[TI-89] Timm, G.:
Erfahrungen bei der Sanierung von Gefahrstofflagern speziell im Hinblick auf chlorierte Kohlenwasserstoffe; in: Gefahrstofflager, Düsseldorf: VDI-Verlag, VDI-Bericht Nr. 726, 1989

[TRwS-96a] Technische Regeln wassergefährdender Stoffe (TRwS):
Bestehende unterirdische Rohrleitungen (TRwS 130/1996). Deutscher Verband für Wasserwirtschaft und Kulturbau e. V. (DVWK)

[TRwS-96b] Technische Regeln wassergefährdender Stoffe (TRwS):
Bestimmung des Rückhaltevermögens R1 (TRwS 131/1996). Deutscher Verband für Wasserwirtschaft und Kulturbau e. V. (DVWK)

[TRwS-97a] Technische Regeln wassergefährdender Stoffe (TRwS):
Ausführung und Dichtflächen (TRwS 132/1997). Deutscher Verband für Wasserwirtschaft und Kulturbau e. V. (DVWK)

[TRwS-97b] Technische Regeln wassergefährdender Stoffe (TRwS):
Flachbodentanks zur Lagerung wassergefährdender Flüssigkeiten (TRwS 133/1997). Deutscher Verband für Wasserwirtschaft und Kulturbau e. V. (DVWK)

[TRwS-97c] Technische Regeln wassergefährdender Stoffe (TRwS):
Abwasseranlagen als Auffangvorrichtungen (TRwS 134/1997). Deutscher Verband für Wasserwirtschaft und Kulturbau e. V. (DVWK)

[TRwS-97d] Technische Regeln wassergefährdender Stoffe (TRwS):
Bestehende einwandige unterirdische Behälter. Deutscher Verband für Wasserwirtschaft und Kulturbau e. V. (DVWK)

[UBA-91] „Überlegungen für ein stoffspezifisches Bewertungsschema für das Verhalten von wassergefährdenden Stoffen im Untergrund".
LTwS-Nr. 25, Dez. 1991, Beirat beim Bundesminister für Umwelt, Naturschutz und Reaktorsicherheit; Hrsg. Umweltbundesamt

[UBM-98] Lühr, Hans-Peter (Hrsg.):
Wasserrecht und betriebliche Abwasserentsorgung. PC-Informationssystem, UB-Media-Verlag, 1998

[UPB-71] Umweltprogramm der Bundesregierung 1971 vom 29. Sept. 1971, BT-Drucksache VI/2710 vom 14. Okt. 1971

[UPB-71a] Materialien zum Umweltprogramm der Bundesregierung 1971, Schriftenreihe des Bundesministers des Inneren, Band 1, Verlag W. Kohlhammer

[USG-94] Gesetz über Umweltstatistiken (UStatG):
Fassung vom 21.9.1994, BGBl. I, S. 2530, zuletzt geändert durch G. vom 9.10.1996, BGBl. I, S. 1498

[VAS-91] Muster-Verordnung über Anlagen zum Umgang mit wassergefährdenden Stoffen und über Fachbetriebe (Muster-VAwS), Stand 08.11.1990, danach geändert im Rahmen des Notifizierungsverfahrens der EG am 20./21.06.1991

[VBF-96] Bekanntmachung der Neufassung der Verordnung über brennbare Flüssigkeiten vom 13.12.96, BGBl. I, S. 1937

[VCI-87] Verband der Chemischen Industrie: Konzept zur Selbsteinstufung von Stoffen und Zubereitungen in Wassergefährdungsklassen (WGK), Frankfurt, September 1987

[VCI-91] VCI-WGK-Stoffliste, Selbsteinstufungen des VCI, letzter Stand 13.02.1991, Herausgeber: VCI

[VVS-92] Verwaltungsvorschrift des Umweltministeriums über Anforderungen an Auffangwannen aus Stahl mit einem Rauminhalt bis zu 1.000 Litern (VwV-Stahlauffangwannen). GABl. S. 583 vom 22. Juni 19982, Ba-Wü

[VVS-96] Allgemeine Verwaltungsvorschrift zum Wasserhaushaltsgesetz über die Einstufung wassergefährdender Stoffe in Wassergefährdungsklassen – Verwaltungsvorschrift wassergefährdende Stoffe (VwVwS) v. 18.4.1996, GMBl., S. 327.

[WGR-92] Richtlinie 92/42/EWG des Rates vom 21.05.92 über die Wirkungsgrade von mit flüssigen oder gasförmigen Brennstoffen beschickten neuen Warmwasserheizkesseln (Wirkungsgradrichtlinie), geändert durch Richtlinie 93/68/EWG des Rates vom 22.07.93. In Deutschland teilweise umgesetzt durch die Verordnung über energiesparende Anforderungen an heizungstechnische Anlagen und Brauchwasseranlagen (Heizungsanlagen-Verordnung – HeizAnlV) vom 22.03.1994 (BGBl. I S. 613 ff.).

[WHG-57] Gesetz zur Ordnung des Wasserhaushalts (Wasserhaushaltsgesetz – WHG). Bundestagsdrucksache 2/2072, S. 16, 1957